版权声明

Introduction to Personality, 8th Edition

Jerry M. Burger

陈会昌　译

Copyright © 2011, 2008 by Wadsworth, a part of Cengage Learning.

Original edition published by Cengage Learning. All Rights reserved. 本书原版由圣智学习出版公司出版。版权所有，盗印必究。

China Light Industry Press is authorized by Cengage Learning to publish and distribute exclusively this simplified Chinese edition. This edition is authorized for sale in the People's Republic of China only (excluding Hong Kong, Macao SAR and Taiwan). Unauthorized export of this edition is a violation of the Copyright Act. No part of this publication may be reproduced or distributed by any means, or stored in a database or retrieval system, without the prior written permission of the publisher.

本书中文简体字翻译版由圣智学习出版公司授权中国轻工业出版社"万千心理"独家出版发行。此版本仅限在中华人民共和国境内（不包括中国香港、澳门特别行政区及中国台湾）销售。未经授权的本书出口将被视为违反版权法的行为。未经出版者预先书面许可，不得以任何方式复制或发行本书的任何部分。

ISBN: 978-7-5019-9747-3

Cengage Learning Asia Pte. Ltd.

151 Lorong Chuan, #02-08 New Tech Park, Singapore 556741

本书封面贴有Cengage Learning防伪标签，无标签者不得销售。

Introduction to Personality
(8th Edition)

人格心理学
（第八版）

〔美〕Jerry M. Burger◎著

陈会昌◎译

中国轻工业出版社

图书在版编目（CIP）数据

人格心理学：第8版／（美）伯格（Burger, J. M.）著；
陈会昌译．—北京：中国轻工业出版社，2014.9
（2025.8重印）
ISBN 978-7-5019-9747-3

Ⅰ．①人… Ⅱ．①伯…②陈… Ⅲ．①人格心理学
Ⅳ．①B848

中国版本图书馆CIP数据核字（2014）第092347号

保留所有权利。未经中国轻工业出版社书面授权，任何人不得以任何方式（包括但不限于电子、机械、手工或其他尚未被发明或应用的技术手段）复印、拍照、扫描、录音、朗读、存储、发表本书中任何部分或本书全部内容，以及其他附带的所有资料（包括但不限于光盘、音频、视频等）。中国轻工业出版社未授权任何机构提供源自本书内容的电子文件阅览、收听或下载服务。如有此类非法行为，查实必究。

责任编辑：孙蔚雯　　　责任终审：杜文勇
策划编辑：孙蔚雯　　　责任校对：刘志颖　　　责任监印：吴维斌

出版发行：中国轻工业出版社（北京鲁谷东街5号，邮编：100040）
印　　刷：三河市鑫金马印装有限公司
经　　销：各地新华书店
版　　次：2025年8月第1版第21次印刷
开　　本：850×1092　1/16　印张：30
字　　数：380千字
书　　号：ISBN 978-7-5019-9747-3　定价：68.00元
读者热线：010-65181109
发行电话：010-85119832　　010-85119912
网　　址：http://www.chlip.com.cn　　http://www.wqedu.com
电子信箱：1012305542@qq.com
版权所有　侵权必究
如发现图书残缺请拨打读者热线联系调换
251890Y2C121ZYW

译 者 序

美国圣克拉拉大学教授 Jerry M. Burger 所著《人格心理学》(Personality)一书，在我国先后于 2000 年翻译出版英文第四版，2004 年翻译出版英文第六版，2010 年翻译出版英文第七版。现在读者看到的是 2011 年的英文第八版中文简体译本，也就是在我国出版的该书第四个中文简体译本。英文第八版首次以"国际版"形式向全世界发行，英文书名亦改为"Introduction to Personality"(《人格导论》)。为了保持国内读者在教学、阅读方面的连续性，该中文版仍沿用《人格心理学》这个书名。

从 1999 年我翻译本书英文版第四版起，至今已过去 15 年，光阴荏苒，物是人非。因工作繁忙，前三次翻译工作均由我和我的研究生合作完成。这次因为我已退休，有了充足的时间，全部翻译工作均由自己完成。虽然本版增删改动之处大约只有四分之一，但我仍然对全书进行了重译，在"尊重原文"、"原样表述"方面下了一番功夫。除了修改过去三版的错漏之外，对个别术语的译名也做了改动，使其更准确、更符合英文原意。

由于本书作者在内容编排、写作方式、言语表述等方面重视理论联系实际，善于把高深的理论结合人们关心的个人心理问题娓娓道来，不像一些教材那样"八股"风十足，所以颇受国内心理学专业师生和心理学爱好者欢迎。尤其是作者作为一位"学院派"心理学者，对他所介绍的六个人格流派，力求做到不偏不倚，实事求是；对各派优点和缺点的评论，能代表当今多数心理学者的意见。若没有高屋建瓴的分析、概括和评价能力，这一点很难做到。

本书在国内出版十几年来，传播广泛，对人格心理学在我国的普及功不可没。现在已有不少非心理学专业的读者，在遇到个人心理问题时，能主动找来几本心理学书籍，通过阅读，了解自己身上的问题，努力经过个人反思，自己解决自己的心理问题。由于本书有相当多篇幅介绍了各个心理学流派的心理治疗理论和方法，所以本书也成为广大读者喜欢阅读的心理学读物。我认为，我们中间的大多数人一生中都会遇到这样或那样的心理问题，如果能认真读一读本书中对精神分析流派、新精神分析流派、行为主义/社会学习流派、人本主义流派、认知流派的理论与心理治疗方法的介绍，同时了解特质流派、生物学流派的一些令人信服的研究结果，对了解自己和家人、增强社交能力、改善心理健康都会有所裨益。

在翻译和修订本版的过程中，本人曾浏览了国内各购书网站成百上千的本书读者对本书的评价。我非常惊讶又非常欣喜地发现，广大读者对本书的评价是非常正面的，极少有对本书内容和译作水平的批评意见。在互联网日益发达、阅读之风日下的今天，本书仍有如此多的读者，是值得欣慰的。

作为一个在心理学领域徜徉三十余年的心理学者，在本版付梓之时，我仍感惴惴不安，虽已尽力而为，仍怕百密一疏，误人子弟。因此，殷切地希望广大同行和读者发现译文中的错讹之处，不吝指出。具体联系方法可访问我的新浪实名微博。

陈会昌

2014 年 3 月 9 日于北京学知园

前　言

我很喜欢那个声称自己拥有一把亚伯拉罕·林肯的斧头的人的故事。他说："斧把已经换过好几次了，这是第三个或第四个斧把。但是斧子头还是诚实的艾比（对林肯的尊称）用过的。"最近，我在翻阅本书第一版以来的各个版本时，想起了这个故事。不知不觉，已经出到第八版，书的不少地方变动了。有了新论题、新的学习目标、新例子以及几百上千条新参考文献。但是，像林肯的斧头一样，书的实质内容还是完整地保留下来了。下面简单介绍一下本版有哪些新内容，哪些内容没有变化。

新内容有哪些？

和前几版一样，每一章都有更新，以反映该领域最新的研究和进展。本版新增了250多篇文献。我还做了少量增删，以反映我认为的该领域的一些变化。读者在第九章会发现对行为接近系统和行为抑制系统的理论和研究的扩展讨论。第十四章增加了一节有关"过度共享"的内容，作为对性别角色行为个体差异讨论的一部分。我还增加了一个人格量表，供学生评价自己的过度共享水平。该章还增加了一节"暴力视频游戏"，此专题与很多大学生有密切关系。第十六章增加了一个新的研究专题"认知与攻击"。我介绍了一般攻击榜样，并讨论了对小学和中学男生的反应性攻击的研究。

我还从上一版中删减了一些资料。在第十二章，我不再对自尊的稳定性做深入讨论，但是在"自我价值组合"一节加入了一些来自研究的概念。第十四章删去了对性别图式的研究，取而代之的是对弗洛伊德的一些概念的认知解释的研究，删去的可在上一版第十六章找到。最后，有读者建议我删去第七版中的"结语：人格、文化与性别"，因为书中的一些地方已经提到了文化与性别问题。当然，书中仍有对这两个问题的很多讨论。

哪些内容没有变化？

我指导前七版的材料组织与写作的基本思想没有变化。而我写作本书时，把大学人格课程教师通常采用的两种倾向综合到本书中了。其一，很多教师把那些重要的理论和理论家（如弗洛伊德、荣格、罗杰斯、斯金纳等）作为重点。通过学习这些课程，学生在人的心理结构、人的本性问题、了解心理障碍和治疗的背景等方面会受到启发。但是，当他们翻开近期出版的人格研究杂志时，可能会感到迷惑，因为他们很难找到与他们熟悉的问题有关的文章。其二，一些教师把重点放在人格研究上。学生学习了很多关于个体差异与人格过程的近期研究。但是他们又很少知道课堂上接触到的那些抽象理论与课程所关注的研究之间的关系。

这两种教学倾向并不能说明在"人格"的标题下有两门互相分离的学科。在编排本书结构时，我们既介绍推动研究的经典理论，也介绍反映理论进展与被理论认可的研究发现。如果给学生提供的是要么偏理论、要么偏研究的狭窄视野，那只会限制学生的注意力。

关于前几版内容中仍然保留的东西，我认为，让学生学习怎样做研究，最好是让他们了解研究项目，而不是只举几个孤立的例子。本版在涉及研究的七章中共介绍了 26 个研究项目。讲到每个项目时，我都尽量说明所研究的问题与大理论有何联系，早期研究者怎样提出最初的假设，怎样进行研究，实证研究结果又怎样提出新问题，怎样使假设细化，以致对问题有更深刻的理解。在这一过程中，学生身临其境地体会研究者面临的各种问题、相互矛盾的研究结果，以及研究者在怎样解释研究结果上不能总是达成一致的真实画面。

在本版中，我保留并扩展了前几版的一些特点。在介绍理论的各章，都含有一节关于应用和一节关于评价的内容。这两节试图说明，抽象理论怎样和人们日常关心的问题相联系，理解人格的每一流派在测量相关的人格变量时怎样提出独特的假设和问题。我还保留了一些人格测验，学生可以用它们来给自己打分。本版附录中有 12 个人格测验。我在教学中发现，在学生用这些小测验给自己打分之后，会更积极地投入相关内容的讨论。这种第一手经验不仅使学生更好地了解到人格评价怎样发挥作用，而且带给了他们一点积极的怀疑论思想：不要过于依赖这样的测量。本版保留了人格先驱理论家的小传。来自学生的反馈表明，了解提出理论的人物的背景可以使理论更鲜活。我发现，我教的学生很乐于思考理论家的人生是怎样影响理论发展的。一些学生和老师跟我说，他们喜欢我在此前四版中加进的"新闻摘录"栏目。所以这些内容也保留下来了。

致谢

感谢所有为本书出版提供了帮助的人。这包括审阅了本版各部分手稿的同行：Allison Anderson, University of Virginia; James Casebolt, Ohio University-Eastern Campus; Joseph Fitzgerald, Wayne State University; Gary G. Ford, Stephen F. Austin State University; William Goggin, University of Southern Mississippi; Rolf Holtz, Troy University; Starr S. Hoover, Tennessee Temple University; Cameron John, Utah Valley University; Dan Klaus, The Community College of Baltimore County; Martha Low, Winston-Salem State University; Dolores McCarthy, John Jay College; Diane Mello-Goldner, Pine Manor College; Janet Morahan-Martin, Bryant University; David Osmon, University of Wisconsin-Milwaukee; Paul Rhoads, Williams College; Stephanie Sogg, Harvard Extension School; Michael Spiegler, Providence College; Sandra J. Grossmann Tobin, Clackamas Community College; Margot Underwood, Joliet Junior College; Shannon Welch, University of Idaho; Tom Wilson, Bellarmine University。

像以前一样，我要感谢马琳和亚当，有他们的理解与支持，第八版才能顺利出版。

目　　录

第一章　什么是人格 / 001
一、人与环境 / 003
二、人格的定义 / 004
三、人格的六个流派 / 005
　　两个实例：攻击和抑郁 / 006
四、人格与文化 / 011
五、人格研究：理论、应用、
　　评价和研究 / 012
　　（一）理论 / 012
　　（二）应用 / 014
　　（三）评价 / 015
　　（四）研究 / 015
六、小结 / 016

第二章　人格研究方法 / 019
一、假设—检验方法 / 021
　　（一）理论与假设 / 021
　　（二）实验变量 / 023
　　（三）操纵的与非操纵的自变量 / 025
　　（四）事前预测与事后解释 / 027
　　（五）重复研究 / 028
二、个案研究法 / 028
　　（一）个案研究法的局限 / 029
　　（二）个案研究法的优点 / 030
三、数据的统计分析 / 031
　　（一）统计显著性 / 032
　　（二）相关系数 / 032
四、人格评价 / 034
　　（一）信度 / 035
　　（二）效度 / 036
五、小结 / 038

第三章　精神分析流派：弗洛伊德的理论、应用与评价 / 041
一、弗洛伊德发现了无意识 / 042
二、弗洛伊德的人格理论 / 045
　　（一）解剖模型 / 045
　　（二）结构模型 / 046
　　（三）生的本能与死的本能 / 048
　　（四）防御机制 / 048
　　（五）心理性欲发展阶段 / 052
　　（六）查明无意识内容 / 054
三、应用：精神分析 / 058
四、评价：投射测验 / 060
　　（一）投射测验的类型 / 061
　　（二）对投射测验的评价 / 063
五、弗洛伊德理论的优势与批评 / 064

（一）优势 / 064
　　（二）批评 / 065
六、小结 / 067

第四章　弗洛伊德流派：相关研究 / 071

一、梦的解析 / 073
　　（一）梦的含义 / 073
　　（二）梦的功能 / 077
　　（三）对证据的解释 / 078
二、防御机制 / 078
　　（一）防御机制的定义与测量 / 079
　　（二）发展的差异 / 081
　　（三）防御风格 / 082
三、幽默 / 084
　　（一）弗洛伊德关于幽默的理论 / 084
　　（二）对弗洛伊德幽默理论的研究 / 085
　　（三）对研究结果的解释 / 089
四、催眠 / 089
　　（一）什么是催眠？ / 090
　　（二）对催眠的敏感性 / 094
五、小结 / 096

第五章　精神分析流派：新弗洛伊德主义的理论、应用与评价 / 099

一、弗洛伊德理论的局限与弱点 / 101
二、阿尔弗雷德·阿德勒 / 101
　　（一）寻求优越 / 102
　　（二）父母对人格发展的影响 / 103
　　（三）出生顺序 / 104
三、卡尔·荣格 / 106
　　（一）集体无意识 / 106
　　（二）一些重要的原型 / 107
　　（三）集体无意识的证据 / 108
四、埃里克·埃里克森 / 110
　　（一）埃里克森的自我概念 / 110
　　（二）人格的毕生发展 / 111
五、卡伦·霍妮 / 115
　　（一）神经症 / 116
　　（二）女性心理学 / 119
六、评价：个人叙事 / 119
　　（一）使用个人叙事测量人格 / 120
　　（二）繁衍感与生活经历 / 120
七、新弗洛伊德学说的优势与批评 / 122
　　（一）优势 / 122
　　（二）批评 / 123
八、小结 / 123

第六章　新弗洛伊德主义理论：相关研究 / 125

一、焦虑和应对策略 / 126
　　（一）应对焦虑 / 128
　　（二）应对策略的类型 / 129
　　（三）应对策略的效果 / 131
二、精神分析概念和攻击 / 133
　　（一）挫折与攻击 / 134
　　（二）替代性攻击 / 136
　　（三）宣泄与攻击 / 138
三、依恋类型和成人的人际关系 / 140
　　（一）对象关系理论和依恋理论 / 141
　　（二）成人的依恋类型 / 142
　　（三）其他的模型和测量 / 143
　　（四）依恋类型与爱情关系 / 144

四、小结 / 147

第七章　特质流派：理论、应用与评价 / 149

一、特质学说 / 150
　　（一）人格由不同的特质维度构成 / 150
　　（二）特质学说的特征 / 152
二、著名的特质理论家 / 153
　　（一）戈登·奥尔波特 / 153
　　（二）亨利·默里 / 156
三、因素分析与对人格结构的探索 / 159
　　（一）"大五" / 161
　　（二）对"大五"模型的批评及其局限性 / 163
四、情境论与特质论之争 / 165
　　（一）对特质学说的批评 / 166
　　（二）对人格特质的辩护 / 168
　　（三）查明相关特质 / 169
五、应用：工作岗位上的"大五" / 171
六、评价：自陈式调查表 / 173
　　（一）明尼苏达多相人格调查表 / 174
　　（二）自陈式调查表存在的问题 / 176
七、特质流派的优势与批评 / 178
　　（一）优势 / 178
　　（二）批评 / 179
八、小结 / 180

第八章　特质流派：相关研究 / 183

一、成就动机 / 184
　　（一）高成就动机者的特点 / 186
　　（二）对成功行为的预测 / 187
　　（三）性别、文化和成就 / 188
　　（四）归因 / 189
　　（五）成就目标 / 191
二、A 型性格、敌意和健康 / 193
　　（一）作为人格变量的 A 型 / 194
　　（二）敌意与健康 / 195
三、社交焦虑 / 198
　　（一）社交焦虑者的特征 / 199
　　（二）对社交焦虑的解释 / 201
四、情绪 / 202
　　（一）情绪敏感性 / 203
　　（二）情绪的强度 / 206
　　（三）情绪表达 / 209
五、乐观主义和悲观主义 / 210
　　（一）应对逆境 / 211
　　（二）乐观主义和健康 / 213
　　（三）防御性悲观主义 / 214
六、小结 / 217

第九章　生物学流派：理论、应用与评价 / 219

一、汉斯·艾森克的人格理论 / 221
　　（一）人格结构 / 221
　　（二）生理差异：刺激敏感性与行为系统 / 223
　　（三）人格的生物学基础 / 226
二、气质 / 227
　　（一）气质与人格 / 228
　　（二）抑制和非抑制儿童 / 230
三、进化人格心理学 / 233
　　（一）自然选择与心理机制 / 234
　　（二）焦虑与社会排斥 / 235

四、应用：儿童气质与学校教育 / 236
  （一）气质和学习成绩 / 237
  （二）"良好匹配"模型 / 239

五、评价：脑电活动和大脑不对称性 / 240
  （一）大脑活动性测量 / 241
  （二）大脑不对称性 / 242
  （三）大脑不对称性的个体差异 / 242

六、生物学流派的优势与批评 / 244
  （一）优势 / 244
  （二）批评 / 245

七、小结 / 246

第十章　生物学流派：相关研究 / 249

一、人格特质的遗传力 / 250
  （一）把环境和遗传影响分开 / 252
  （二）遗传学研究存在的问题 / 256

二、外向—内向性 / 257
  （一）外向性的遗传力 / 257
  （二）外向性与偏好唤醒水平 / 260
  （三）外向性与快乐 / 261

三、进化人格理论与选择配偶 / 263
  （一）男人想找什么女人 / 264
  （二）女人想找什么男人 / 266
  （三）结论与局限性 / 267

四、小结 / 269

第十一章　人本主义流派：理论、应用与评价 / 271

一、人本主义心理学的起源 / 273

二、人本主义流派的基本要素 / 274
  （一）个人责任 / 274
  （二）此时此地 / 275
  （三）个体的现象学 / 275
  （四）个人成长 / 276

三、卡尔·罗杰斯 / 276
  （一）充分发挥功能的人 / 277
  （二）焦虑和防御 / 278
  （三）有条件的赞赏和无条件积极关注 / 279

四、亚伯拉罕·马斯洛 / 281
  （一）动机和需要层次 / 282
  （二）对马斯洛需要层次理论的误解 / 284
  （三）对心理健康的人的研究 / 285

五、最佳体验的心理 / 287
  （一）最佳体验 / 287
  （二）日常活动中的最佳体验和快乐 / 288

六、应用：以人为中心的治疗和工作满意度 / 290
  （一）以人为中心的治疗 / 290
  （二）工作满意度和需要层次 / 293

七、评价：Q分类技术 / 294

八、人本主义流派的优势与批评 / 298
  （一）优势 / 298
  （二）批评 / 299

九、小结 / 300

第十二章　人本主义流派：相关研究 / 303

一、自我表露 / 304
  （一）表露的相互性 / 306
  （二）朋友和恋人间的自我表露 / 308
  （三）自我表露的性别差异 / 309
  （四）表露创伤经历 / 310

二、孤独 / 313

（一）对孤独的界定和测量 / 315
（二）长期孤独的人 / 316
（三）孤独的原因 / 317

三、自尊 / 319
（一）自尊与对失败的反应 / 320
（二）自我价值组合 / 322
（三）自尊与文化 / 325

四、独处 / 327
（一）独处时间 / 328
（二）独处偏好的个体差异 / 331

五、小结 / 332

第十三章　行为主义／社会学习流派：理论、应用与评价 / 325

一、行为主义 / 326
二、条件反射的基本原理 / 340
（一）经典条件反射 / 340
（二）操作性条件反射 / 341
三、社会学习理论 / 345
四、社会认知理论 / 348
（一）交互决定论 / 348
（二）想象与自我调节 / 350
（三）观察学习 / 350
五、应用：行为矫正和自我效能感疗法 / 353
（一）对心理障碍的解释 / 353
（二）行为矫正 / 354
（三）自我效能感 / 357
六、评价：行为观察法 / 359

（一）直接观察 / 360
（二）自我监控 / 361
（三）他人观察 / 361

七、行为主义／社会学习流派的优势与批评 / 362
（一）优势 / 362
（二）批评 / 363

八、小结 / 364

第十四章　行为主义／社会学习流派：相关研究 / 367

一、性别角色行为的个体差异 / 368
（一）男性化—女性化 / 371
（二）双性化 / 372
（三）性别类型与心理健康 / 373
（四）性别类型与人际关系 / 375
（五）过度共享 / 377

二、攻击性的观察学习 / 378
（一）班杜拉的四步骤模型 / 379
（二）媒体暴力与攻击行为 / 382
（三）暴力视频游戏 / 385

三、习得性无助 / 387
（一）学习到的无助 / 387
（二）人类的习得性无助 / 388
（三）习得性无助的应用 / 389

四、控制点 / 393
（一）控制点与幸福感 / 393
（二）控制点与健康 / 397

五、小结 / 399

第十五章 认知流派：理论、应用与评价 / 401

一、个人建构论 / 403
 （一）个人建构系统 / 404
 （二）心理问题 / 405

二、认知人格变量 / 406
 图式 / 408

三．自我的认知表征 / 409
 （一）自我图式 / 409
 （二）可能的自我 / 413
 （三）自我不一致 / 414

四、应用：认知（行为）心理治疗 / 415
 理性情绪疗法 / 416

五、评价：轮流呈现网格法 / 419

六、认知流派的优势与批评 / 421
 （一）优势 / 421
 （二）批评 / 422

七、小结 / 422

第十六章 认知流派：相关研究 / 425

一、认知与攻击 / 426
 （一）一般攻击模型 / 426
 （二）男孩的反应性攻击 / 428

二、性别、记忆与自我解释 / 430
 （一）情绪性记忆 / 431
 （二）对人际关系的记忆 / 432

三、认知与抑郁 / 433
 （一）抑郁图式 / 433
 （二）消极认知风格 / 436

四、小结 / 438

附录　人格测验 / 441
术语表 / 455
参考文献 / 461

第一章

什么是人格

一、人与环境

二、人格的定义

三、人格的六个流派

四、人格与文化

五、人格研究：理论、应用、评价和研究

六、小结

2009年9月11日上午，数百人聚集在现在人所共知的"爆炸中心点"附近。他们在东部时间上午8点46分一起默哀。从第一架被劫持的客机在这一时刻撞向纽约世界贸易中心北楼起到现在，已经整整过去8年。遇难者家属在这里摆放鲜花。有人抱着镶着相框的亲人照片。像在悲剧发生后每年的这一天所做的那样，政治领袖和志愿者宣读在纽约遇难的2752个人的名字。在华盛顿的五角大楼和宾夕法尼亚州也举行了仪式，在那里另有两架被劫持的飞机坠毁。在美国全国各地和其他国家，人们参加周年聚会，纪念遇难者。这是一个哀悼、纪念和反省的日子。

自从珍珠港事件以来，没有什么事件能像"9·11"恐怖袭击这样把美国人团结起来。从最初的新闻报道发出的那一刻起，全国各地不同族裔、不同宗教背景的美国人，无不充满震惊和愤怒。他们购买国旗，献血，捐款，与人们分享他们的感情。商店停业，学校放假，体育和娱乐活动取消，整个国家陷入悲痛中。

重大事件会导致人们的相似反应。有人可能会认为，这场灾难说明，我们确实是很相似的，所有人基本上都是相同的。但是，如果再看仔细些，就会发现，即使在这种情境中，也不是每个人都做出了相同的反应。在袭击过后的一些日子里，许多美国人盯着电视频道，急切地关注着事件的新进展。另一些人关上电视机，不愿再去看那些令人撕心裂肺的画面。一些人愤怒至极，发誓报仇；另一些人则关注受害者，表示要帮助他们。一些人参加公众集会，沟通感情，安慰邻舍。另一些人则独自一人，静静反思。许多人寻求生活的意义与安慰。8年后，许多人仍在谈论世事之变。另一些人赞叹国家使一切重返正轨的能力。一些人从群体感中找到宽慰。对另一些人来说，这个日子发生的悲剧使他们刻骨铭心，并重新勾起了恐惧。

人们对"9·11"袭击事件的各种反应，是突然遭遇巨大悲剧事件的人们共有的。起初，环境的要求压倒了个体差异，但是很快，每个人对事件的独特应对方式和情绪变化就显露出来。观察得越多，我们就越能发现，人们是根本不一样的。观察得越细，就越能看出人们之间的差别。这些特点的差别就是本书要讨论的焦点。它们就是我们称为"人格"的一部分。有关"9·11"悲剧的很多问题，人格心理学家已经做了研究。在本书的不同地方都将提到应对压力、向别人表露心声、情绪、焦虑、独处及其他许多相关话题。

一、人与环境

人的行为是由他所处的情境还是由人的类型决定的？在"9·11"悲剧中，人们的行为反应方式是由他们周围发生的事件决定的，还是由事件之前已形成的人的类型决定的？这是心理学理论与研究中一个由来已久的问题。今天被普遍接受的回答是，情境和个人这二者共同决定着行为。可以肯定，我们不会对所有情境做出相同的反应。根据我们所处的环境和周围发生的事情，我们可能做出开朗、羞怯、攻击、友好、抑郁、恐惧、激动等不同反应。但同样明显的是，同处于一个晚会、一个球场或一个购物中心，每个人的行为却不相同。心理学者的讨论现在已经转到以下的问题上：情境怎样影响人的行为？人的行为又怎样反映出每个人的特色？

我们可以把回答这一问题的心理学研究领域加以划分。一些心理学者关心人们怎样对环境要求做出一般反应。他们发现，在同一个情境里，不是每个人的反应都相同，他们的研究目标是，查明可对大多数人将会怎样行动做出一般描述的行为模式。这样，一位社会心理学者就可能创设若干不同情境，参与这些情境的人会发现，有一个人正在需要帮助。这种研究的目的是查明，哪些情境可能使助人行为增多或减少。然而，人格心理学者在这种研究中的思维方式则截然不同。我们知道，人们对各种情境有各种一般反应类型，但是我们更感兴趣的是，面临相同的请求，为什么彼得比保罗更愿意帮助人。

人常说，"人与人之间差别不多，但有差别的地方都很显著。"这句话可以代表人格心理学家的观点。他们希望了解，什么东西使你与坐在你身旁的人不同。为什么有人交朋友不费吹灰之力，有人却形单影只？为什么有人容易陷入抑郁之中？我们能否预测出，什么人会升至公司高位，什么人事业难成？为什么有人性格内向，有人活泼开朗？本书将探讨这些问题。书中讨论的话题还包括，你的人格与你对催眠的反应、你对压力的反应、你在学校的成绩、甚至你患心脏病的概率有何关系。

这并不等于说环境无足轻重，或者说人格心理学家对环境不感兴趣。本书第七章说到，人格研究者所考察的许多问题都涉及某种类型的人在某种特定情境中会怎样做。但本书的重点是，什么东西使你与你身旁的人不同，回答是：你的人格。在阐述这个问题之前，让我们先给"人格"下个定义。

> 人的鲜明特征是他独有的。过去不曾有、将来也不会有一个人和他一模一样。
>
> ——戈登·奥尔波特

二、人格的定义

凡是在大学读过书的人，大概都能想起学期之初第一节课的话题是什么。哲学教授问道："什么是哲学？"传播学第一节课的中心话题是："什么是传播学？"教地理、历史和微积分的教师都会提出类似问题。所以，出于传统和实际的原因，心理学教授们也从这个基本问题开始："什么是人格？"

虽然一个定义将会紧随其后，但是请记住，心理学家不同意对这个问题做出一个简单回答。实际上，在如何描述人的人格以及哪些话题属于这个心理学分支领域的问题上，人格心理学家还在讨论，而且最终结论恐怕遥遥无期(Mayer, 2005; McAdams & Pals, 2006)。在人格心理学应该研究什么这个问题上，人格理论家有不同的观点。一位理论家可能看重无意识机制，另一位可能关注学习过程，第三位则关注人怎样组织他的思维。这种缺乏一致性的状况可能使一些学生感到灰心，但是请接受我的忠告，这些不同观点提供了探索人的复杂性的丰富而令人振奋的框架。

人格可以定义为源于个体自身的稳定行为方式和内部过程。这个简单定义的几个要点需进一步说明。请注意，它包括两部分内容。第一部分讲稳定的行为方式。人格研究者通常认为它们指的是个体差异。在这里，重要的一点在于，人格是稳定的。我们可以跨时间、跨情境地审查这些稳定的行为方式。我们预期，今天活泼开朗的人，明天也是活泼开朗的。在工作中喜欢竞争的人，在体育运动中很可能也喜欢竞争。当我们说"这就像是她干的事情"、"他就是他"的时候，就是在承认这种性格上的稳定性。当然，这不等于说，一个外向的人无论在什么时间、也无论是在庄重场合还是在晚会上都兴高采烈、情绪高涨。它也不等于说人是一成不变的。但是，只要人格是存在的，而且行为不仅是对我们所处情境的反应的话，我们就预期，在人们的行为方式中有某种稳定性。

定义的第二部分关注的是内部过程。内部过程和发生在人与人之间的人际过程不同，它是在人的内心发生的、影响着人怎样行动、怎样感觉的所有情绪、动机和认知过程。你们将会发现，颇多人格心理学家对诸如抑郁、信息加工、愉快、拒绝等感兴趣。当然，在这些过程中，有些是所有人共有的。例如，有的理论家认为，每个人体验焦虑时都有相似的感受或相似的应对恐惧事件的过程。但是，我们怎样利用这些过程，这些过程怎样与个体差异相互作用，这对我们的个人性格起着决定作用。

还有一点很重要，根据这个定义，这些稳定的行为方式和内部心理过程都是在个体身上发生的。这不等于说外部环境对人格没有影响。父母教养孩子的方式自然影响着孩子将来成为什么类型的成人。我们体验到的情绪通常也是对我们经历的事件的反应。关键是，某种行为的产生并不仅仅是情境的作用。看到恐怖影片时产生的恐惧感是影片引起的，但是我们每个人对恐惧的不同表达方式和应对方式是来自我们内部的。

三、人格的六个流派

稳定的行为方式和内部心理过程的产生根源是什么？这是人格理论家和研究者提出的基本问题。人格心理学家从不同角度对这个问题做出了回答，这是我们确定本书内容的根据之一。为了帮助你理解过去一个世纪以来形成的形形色色的人格理论，本书介绍了解释人格的六个流派。它们是精神分析流派、特质流派、生物学流派、人本主义流派、行为主义/社会学习流派以及认知流派。任何一种主要的人格理论都来自这六个流派之一，尽管这种归类不一定完全恰当。

为什么人格理论如此之多？可以打个比方来回答这个问题。盲人摸象的故事大概人人皆知。五个盲人分别摸到了大象的不同部分，然后争着向别人说大象是什么样子。摸到象腿的说大象像个圆柱子；摸到象耳朵的说大象是个又薄又平的扁片；摸到象鼻子的说大象是个长长的东西；摸到象尾巴和身子的人，心目中也有关于大象的不同形象。这个故事说明，每个盲人所了解到的，只是大象的一部分。由于真正的大象比他们摸到的东西更多，所以每个盲人说得都对，但是都不完整。

从某种意义上说，人格的六个流派和这几个盲人差不多。也就是说，每个流派都查明并验证了人格的一个重要方面。例如，精神分析流派的心理学家声称，人的无意识心理对他们行为方式的差异影响很大。特质流派的心理学家确信，人是处在各种各样的人格特征的连续体的某个位置上的。生物学流派的心理学家用遗传素质和生理过程来解释人格的个体差异。人本主义流派认为，人的责任感和自我接纳感是造成人格差异的主要原因。行为主义/社会学习流派的心理学家把稳定的行为方式说成是条件反射和期望的结果。认知流派则用人们加工信息的方式来解释行为的差异。

有人建议，把六个流派综合起来，我们就能获得关于人们所作所为之原因的更全面、更详细的图景。遗憾的是，盲人摸象的比喻只是部分地适用于人格研究的不同流派。虽然对于人格的某一问题，不同流派之间往往只是在强调重点上存在不同——每个流派都做出了一种合理的、彼此相容的解释——但是在很多时候，两个或多个流派做出的解释却是完全不相容的。因此，在这一领域从事研究的人们会根据他们接受哪种解释，而把自己划归到这一或那一流派。

再回到盲人摸象的故事，假如有人问大象怎样行走，摸到鼻子的人说，大象像蛇一样在地上爬；摸到象耳朵的人不同意，说大象肯定是像鸟一样，用大而软的翅膀在天上飞；摸到象腿的人又有不同的说法。尽管在有些情况下，这些说法当中不是只有一种正确（例如，鸟既能走又能飞），但是显然有些时候并不是每一种理论都是正确的。还有一种可能的情况，即这种理论在解释人格的某一部分时是恰当的，而另一种理论在解释人格的另一部分时更恰当。

你们会觉得，有些理论比另一些理论更有意义，这是毫无疑问的。但是请记住，每一个流派都是由众多值得尊敬的心理学家发展和推进的。虽然他们并非在每个问题上都正确，但是，每个流派都在帮助我们理解"我是谁"这一问题上提供了有价值的东西。

两个实例：攻击和抑郁

为了更好地理解人格的六个流派怎样对人的稳定行为方式做出不同的、合理的解释，让我们来看两个人们熟知的例子。攻击行为和被抑郁困扰是社会上影响广泛的问题，所以，持不同观点的心理学者考察了攻击和抑郁的原因。

例 1：攻击性

人人都见过或者从书中见到过那种经常表现出攻击行为的人物。因为攻击而被逮捕的成年人通常具有攻击行为史，它可以追溯到儿时在游戏中与别人的打斗。为什么有些人总是比别人更富有攻击性？对此，人格的所有六个流派都至少给出了一种答案。当你们看到这些答案的时候，你可以想想你见过的爱攻击的一个人。对于这种行为，六个流派中哪个流派的解释最有说服力呢？

经典精神分析理论对攻击性的解释是，每个人都具有一种无意识的死的本能，也就是说，人具有一种自我毁灭的无意识愿望。但是，一个具有健康人格的人是不会伤害自己的，所以这种自我毁灭的冲动就会无意识地转向外面，以攻击别人的方式表达出来。另一些精神分析学家解释说，当人要达到自己目标的行为受阻时，就会产生攻击行为。一个处于巨大的挫折体验中的人，例如，在实现自己的目标时屡遭挫败的人，就可能出现比较持久的攻击行为。在大多数情况下，人并没有意识到自己攻击行为的真正原因。

特质流派的人格理论家看重攻击行为的个体差异和稳定性 (Bettencourt, Talley, Benjamin & Valentine, 2006)。例如，几位研究者曾经测量了 8 岁儿童的攻击特性 (Huesmann, Eron & Yarmel, 1987)。当参加研究的小学生长成 30 岁的成人时，研究者又对他们进行了访谈。他们发现，在小学时被确定为攻击性强的人，后来变成了爱攻击的成人。那些喜欢推、撞同学的孩子，长大成人以后常出现虐待配偶和暴力犯罪行为。

生物学流派的人格心理学家也对攻击行为的稳定性感兴趣。他们认为，遗传素质是攻击行为稳定性的原因之一。现在有证据证明，一些人的攻击倾向比另一些人更强 (Miles & Carey, 1997)。也就是说，有些人在出生时就具有攻击性的素质，加之其教养环境影响，后来成了爱攻击的成人。另一些心理学家从进化论的角度解释攻击性 (Cairns, 1986)，例如，男性比女性攻击性强可以这样解释，男性天生具有一种控制竞争对手的需要，以便保全自己并将他的基因传递下去。研究还考察了激素和神经递质在攻击行为中的作用 (Berman, McCloskey, Fanning, Schumacher & Coccaro, 2009; Klinesmith, Kasser & McAndrew, 2006)

人本主义流派的人格心理学家以另一种方式解释攻击行为。他们不承认有些人生来就具攻击性。他们认为，人之初，性本善。如果能在富足和充满鼓励的环境中成长，所有人都能成为乐观、和善的成人。当某些因素妨碍了这种自然的成长过程时，就会出问题。爱打架的孩子往往来自基本需要得不到满足的家庭。如果儿童形成不良的自我形象，他们就可能在遇到挫折时对别人大打出手。

行为主义和社会学习理论在很多地方与人本主义理论不同。行为主义者认为，人们是像学习其他行为一样，学会攻击行为的。在游戏场所称王称霸的孩子发现，会打架很有好处，他们先诉诸武力，然后在操场上想玩什么就玩什么，因为别的孩子怕他们。解释行为的关键在于，得到好处的行为就会重复出现。因此，在游戏场所称王称霸的行为就会持续出现，并扩展到其他场合。如果攻击行为不断地得到好处，而不是得到惩罚，爱打架的孩子就会变成爱打架的成年人。人还会仿效别人。儿童看到伤害别人有好处，就从爱打架的同学那里学会打架。本书第十四章将讲到，很多人认为，儿童平时从电视上看到的那些打打杀杀的角色可能导致了社会上暴力行为的增多。

认知心理学家从另一个角度探索攻击行为问题。他们探索的焦点是富于攻击性的人是怎样加工信息的。环境中的一些特殊情节，如对枪支和打斗的想象，往往会引发攻击性思维与情绪。当攻击性思维强烈地产生时，人们更可能把情境解释为威胁情境，并对威胁者做出暴力反应。虽然人们大多会忽略非故意的不礼貌行为和走廊上的意外碰撞，但是那些有强烈攻击性思维的人更可能用暴力和愤怒的冲撞对此做出反应。

现在让我们回到前面的问题：为什么一些人显示出稳定的攻击行为方式？六个人格流派做出了不同的解释，哪个是正确的？有一种可能性：只有一种解释是正确的，今后的研究应该证实该理论。但是第二种可能是，六个流派都说对了一部分，六种（或更多）不同的原因导致了攻击行为。还有第三种可能，六种解释并不互相矛盾，只是它们强调的重点不同。譬如，攻击性可能是相对稳定的，它反映了某种攻击性特质（特质理论）。但是人们也可能把模糊不清的事件解释为威胁事件（认知解释），因为过去他们就这样被人打过（行为主义／社会学习论的解释）。爱攻击的人可能生而具有以攻击方式对待威胁的倾向（生物学流派），但是如果他们生活在一个不经常受挫的环境里（精神分析流派），或者生活在一个基本需要能得到满足的家庭里（人本主义流派），他们将会克服自己的攻击倾向。由此看来，每个流派对我们理解攻击行为都有一定帮助。

例 2：抑郁

我们都知道抑郁指的是什么。谁都有过感觉有点"蓝调的"或"忧郁的"日子。许多大学生都经历过较长时间的悲伤，或者对什么事情都不感兴趣也不想做。大多数人都会有心境、兴趣和精力的变化，但是有些人似乎比别人更容易忧郁。当今，抑郁是一个普遍存在的问题，所以很多心理学家都对其原因做出了解释。六个人格流派对抑郁也做出了不同的解释。

抑郁是什么造成的？从不同的人格流派出发，你可以把抑郁解释为转向内心的愤怒，一种稳定特质，一种天生倾向，低自尊，缺乏强化物，或消极的思维方式。

在精神分析学派的奠基者西格蒙德·弗洛伊德看来，抑郁是一种转向内心的愤怒。处于抑郁中的人存有一种无意识的愤怒和敌意感。例如，他们可能想向家人大打出手。但是一个正常人就不会有这种感觉。精神分析学家还认为，每个人都有内在的、阻止人表现出敌意的社会标准和价值观念。因此，这些愤怒感就转向内心，人就"向自己出气"。用精神分析理论来解释，这是一种无意识水平的表现。

特质理论家重在查明哪些人容易抑郁。研究者发现，一个人当前的一般情绪水平是预测他今后情绪的好指标。几位研究者测量了一群中年男性的抑郁水平，30 年后进行重测 (Leon, Gillum & Gouze, 1979)。结果发现，这些男人在两次测量中的抑郁水平分数有高相关。还有一项研究发现，被研究者 7 岁时的行为可以预测他们 18 岁时的抑郁水平 (Block, Gjerde & Block, 1991)。

生物学流派的人格心理学家拿出这个抑郁稳定性的证据争辩说，有些人可能生而具有对抑郁的敏感素质 (McGue & Christensen, 1997)。生来就具有这种脆弱性的人比一般人更可能在面临压力生活事件时做出抑郁反应。有这种遗传倾向的一些人在生活中会经常体验到忧郁心境。

人本主义流派的人格理论家用自尊来解释抑郁。就是说，经常抑郁的人，是那些不能建立良好自我价值感的人。人的自尊心是在成长过程中建立起来的，它像人格的其他概念一样，在不同的时间和情境都是相当稳定的。人本主义流派的行为治疗专家在为抑郁患者治疗时，一个重要目标就是让他们接纳自己，甚至接纳自己的错误和弱点。

行为主义/社会学习流派考察的是导致抑郁的学习经验类型。行为主义者认为，抑郁是由于生活中缺乏积极强化物。也就是说，你觉得没意思，不想做事，是因为你没有看到生活中有什么值得做的事情。第十四章将介绍一个影响广泛的抑郁行为模式，它假设，抑郁是由厌恶情境体验所致，在这样的情境中，人们感觉失去了掌控力。这一理论认为，处于不可控制的事件中，人会产生一种无助感，并且泛化到其他情境中，形成典型的抑郁综合征。

一些认知流派的人格心理学家进一步地采纳了这种解释。这些心理学家认为，人们是否抑郁，取决于他们如何解释自己控制环境的这种无能。例如，有人把缺乏控制力解释为暂时的经济困难，另一些人则认为缺乏控制是由于个人能力不够；那么，前者就不像后者那样容易出现抑郁。另一些认知心理学家认为，人们用一种好似抑郁过滤器的东西来理解和加工信息。容易抑郁的人总是用最可能导致抑郁的方式来解释周围世界。因此，抑郁的人很容易回忆起不愉快的体验。他们所遇到的人和环境也好像总在提醒他们想起那些悲伤、不快的时刻。简言之，人之所以变得抑郁，是因为他们容易产生抑郁的思维方式。

对抑郁的这些解释，你感觉哪一种最确切呢？如果你曾经遭受抑郁困扰，是由于低自尊，还是感到情境不可控，抑或是因为你总是透过一个抑郁的镜片看世界？和攻击性的例子一样，这些流派中不止一种理论正确解释了抑郁。你可能发现，一种理论可能适合解释你去年遭受的抑郁情境，另一种用来解释你最近出现的抑郁心境更合适。另外，各种理论有时候是可以互补的。例如，一些人因为低自尊，而倾向于用抑郁的方式来解释事件。

关于这两个例子还有一个问题，当你解释不同现象的时候，不必把自己划归为同一个人格流派。例如，你可能觉得，认知流派对攻击性的解释对你最有用，而人本主义流派对抑郁的解释最好。这正是本节的一个要点：六个流派中的每一种都会引起学生对理解人格的兴趣。

四、人格与文化

心理学者近来逐渐认识到，文化对理解人格有举足轻重的作用。有些学生可能觉得，这种意见乍看上去和"人格不同于情境对行为的影响"的观点不一致。但是，西方发达国家越来越多的人格心理学者发现，作为我们描述和研究人格方法之基础的那些观点，并不能应用于不同文化的人们 (Benet-Martinez & Oishi, 2008; Church, 2001; Kitayama & Markus, 1994)。这不仅因为，不同文化中的不同经验影响着人格发展，更重要的是，心理学家已经逐渐认识到，人与人格是存在于文化背景中的。

研究者在个体主义文化和集体主义文化之间发现了最重要的差别 (Triandis, 1989, 2001)。包括多数西欧国家和美国在内的**个体主义文化**强调个人的需要和成就。生活在这种文化中的人倾向于把自己看作独立的、独特的人。相反，生活在**集体主义文化**中的人倾向于把自己归属于一个较大的群体，如家庭、宗族或国家。这里的人们对合作的兴趣胜过对竞争的兴趣。他们从群体成就中获得的满足，胜过从个人成就中获得的满足。亚洲、非洲、中南美洲的很多国家的情况符合上述这种集体主义文化。因此，当把西方人格心理学者研究时用的一些通用概念拿来研究集体主义文化中的人们的时候，就有了不同意义。例如，在第十二章中介绍的研究表明，西方的自尊概念是以个人目标和独特感为基础的，这一概念对另一些国家的人们就未必有意义 (Markus & Kitayama, 1991)。

人格研究中所考察的行为方式，也由于文化不同而具有不同意义。例如，多年来人格心理学家一直在探讨成就行为。从传统意义上来说，成就行为可以预测哪些人在学习和工作上更有作为。但是，关于成就的这一概念并不能广泛适用 (Salili, 1994)。在一些集体主义文化中，成就意味着合作和群体的成功。在这些文化里，个人意见可能遭到众人的冷遇。又如，当我们要查明心理障碍的时候，必须考虑一个人来自哪个国家 (Draguns, 2008; Fischer, Jome, & Atkinson, 1998; Lewis-Fernandez & Kleinman, 1994; Pedersen, 2008)。比如，在一种文化中被看作过度依赖或自我夸张的行为，在另一种文化中可能是适应良好的行为。

因此请不要忘记，本书中介绍的多数理论和研究是基于对个体主义文化的观察。实际上，大部分研究是在美国开展的。一项考察了41个国家和地区的研究发现，美国是个体主义倾向最强的国家 (Suh, Diener, Oishi & Triandis, 1998)。这不等于说对这些理论和研究结果可以不予重视，我们应该记住，一种特定的描述是否可以应用于所有人，还是个悬而未决的问题。在某些情况下，研究者在不同文化群体中发现了一致的结果，如第四章介绍的对梦的研究和第十章介绍的对婚姻类型的研究。在另一些情况下，如前述的自尊和成就行为的例子，我们就发现了不同文化之间的重要差异。查明文化局限性或各种现象的普遍性，可以为理解所研究概念的本质提供新的思路。

五、人格：理论、应用、评价和研究

浏览本书目录，可以看出，全书分为几大块，每一大块介绍一种人格流派。每一大块又可以分为四小块（每大块占两章篇幅）。这种划分反映出要完整地理解人格必需的四个成分。在每大块开始的时候，先讲理论。本书所涉及的每个人格理论家都以一种综合而全面的模式介绍了人格是怎样构成、怎样发挥作用的。但是心理学家从来不满足于仅仅描述人格。长久以来，我们都在努力应用着从理论和对那些直接影响人们生活的问题的研究中获得的信息。这些应用包括心理治疗、教育和职业行为。在介绍每个流派的时候，我们都同时举了一个如何把理论应用到这些领域的实例。由于每个流派的心理学家还必须找到测量他们所研究和使用的人格建构的方法。因此，评价是人格心理学各流派的另一个重要领域。人格评价方法的实例在本书中随处可见。如果你能花点时间用这些调查表自测一下，不但可以更好地理解各流派的心理学家怎样测量人格，而且还能知道你自己的人格是怎样的。另外，每一大部分里都有一章介绍该流派的相关研究。读后你就会明白，人格心理学是一门科学。对每个流派，我们深入考察几个问题之后，就会懂得，理论怎样引发出研究，研究结果又怎样带来了新问题和进一步的研究。

> 没有什么东西能像人类行为那样为人们所熟悉，也没有什么东西比人类行为更重要。但是，它却不是我们最理解的东西。
> ——B. F. 斯金纳

（一）理论

人格的每个流派都是从理论开始的。理论通常来自几位著名心理学家的著作，他们在自己的著作里提供了对稳定的人格类型和个人内心过程的描述。他们解释了人格的机制，以及这些机制怎样导致了某人特有的行为。在多数情况下，理论家都试图解释人格发展的差异。许多人还根据他们的理论描述了使人格发生改变的途径。

虽然每一种理论都倾向于强调人格的一个方面，但是每个理论家在描述人格本质的时候，都必然要深入探讨几个重要问题。一般来说，六个流派的理论家都是按照图1.1的方式来说明这些问题的。

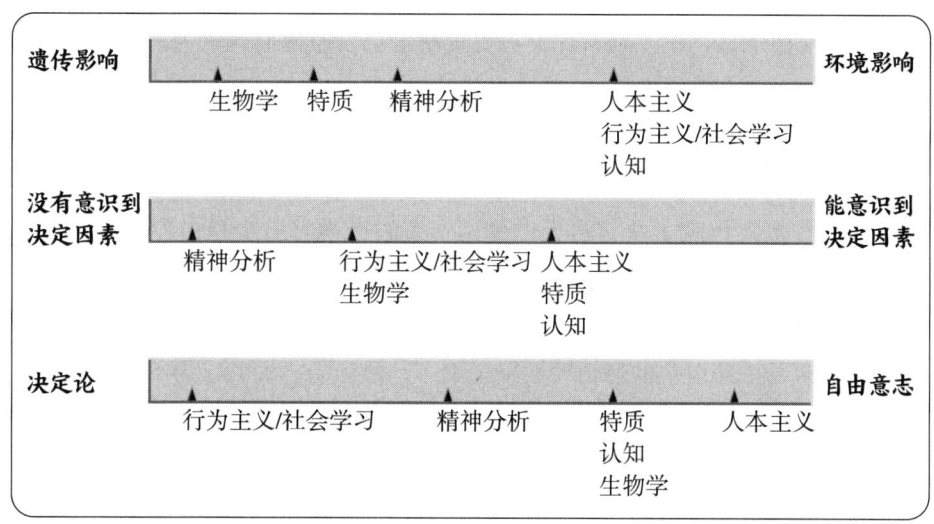

图 1.1 六个人格流派在三个理论问题上的立场

1. 遗传影响与环境影响

人在出生时就为他长大成人之后的人格播下种子了吗？或者，每个人来到这个世界时都不带有任何遗传的人格倾向，每个健康婴儿都像别的孩子一样，可能变成一个伟大的慈善家、一个罪犯、一位领袖或一个无助的精神病患者？每一种人格理论都以这样那样的方式提出这个问题：人格有多少是遗传素质影响的结果，又有多少是人的成长环境影响的结果？生物学流派和特质流派的许多理论家认为，人们过于忽视遗传素质的重要性了。精神分析学派的理论家也在较小程度上强调与生俱来的需要和行为方式，尽管是无意识的。但是，人本主义流派、行为主义/社会学习理论以及认知理论家很少强调遗传对人格的影响。在某种程度上，对这个问题的回答必须是实证性的。越来越多的研究至少发现了某些遗传因素对人格发展的影响（见第十章）。

2. 意识决定行为还是无意识决定行为

人在多大程度上能够明察他们行为的原因？西格蒙德·弗洛伊德认为，人的很多行为是受无意识力量控制的。B.F.斯金纳，一位影响巨大的行为理论家，把这种无意识定义为人没有意识到的东西，他认为，人们往往以为自己知道自己行为的原因，而实际上并没有意识到。与此相反，特质理论家和认知理论家靠自我报告的资料来发展他们的理论和研究。他们假设，人们能够明了并报告出他们的社会焦虑水平，以及他们怎样在心里对信息加以组织。但是，在这个问题上所有流派都不采取绝对化态度。认知心理学家逐渐承认，很多信息加工是在意识之下的水平上发生的。人本主义理论家在这一问题上通常采取折中主义立场。他们承认，没有别人比自己更了解自己，但他们也认为，许多人并不清楚，他们为什么那样做。

3. 自由意志与决定论

人能在多大程度上决定自己的命运？人的行为有多少是由控制着我们的外部力量决定的？这是心理学中的一个起源于哲学和神学的老问题。在一个极端上，我们可以看到被称为激进行为主义者的行为主义/社会学习流派。在这个问题上话说得最坦率的恐怕要数斯金纳了，他认为，人的行为不是自由选择的，而是环境影响与人所积累的经验的结果。斯金纳称自由不过是一个神话。精神分析学派的理论家在这个问题上一般不持极端立场，但他们仍然强调与生俱来的需要和无意识机制，它们使人的很多行为处在人的掌控之外。处于另一个极端的是人本主义理论家，他们更多地强调作为心理健康基础的个人的选择与责任。人本主义流派的心理治疗专家经常鼓励患者认识到，他们对自己的生活负有多大的责任。

虽然这一问题仍不明确，但是特质流派、生物学流派和认知流派的理论家大概处于其他几个流派之间的某个位置。特质论者和生物学流派理论家较多地强调遗传素质，认为遗传素质把发展局限在一个特定范围内。但这些学者中没有人认为人格完全听命于遗传素质。同样，认知心理治疗专家也经常鼓励来访者想想自己怎样给自己造成了问题，并且教给他们避免未来遇到困难的方法。

（二）应用

心理治疗是人格心理学家把人格理论和研究应用于解决个人与社会问题的最常见途径。许多著名的人格理论家同时也是治疗专家，他们通过给病人治病使他们关于人格的思想得到发展和完善。心理治疗有很多不同方式，每种方式都反映了心理治疗专家对人格本质的看法。例如，精神分析学派的治疗专家更关心导致问题行为的无意识的东西。人本主义治疗师更多地以一种间接方式为患者提供一种恰当的气氛，让他们深入自己的情感世界。认知治疗师试图让他们的患者改变加工信息的方式，行为主义者则创设环境，使人们期望的行为多出现，不期望的行为少出现。心理学家还把人格理论应用于教育、组织和咨询工作中。后面几章将会介绍人格理论家有关有效教学以及职业选择的看法。

（三）评价

心理学家如何测量人格，取决于他们倾向于六种心理学流派中的哪一个流派。许多人格研究者喜欢采用自陈式调查表，在施测过程中，接受测验者要回答一系列有关自己的问题。但是，精神分析学派的心理学家对人们不能直接描述的东西更感兴趣。他们要求接受测验的人对模糊不清的刺激做出反应，从而了解某些无意识的想法，然后由训练有素的心理学家进行解释。传统行为主义流派的心理学家在人格评价过程中经常采用另一种方法。他们对假定存在于人们头脑中的结构和概念不感兴趣。这些心理学家通过观察行为来确定一个人的稳定的行为方式。譬如，行为主义心理学者要考察合作，可能会观察人们怎样完成一个必须集体完成的任务。如果一个人表现出大量的合作行为（如帮助集体中的其他人，称赞别人的工作，等等），他就被确定为具有合作精神的人。简言之，一个心理学者如何测量人格，取决于他认为人格是什么。

> 任何一个旁人对我们的理解都胜过我们自己对自己的理解。
> ——卡尔·荣格

（四）研究

虽然六个人格流派强调的重点不同，但它们有一个共同特征，即每个流派都做了大量的相关研究。你会发现，这种研究有时检验了处于本理论核心地位的原理和假设，有时则进一步考察了一种理论提出的某些概念。你会发现，在本书中，像健康、人际关系、抑郁、成就、焦虑、攻击性等话题，不止一次出现。因为，要充分理解这些问题，需要从多个角度对它们加以考察。好几种心理学杂志专门发表人格方面的研究，还有许多已发表的文章与本书中讨论的主题有关。心理学家在致力于揭示有关人格的信息的工作中，运用了大量的研究方法 (Craik, 1986; Mallon, Kingsley, Affleck & Tennen, 1998; Tracy, Robins & Sherman, 2009)。在评价本书中提到的研究时，你不必完全理解这些研究方法。但是，如果你掌握了假设—检验技术和人格研究者通常采用的少数几种方法，将对你很有帮助。这些问题将在下一章中阐述。

不参加一些人格测验就很难完成大学学业。从这里可以看出自陈式问卷经常被使用的一个原因：研究者可以快速地从很多人那里收集到信息。

六、小结

（1）人格心理学在人群中所受到的关注是不同的。关于人格，尚没有一个公认的概念，在本书中，我们把人格定义为稳定的行为方式和起源于个体的内部过程。

（2）为了方便，我们把大量的人格理论归为六个主要流派：精神分析流派、特质流派、生物学流派、人本主义流派、行为主义/社会学习流派和认知流派。在解释行为的个体差异时，每个流派所强调的重点不同。虽然在描述行为时不同流派偶尔会有意见分歧，但可以把这六个流派看作一个互相补充的模型来理解人类的人格。

（3）人格心理学家逐渐意识到，必须考虑一个人所处的文化。本书中提到的大多数研究结果都来自美国这样的个体主义文化，因此，这些结论并不是都能推广到集体主义文化中去的。

（4）要更好地理解人类的人格，除了理论研究之外，还需要更多的东西。因此，我们将考察，每一个流派怎样被应用于实际生活中，各个流派怎样进行人格评价，与上述问题及各派理论提出的课题相关的研究有哪些。

关键术语

集体主义文化　collectivist culture (p.11)　　　　人格　personality (p.4)
个体主义文化　individualistic culture (p.11)

第二章

人格研究方法

一、假设—检验方法
二、个案研究法
三、数据的统计分析
四、人格评价
五、小结

不久前,"达拉斯的一位绝望者"写信给一家报纸的专栏作家,述说寄居她家的16岁的表小叔子的事情。这个孩子不想工作,不想上学,并且是一个自由散漫的客人。她不知道该怎么办。专栏作家向这位"绝望者"解释说,这个男孩的真正问题是,他在早期生活中曾遭到父母拒绝。这些早期经验导致这个男孩对生活缺乏动机。在后来的几周内,这位作家又向"波士顿的一位好奇者"解释了一个5岁男孩看太多暴力电视节目会变得更具攻击性。她告诉"休斯敦的一位匿名者","你5岁的女儿将来会成为一个领导者";还告诉"诺福克的一位困惑者",有些人不能忍受轻微的疼痛,而另一些人却不在乎。

专栏作家在上述几个例子中解释了为什么人会形成稳定的行为模式,即人格形成的原因。大多数人可能认为,专栏作家说的是关于人的行为的事情。但她是怎么知道的?靠经验,靠智慧,还是靠对人类本性的敏锐洞察力?也许是吧。在某种程度上,专栏作家表现出的是我们理解人格的一种途径,即通过专家的意见来理解人格。在某些方面,专栏作家和那些著名的人格理论家很相似,人格理论家思考别人的研究,做出自己的观察,然后解释人的行为的原因。例如,第三章将要讲到,西格蒙德·弗洛伊德提出了许多关于人格的创造性思想。弗洛伊德阅读了大量同时代人写的讲述人类行为的书籍。他与当时也在考察心理现象的一些著名思想家在一起工作,共同探讨有关问题。弗洛伊德还认真地观察了前来找他治疗的带着形形色色心理问题的患者。凭借从所有这些途径获得的信息,弗洛伊德提出了自己的人格理论,并终生致力于此。

虽说弗洛伊德的著作比本章第一段所述的专栏作家的诊断更专业、更严谨,但是他的理论也常引发相似的反应:他是怎么知道的?弗洛伊德的思想是令人感兴趣的,他的看法有时候听起来也很有说服力。但是,在接受一种人格理论之前,多数人格心理学家都希望了解不止一位人格专家的观点。他们希望进行实证研究。他们希望通过研究检验理论做出的预测。他们希望有令人信服的数据为理论提供有力的支持。这并非由于专家的观点没有价值,相反,人格理论家的观点和观察结果恰恰是本书的脊梁。但是理论本身只能提供部分情况,要理解人类人格的本质,还需要考察心理学者从严谨的实证研究中得到的东西。

本章将对人格研究做简要介绍。我们先讨论与假设—检验研究方法有关、与人格研究者重视的问题有关的几个基本概念。接着,我们介绍在人格心理学史上发挥了重要作用的研究方法——个案研究法——的程序。再简略介绍一些数据统计分析知识。最后，由于人格心理学者经常要进行人格评价，因此我们还会简要介绍与人格个体差异测量有关的一些概念。

一、假设—检验方法

我们常会思考人格的本质问题。你可能想知道，为什么你看起来比别人更善于自我洞察；为什么你家里的某个人会经常沮丧；为什么你在交友方面困难重重，而别人却易如反掌。在后一种情况下，你可能见过一个交际广泛的学生怎样和她遇到的人们打交道，并且把她的行为与你遇到陌生人时的行为方式做比较。你甚至可能会尝试改变自己的行为，使自己的行为更像她的行为，看看这样做能否使别人对你的反应更好些。

其实，这一过程与人格心理学家所使用的研究程序之间只有精细程度的差别。和我们一样，人格研究者也思考人格的本质问题。研究人员根据观察以及前人的理论和研究成果，通过深入思考，提出研究假设：为什么人们那样行动。然后，研究者采用实验法收集资料，考察他们对人的行为的解释是否正确。像智力拼图玩具的每一块拼板一样，每一项研究都对我们理解人格做出了贡献。然而，当你读完这本书之后，就会明白，这个拼图游戏是永无终点的。

（一）理论与假设

许多人格研究都始于**理论**——关于不同建构或不同事件之间关系的一般陈述。理论所要解释的事件或现象的范围是不同的。一些理论，像本书讨论的主要人格理论，其范围非常广泛。例如，心理学者运用弗洛伊德的精神分析理论解释了各种心理障碍的原因，以及为什么一些笑话听起来很可笑。但是，研究者通常所探讨的理论，其应用范围是相对比较狭窄的。例如，他们可能会思考一些人比另一些人成就动机更强的原因，或者考察父母行为与子女的自尊水平之间的关系。关注那些大的理论，如弗洛伊德的理论，可能是有益的，因为其中汇集了大量更具体且对人格本质有共同假设的理论体系。

一个好的理论至少具有两个特征。首先，好的理论具有简约性。科学工作者一般要遵循"简约律"，即能够解释现象的最简单的理论是最好的理论。正如你们将在本书中看到的，有几种理论可以解释任何一种行为。有些理论是相当宽泛的，包括很多概念和假设，有些则只用比较简单的术语来解释现象。哪一种理论更好呢？虽然有时候科学家们喜欢用独出心裁的术语和艰深难懂的概念来包装其理论，但是照理说，如果两个理论在解释某种现象上的效果相同，那么，其中比较简单的解释更好些。

其次，一个好的理论应该具有实用性。更明确地说，除非一个理论能够提出可检验的假设，否则它对于科学工作者来说就是用处很小的或无用的。不能被验证的观点不一定是错误的，只不过是没有对其进行科学研究而已。譬如，过去人们曾经用"妖魔缠身"来解释精神失调。这种关于精神失调原因的说法可能对，也可能不对。但是，除非它可以被检验，否则这种说法就不能通过科学方法来证实，因此它对科学工作者来说基本上无用。

但是，理论本身是无法验证的。因此，研究者要去考察根据理论提出的假设，通过研究来验证它。**假设**是对来自理论的、有逻辑联系的两个或多个变量之间关系的合理预测。来看一个例子，心理学家对孤独感的个别差异感兴趣（第十二章），他们希望查明，为什么一些人经常感到孤独，另一些人则很少感到孤独。一种理论是这样假设的：孤独的人缺乏形成和保持满意的人际关系所需要的社交技能。这是一个有用的理论，根据这个理论可以从逻辑上提出许多相关的预测，如图2.1所示。如果这个理论正确地描述了孤独的原因，我们就可以设想，具有稳定的孤独特征的人比不孤独的人更少主动与别人谈话。另一个预测是：孤独的人对于别人怎样看他可能不太清楚。我们还可以预测，跟别人谈话时，孤独的人比不孤独的人说出了更多不恰当的话。

以上每一个预测都是可以检验的。例如，我们可以通过记录孤独者和不孤独者与刚结识的人的谈话来验证最后一个预测。评判者可以统计他们在谈话中做出恰当反应的次数，提出恰当问题的次数等。如果有孤独特征的人在谈话中做出的恰当反应较少，这个预测就得到了证实，该理论也就得到了支持。但是请注意，理论本身是不可直接验证的。事实上，理论是不能被证真或证伪的。理论只能通过研究得到或多或少的支持，从而对科学工作者理解现象发挥或大或小的作用。通过研究，验证的理论预测越多，我们就越相信该理论对事物本质做出的描述是正确的。反之，假如预测总是不能在实证研究中得到证实，我们就不大愿意接受那个理论。这时候，科学家通常会提出一个新的理论，或修正原有理论，以便更好地解释我们的研究结果。

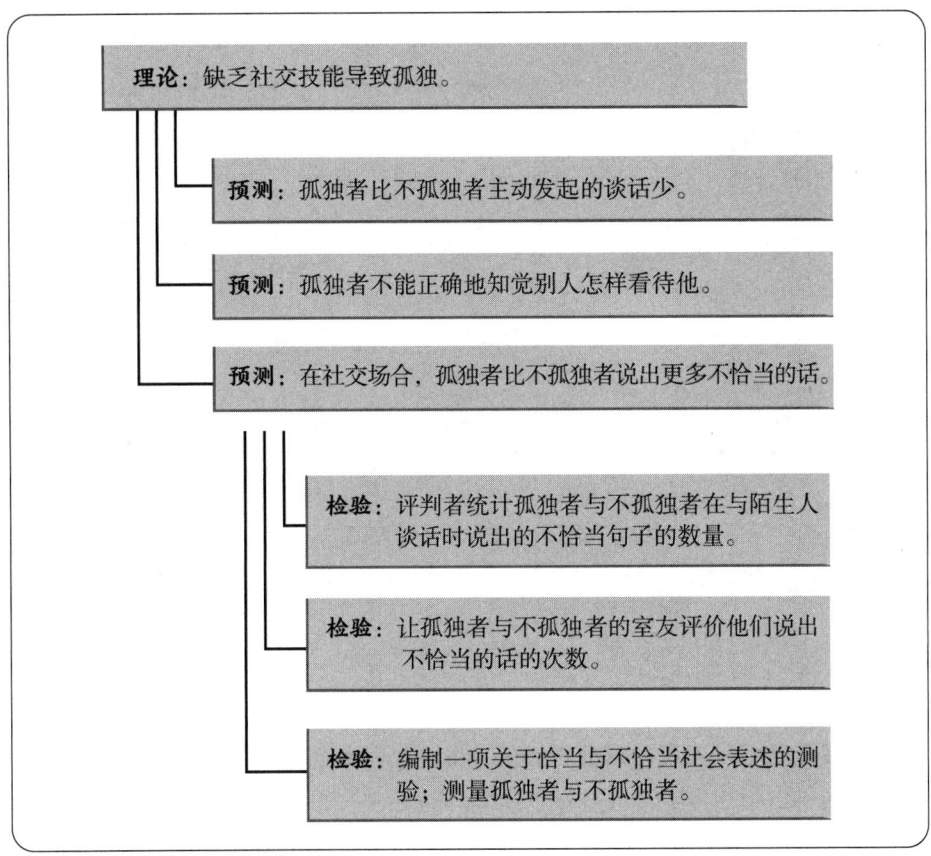

▶ 图 2.1 假设—检验法举例

（二）实验变量

一项好的研究是循着从理论到假设再到实验的途径进行的。变量是实验的基本要素，它可分为两类：自变量和因变量。**自变量**决定着实验如何分组。这通常由实验者来操纵，例如他们把被试随机分配到不同的实验条件下。自变量可能是给每组被试的药物量，可能是创设条件引发各组被试不同的焦虑程度，或是各组被试阅读的故事类型。例如，假如焦虑水平是自变量，研究者就可能告诉不同组被试：A 组被试要当着十几个批评者的面做一个发言；B 组要当着一些支持者的面做一个发言；C 组不做任何发言。由于自变量使得每个组得到完全不同的处理，所以有些研究者称自变量为处理变量。

许多人格研究者采用实验室研究来检验他们的假设。这些研究经常在大学里进行,由本科生做研究对象,研究生做主试。

因变量是由研究者测量而得出的、用于比较不同实验组的变量。在一项设计严谨的研究中,各组在因变量上的差异可归因于自变量水平不同所致。拿焦虑的例子来说,如果一个研究者假设,当人们尽可能多地获得有关情境的信息时,他们对即将来临的未知事件的焦虑就会减轻。研究者可能会以焦虑水平为自变量,将之区分为高焦虑、中等焦虑和低焦虑三种条件。然后实验者比较三个组向实验者询问的有关即将来临的未知事件的问题的多少。在这种情况下,提出问题的数量就是因变量。研究可能会得到如下的结果:

	高焦虑组	**中等焦虑组**	**低焦虑组**
提出问题的平均数	5.44	3.12	1.88

如果实验设计正确,研究者就会把因变量(提出问题的数量)的差异归于自变量的不同水平(焦虑程度)。由于研究者把因变量的差异看作各组接受不同处理的结果,所以有些研究者把因变量称作结果变量。

多数人格研究都比这个例子所说的情况更复杂。研究者选用的自变量通常不止一个。以一项信息搜寻实验为例,实验者想按照被试的一般羞怯水平把他们分成不同的组。研究者可能预测,焦虑导致对信息的寻求,但是这种寻求只是表现在那些不羞怯的人中间。在这项检验假设的研究中，研究者可能采用两个自变量对被试进行分组。他们先把被试随机分为焦虑组（抢先提问）和非焦虑组，再查明这两个组中哪些人羞怯，哪些人不羞怯。如果因变量仍旧是被试向实验者提出问题的数量，那么结果就可能像图2.2那样，该图显示了交互作用是怎么一回事。它指的是，一个自变量对因变量的影响，受制于另一个自变量的不同水平。在本例中，焦虑水平是否导致提出问题数量的增加，取决于被试羞怯水平的高低。

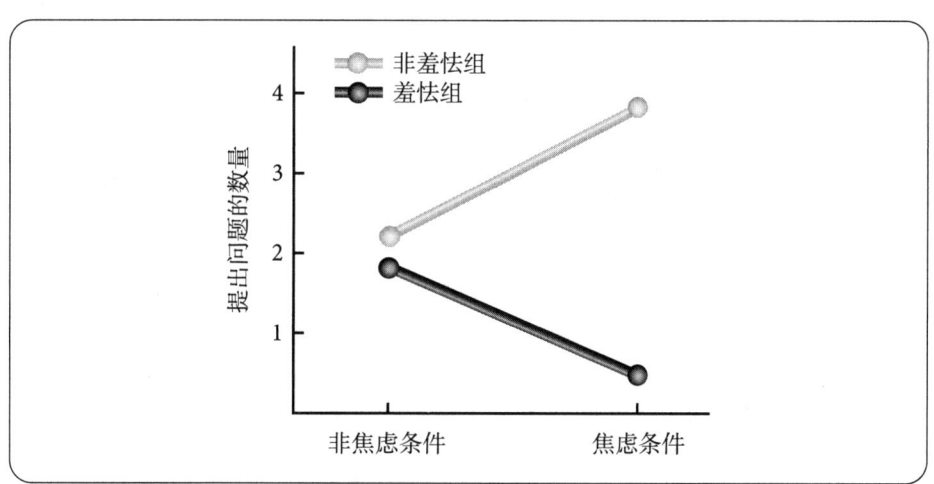

▶ 图 2.2 两个自变量之间的相互作用

（三）操纵的与非操纵的自变量

有时候，人格研究者把被试随机分配到不同条件下，如把他们分为焦虑组和非焦虑组。但是，有时候他们只是要查明，被试本来应该属于哪一组，例如应该属于羞怯组还是非羞怯组。下面的例子可以说明这个明显的差别。

假设你想知道暴力电视节目对人们在真实生活中表现出来的攻击行为的影响，你招募了两类被试——看暴力电视节目很多和很少的人——来参加实验。然后，你测量了被试在多种情境下的攻击性水平。你发现，正如你所假设的那样，看过较多暴力电视节目的人表现出的攻击行为多于看暴力电视节目较少的人。因此你得出结论，观看暴力电视节目会导致人们更富于攻击性。但是，仅凭这样一个研究得出的结论，还须进一步验证。例如，这些看暴力电视节目多的人可能因为他们本身就爱攻击。也许他们能从枪战、刺杀和其他暴力动作节目中得到娱乐。所以，研究结果尽管与假设一致，但是要得出因果关系结论还需进一步验证。

这个例子说明了采用操纵的自变量与非操纵的自变量进行研究之间的重要差别。采用**操纵的自变量**时，研究人员必须把大量被试随机分配到不同的组中。也就是说，每个人都有平等机会被分配到实验中的 A 条件、B 条件（或 C 条件、D 条件等）中去。在实验开始的时候，所有的被试并不完全相同。一些人本来就比另一些人更富于攻击性，一些人比别人更焦虑，一些人比别人更聪明，等等。每个人都有不同的生活经历，这些经历可能会影响他们在实验中的表现。但是，当大量的被试被随机分配到不同组的时候，研究者们就假设，这些差异被相互抵消了。因此，虽然在一定的实验条件下，被试原有的攻击水平不同，但是在实验开始的时候，每个组具有的平均攻击水平应该是相同的。

然后，研究者引进自变量。例如，让一个组看 30 分钟暴力电视节目，另一组看棒球比赛节目，第三组安安静静地坐在那里，什么电视节目也不看。由于我们假设，在研究开始的时候，每个组被试的平均水平是接近相等的，所以，看电视节目之后出现的任何差异，都可以归结到自变量上面。也就是说，如果我们发现，看暴力电视节目的人比看非暴力节目和不看电视的人表现出更多的攻击行为，就可以比较肯定地得出结论，看暴力电视导致了被试更多的攻击行为。

采用非操纵变量的实验有着不同的程序。**非操纵的自变量**（有时亦称被试变量）指研究者不加干预的自变量。比如，研究者把人们分为高自尊和低自尊组，或分为长子、次子和最后出生的三组。在这两种情况下，研究者都没有随机地把被试分配到不同的实验条件下。回到前面的例子，研究者要比较经常看暴力电视和不经常看暴力电视的人的行为，但是他并没有操纵实验条件，把被试分到两组中去。相反，他已经确定了，哪些人属于不具备所研究行为的那类人。

在这种及其他非操纵自变量的情况下，困难在于，研究者不能肯定，在实验开始时两个组的人在所研究的行为方面平均水平相同。例如，很少看电视的人可能更聪明，也可能有较高的社会经济地位。我们可以肯定地说，他们会花更多的时间去做别的事而不是看电视，比如读书、与朋友交往。另外，他们的自尊、饮食，特别是实验前的攻击性水平可能就不同。因此，我们所发现的两个组之间的差异，可能是这些差异造成的，而不一定是每组观看暴力电视节目的数量导致的。

由于在非操纵的自变量情况下很难确定因果关系，所以研究者一般倾向于

> 人格如此复杂，以至于在进行研究时要运用各种合理的方法。
> ——雷蒙德·卡特尔

对自变量加以操纵。但是，这样做并非在各种条件下都可能。有时候，操纵自变量花费过大，过于困难，或者违反伦理原则。这在人格研究中是一个特殊问题，因为研究者想考察的许多变量不能被操纵。回到前面那个有关暴力电视的例子中，我们也许不可能对一些被试说："今后几年里请你大量地看暴力电视节目"；而对另一些人说："如果没征得我的同意，你不要看暴力电视节目。"相反，如果我们想知道看暴力电视节目的长期影响，就必须接受被试的现状，就要知道在研究开始时已存在着许多组间差异。有时候，研究人员试图控制这些已知的差异，比如把两个组的受教育水平加以比较。然而，研究者永远不能肯定，他们是否控制住了所有的相关变量。

这并不等于说，采用非操纵自变量的研究是没有用的。相反，人格心理学家经常会发现，要考察一个感兴趣的问题，只能采用非操纵变量的方法。例如，在研究内向者和外向者的差异或男人和女人的差异时，我们还能采用别的什么方法吗？我们对人格的了解，很多就来自这样的研究。但是进行这种考察的研究者在采用非操纵自变量并做出因果结论时必须持谨慎态度。

（四）事前预测与事后解释

假如一个人在一场篮球赛之后能给你解释赢球的队为什么会赢，而另一个人在比赛之前就能准确地预测哪支球队赢，为什么赢，那么这两个人你更佩服谁？当然是后者。事情发生之后，什么人都能做出合理的解释。而真正懂球的人才能预测两支球队谁能赢。

同样，如果一个科学工作者有一个合理的理论，我们就可以预期，他在一项研究还没有获得数据时，就能对结果做出准确预测。前面讲过，研究的目的就是为了支持假设。研究者提出理论，做出假设，并收集数据来支持或否定假设。比方说，一位研究者想考察自尊与助人行为之间的关系，但是他不能预先对这种关系做出明确的预测。假如研究结果发现，高自尊的人比低自尊的人帮助别人的次数更多，这位研究者可能做出这样的结论：出现这种情况的原因是，自我感觉良好的人能够通过做好事来保持这种积极的自我评价。这种解释听起来似乎合情合理，但在这种情况下，研究资料支持了假设吗？从学术角度来说，答案是否定的，因为他的假设是在看到结果之后做出的。按照这样的顺序，假设不可能不得到资料的支持。假如结果发现低自尊的人帮助人更多，这位研究者又可能得出结论说，这些人可能想通过做好事来改善自我形象。这个假设同样不可能不受到支持，但是这个假设并没有真正地得到检验。这并不等于说，研究者可以忽视他们没有预测到的那些发现。相反，这些发现往往是进一步提出假设和从事研究的基础。但是在得到结果之后再做解释等于什么也没解释。

（五）重复研究

当研究人员做了一项设计严谨的研究并发现了有统计意义的结果之后，他们往往要在杂志或学术会议上发表研究结果。有时，这些结果还会作为研究课题方面已知的东西而被同行引用。但是，对于靠一次研究发现就得出有关人类行为的结论的做法，心理学家们越来越谨慎。

研究者在某项研究中发现有统计意义的效应，原因可能很多。它可能是样本人群中独特的东西；可能是做研究的那段时间的特殊因素——例如，由重大事件导致的在一个国家、一个学校里人们非同寻常的心境。有时候，所发现的可能只是由特定实验过程中某些未知的、无意的因素导致的。无论什么原因，仅从一项研究中得到的显著性结论并不能可靠地证明某种现象。

重复研究是解决这一问题的办法。一种效应在研究中出现得越多，我们就越能肯定它反映了一种真实的关系。重复研究通常是检验不同于最初研究时选择的被试群体。这有助于查明，某种结果是可以推广到更大的人群中，还是仅仅适合最初的研究所选择的那些样本个体。但是，用重复研究来确认一种效应的强度并非易事。其中一个困难被称为"文件柜"问题 (Rosenthal, 1979)，它指的是，研究者只在发现了显著效应的情况下才愿意发表或报告他们的研究。一项重复实验失败后，研究者可能认为自己什么地方做错了——不是使用的材料不对，就是先前的研究者做了什么事情而他们在重复研究中没做，如此等等。因此，这项研究就被锁进文件柜，永远不发表了。其结果是，一项著名的研究实际上很难被重复研究。但是，把一项不成功的重复研究结果放进文件柜，我们就可能意识不到问题的存在。

二、个案研究法

和木匠或者医生一样，人格研究者若想工作更有成效，必须使用各种不同的工具。虽然大部分人格心理学家是通过对大量被试进行实证研究来检验其思想的，但考察个体差异和人格过程仍有其他方法可以采用。人格心理学者有时会采用**个案研究法**，即对一个人（有时候是几个人）进行深入考察的方法。在大多数情况下，个案研究的对象是心理治疗中的来访者，而他们的心理障碍是研究者感兴趣的。研究者详细记录这些人的经历、当前行为和在持续数年的研究过程中发生的行为变化。个案研究的资料一般是描述性的。也就是说，研究者通常不报告数字和统计分析结果，而是描述他们对被研究者行为的印象并加以解释。有时候，研究人员也做一些定量评价，如记录被研究者在 24 小时之内洗手的次数。但是很少有人报告把一个人与另一些人或另一个人比较的结果。

从本书中可以了解到，个案研究在人格心理学史上发挥过重要作用。西格蒙德·弗洛伊德在形成关于人格的思想时，几乎全部采用他自己对患者的深层分析。实际上，弗洛伊德对人的心理机能的最初理解，主要来自他早期对一个患者安娜·O 的观察，第三章对此进行了介绍。提出特质概念的首位心理学家戈登·奥尔波特认为，如果不对单个人进行深入分析，我们就不可能全面地理解人格本质。以卡尔·罗杰斯为代表的人本主义心理学家则通过对来访者的全面评价，提出了他们关于人类本性的独特概念。行为主义心理学家有时也仰仗个案研究法来说明其理论的各个侧面与治疗的有效性。例如，在第十三章里我们将会看到约翰·B. 华生对一个名叫"小阿尔伯特"的婴儿的研究。这个著名的个案研究常作为行为主义者解释异常行为的证据而被广泛地引用。

（一）个案研究法的局限

你们可能感到奇怪，个案研究法有许多缺点，为什么心理学先驱们还大量地运用这种方法呢？它的第一个问题是，从一个个案难以向其他人推论。因为一个人具有某种方式的行为，并不意味着所有人都按这种方式去做。实际上，许多个案研究的对象往往是前来求助于心理治疗时，才受到人格理论家的关注的，因为他们觉得自己不同于其他人。心理学者进行研究时把被试随机分配到不同处理条件下的原因之一，就是为了避免只对不能代表整个人群的少数人进行考察而导致的偏差。

个案研究法的第二个问题是难以确定因果关系。例如，一个恐水症患者可能回忆起儿时险些被水淹死的创伤经历。虽然我们可以推断，这种早期事件可能是他患恐水症的原因，但我们并不能肯定，没有这种早期经验他就不会得恐水症。因此，研究者使用个案研究法来寻找行为的原因时必须谨慎。

第三，在个案研究中，研究者的主观判断常常会妨碍科学的客观性。研究者的期望可能使他们注意那些能够证实研究假设的材料，而忽略那些不能证实假设的材料。不同的心理学家对同一个人进行的个案研究可能会得出不同的结论。第三章会讲到，由于弗洛伊德本人的偏见，他的理论受到了人们的批评。

（二）个案研究法的优点

既然有这些缺点，为什么人格研究者有时还要采用个案法呢？原因之一是，许多人格概念不容易用其他方法来检验。譬如，要深刻理解弗洛伊德提出的无意识心理，就很难用其他方法来探索。当单个的人被简化为一些数字，与其他被试一起构成被试群体时，他生活的丰富性就可能被抹杀了。这也是一组研究人员对道奇·摩尔根 (Dodge Morgan) 这个在 54 岁时独自进行环球航行的人进行个案研究的原因 (Nasby & Read, 1997)。对摩尔根的行为和人格的详尽分析让我们对这个人有了深刻的理解，这是其他方法做不到的。在提出有关人格本质的假设时，个案研究法也有其优越性。研究者有时采用更传统的科学研究方法来使个案研究更完善。

至少在下面四种情况下，个案研究法是一种非常有用的研究手段。第一，这种方法适合考察一些罕见的个案。例如，你打算研究政治刺客的人格，符合这一标准的人寥寥无几，而你在调查他们的背景和行为时可能会受到限制。同样，治疗专家在治疗多重人格患者的时候，经常以个案研究的方式报告他们的观察结果，而他们记录的信息也许是一生只能遇到一次的东西。

第二，当研究者认为他们研究的个体在所要考察的维度与正常人没有本质差别的时候，也适合采用个案方法。譬如，对"裂脑人"的研究就获得了关于人脑机能的重要信息。这种研究的被试是因严重癫痫症而被切断连接大脑左右半球的胼胝体的病人。由于这些人大脑的生理机能和正常人没有什么不同，所以，对这样的病人行为的研究可以告诉我们，在没有胼胝体连接的情况下，大脑左右半球是怎样工作的。

第三，在说明一种治疗方法时，也适合采用个案法。治疗专家经常要详细描述他们对特殊病人的治疗程序以及该种方法的成败。一位谨慎的治疗专家不会认为，要用一种方法治疗所有患某种障碍的病人，他会通过个案研究，建议其他正在探索其病人治疗方法的专家采用这种治疗方案。要对一项治疗程序加以最有效的说明，就要把患者在不同治疗阶段的病情改善情况加以比较，比如，把有治疗阶段与无治疗阶段加以比较。

第四，研究者可能只是为了证明一些可能性而采用个案方法。例如，研究者用一两个容易被催眠的人的个案来说明行为的明显变化。有报告说，一些被深度催眠的人，他们身体某一部分的皮肤温度会发生变化，但是其他部分没有变化；还有人在想象自己的手放在火中时，手上出现了燎泡。这些研究并没有得出结论说，所有人都会出现这些情况，而只是说明在催眠状态下有这种可能性。

三、数据的统计分析

假设一位服务员想知道，什么样的行为能使顾客付最多的小费。她的假设是，微笑的、态度友好的行为方式比更职业化的、沉默的服务方式能获得更多的小费。于是她把在 14 个晚上分别用微笑服务和职业化服务方式的结果做了比较。每天晚上下班时她会计算小费的数量并且记录下来。假设其记录结果如下：

微笑服务	职业化服务
$41.50	$46.90
52.75	41.75
49.60	48.00
42.00	42.25
51.10	43.60
39.45	49.30
40.20	40.60
平均 $45.23	平均 $44.63

最后，我们再假设，这位服务员得出结论：微笑服务方式最好，所以她从此以后就采用微笑服务。问题在于，她这个结论正确吗？我们可以看到，她采用微笑服务获得的小费的平均数高于采用职业化服务获得的小费。但是你可能有疑问：平均数 45.23 美元与 44.63 美元之间的差异是可靠的吗？由于每晚获得小费的数量是变化的，即使服务员的服务方式不变，我们也不能预期算出来的两个平均数会完全相同。在这项研究中，在一种条件下得到的小费至少应该总是比在另一种条件下得到的小费高一点。所以问题就出现了：一个平均数必须比另一个高多少，我们才能得出结论说这个差异不是偶然的变动，而是两种服

务方式之间的真实差异。这就是统计显著性问题。

（一）统计显著性

研究者怎样才能证明各组之间因变量均值差异代表的是真实差异还是偶然变化呢？幸好，统计学家建立了公式，使我们可以估计偶然造成差异的可能性大小。统计检验的类型有很多，它们分别适合于不同类型的数据和不同的研究设计。常用的检验方式有方差分析、χ^2 检验和相关系数。

来看服务员的例子。如果这两个平均数之间很小的差异是由于偶然变化导致的，我们就说，这个差异没有达到统计显著。反之，如果两个平均数之间的差异比较大，它不可能是偶然变化导致的，而是反映了两种服务方式之间的真实差异，我们就说，这个差异具有**统计显著性**。这样，就可以得出结论称一种服务方式可以比另一种得到更多的小费。

但是，统计检验还不能真正给我们的问题提供"是"或"否"的回答。它告诉我们的是，偶然变化造成的组间差异的可能性大小。例如，我们用统计检验方法来检验服务员的数据，发现出现这种较大差异的可能性是 1/4。我们能否从中得出结论呢？平均数之间的差异是不是反映了真实的影响？要得出这样肯定的结论是困难的。我们可能发现了真实的差异，但是它又有很大的可能性是出于偶然的变化。那么，什么时候我们才能够说我们发现了真实的差异呢？一般来说，心理学工作者使用的显著水平是 0.05。也就是说，两个平均数之间的差异只有 5% 的可能性是由偶然变化造成的，这个差异就可能是真实的差异。

如果浏览一下本书中提到的研究，当我们说具有组间差异的时候，它意味着研究者进行了适当的统计学检验，发现了具有统计显著性的差异。但要记住，这种结论并不一定总是"显著"的。当研究对象的数量较大时，即使较小的差异也可能具有统计显著性。差异是否足够大而有意义是另一回事。正是因为存在这样一个问题，研究者经常会通过被称为效应大小指标的统计值来检验和报告差异大小。

（二）相关系数

相关系数是人格研究者最常用的统计方法之一，在本书中讨论人格研究时，它会经常出现。当我们想查明两个测量结果之间的关系时，相关系数是一种恰当的统计检验方法。例如，我们要考察孤独和抑郁之间的关系，让被试填写一份孤独量表和一份抑郁问卷。如果孤独与抑郁之间有关系，我们就可以预期，在孤独量表上得高分的人，也会在抑郁调查表上得高分；同样，孤独量表得分低的人，抑郁问卷得分应该也低。

图 2.3 显示了这一研究的三种可能结果。图中的每个点表示每个受测者在两个测验中的分数。第一种结果（左图）表示，一个人在一个测验中的分数可以比较好地预测他在另一个测验中的分数。也就是说，假如我们知道了某人在独孤量表上得高分，我们就知道这个人在抑郁问卷上也可能会得高分。第二种结果（中图）表示，两个测量之间关系很小或没有什么关系；即一个人在一个测验中的得分不能告诉我们他在另一个测验中得分将会怎样。第三种结果（右图）和第一种结果相似，当我们知道了某人在孤独量表上的得分之后，就能预测他在抑郁问卷上的得分，但是和第一种情况相反的是，在一个测验中得高分的人，可能在另一个测验中得低分。

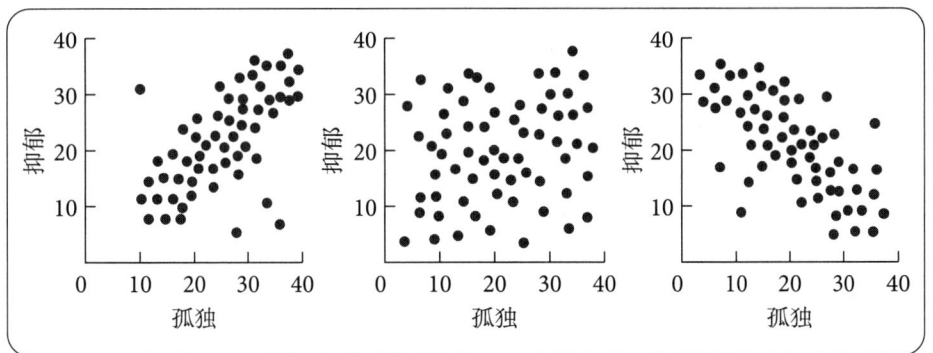

▶ 图 2.3 孤独和抑郁之间可能存在的三种关系

在恰当地使用了统计检验方法之后，我们就可以把图中显示的相互关系用一个简单的数字，即相关系数来表示。这个数字的取值范围在 1.00 和 -1.00 之间，它离两个极值越近，说明两个测量之间的关系越大。如图 2.3 所示，第一种结果表明，孤独和抑郁之间有相当强的相关关系。这个图中的相关系数可能在 0.60 左右。因为在一个测验中的高分表示在另一个测验中也得高分，所以称为正相关关系。第二种结果，相关系数接近 0.00，表示两个测量之间为零相关。第三种结果可能得到一个 -0.60 的值，也表明两个变量之间有比较强的关系。注意这是一种负相关关系，它并不意味着其重要性不如一个绝对值相同的正相关关系。例如，假使我们把孤独量表得分与社交量表得分相比，就可以预期，在一个测验中得高分，意味着在另一个测验中得低分。

> **新闻摘录** 他们先告诉你一件事情，然后告诉你另一件事情

几年前，新闻媒体在两周内报道了四项重要的健康研究结果 (Vo & Ostrow, 2006)。其一，妇女健康启动研究发现，没有证据可以表明50岁以上妇女吃低脂肪食品能够降低癌症或心脏病的发病率。其二，一项研究结果称，补充钙和维生素D并不能预防老年妇女的骨折。其三，一项报告指出，体育锻炼并不能降低结肠癌的发病率。其四，雌性激素增补剂不会增加心脏病的发病率。这些研究结果之所以有意思，是因为当前相互矛盾的健康建议都基于早期的研究。对于那些试图追随饮食新潮流的人而言，这种前后矛盾的情况很常见。例如，有关人们是否应该食用燕麦麸皮、盐、红酒和咖啡因的各种建议，以前和现在的研究者的观点很不相同（至少现在是这样）。

人格研究者也没有理由自鸣得意。就像第八章所讨论的一样，20世纪70年代，心理学者曾提醒人们，A型生活方式对健康不利。但是，20世纪80年代的研究却表明，这些警告是缺乏根据的。同样，最近关于如何减肥、教育孩子、与恋人交往的建议也常常随着新发现而不断变化。现在情况如何呢？也许，正如最近一位朋友所说的那样，在研究者对他们所考察的东西达成一致之前，媒体不应报道研究结果。

但是，问题不在于研究者不能做出决定，而在于拥有科学信息的消费者需要更好地理解科学是如何运行的。单独一项研究，甚至是一项在媒体上大造声势的研究，也不过是长期的、正在进行的研究过程中的一步。正如本书所揭示的那样，一项重要的研究发现不只提供了与某个有趣的问题相关的资料，它还提出了新问题，推动了新研究。为了更好地理解研究者是否精通一项课题，我们必须考察研究项目，而不只是孤立的几项研究结果。而且，心理学者都明白，行为是许多因素共同促成的，揭示变量之间的复杂关系是一项富于挑战性的任务。

有时，研究发现并不能重复验证。有时，新发现会改变对以前研究结果的解释。如果在很长时间里考察研究结果的话，我们会发现前后发生的巨大变化。但是，仔细想一下就会发现，科学是时断时续地向前发展的。因而，有些流传甚广的"发现"往往是不正确的。一位记者考察了过去10年在《纽约时报》上报道的高能物理学领域的12项重要研究发现 (Taubes, 1998)。他指出，在这12项研究发现中，有9项在后来被证明是不准确的。

我们可以从中得到什么教训呢？首先，在任何有趣的问题上得出的科学结论都是通过一系列研究而不是某一项研究得出来的。其次，本书的主题，即人格和行为，是非常复杂的，完成一项高质量的心理学研究相当困难。再次，最近的研究发现代表了我们目前的知识状况。不顾及这种现状是不明智的，但是如果把最近的研究当作定论，同样是不明智的。

四、人格评价

美国文化看起来对人格测量很热衷。时尚杂志经常刊登一些小测验，或者"考考你"之类的专题，测的东西诸如"你是不是一个好的室友"，"你需要一个什么样的恋人"，"假期里什么样的体育运动适合你的人格"，等等。虽然杂志上从未说明这些测验来源于科学研究，但是从它们受欢迎的程度来看，读者即

使并不一定相信，但起码也对它们感兴趣。要使一个未经检验的有 10 个项目的小测验更可信，就需要谈到计算测验分数的问题。

人格心理学者还应考虑他们的测验得到的数字的可信程度。如果想研究成就动机、自尊、社交焦虑等，我们就需要尽量准确地对这些概念加以测量。同样，在教育、人力资源、咨询等领域工作的心理学家，也要凭借测验来判断一个小孩子是否该进特殊班级，一个就业者是否应该晋升新岗位，一个来访者是否应该进精神病院。

在这几种情况下，都要使用测验来准确地测量出他们感兴趣的概念。遗憾的是，并不是所有的人格测验都如人格心理学家希望的那样完好，即使一个好的测验也可能被不恰当使用。那么，怎样才能说一项测验是好是坏，或者说一项测验测得的东西正是我们想要测量的东西呢？在使用一项标准化测验之前，我们必须先考察它的信度和效度。

> 在哲学或艺术上具有创造思维的人会如虎添翼，但是在科学上……必须做全面、艰苦的实验。
> ——雷蒙德·卡特尔

（一）信度

假设你今天做了一次人格测验，结果说明，和同龄人相比，你的独立性特质得分更高。就是说，你比大多数人都更喜欢依靠自己，能自己做出决定。但是，假如下周你又做了一次测验，结果显示，你的独立性得分又低了。这两次测验的分数，哪个能反映你独立性的真实水平呢？遗憾的是，从这两次测验中你无法知道自己到底是个独立性强的人还是个依赖性强的人。这项测验的可信度比较差。

一项测验在多次测量中具有一致性，它就具有较好的**信度**。测验信度的一个指标是，这项测验在不同时间测量，结果是否前后一致。像前述的独立性测验的例子，一致性就较差，因此信度比较低。在不同时间测量的信度低是许多原因造成的。例如，测验问题和记分方法不确定。某人在测验中的反应波动比较大可能跟他当时的情绪状态有关。但是，由于人格在时间上具有相对稳定性，因而人格测验的分数必须前后一致。

确定一项测验在不同测量时间上保持一致性的最常用方法是计算重测信度系数。研究者为了获得这个系数，先让一群被试参加测验；过一段时间，通常是几周以后，让这些人再测一次。再使用简单的相关方法求第一次和第二次测验分数之间的相关系数。前面讲过，相关系数的取值范围在 1.00 和 -1.00 之间，相关系数越高，信度就越好。

但是，信度系数并不能简单地回答一项测验是否可靠的问题。确定测验信度不是一个是或否的问题。一方面，0.90 的重测信度系数对多数研究者来说可能足够了（人们并不要求信度达到极值）。另一方面，一个 0.20 的信度系数对多数人来说无疑是太低了。但是在这两者之间呢？如果一项测验的信度是 0.50 或 0.60，可以接受吗？答案取决于研究者的需要以及是否还有其他更可靠的测验可以用。有时候，所测量的概念从其实质上就属于那种低信度的概念。譬如，对幼儿的测验，信度水平往往低于人们的期望。但是这样的测验还是会被应用，即使儿童在测验时的心境、注意力或努力程度容易变化，导致回答不一致，从而限制了测验的信度。

信度的另一个方面是**内部一致性**。如果一项测验中的所有项目所测量的是相同的东西，从内部来说它就是一致的。假设一个包含 20 个项目的外向性测验，其中只有 10 个项目能够确切地测量被测者是不是一个外向的人。因为只有一半项目是测量外向性的，那么 20 个项目的总分只能部分地说明一个人在这一特质上的真实水平。因为有一半的项目测量的不是外向性，因此这个总分的使用就受到了局限。这项测验的内部一致性就比较低。

统计检验可以帮助我们查明对一个项目的反应与对其他项目的反应之间的相关性，由此可以算出统计上所称的内部一致性系数。如果这个系数值比较大，说明多数项目测量的是相同的概念；系数值低，则说明各项目测量的不止一个概念。一个严谨的测验编制者通常要计算测验的内部一致性系数，并且在其最后版本里说明，哪些项目测量的是相同的概念。

（二）效度

单凭信度还不能确定一项测验的可用性。测验信度只是表明，一项测验能否稳定地测量到某些东西，但是并不能告诉我们所测量的是什么。因此心理学者还必须获得有关测验效度的数据。**效度**指的是，一项测验测出的东西在多大程度上符合原本要测量的东西。和信度一样，效度的问题不在于一项测验有没有效度，而在于测验的效度是否被很好地揭示出来。

有些类型的测验效度相对比较容易确定。比如，一项测验的目的是预测学生下次完成作业的好坏，研究者只需把测验分数与作业分数加以比较，来确定该测验的预测效度。但是，查明效度对多数人格测验都是不容易的。人格研究者通常希望测量假设的建构，如智力、男性化、社会焦虑等。假设的建构是一种有用的创造物，研究者用它们来描述那些不具备自然真实性的概念。例如，没有人可以把他的智力显示给别人看。我们可以看到行为，可以测量人的成绩，用它来表示智力机能，但是智力仍然是一个理论上的东西。

人格研究者面临的难题是，怎样才能证明一项测验从现实中测量到的东西是有用的抽象创造物。我们怎么知道一项测验测量的是不是自尊呢？测验中的某一项是"在各种运动项目中，我比多数人差"，同意这一表述的受测者可能具有低自尊。但是，他们可能只是因为运动能力差，或者因为抑郁所致。幸好，很多人格研究者可以证明一项测验的**建构效度**。研究者可以考察一项测验的表面效度、相容效度、判别效度和行为确认。

1. 表面效度

要确定一项测验是否测量了所要测量的东西，最好的办法就是去看一看测验项目。例如，"当你和别人打交道的时候感到紧张吗？"或者"当你遇到陌生人时觉得不自在吗？"很多人都会认为这样的问题可能测量的是人的社交焦虑。

这样的测验可能有比较好的**表面效度**。也就是说，从表面上看起来，这项测验测量的是社交焦虑。虽然多数测验都具有较好的表面效度，但并不是所有的测验都这样。一些假设的建构就不是用这种类型的问题表现出来的。例如，你会怎样设计一项测量创造力的测验？问人们"你有创造性吗"大概无济于事。但是你可能会让人们续写一个故事的结局，或者让他们说出一个普通东西的尽可能多的用途。这样的测验也许能较好地测量创造性，但是表面效度可能就不如直接测量方法那么容易确定了。

2. 相容效度

假设你想使用一项新的智力测验，因为据报告，这项测验费时较少，比多数常用的智力测验更经济。你大概想看一看把这项测验测得的分数与一项过去常用的测验的分数相比，结果会如何。假设你用这两项测验测了同一组人，发现两项测验之间的相关只有0.20。由于两项测验分数之间相关不高，一个人可能在一项测验中得高分，而在另一项测验中得低分。你会奇怪，到底哪个测验测量了真实的智力呢？这并不等于说，原有测验测量的是智力，新测验测的不是智力，实际上，它们所测量的不是相同的建构。

测验的**相容效度**，有时也称聚合效度(convergent validity)，指的是一项测验测得的分数与其他具有相同建构的测验之间的相关程度。如果两项测验测量的是同样的东西，那么两个测验的分数应该有高相关。但是，相容效度资料并不局限于同其他人格测验之间的相关。例如，你想确定一项新的焦虑测验的建构效度，你可以把测验分数与一些职业心理学者对被测者焦虑水平的评价进行比较。

3. 判别效度

和相容效度不同，**判别效度**指一项测验的分数与理论上无关的其他测量之间不相关的程度。以前面提到的创造性测验为例，要证明该测验测量的只是创造性，而不是类似于创造力的东西，比如智力，这是非常重要的。要建立判别效度，你可以用一项创造力测验和一项标准智力测验去测一组人，如果两项测验有高相关，就说明该创造性测验测量的不是创造性，而是智力。如果两项测验的相关很低，就说明两项测验测量的是不同的建构。注意，低相关并没有告诉你该测验测量的是什么，而只告诉你它没有测量到什么。尽管如此，对建立测验的建构效度来说，这也是重要的一步。

4. 行为确认

假如你想用一个果断性量表的得分预测一个人在受到不良服务或面对排队时有人在前面插队时的反应。你会预期，高果断性的人会抱怨不良服务，或者让插队者排到后面去；低果断性的人会容忍这种不舒服的局面。但是如果测验分数与这种果断行为根本不相关，会怎样？在量表上得低分的人，在实际行动上像得高分的人那样表现，又会怎样？在这种情况下，这项测验的效度就值得怀疑。

行为确认是确定一项测验的建构效度的另一步。换句话说，测验分数能否预测人的行为，这是很重要的。在果断性量表的例子中，被测者对测验项目的反应说明的只是他们认为自己会怎样做，或者希望自己怎样做。一项测验即使有较好的表面效度、相容效度和判别效度，它在建构效度上还可能存在问题。如果测验分数不能预测人的行为，它的实际用途肯定会遭到怀疑。

五、小结

（1）人格心理学者通过科学研究来考察人格过程。这些研究多数采用的是假设—检验法，其中的假设来源于理论推断。然后，通过研究检验这些假设，使理论得到或得不到支持。好的理论具有简约性，而且能够生成许多可检验的假设。

（2）自变量和因变量是研究设计的基本要素。自变量能否被研究者操纵，是人格研究的一个主要问题。当研究者考察的是不可操纵的变量时，他们就不能做出肯定的因果推断。事先预测结果比事后解释更好，因为后者不能进行假设检验。研究者逐渐认识到，有必要重复验证他们的研究发现，但是，某种结果重复多少次才能获得可靠的信息，仍是有待解决的问题。

（3）一些人格研究者采用个案研究法。虽然个案研究有一些局限性，如不宜向其他人群推论，但是和其他方法相比，它也有自己独特的优势。

（4）研究者运用统计检验来确定他们所发现的组间差异是偶然变化，还是代表真实的实验效应。人格研究者在分析数据时，经常用到相关系数。相关系数表明两个测量之间相关的方向和大小。

（5）人格研究者经常在研究中运用人格测验。为了查明一项测验的有效性，研究者应该考察有关测验信度和效度的资料。重测信度系数和内部一致性系数可用来评价测验的信度。效度则分为表面效度、相容效度、判别效度和行为确认。研究者在决定测验对其需要来说是否足够可靠和有效时，必须做出主观判断。

关键术语

行为确认　behavioral validation (p.38)
个案研究法　case study method (p.29)
相容效度　congruent validity (p.37)
建构效度　construct validity (p.37)
相关系数　correlation coefficient (p.32)
因变量　dependent variable (p.24)
判别效度　discriminant validity (p.38)
表面效度　face validity (p.37)
假设　hypothesis (p.22)

自变量　independent variable (p.23)
内部一致性　internal consistency (p.36)
操纵的自变量　manipulated independent variable (p.26)
非操纵的自变量　nonmanipulated independent variable (p.26)
信度　reliability (p.35)
统计显著性　statistical significance (p.32)
理论　theory (p.21)
效度　validity (p.36)

第三章

精神分析流派：弗洛伊德的理论、应用与评价

- 一、弗洛伊德发现了无意识
- 二、弗洛伊德的人格理论
- 三、应用：精神分析
- 四、评价：投射测验
- 五、弗洛伊德理论的优势与批评
- 六、小结

虽然人类从很早就开始思考人格的本质问题，但是直到 19 世纪末，才出现了第一个被认可的人格理论家。此时，一位奥地利神经学家提出了惊人的观点：年幼儿童存在性欲；令人费解的生理障碍背后存在无意识的原因；心理疾病的治疗可以通过一种昂贵、耗时的方法进行：患者躺在沙发上，医生听他诉说看似无关的话题。这位神经学家就是西格蒙德·弗洛伊德。尽管遭到尖锐批评，他仍然不断发展、改进和维护自己的思想。直到 1939 年去世，弗洛伊德撰写了大量著作。他被认为是一场重大精神运动的领袖。弗洛伊德改变了心理学家、作家、父母及普通百姓多年来的想法。

弗洛伊德对心理学和 21 世纪思想的影响如此广泛，以至于大多数人都不能正确估计他的理论与我们自己的思想相融的程度。例如，如果你和西方文化中的多数成年人一样，你会很自然地接受这样的观念，即你的所作所为有时会受到你头脑中的无意识的影响。人们大多说过这样的话："我肯定是无意中这样做的"，或者会仔细思考朋友和家人的异常行为背后隐藏着什么心理冲突。虽然弗洛伊德不是提出无意识的第一人，但在他之前和他的同时代，没有人如此强调用无意识的活动过程解释人类行为。同样，当我们想知道自己的梦是否揭示了内心的恐惧或欲望时，其实就是在支持因为弗洛伊德才广为人知的思想。几千年来，人们一直对梦做出解释，但弗洛伊德首次把梦纳入一个庞大的心理学理论中。

关于弗洛伊德理论的文献渗透在西方文化中。一位作家指出，"弗洛伊德的潜意识理论……对当代电影、戏剧、小说、政治运动、广告、法庭辩论都产生了巨大影响"(Fisher, 1995)。英语学生在学习文学名著时，要学弗洛伊德的心理学；甚至我们的语言也脱不了干系。人们在日常谈话中提到弗洛伊德的遗忘、拒绝、力比多、压抑及弗洛伊德的其他概念，这也不罕见。但关于弗洛伊德影响的贡献，人们说得最多的或许是本书涉及的几乎每一位主要的理论家都不得不以弗洛伊德的工作为参照点，将自己关于人格本质的思想和他的理论做比较。因此，本章将从介绍弗洛伊德的人格理论开始。

一、弗洛伊德发现了无意识

这位维也纳神经学家是如何开始改变我们对人类的看法的？弗洛伊德早年的经历并没有预示他后来的伟大成就。尽管弗洛伊德在医学界受到赞赏，但他的兴趣开始转移。1885年,他前往巴黎,师从另一位神经学家让-马丁·沙考 (Jean-Martin Charcot)。当时沙考正在进行早期的催眠实验,考察催眠对一些疾病的治疗作用;这些疾病在当时被认为是异常的生理问题。不久,弗洛伊德回到维也纳,与一位杰出的生理学家约瑟夫·布洛伊尔 (Joseph Breuer) 合作。和沙考一样,布洛伊尔用催眠术治疗歇斯底里症患者。歇斯底里症是一种伴随多种生理症状的精神紊乱。患者通常表现出盲、聋、不能行走或不能活动手臂等症状。当时多数外科医生把歇斯底里症当作身体疾病治疗。但布洛伊尔和弗洛伊德提出了另一种解释。

对布洛伊尔的患者、化名安娜·O的女性进行的探讨,决定了弗洛伊德后来的职业生涯。布洛伊尔认为,安娜·O身上有歇斯底里的许多症状,包括左臂瘫痪,产生幻觉,不会说母语德语而只说英语。在催眠状态下,安娜·O讲述了她的幻觉和过去的创伤经历。在最后一次催眠治疗中,她谈到了她病危的父亲和与一条黑蛇相关的幻觉。这次催眠后,安娜·O瘫痪的手臂恢复了,并且重新讲德语。

1895年,弗洛伊德和布洛伊尔出版了《歇斯底里症研究》(*Studies in Hysteria*)。他们以安娜·O为例,阐述了他们是如何运用催眠术治疗歇斯底里症的。在继续使用这种方法治疗一段时间以后,弗洛伊德很快意识到催眠的局限性并对其感到失望,转而开始寻找其他方法。弗洛伊德认识到,让患者说出那些潜藏于他们内心的事物很重要。他发现,即使不用催眠,患者在正常状态下也能描述以前隐藏的经历,这些经历似乎与歇斯底里症的病因和治疗有关。这一技术被称为**自由联想**,这是弗洛伊德理论发展的重要一步。

通过对这些早期患者的观察,弗洛伊德有一个惊人发现:自由联想揭示出的患者的回忆通常与性创伤经历有关,这些性创伤经历大多被认为发生在幼儿期。他得出结论:早期性经历与成年患者表现出来的歇斯底里症状有关。此时,弗洛伊德开始从神经学家转变为心理学家。他继续对歇斯底里症患者的治疗工作,做观察记录并发展其理论。他确信自己站到了一个重大心理学发现的门槛上。

然而,弗洛伊德的著作最初并不畅销。当时,他的工作在学术界和医学界遭到了强烈抵制。弗洛伊德公开论述婴幼儿性欲和无所不在的性驱力。这与维多利亚时期欧洲的清教徒标准背道而驰。他的治疗方法很激进,以至于被许多德高望重的外科医生认为是荒谬的。然而,弗洛伊德继续其治疗和著述工作,并且很快就有少数追随者前往维也纳,和他共同研究。这些学者成立了维也纳精神分析协会。弗洛伊德是协会的主要负责人和领导者。后来,协会的许多成员与弗洛伊德产生分歧,他们放弃在协会中的职位,开创自己的人格理论,建

西格蒙德·弗洛伊德
1856——1939

西格蒙德·弗洛伊德(Sigmund Freud) 1856年生于摩拉维亚（现捷克共和国的一部分）的弗赖堡。1860年，弗洛伊德随家人迁居维也纳，并在那里度过了他一生中的大部分时光。弗洛伊德很早就表现出远大志向，希望将来有所作为。中学时代，他成绩优异；在维也纳大学医学院求学期间，他决心做出重大发现，赢得名誉。

弗洛伊德在导师的医学实验室里开始了探索之路。但是重大的科学发现不能一蹴而就，不久他就对自己的前程感到失望。后来，他爱上了玛莎·波奈斯(Marther Bernays)，希望能赚足够的钱娶她，为她创造舒适的生活。因此，弗洛伊德完成学业后，立即离开了实验室，开始独自创业。

与波奈斯订婚之后的四年里（他们于1886年结婚），弗洛伊德获得一项研究奖学金，可以去巴黎向让—马丁·沙考(Jean—Martin Charcot)学习催眠术。就在这一时期，弗洛伊德逐渐形成他关于无意识的思想。与约瑟夫·布洛伊尔(Joseph Breuer)的合作、对患者的观察及长期的思考，最终促成了1900年《梦的解析》(The Interpretation of Dreams)的诞生。尽管这本书的第一版花了好几年时间才卖出600本，但此书标志着他开始被学术界认可，这正是弗洛伊德在医学院求学时所追求的。

西格蒙德·弗洛伊德引起了许多传记作家的兴趣。恩斯特·琼斯撰写的三卷本传记是其中最完整的一部(Ernest Jones, 1953—1957)。尽管弗洛伊德希望成名，但他在许多方面都是一个低调的人。因此随之而来的是许多传记作家结合大量的臆测，把关于弗洛伊德生活的五花八门的事实拼凑起来。或许这些臆测中最吸引人的，是弗洛伊德对人格的描述在多大程度上反映了他自己的人格和生活经历。毫不奇怪，人们对弗洛伊德和他父母的关系格外感兴趣。他父亲的前次婚姻育有几个孩子，但西格蒙德是母亲的长子，很受其宠爱。弗洛伊德出生时，他的母亲只有21岁，母亲与他的年龄差不多等于她与他父亲相差的年龄。传记作家们认为，他们母子间有一种格外亲近的关系。弗洛伊德的母亲有时称他"金西吉(Golden Sigi)"。相反，弗洛伊德与父亲的关系则格外冷淡，有时甚至怀有敌意。弗洛伊德曾在父亲葬礼上迟到，他后来将此判断为一种无意识驱动的行为。父亲去世多年后，弗洛伊德还谈到自己一直在与父子间关系的罪恶感做斗争。

不难看出，弗洛伊德对俄狄浦斯情结的描述——对母亲的性意向及对父亲的敌意性竞争——也许正反映了他对父母的感情。弗洛伊德在其著作中多次暗示了这一点。实际上，他通常凭自己的思考来检验临床判断的准确性。有报道说，他每晚要花半个小时的时间做自我分析。

弗洛伊德的婚姻长久而且幸福。他与妻子生育了六个孩子。最小的孩子安娜在父亲心中占有特殊位置。她追随父亲足迹，最终凭自己的努力取得了精神分析运动的领袖地位，成为令人尊敬的精神分析理论家。弗洛伊德在指导安娜进行精神分析的时候，创造了一种情境，其中充满了有趣的俄狄浦斯情结。

1938年德国入侵奥地利，弗洛伊德与家人为逃避纳粹迫害，背井离乡，逃往伦敦。翌年，弗洛伊德因鼻咽癌与世长辞。

立自己的专业机构。但是，如后面各章所揭示的，他们的理论风格无一例外都是弗洛伊德式的。

弗洛伊德的思想逐渐被越来越多的心理学领域所接受。1909年，弗洛伊德被邀请到美国克拉克大学做精神分析的系列讲座。对弗洛伊德而言，这一事件标志着他的工作开始在国际上得到认可。但是，由于学院派心理学家的反对，弗洛伊德的精神分析学说直到 25 年后才被写进美国的教科书 (Fancher, 2000)。弗洛伊德不断发展其理论，继续撰写有关精神分析的著作，直到 1939 年逝世。他被认为是精神分析短暂发展史中最具影响力的心理学家。20 世纪末，《时代》周刊曾以阿尔伯特·爱因斯坦和西格蒙德·弗洛伊德作为封面人物，他们被称为"本世纪最伟大的思想家"。

下面，我们就来了解弗洛伊德的经典理论，考察这一影响深远的观点。当代精神分析学派的拥护者均在不同程度上赞成弗洛伊德最初对人格的描述 (Westen, 1998)。大部分人接受了精神分析学说的主要思想，例如有关无意识心理的重要性的观点。同时，精神分析学派的心理学家们放弃了弗洛伊德的另一些观点，如关于婴儿期性欲的观点。然而，你要先理解弗洛伊德的学说，才能确定其中哪些方面对你很重要，哪些方面应该舍弃。在精神分析理论诞生一个多世纪后，这位维也纳神经科医生仍然对整个人格领域发挥着重要影响。

二、弗洛伊德的人格理论

（一）解剖模型

理解弗洛伊德理论的重要起点是，他把人格分为三个部分。弗洛伊德最初把人格划分为意识、前意识和无意识。他把这种划分称为**解剖模型**。**意识**指的是人们可觉察到的想法。随着新的想法涌出，其他想法消失，意识的内容不断发生变化。当一个人说"我心里想"的时候，他也许指的是自己意识到的部分。但在大脑储存的信息中，意识处理的信息只占很小的比例。试想一下，你可以轻而易举地调集无数的想法到意识中。例如，你早餐吃了什么？你三年级的老师是谁？你上周六晚上做了什么？这些大量的可再现的信息构成了**前意识**。

许多人认为，意识与前意识的内容已经构成思维内容的全部，但弗洛伊德认为，这只是冰山一角。在精神分析理论看来，我们内心想法的主体位于**无意识**当中。这里的内容无法直接接触。弗洛伊德认为，无意识的内容无法被提取进入意识，除非是在某种极端情况下。然而，无意识内容决定了人的许多日常行为。理解无意识对行为，尤其是变态行为的影响，是理解精神分析思想的关键。

（二）结构模型

弗洛伊德很快就发现，解剖模型在描述人格上有局限。因此，他又创立了**结构模型**，把人格划分为本我、自我和超我。正如人们常说的，"一部分的我想做这件事，另一部分的我想做别的事。"弗洛伊德认为组成人格的各部分经常发生冲突。

弗洛伊德认为，人出生时只有一个人格结构，即**本我**。这是人的自私部分，只与满足个人欲望有关。本我采取的行为遵循快乐原则。即，本我只关心如何立即满足个人需要，而不受任何物质和社会的约束。婴儿看见想要的东西，就去够它，无论这东西是否属于他人或者有害。这种反射行为一直保持到成年。弗洛伊德甚至认为本我冲动永远存在，它们必须受控于健康成人人格的其他部分。

显然，如果本我只依靠反射行为去得到它想要的，那么在大部分时间里，快乐冲动都将受到挫败。因此，弗洛伊德假设本我还通过愿望实现来满足其需要。即，当想要的东西得不到时，本我会想象它的存在。如果一个婴儿饿了，而周围又没有食物，本我就会想象食物，从而暂时满足自己的需要。本章后面还会提到，弗洛伊德认为梦也是愿望实现的一种类型。

如果你对本我冲动及愿望实现在心理系统中运作的观点表示怀疑，原因可能是，在弗洛伊德看来，本我完全隐藏在无意识中。如图3.1，本我冲动处于意识之外。实际上，由于大部分本我冲动与性和攻击这两个主题有关，所以，人们意识不到这些无意识内容或许是件好事。

在生命的头两年里，随着儿童与环境互动，人格结构的第二部分逐渐得到发展。**自我**的活动遵循现实原则。即，自我的主要任务是满足本我冲动，但以考虑情境现实性的方式进行。由于本我冲动往往不被社会接受，因而它们会对人们构成威胁。自我要做的事情，是把这些冲动控制在无意识当中。与本我不同，自我能在意识、前意识和无意识各部分之间自由移动。

然而，自我的功能不仅仅是限制本我冲动。弗洛伊德认为，行为的目的是缓解紧张，例如，当人觉得自己的冲动性需要（即无意识的需要）未满足时。小孩子可以到父母的盘子里抓取食物以缓解紧张状态。但随着婴儿逐渐成熟，他们懂得了身体和社交方面的限制，知道什么能做，什么不能做。人的本我冲动让他去抓取周围的任何食物。但自我明白，这种行为是不被接受的。自我尝试着满足本我的愿望，让紧张得到缓解，但必须考虑行为后果。

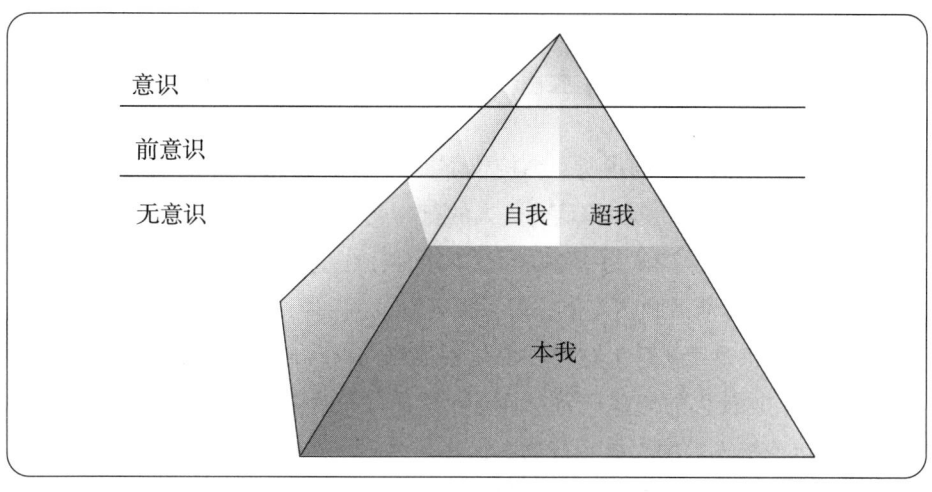

▷ 图 3.1 本我、自我、超我与意识的三种水平的关系

儿童到了大约 5 岁的时候，人格结构的第三部分开始形成。**超我**代表社会的、特别是父母的价值观和标准。超我对能做和不能做的事有更多的限制。假如你在朋友家的桌子上看见一张 5 元钱，本我冲动也许想据为己有。自我意识到这样做可能导致的问题，于是试图寻找拿走钱且不为人知的办法。但即使有办法拿走而且不被人发现，超我也将禁止这一行为。因为即便不被抓住，偷钱也违反了道德准则。超我对付这种情境的武器是罪恶感。如果拿走了钱，事后你可能觉得这样做不道德，几夜睡不好觉，直到把钱还给朋友才安心。有人把超我概念直接译为良心。

超我不只对违反道德的行为进行惩罚，它还为自我提供各种典范，用来判断一个行为是否合乎道德，是否值得赞美。由于教养不当，一些孩子的超我没有充分地形成。长大成人以后，他们就会缺乏对偷窃和说谎的内部约束。而另一些人形成了过强的超我，或超强的道德，使自我面临难以实现的完美标准。这种人不断地体验到道德焦虑，即经常感到羞愧和内疚，因为没有达到那些无人可及的标准。

本我、自我、超我好像是一个张力三角形，三种力量既相互补充，又相互对立。在健康人的身上，强大的自我不允许本我或超我过分地掌控人格。三者的斗争永不停止。每个人意识之下的某处，永远存在着自我放纵、考虑现实性和强制执行严格道德准则三者之间的紧张状态。

（三）生的本能与死的本能

解剖模型提供了活动场所，结构模型提供了角色。但究竟是什么使弗洛伊德的体系发挥作用？弗洛伊德认为，人的行为受一种他称之为本能(triebe)的强大内力驱使。弗洛伊德认为，本能分为两大类：生的本能或性本能，一般用**力比多**指代；**死的本能**或攻击本能，用人们熟知的塔那托斯（希腊神话中的死神）来指代。弗洛伊德最初认为这两种力量相互对立，后来又认为这二者是相互结合的，因此，这使人的许多行为同时与性欲和攻击动机交织在一起。

弗洛伊德把人类的大多数行为归因为生的本能或性的本能。但他是在广义上做此解释的。由性驱动的行为不仅包括与性明显有关的内容，还包括几乎所有以获得快乐为目的的行为。后来，弗洛伊德引入死的本能——人终归会死去并回归大地的愿望。但这种无意识动机很少表现为明显的自毁行为。在大多数情况下，死的本能转向外部，表现为对他人的攻击。死的愿望仍然是无意识的。

弗洛伊德曾经受到他所生活的时代的许多科学思想的重要影响。能量有限说就是他从其他学科吸收来的观点。物理系统内的能量不会消失，但其数量是有限的。同理，弗洛伊德认为，每个人的心理能量也是有限的，这种能量为心理机能提供着或多或少的动力。这意味着，如果心理能量消耗在此心理机能上，就无法顾及彼心理机能。如果自我必须耗费大量的能量控制本我，它就没有剩余能量去有效地执行其他机能。弗洛伊德心理治疗理论的一个目标就是帮助困扰中的患者释放被压抑的无意识冲动，从而释放能量，用于日常心理机能的发挥。

（四）防御机制

弗洛伊德对无意识心理的描述可能有些令人困窘。经典的精神分析案例包括这样的无意识主题：对父母的憎恨、对配偶的攻击性、乱伦念头、对儿时创伤经历的记忆，以及类似的对意识具威胁性的想法。自我试图把这些内容排除在意识之外，以减少或避免焦虑。人们偶尔也会体验到弗洛伊德所说的神经性焦虑。这是一些含糊的焦虑感，不被接纳的无意识设法冲破意识的阻拦，以意识方式表达出来，就会导致这种焦虑感。

好在自我有许多处理非期望想法和欲望的方法。这些方法总称为**防御机**

> 弗洛伊德认为，我们身上多数真实的东西都不是意识的，而我们意识中的多数东西都不是真实的。
> ——埃里克·弗洛姆

制。下面介绍几种主要的防御机制。弗洛伊德在其著作中多处提到这些概念，但许多关于防御机制的具体描述都因其继承者的发展而更趋完善。弗洛伊德的女儿安娜·弗洛伊德就是扩展了弗洛伊德防御机制思想的一位精神分析学家。

1. 压抑

弗洛伊德把压抑称作"整个精神分析理论结构的基石"（1914/1963, p. 116）。显然它是最重要的防御机制。**压抑**是一种积极的努力，自我通过这种努力，把那些有威胁的内容排除在意识之外，或使这些内容不能接近意识。例如，一天夜里，一个男孩看见父亲殴打母亲。事后被问及这次经历时，男孩称他从未见过这样的事情。他也许并没有撒谎，而是因为那一幕恐怖得让他难以接受，因此把这个经历压抑于意识之外。根据弗洛伊德的理论，每个人都要使用压抑。因为所有人的无意识中都有不愿意带入意识的想法。压抑看似有效，但它需要付出代价。因为压抑是一个稳定、主动的过程，它需要自我持续地消耗能量。压抑大量强烈的想法和冲动使自我没有剩余能量可以运作。没有一个强大的自我，一场维持稳定人格的战斗将会失败。

根据弗洛伊德的理论，参加攻击性的运动可以使无意识的攻击性冲动以被社会接受的方式发泄出来。橄榄球运动员每次撞倒对方球员时也许正在进行升华。

2. 升华

压抑的使用会影响自我功能的发挥。与压抑不同，升华用得越多，我们自身的创造性越强。精神分析学家们通常认为，升华是唯一成功的防御机制。在**升华**作用下，自我把危险的无意识冲动转化为社会认可的行为。例如，攻击性的本我冲动可以被升华为打冰球、橄榄球之类的运动。在西方社会，攻击性强的运动员被看成英雄，并受到赞赏。升华充满创造性，因为在升华活动中，本我可以表达其攻击性，自我无须耗尽能量抑制这些冲动，所以运动员因为攻击性活动而备受赞赏。

3. 替代

与升华一样，**替代**将冲动导入一个无威胁的目标物。不同的是，替代性冲动不会带来社会奖赏。例如，一个女人遭受虐待后，无意识中会非常愤怒。如果向施虐者发泄愤怒不被接受或有危险，那么她可能把怒气指向同事或孩子。虽然这样做会带来其他问题，但是向威胁较小的人发怒，可以避免不被接受的想法被意识表达出来。弗洛伊德认为，人们的许多不合理的害怕或恐惧，都不过是象征性替代。例如，弗洛伊德的一位患者的儿子害怕马。他推测，这个孩子是用害怕马来替代对父亲的害怕。

4. 否认

人们在运用**否认**时，只是否认接受某些事实的存在。和压抑不同，否认不是忘记，而是坚持某些事实不是真实的，尽管所有证据都表明那是真实的。例如，一位深爱妻子的鳏夫在妻子死后很久仍表现得好像她还活着一样。他在饭桌前给她留个位子，告诉朋友们她走亲戚去了。对这位鳏夫而言，跟清醒地承认妻子已死相比，这种假装更能让他接受。显然，否认是防御的一种极端形式。否认得越多，与现实的接触越少，心理机能的运作就越困难。但在许多情况下，自我宁愿求助于否认，而不让某些想法到达意识。

5. 反向作用

在运用**反向作用**时，我们会按照与无意识欲望相反的方式行动，以躲开可怕的念头或欲望。例如，一个女人反复地告诉别人她多爱自己的母亲，其实她在隐藏无意识中对母亲的强烈憎恨。卷入反色情斗争的激进分子可能在无意识中对色情有强烈的兴趣。原因在于这种想法实在让人难以接受，使得自我必须证明这种想法不正确。一个声称深爱自己母亲的女人，怎么会在内心深处憎恨她呢？

新闻摘录　被压抑的记忆

1969年的一个下午，8岁的苏珊·奈森前往加利福尼亚州福斯特市看望一位邻居。途中，她失踪了。两个月后，人们在附近的水库发现了她的尸体。验尸官断定苏珊死于头盖骨骨折。接着，警方做了调查，但由于缺乏证据，无法继续深入，因此也没有找到杀人犯。20年后，被害者儿时的伙伴，艾琳·弗兰克林-利普斯科，和女儿坐在洛杉矶的家里。突然弗兰克林-利普斯科回想起苏珊的死。当时，她看见一个男人对这个女孩进行了性侵犯，然后用石块砸碎了她的脑袋。她还记得那男人的样子——他正是自己的父亲，乔治·弗兰克林。

凭着女儿的证词，乔治·弗兰克林于1990年被送上法庭，并被判谋杀罪。陪审团在聆听了证词之后确信，除非当时弗兰克林-利普斯科在案发现场，否则她不可能知道案件细节。但为什么这些记忆在20年后才浮现出来？检察官认为，由于这些记忆太痛苦，以至于弗兰克林-利普斯科把它们压抑在无意识中。现在因为自己女儿和苏珊长相相似，激发了她长期被压抑的记忆表象，并进入意识。高等法院法官托马斯·史密斯称，乔治·弗兰克林是一个"残忍而堕落的人"，并判他终身监禁。弗兰克林成为因"被压抑的"记忆而被定罪的第一人。

弗兰克林案成为心理学原理被误用的反面教材。同样，少数心理治疗师因误用了精神分析的压抑概念而造成了数千家庭的破裂 (Brody, 2000)。在20世纪90年代的几年时间里，很多成年人在心理治疗过程中突然回忆起童年时曾被父母虐待，尤其是性虐待。几乎在每个案例中，患者都是在治疗师的引导下回忆起这些经历的。随着这些"压抑的记忆"案被披露，许多人格心理学家和记忆研究者做出回应，质疑患者回忆的准确性。研究者证实，人们通常确信无疑的被压抑的记忆其实并不真实。

"压抑的记忆"风潮很快就过去了。被压抑的记忆指控犯有虐待罪的父母和家庭成员们组成了错误记忆综合征研究基金会。一年间，这个组织扩大到三千多个家庭。数以百计的患者开始认识到，父母虐待自己的记忆实际上是虚构的，最后收回了他们编造的故事 (de Rivera, 1997)。但是，心理学家和法院还在与压抑记忆事件做斗争。每年都有新的虐待指控被提交到法律系统，而这些指控都是因为原告突然回忆起某个瞬间。虽然心理学家已经证实人们会相信错误记忆，但他们不能排除一些被压抑的记忆确有其事。

同时，检察官在为那些因压抑记忆导致的不公正判决翻案。肯塔基州的一个男人在监狱服刑5年以后最终被判无罪 (Dunbar, 2006)。宾夕法尼亚州的一个男人则在入狱12年后得到重新审判 (Conti, 2005)。服刑5年之后，乔治·弗兰克林也接受了重新审判。他的律师指出，上一次判案的陪审团应当见过关于苏珊之死的报纸和电视报道。那些报道描述了犯罪细节，而这些细节可能就是弗兰克林-利普斯科记忆的来源。在新证据下，检察官撤销了对弗兰克林的指控。1996年7月3日，乔治·弗兰克林被无罪释放。

6. 理智化

对可怕的无意识念头进行自我控制的一种方法是，在它进入意识之前，先从中去掉情感的内容。**理智化**——使用一种严格的理智而非情绪的方式考虑问题，可以把原来困难的想法带入意识，而不感到焦虑。例如，一个女人装作思考系安全带的重要性，也许是在想象她的丈夫会遭遇可怕的车祸。弗洛伊德学派的治疗师可能认为，这个女人对她的丈夫怀有某种无意识的敌意。

7. 投射

有时我们把一种无意识冲动归于别人，而非自己。这种防御机制称为**投射**。把冲动投射到另一个人身上，可以摆脱"我自己就这样想"的观念。例如，一个认为她周围的邻居私生活都不检点的女人，也许对隔壁的已婚男人怀有性欲望。宣称世界充满猜疑和欺骗的人，其实在无意识中承认他自己就是不可信的人和骗子。

（五）心理性欲发展阶段

对弗洛伊德理论争议最大的方面，莫过于他对人格发展的描述。弗洛伊德认为，成人的人格受到五六岁之前发生的事情的很大影响。据他说，在这五六年里，每个孩子都因经历几个发展阶段获得进步。由于每一阶段的主要标志都是基本性感区，而且由于每个阶段对成人人格都有特殊影响，因此被称为**心理性欲发展阶段**。

弗洛伊德认为，儿童在经历每个心理性欲阶段时，都面临着特殊的挑战，而且只有少量的心理能量被用于应对这些挑战。如果所有人都按照应有方式发展，那么，多数人会留下足够的心理能量，在长大成人之后保持健康人格。但有时事情并不如意。一些儿童在进入某个特殊阶段时遇到困难（或者，对少数人而言是某个阶段使他们非常满足，希望停留在该阶段）。结果造成了**固着**，即心理能量被绑定。这种情况的发生不仅给正常成人发挥心理机能留下很少的能量，而且弗洛伊德认为，这些成人还会表现出其心理能量被固着阶段的行为特征。

弗洛伊德理论模型的第一个阶段是**口唇期**。这个阶段出现在0—18个月，口、唇、舌是基本的性感带，也就是快乐的根源。你只需花几分钟观察一个6个月的婴儿，就会发现几乎所有的东西都会被他放进嘴里。这一时期令婴儿不快的断奶或喂养问题会造成固着，导致口唇期人格的形成。具有口唇期人格的成年人像个孩子一样依赖别人，但发生在长牙以后的固着可能会导致成人过度的攻击性。具有口唇期人格的成人往往表现出婴儿对口唇满足的需要。他们可能嗜烟、嗜酒、经常咬手指，等等。

儿童长到18个月时，进入人格发展的**肛门期**。弗洛伊德认为，肛门区成

根据弗洛伊德的理论，幼时的创伤经验导致口唇期心理机能的过度固着，从而导致成人的口唇期人格。吸烟、喝酒及过量进食是口唇期人格的特征。

为这一时期最重要的性感带。并非巧合的是，多数儿童在这时开始如厕训练。令幼儿不快的如厕训练会导致固着及肛门期人格。具有肛门期人格的成人可能有很强的秩序感、固执或过于慷慨，这取决于他们经历了怎样的如厕训练。

第三个阶段是**性器期**，发生于大约3—6岁。这一时期，阴茎或阴蒂成为最重要的性感带。这一阶段的重要发展出现在此阶段的后期，儿童将经历俄狄浦斯情结，即恋母情结，这一术语源于希腊神话中一个误娶了自己母亲为妻的人物。弗洛伊德认为，处于这一年龄阶段的儿童，其异性父母对他们产生了性吸引力。男孩对母亲、女孩对父亲产生强烈的乱伦欲望。

不用说，儿童在这一阶段的发展中并非一点儿也不令其害怕。男孩产生阉割焦虑，害怕父亲发现他们的想法而割掉他们的阴茎。如果男孩看到姐姐的外阴，他会得出结论，这种命运曾降临在她头上。女孩看到男性生殖器，会产生阴茎嫉妒。这是一种拥有阴茎的愿望，同时伴随着因为没有阴茎而引起的自卑和嫉妒。

男孩和女孩怎样解决这些冲突？儿童最终将压抑自己对异性父母的欲望，他们懂了，只要同性父母还在，他们永远都不能占有异性父母。接着，儿童以反向作用生成的方式，以同性父母自居。俄狄浦斯情结的解决具有几个重要作用。通过以同性父母自居，男孩开始形成男性特征，女孩形成女性特征。其次，采纳父母的价值观和标准，为超我的形成铺平道路。弗洛伊德提示人们，俄狄浦斯欲望永远不会完全消失。它们只是被压抑了，在以后的生活中，还会以各种方式对人的行为产生影响。商界人士对竞争对手的进攻性，就被认为是他们早期与父亲竞争遗留下的俄狄浦斯欲望的表达。

俄狄浦斯情结解决以后，儿童进入潜伏期。在这些年里，性欲望减弱。在潜伏期，男孩和女孩同样地互相不感兴趣。观察一下操场，就能看出男孩只与男孩玩，女孩只与女孩玩。但是这一切都随着青春期到来而发生变化。性欲望重新回归，并集中于成人的生殖区域。如果儿童进入这一生殖期时，没有留下早期阶段固着的大量力比多能量，性机能就能正常发挥。

俄狄浦斯情结解决之后，儿童进入潜伏期。在这些年里，男孩只与男孩玩，女孩只与女孩玩。这些特征随着青春期到来而结束。

（六）查明无意识内容

西格蒙德·弗洛伊德从一开始就给自己制造了麻烦。如果最重要的心理材料隐藏在无意识中，我们根本觉察不到，心理学者怎样研究它呢？心理治疗师想了解患者的病情却无从查起，他们怎么对患者提供帮助呢？毫不奇怪，弗洛伊德回答了这个两难的问题。他认为，强烈的本我冲动被排除在意识之外时，并没有消失。尽管这些冲动的真实本质被强大的自我所压抑，但它们通常以一种伪装或改变的方式表达出来。如果心理学者知道该寻找什么，他们就可以从一些看似天真无辜的行为中捕捉到无意识想法的枝节。以下是弗洛伊德主义的心理学家用来查明无意识内容的七种方法。

1. 梦

弗洛伊德把梦称作"通往无意识的捷径"。1900年，他出版了《梦的解析》一书，提出了用于解释夜间梦境之意义的首个心理学理论。弗洛伊德认为，梦为本我冲动提供了表演的舞台。实际上，梦是实现愿望的一种方式；梦代表着我们期望的东西。这并不等于说，人们希望把夜里梦见的不愉快的、恐怖的梦境都一五一十地变成真事。弗洛伊德区分了显性梦境（做梦者看到和记得的东西，是做梦者意识到的东西）和隐性梦境（被压抑在无意识中的欲望和动机）。在清醒时，很多无意识愿望很难公开表达。这就是它们一直被压抑的原因。但是这些不被接受的意象在梦中可以以伪装的方式出现。弗洛伊德认为，人的很多无意识意念和愿望都是以象征方式表现的。带有阴茎、性交、阴道的梦可能令做梦者烦恼。但如果梦到喷泉、乘坐飞机或洞穴就不会有问题。弗洛伊德指出，"做梦的人知道他的梦意味着什么，只是他没意识到他知道这些，所以他以为他不知道。(1916/1961, p. 101)"

弗洛伊德相信，一个训练有素的精神分析师能辨认出普通梦境中梦的象征物。房子代表人体，国王和王后代表某人的父母，小动物代表儿童，分娩与水有关，乘火车旅行象征着死亡，布和制服代表裸体。不出所料，弗洛伊德所解释的绝大多数梦的象征都与性有关。例如，男性生殖器用形状相似的物体代表。弗洛伊德 (1916/1961) 列举了几种常见的阴茎象征物，如棍子、伞、树、刀、步枪、笔和锤子。女性生殖器用瓶子、盒子、房间、门和船来象征。性交暗含于诸如跳舞、骑马和攀爬之类的活动中。实际上，看了弗洛伊德列出的象征物清单，很难想象有多少梦不能用性做解释。

2. 投射测验

人人都玩过那个从天上的云彩里寻找图像的游戏。一个人说看见了一艘帆船，另一个人说看见了一头胆小的狮子，第三个人说看见两个人跳探戈舞。当然，云中没有真实的图画。但这些图像从何而来？根据弗洛伊德的观点，这些反应是知觉者无意识心理内容的投射。人们从云彩这种模糊的东西中看到图

> 清白无邪的梦……是披着羊皮的狼。当我们对这些梦进行分析时，它们的含义可能与其表象正相反。
> ——西格蒙德·弗洛伊德

像，是查明无意识内容的另一种方法。**投射测验**向受测者呈现模糊刺激，请他们做出反应，如辨别出物体、讲一个故事或画一幅画。从这些反应可以分析无意识中有什么东西。本章后面将介绍心理学者采用的几种投射测验。

3. 自由联想

花一会儿时间把你脑子里的念头都清理干净，然后开始纵情畅想，畅所欲言，哪怕说出来的话出乎意料，哪怕它们让你感到有些吃惊甚至尴尬。如果你发现，一些陌生的、无拘束的想法流入你的意识，你就体验到了自由联想。在精神分析过程中，治疗师常常鼓励患者用自由联想的方法暂时避开自我所执行的审查机制。我们经常会清除那些令人厌恶的、显得琐碎或愚蠢的想法，以避免受其干扰或显得自己很傻。但是，假如我们能绕过自我设置的路障，哪怕只是一会儿，也会深入无意识，瞥见其中的内容。

但自由联想往往不易做到。因为自我已调动大量的能量，压抑某些想法，不让它们进入意识。有时，患者会陷入长时间的沉默。有时，他们报告说，脑子里什么想法也没有；或故意叙述一些无关紧要的细节，尽量回避那些无意识的真情。但如果患者说出任何意识深处的东西，患者与治疗师都会对暴露出的东西感到惊讶。

4. 弗洛伊德式口误

所有人都难免会口误。丈夫在提到妻子时，用的是她婚前的姓，或说妻子的心真像她的"胸"一样。这些口误令人尴尬而可笑，但在弗洛伊德眼里，它们代表着一时脱口而出的无意识内容。用婚前的姓称呼妻子的丈夫，或许在无意识里希望自己从未娶过这个女人。我们把这种错误陈述称为**弗洛伊德式口误**。

5. 催眠

弗洛伊德在催眠方面的早期经验提示他，在人的心中，有比可以进入意识的东西更多的素材。他相信，在深度催眠时，自我会进入一种暂停状态，这使催眠师能绕开自我，直接触及无意识。当人们请弗洛伊德拿出无意识的证据时，他常常用催眠来证明。他指出，"任何亲眼见过这样一个实验的人，都会对催眠留下难忘的印象，坚信催眠且永远不会动摇。(1938/1964, p. 285)"

如果催眠是通往无意识的渠道，那就很容易理解，对心理治疗师来说，催眠是多么有价值的手段。不过，弗洛伊德很快就认识到催眠的一些缺陷。其中最主要的是并非所有的患者都对催眠暗示有反应。此外，不是所有的心理学者都同意弗洛伊德所说的，催眠是通往无意识的路径，这一点将在第四章讨论。

6. 意外

假如你正和一个朋友争论某个问题，你"意外"地撞倒了这位朋友的一个雕塑架，雕塑被摔碎且无法修复。你道歉，说你不是故意的。但这真是一次意外吗？在弗洛伊德看来，许多看似意外的行为，其实是受无意识冲动驱使的。弗洛伊德可能会认为，打碎朋友有价值的财物时，你表达了无意识的伤害朋友的欲望。患者声称自己偶然忘记了与治疗师的例行约见，也许正是弗洛伊德所称的阻抗(resistance)。在意识中，患者相信他们只是不记得这次约见了。在无意识中，患者想故意抵制治疗师，因为他即将接近并揭露可怕的无意识内容。同样，鲁莽的司机正在酝酿一次事故，以满足一种自我伤害的无意识欲望。在弗洛伊德主义的心理学家看来，许多不幸事件的意外发生，既不是人们有意而为的，也不是完全无意的。

7. 象征行为

和我们梦到的事件一样，我们的许多日常行为也可能被弗洛伊德主义心理学家看作我们无意识欲望的象征性表达。以象征方式表现出来的行为，对自我不会造成威胁，因为它们不能被察觉到。但无意识欲望在这些行为中得以发泄。有个典型的例子：一位患者对自己的母亲怀有敌意，但他没有意识到自己对母亲的这种敌意。在治疗师看来，这种无意识的敌意是患者问题的根源，表现在他为家里买的一个擦鞋垫上。擦鞋垫上装饰着雏菊的图案。并非巧合的是，母亲最喜欢的花是雏菊。她的碟子以及房间里到处都是雏菊的图画。简言之，雏菊象征着母亲。这个好儿子每次进房间的时候，喜欢在雏菊图案上擦脚，并不停地踩——这种做法象征性地表现出他对母亲的敌意。

把弗洛伊德的梦的象征物用于解释日常行为时，我们会发现，从心理角度来看，象征行为随处可见。对于一个加入步枪队的女人、一个探索洞穴的男人、一个常常借了铅笔不还的人，我们如何评价他们？有趣的是，弗洛伊德是一个嗜吸雪茄的人。尽管经历了痛苦的口腔癌手术，他仍然坚持吸烟直至去世。雪茄是明显的阴茎象征物，人们对他的这一习惯提出质疑。据说弗洛伊德的答复是，"有时雪茄仅仅是雪茄。"

三、应用：精神分析

弗洛伊德不仅是精神分析理论之父，而且是倡导并创立精神治疗体系的第一人。在早年与布洛伊尔的合作中，弗洛伊德认识到许多障碍的根源是心理的而不是生理的。通过催眠实验，他发现这些障碍的根源深藏于心灵的某个部位，意识很难接近它们。慢慢地，弗洛伊德采用各种方法获得这些内容，从催眠开始，逐渐转向自由联想。当弗洛伊德深入理解了患者障碍的原因及人格的机能和结构时，他创立了被称为**精神分析**的精神治疗体系。

精神分析的主要目的是把重要的无意识内容带入意识，并在意识中用理性方式对其进行考察。当无意识的内容浮出水面时，必须注意不能让它以某种新障碍的形式表现出来。治疗师要与患者共同努力，帮助自我通过练习对本我冲动和过分压抑的超我施以恰当的控制。在某种意义上，治疗师和患者就像是探险者，在患者的心灵中探索重要的无意识内容。治疗师还像是一个侦探，他必须对与潜在病因相关的模糊信息进行评估，因为患者会无意识地、有时甚至故意地误导或阻挠治疗师的探索。

通常，接受精神分析的患者躺在沙发上，治疗师坐在患者后面，在患者的视线之外。治疗师鼓励患者自由地说，房间和治疗师不能分散患者的注意力，抑制自由联想。遗憾的是，和逃避自我设置的障碍及误导一样，对意识层和无意识层的挖掘是一个漫长的过程。患者通常需要在几年时间里，每周做几次、每次一小时的治疗。因此，传统的精神分析非常昂贵，只有少数人能支付得起。

精神分析的大部分时间用来寻找导致心理障碍的无意识内容。由于自我消耗了很多能量，并在强烈的动机驱动下压抑了无意识内容，因此治疗的这部分工作很困难。弗洛伊德采用各种方法获取无意识内容，包括自由联想、释梦和催眠。与其他的心理治疗体系不同，在精神分析过程中，治疗师要主动向患者解释他们言语、行为和梦的重要性。但弗洛伊德提醒治疗师不应过快地揭示真实含义。刚入门的治疗师往往在自己刚弄明白行为或言语背后的无意识含义时，就想向患者做解释。这对患者的自我来说太具威胁性，会导致患者建构起新的、更强的无意识防御机制。

等时机成熟，精神分析师在查明了患者的陈述和梦中象征物的真实含义后，就可以向患者做解释。在弗洛伊德著名的研究案例中，杜拉案例是一个极好的例子。患者杜拉，18岁，来自富裕家庭。她抱怨说自己头痛，还有其他的身体问题。杜拉的部分创伤和一对已婚夫妇K先生与K太太有关。K太太与杜拉的父亲关系暧昧。令事情更糟糕的是，K先生对杜拉有性企图。在一次治疗中，杜拉提到这样一个梦：

> 一座房子着火了。父亲站在我床边，把我叫醒。我马上穿上衣服。母亲想停下来，抢救她的首饰盒；但父亲说："我不想和两个孩子为了你的首饰盒而被烧死。"我们赶快跑下楼。一出门我就醒了。(1901/1953, p.64)

对一个未经训练的聆听者而言，这个梦似乎与我们做的梦一样，不会过多地考虑，普普通通，毫无意义。但对弗洛伊德而言，这梦里有很多涉及杜拉病症原因的线索。通过简短的询问，弗洛伊德了解到，在这个梦发生前不久，K先生送给杜拉一个昂贵的首饰盒作为礼物。根据这一信息，弗洛伊德得到了他所需的理解这个梦的所有资料。他这样向杜拉解释：

> 或许你不知道那个"首饰盒"是人们喜欢用的对女性生殖器的说法……你对自己说："这个男人在侵害我；他想冲进我的房间。我的'首饰盒'正处于危险中。如果发生什么事，那将是父亲的错。"出于这个原因，你在梦中选择了一个表达相反意思的情境——父亲在危险中抢救你。当你父亲刚刚站在你床边的那一刻，K先生取代了你父亲的位置。他送给你一个首饰盒，因此你也要送给他你的首饰盒……你准备送给K先生他妻子不愿给他的东西。那是需要大量的能量压抑的想法，必须把每一个情节转换成其相反方面。这个梦证实了你做这个梦之前我对你说过的话——你通过宣告对父亲多年来的爱，来阻止你对K先生的爱。(p.69)

弗洛伊德向杜拉解释了几个重要的精神分析概念。他查明了杜拉使用的象征物，及对其真实欲望的压抑。他还解释了杜拉使用的反向作用——梦见与她真正想要的东西相反的东西——以及她怎样压抑影响着她行为的对父亲的欲望。不奇怪，起初杜拉很难接受这样的解释。此例说明，患者在接受治疗师对他们的梦、想法和行为的解释之前，对精神分析法必须有合理的理解。

具有讽刺意味的是，治疗取得进展的最初标志之一是阻抗的产生。例如，患者宣称治疗对他们没有用，希望终止治疗。有时，他们陷入长时间的沉默，回到已讨论过的内容，失约不来门诊，或固执地认为某些话题不值得探讨。这些阻抗企图表明，治疗师和患者正在接近重要的内容。当无意识内容就要大白于意识时，受到威胁的自我为保卫即将失掉的阵地，会竭力做最后的抵抗。

传统精神分析的另一个必要步骤是移情的产生。在这一阶段，过去情境中与别人有关的情感会转移到治疗师身上。例如，患者在和治疗师相处时的言行，像对待已故父母一样。之前长期深埋于心的无意识情感和难以启齿的话语终于倾泻而出，这种情感往往是患者失调的症结所在。弗洛伊德提示，控制移情是治疗过程中复杂而重要的部分。他同时提醒治疗师要控制反移情，即治疗师把自己对他人的情感投向患者。

从精神分析刚产生起，就争论不休，关于精神分析的有效性的争论从未停止 (Gabbard, Gunderson & Fonagy, 2002)。虽然当今有很多治疗方法可供选择，但是仍有大批心理治疗师以"精神分析法"的名义坚持对这一流派的探索 (Mayne, Norcross & Sayette, 1994)。近期有设计严谨的回溯式研究发现，在治疗多种心理障碍方面，精神分析法往往很有效 (Leichsenring, 2007; Leichsenring & Rabung, 2008)。不出所料，关于精神分析有效性的这些断言也受到了质疑 (Beck & Bhar, 2009; Roepke & Renneberg, 2009)。批评者指出，精神分析疗法即使有效，也常常要花若干年的时间，而且其性价比也不如很多短期疗法。由于很多事情都和弗洛伊德有关，可以肯定地说，这一争论还将继续下去。

四、评价：投射测验

精神分析师在设法测量他们感兴趣的人格建构时，遇到一个独特的问题。受测者不能直接报告出精神分析理论定义的那些最重要的概念。如果患者愿意说出心理冲突，那么，这些心理冲突显然不是深藏在无意识中的，因此也不可能是理解患者问题的关键。精神分析治疗师和研究者怎样才能测量到无意识的内容呢？解决办法就是避免直接报告。

投射测验为人们提供模糊刺激，例如墨迹、模糊图片等。受测者描述他们看见的东西，根据图片讲故事，或以其他方式对呈现的材料做出回应。测验中不提供判断反应对错的线索，这使每个人的反应高度个人化。有人会看到一个马戏团和一只大象,另一个人看到的是一个墓地和一个哀痛的女人。正如这个术语名所暗示的,精神分析师把这些反应看作无意识的投射。模糊材料为受测者提供了说出被抑制的冲动的机会。但是,与无意识冲动的其他表达方式相比,这些反应对受测者来说并不明显。

(一)投射测验的类型

1921 年,赫尔曼·罗夏 (Hermann Rorschach) 发表了一篇论文,描述了一种根据个体对墨迹的反应预测其行为的方法。罗夏在论文发表的第二年(他 38 岁时)就去世了,但他的研究却激发了另一些心理学者继续编制墨迹测验,并以其开创者罗夏的名字命名。**罗夏墨迹测验**包括 10 张卡片,每张卡片上,除了一块墨迹没有其他东西,有的卡片上的墨迹颜色不止一种。受测者根据指导语,描述他们在墨迹中看到的东西。他们可以自由地根据墨迹的任何一个部分做出回答,可以对一张卡片做出几种反应。尽管某些卡片很有暗示性,但它们除了墨迹没有更多东西。

这位心理学者正在做一种应用广泛的人格测验:罗夏墨迹测验。受测者说出她在卡片上看到了什么;但能否据此回答对她的人格进行有效的评价,仍存在争议。

墨迹测验的反应可以采用多年来创建的若干种评分系统中的一种来做分析。然而，多数心理学者凭借他们个人的洞察力和直觉来解释这些反应。异常反应和重复出现的主题特别值得注意，尤其当它们与治疗过程中揭示的信息一致时。例如，患者在每张卡片上都看见死尸、坟墓和墓碑，会引起治疗师的注意。同样，当患者在墨迹中看到自杀、怪异的性行为或暴力行为时，或许能为治疗师提供今后治疗要探索的主题。

另一种应用广泛的投射测验是**主题统觉测验**。设计者是亨利·默里（详见第七章）。测验由一些模糊图片构成。让受测者根据每张图片讲一个故事：人物是谁，发生了什么事情，什么原因导致了这种情境，结果将如何。大多数图片都呈现了人物的形象和面部表情，但人物之间的关系被故意设计得模糊不清。因此，受测者会在人物的脸上看到爱、罪恶感、愤怒或悲伤。图片上的人物也许在打斗、密谋、相爱或相互间无动于衷。他们可能正在等待一个快乐的、悲哀的、可怕的或令人失望的结局。受测者在图片中见到的东西可提供分析其人格的线索。治疗师常常凭直觉解释受测者对主题统觉测验的回答，但也有许多治疗师采用相对客观的评分程序。第四章和第八章都有实例，说明心理学者如何在研究中使用主题统觉测验。

许多治疗师还使用一种投射测验，**画人测验**。它诞生于 20 世纪 20 年代，最初用于测量智力，后来心理学者意识到，它还能测量重要的人格建构 (Handler, 1996)。画人测验的模糊刺激是一张白纸和让受测者画一幅画的指导语。在多数情况下，只让受测者画一个人，有时也会让他们画一家人或一棵树。画人测验有许多用途，其中包括测量儿童智力。但它更多地被用作心理问题，尤其是儿童心理问题的指标 (Bardos & Powell, 2001; Matto, 2002)。精神分析师常把受测者画的人看作自我的象征性表达。

儿童绘画提供了窥探他们内心想法和情感的窗口，这种观点具有很强的直觉性。学校教师往往会注意画人时从不画笑脸的孩子。同样，常画巨兽和可怕怪物的孩子也许在表达内心的烦恼。有情绪障碍儿童会把他们难以言表的东西用绘画形式表达出来。

（二）对投射测验的评价

关于投射测验已有几百项研究，其中多数涉及罗夏墨迹测验。对墨迹的反应可用于任何问题，从智力到性取向。遗憾的是，怎样解释这些研究问题，心理学者意见不统一 (Garb, Wood, Lilienfeld & Nezworski, 2005)。批评者指出，测验的信度指标低得无法接受，而且往往找不到效度的证据 (Wood, Nezworski & Stejskal, 1996, 1997)。一个回溯研究小组这样概括，"目前还没有科学依据可以证明罗夏量表在心理评价中可被使用。(Hunsley & Bailey, 1999, p. 266)"另一些评论则直言不讳地说，罗夏墨迹测验"对任何问题都不是有效的测验"(Dawes, 1994, p. 146)。一些心理学者质疑，墨迹测验程序能说是一个测验吗？他们认为，更确切地说，罗夏墨迹测验是一种高度结构化的访谈。

但是，一场争论总有两个方面。罗夏墨迹测验的支持者提出了捍卫该测验的几个重要观点。首先，需要把好的研究与差的研究区分开来，前者的设计是为了检验恰当的预测，而后者常常试图把测验中的反应与任何的、所有的行为联系起来 (Weiner, 1995, 1996)。一些回溯研究者细察了那些做出了合理预测的研究结果，找到了测验有效性的证据 (Gronnerod, 2004; Meyer, 1997; Parker, Hanson & Hunsley, 1988; Viglione, 1999; Weiner, 1996)。此外，对罗夏墨迹测验的反应制订的更新、更严格的编码系统远比以前的方法可信 (Viglione & Hilsenroth, 2001; Weiner, 2001)。其次，与其他类型的人格测验相比，为投射测验找到良好的效度资料更困难。怎样才能通过实证研究证明罗夏墨迹测验做出的评价是准确的？如果一位治疗师从一项罗夏墨迹测验中得出结论称患者有一种无意识冲突，研究者用什么客观标准证明这一判断是否有效呢？事实上，如果有客观标准，治疗师从一开始就没必要采用投射测验了。

尽管有争论，罗夏墨迹测验和其他许多投射测验仍被广泛使用 (Camara, Nathan & Puente, 2000; Watkins, Campbell, Nieberding & Hallmark, 1995)。这种使用远远超出了心理治疗的范围。例如，学校心理学者常常使用投射测验，对儿童的社交适应和情绪适应做出评价 (Hojnoski, Morrison, Brown & Matthews, 2009)，心理学者还将其用于法律的执行和庭审书记工作 (Gacono & Evans, 2008)。投射测验受欢迎的一个原因是，它可以揭示用其他方法不能获取的信息。例如，治疗师与孩子们在一起，有时候他会让一个孩子玩娃娃家游戏。试想，一个孩子编了一个情节，其中的妈妈玩偶和爸爸玩偶残忍地对待孩子玩偶。这个孩子也许是以这种方式表达在家里发生的事情，而这些事情用其他手段就很难揭示。

但许多心理学者提醒人们,不要夸大受测者对投射测验的反应。上面例子中的儿童也许只是在表演最近从电视节目中看到的一个情节。由于投射测验的效度仍面临质疑,因此心理学者在做诊断时经常被建议不要过分依赖投射测验(Wood, Garb, Lilienfeld & Nezworski, 2002)。相反,投射测验结果应当被看作有关患者信息的一个来源。这些信息应当和访谈、观察、个案材料及其他心理测验所收集的信息同时使用。

五、弗洛伊德理论的优势与批评

本书涉及的任何一个人格理论都不像弗洛伊德主义理论那样,能迅速地引发一场辩论。每个临床心理学者和人格研究者在弗洛伊德理论的价值和准确性问题上,都有自己的看法。尽管很少有人全盘接受弗洛伊德的观察和假设,但弗洛伊德理论的忠实追随者极力维护弗洛伊德关于人的心理机能之本质的基本观点。在他们的评价中,批判的同时也充满了热情赞颂。

(一)优势

即使弗洛伊德的所有思想都被现代人格理论家摒弃,在心理学史上,他仍然占有重要地位。弗洛伊德的理论是第一个综合性的有关人类行为与人格的理论。在他之后的多数人格理论家都承认,必须指出自己的理论与弗洛伊德的理论有哪些不同,或弥补了他理论的哪些缺陷。这些心理学家中的许多人在弗洛伊德的基础上,从弗洛伊德的理论中借用了重要的精神分析的概念和假设,建立了自己的理论。第五章将介绍一些研究弗洛伊德或遵循弗洛伊德传统接受训练的人,他们继续发展并推进了自己版本的精神分析理论。简言之,弗洛伊德的观察为后来的人格理论和研究确立了方向。虽然晚近的人格理论与精神分析理论相去甚远,但它们在许多方面仍然受弗洛伊德思想的影响。

弗洛伊德还被公认为建立心理治疗体系的第一人。今天,通过与治疗师讨论来治疗心理障碍,已经是被广泛接受并使用的程序。虽然说即使没有弗洛伊德,心理治疗也可能发展,但肯定不会发展成今天这样。诸如自由联想、催眠和释梦之类的方法,已成为许多治疗师的标准工具。当一些患者发现治疗师没有沙发,不准备对他们做催眠或释梦后,还会感到失望。调查发现,为数众多

弗洛伊德最伟大的成就可能就在于他和神经症患者的认真交谈。
——卡尔·荣格

的年轻的或经验丰富的心理治疗师认为自己的取向是"精神分析的"(Mayne et al., 1994; Smith, 1982; Spett, 1983)。

另外，人们还认为弗洛伊德推广了心理学的一些重要原理和概念，并促进了它们的发展。例如，在许多心理治疗师、人格理论家及心理学各领域研究者的工作中，焦虑已成为一个重要概念。本书第四章、第六章和第十六章将要讲到，心理学者今天研究的许多课题都源于弗洛伊德理论中的一个或多个概念，尽管它们不再具有浓厚的弗洛伊德主义风味。由于弗洛伊德在多年前把这些概念纳入心理学研究课题的目录中，从而影响了今天人格研究的主题。

（二）批评

由于弗洛伊德思想影响的革命性，它在问世之初便遭到了医学界和学术界的拒绝。有人认为，这些思想可能根本不是原创的或开天辟地的。一位研究者发现，在19世纪七八十年代，欧洲至少出版了七本书名中带有无意识一词的书 (Whyte, 1978)。由于那时欧洲有教养的优秀人才较少，于是另一位研究者定论："在弗洛伊德开始临床实践的时候，每个受过教育的人肯定都已经熟悉无意识的思想了。(Jahoda, 1977, p. 132)"有历史学家指出，弗洛伊德可能见过其他人撰写的有关意识的不同水平、自由联想及婴幼儿性欲的著作 (Jahoda, 1977; Jones, 1953-1957)。此外，在弗洛伊德的工作之前，许多"弗洛伊德的"思想就曾出现在文学作品中。例如，1881年逝世的俄国作家费奥多尔·陀思妥耶夫斯基就曾在他的著作中描述过无意识驱动的行为、梦中的性欲象征物、内心冲突甚至俄狄浦斯情结之类的内容。

在弗洛伊德理论捍卫者的观点中，有三点可供参考：第一，弗洛伊德介绍自己的理论时，经常引用前人有相似主题的著作。尤其在他的早期著作中，这的确是事实。第二，弗洛伊德是第一个把许多零散观点组织成一套人类行为理论的人。如果没有一个统一的理论详细描述无意识、梦及婴幼儿性欲之间的关系，那么熟悉这些概念的科学家能否进一步发展这些概念，是值得怀疑的。第三，弗洛伊德制订了毕生考察其理论概念的研究规划。他和他的追随者积累的案例，为精神分析理论的发展提供了资料。虽然弗洛伊德的许多贡献在一些更早期的著作中已有先例，但介绍一种思想，和把许多思想组织、整合、发展成一套综合性的人类行为理论是完全不同的。

第二种批评意见认为，根据弗洛伊德理论提出的许多假设是不可验证的。判断一个理论是否具有科学价值，标准之一是根据这个理论提出的假设，要么得到研究资料的支持，要么得不到支持。批评者质疑弗洛伊德的理论是否符合这一标准。例如，一个弗洛伊德主义的治疗师得出结论说，一位患者具有怨恨她姐姐的强烈无意识，哪种类型的证据可以证明这个结论不正确？如果患者说她不记得对姐姐有任何消极情感，能说明什么？显然患者在压抑这种情感。如果患者说她多么地爱姐姐，又能说明什么？显然，这是反向作用。如果患者说她隐藏了对姐姐的消极情感呢？显然，治疗师已成功地将无意识内容带入意识中。如果这个假设不能被驳倒，它也得不到完全的支持。这使得弗洛伊德的理论对于科学工作者来说没有多大用处。

弗洛伊德的支持者则认为，不能指责他不努力寻找证据支持其理论。实际上，弗洛伊德认为，他的理论的很多部分都是"发现"，是他在精神分析的各个阶段仔细考察患者的陈述后得出的结果。但是，弗洛伊德的理论过于依赖个案研究资料，是另一种有批评意见的原因。这些资料大多是有偏差的。首先，弗洛伊德的患者不能代表一般成年人。这不仅因为他们都来自欧洲相对富裕且有教养的家庭，而且他们都有心理障碍。很难说这些患者的心理机能与心理健康的普通成人是一样的。其次，我们所知道的有关这些患者的信息，是经过弗洛伊德筛选的。因此，弗洛伊德很可能意识到并且只记录了那些支持其理论的陈述和行为，忽视了或根本没有注意到那些不能支持其理论的信息。再次，弗洛伊德可能（有意或无意地）引导患者说出他想听到的东西。有时，接受心理治疗的患者很容易全盘接受权威的观点，并有强烈的取悦他们的动机。有一个很有意思的细节，在为杜拉释梦时，弗洛伊德写道，梦仅仅证实了他已经知道的东西。

最后，一些批评针对弗洛伊德理论强调的重点和他的理论色调。弗洛伊德的许多早期追随者最后脱离了组织，提出自己的理论，因为他们认为弗洛伊德忽视或低估了人格的一些重要影响因素。一些人认为，弗洛伊德没有认识到生命最初五年之后的经验如何影响人格。另一些人不同意弗洛伊德只强调本能，而不考虑社会文化对人格的重要影响。还有人认为，弗洛伊德倾向于关注人格障碍，而不是日常的心理机能和人格的积极面。如第五章将要讨论的，后来的许多精神分析学派思想家纠正了这些缺陷并开创了自己的理论。

六、小结

(1) 西格蒙德·弗洛伊德在100年前开创了一个综合性的人格理论。在采用催眠法治疗歇斯底里症的过程中，弗洛伊德发现了无意识对行为的影响力。根据他的理论，人格可以划分为意识、前意识和无意识。此外，人格可以划分成本我、自我和超我。心理活动受一种称为力比多的心理能量的支配。内部心理冲突导致紧张，人的行为目的是回到不紧张的状态。

(2) 根据弗洛伊德理论，在健康的人格中，自我掌控着本我冲动和超我的命令。为达到这个目的，自我通常使用防御机制。这包括压抑，即把创伤信息排除于意识之外，以及升华、替代、反向作用、阻抗、理智化和投射等。除升华外，自我在运用防御机制的时候都要付出代价。

(3) 弗洛伊德的心理性欲发展阶段论是其理论中最具争议的部分。弗洛伊德认为，年幼儿童经历一系列以基本性感带为标志的发展阶段。儿童经历口唇期、肛门期、性器期，最后进入能健康地表现性欲的生殖期。早年的严重创伤会导致心理能量的固着，成年期的人格将反映发生心理机能固着的那个阶段的特征。成人人格发展的重要一步，发生在性器期后段，此时俄狄浦斯情结得以摆脱。

(4) 精神分析学家创造出查明无意识内容的一些方法。弗洛伊德把梦称为"通往无意识的捷径"。他对患者梦的象征物进行解释，以了解他们的本我冲动。此外，弗洛伊德主义的心理学家采用投射测验、自由联想和催眠来获得无意识内容。无意识情感的内容还表现在弗洛伊德式口误、"意外"及象征行为中。

(5) 弗洛伊德创立了第一个心理治疗体系，称作精神分析疗法。这种旷日持久的治疗的大多数时间是把导致患者问题的无意识根源导入意识。弗洛伊德学派的治疗师会主动向患者解释他们的言语、梦及行为的真实的（无意识的）含义。精神分析进展的最初标志之一是阻抗：患者停止配合治疗，以阻碍治疗师挖掘无意识中隐藏的重要内容使之浮出水面，从而对他产生威胁。

(6) 很多弗洛伊德学派心理学家用投射测验测量他们感兴趣的概念。典型的投射测验要求受测者对诸如墨迹这样的模糊刺激做出反应。由于并不存在真正的答案，这些反应被看作受测者的无意识联想。投射测验的使用引起了争论。批评指出，其信度和效度太低，不可接受。但是，如果使用得当，投射测验可以为深入了解患者的人格及心理问题产生的原因提供启发。

(7) 弗洛伊德对其后的人格理论家具有重大影响，这是弗洛伊德主义理论的贡献。此外，弗洛伊德创立了第一个心理治疗体系，并为心理科学研究领域引入许多概念。有批评者指出，弗洛伊德的很多思想不是新东西，该理论的许多方面不可验证。有人则批评弗洛伊德使用有偏差的资料建立其理论。许多研究弗洛伊德的人不喜欢他强调本能、忽视导致心理障碍的社会因素的倾向，以及他所描绘的人性的整体消极图景。

关键术语

肛门期　anal stage (p.52)

意识　conscious (p.45)

防御机制　defense mechanism (p.48)

否认　denial (p.50)

替代　displacement (p.50)

自我　ego (p.46)

固着　fixation (p.52)

自由联想　free association (p.43)

弗洛伊德式口误　Freudian slip (p.56)

画人测验　Human Figure Drawing test (p.62)

本我　id (p.46)

理智化　intellectualization (p.51)

力比多　libido (p.48)

口唇期　oral stage (p.52)

性器期　phallic stage (p.53)

前意识　preconscious (p.45)

投射　projection (p.52)

投射测验　projective test (p.56)

精神分析　psychoanalysis (p.58)

心理性欲发展阶段　psychosexual stages of development (p.52)

反向作用　reaction formation (p.50)

压抑　repression (p.49)

罗夏墨迹测验　Rorschach inkblot test (p.61)

结构模型　structural model (p.46)

升华　sublimation (p.50)

超我　superego (p.47)

死的本能　Thanatos (p.48)

主题统觉测验　Thematic Apperception Test (TAT) (p. 62)

解剖模型　topographic model (p.45)

无意识　unconscious (p.45)

第四章

弗洛伊德流派：
相关研究

一、梦的解析
二、防御机制
三、幽默
四、催眠
五、小结

> 弗洛伊德是一个强烈追求真理、无条件地相信证据、对每件事都抱定这一信念、绝不退却的人。
>
> ——埃里克·弗洛姆

我给大学生讲弗洛伊德的理论时，一般会看到两种反应。一些学生被弗洛伊德对人的行为的洞察力所折服。精神分析理论帮助他们理解了他们自己的一些情感和行为，以及他们与之斗争的冲突。一个学生对我说："它真的很适用于我。现在我知道了我为什么那样做一些事情。我也理解了我的一些行为象征着什么。"

另一些学生用怀疑甚至嘲笑的眼光看待弗洛伊德的理论。在这些学生看来，儿童的性欲、梦的无意识含义、对异性父母的俄狄浦斯欲望之类的观点，只是弗洛伊德过于认真的幻想。虽然我们会接受那些适合于我们的关于人的行为的观点，但科学探索需要的不仅是相信这一种理论超过相信另一种理论。我们需要证据来证明弗洛伊德对人的本性和心理过程的描述是正确的。简言之，我们需要研究。

精神分析学派的批评者常指责弗洛伊德不关心他的理论的有效性。但这并不完全正确。一位历史学家写道：弗洛伊德的著作中充满了"发现一些方法的强烈欲望，通过这些方法可以建立精神分析的研究发现的有效性"。"他的整个工作都贯穿着对有效性的探索。(Jahoda, 1977, p. 113)"然而，弗洛伊德不是通过实验研究来寻求效度的。幸好，许多心理学者承担起这种挑战，通过严格的实验程序来检验弗洛伊德的观点。尽管弗洛伊德的理论中的很多内容不易通过实验来证明，但研究者已经成功地从弗洛伊德的著作中得出了一些可被检验的假设。除了直接检验弗洛伊德的理论以外，人们对由他引入和推广的一些课题也进行了大量研究。对于弗洛伊德感兴趣的许多现象，如催眠、口误、焦虑以及早期发展经历等，人格心理学家都做了深入研究。研究结果有助于洞察弗洛伊德描述的许多心理过程。

本章，我们将介绍有关弗洛伊德理论的四个方面的研究，首先是通过分析弗洛伊德关于梦的意义和功能的观点，对梦的解析进行的研究。其次，我们将考察研究者对弗洛伊德及其追随者提出的某些防御机制所做的研究，以及在我们从儿童长成大人的过程中，这些防御机制发生了怎样的改变。再次，是对弗洛伊德关于幽默的研究。根据精神分析理论，无意识动机常常通过笑话、卡通漫画以及我们觉得好笑的事物表达出来。最后，我们对催眠进行考察，正是它最先激发了弗洛伊德对无意识现象的好奇。什么是催眠？为什么有些人对催眠师的暗示比另一些人更敏感？

一、梦的解析

下次，若你想要使一个沉闷的社交聚会变得活跃些，可以让参加聚会的人说说他最近做的梦。虽然人们记梦的本领不同，但大多数人对于回忆起一个有趣的、稀奇古怪的或恐怖的梦并没有什么困难，因为这些梦会屡次出现。在我的梦中，我曾经在云中散步，遇到卡通人物，与会讲话的钟表交谈。有些朋友聊起他们的梦时说：他们像超人一样飞行，在海底发现了失落的城市，住在土豆里面，与巨大的蜘蛛搏斗。不受时间和物理定律的各种限制，人在梦中几乎可以做任何事情。

如果你像很多人一样，你大概想知道自己一次又一次的梦真实的含义是什么。你的好奇心反映出弗洛伊德留给 21 世纪西方文化的遗产之一。弗洛伊德发展并推广了梦包含有隐藏的心理意义这一观念。弗洛伊德通过解释病人的梦，来努力了解他们的无意识冲突和欲望。今天，来自各个理论流派的治疗师们都把释梦作为治疗手段之一。但释梦的准确性如何？有时，病人会遇到这样一个问题：不同的治疗师对同一个梦做出了完全不同的解释。另一些心理学家则否认梦有任何象征意义，或者他们对治疗师释梦的能力提出了挑战。到底谁是对的？

尽管从事梦的研究面临许多挑战，但研究者已经对这一广泛而神秘的现象进行了大量研究。我们将考察这些研究中的两个问题，特别要注意，关于弗洛伊德的理论，这些研究结果能告诉我们什么。第一，人梦见些什么？我们能否用精神分析理论预示梦境？第二，人为什么做梦？弗洛伊德对此有一些明确的假说，也有一些研究结果与其中的某些观点一致。然而，像弗洛伊德理论的其他方面一样，对这一问题，仍需要信奉者和怀疑者做进一步的探讨。

> 梦从来都与琐事无关：我们不会允许无关紧要的事情打扰我们的睡眠。
> ——西格蒙德·弗洛伊德

（一）梦的含义

根据弗洛伊德的观点，梦境给我们提供了无意识的线索。有时候，一场梦包含的意象或唤起的情感会让我们觉得它一定意味着什么。但我们做的梦大多是荒谬、模糊的，或者只是一些看来和任何事情都无关的可笑的意象。当然，弗洛伊德对此的解释可能是：重要的无意识素材隐藏在象征符号里。如果你向一个传统的弗洛伊德学派的治疗师描述你的梦，他多半会告诉你：你梦中的物体和人物是一些象征符号，在弗洛伊德的传统中指的就是性的象征符号。比如，他会告诉你，跳舞和飞翔代表性交，枪和坦克代表阴茎，山洞代表阴道。后来的精神分析理论家则认为，梦是无意识的集中体现 (Hall, 1953)。也就是说，梦是尚未解决的冲突在熟睡时的浮现。根据这种解释，一个治疗师知道了他的病人做什么梦，就找到了该病人无意识冲突的重要线索。

梦的研究者采取各种方法来记录和解释梦境 (Domhoff, 1996, 1999; Hill, 1996)。有的研究是当生理学仪器显示睡觉者正在做梦时，就唤醒他们；有些研究者要求被试在早晨做的第一件事就是写下他们做的梦；还有一些研究者只让被试描述他们最近做的梦或屡次出现的梦境。

与弗洛伊德的直觉相一致，研究者采用各种方法发现，梦境并非无章可循。尽管对于夜间出现的这些稀奇古怪的东西还没有明确的解释，但有证据表明，梦境常常受到我们睡前思虑到的恐惧、烦恼和问题的影响 (Domhoff, 2001; Foulkes & Cavallero, 1993)。一组研究人员比较了生活在完全不同的环境中的巴勒斯坦儿童做的梦 (Valli, Revonsuo, Palkas & Punamaki, 2006)。在研究过程中，生活在加沙地带的儿童常年经受暴力和频繁的战火威胁。相反，生活在以色列加利利地区的儿童则处在和平环境中。儿童说出的梦显示，生活在持续压力下的儿童做的梦比别的儿童做的梦更多。此外，在压力之下的儿童，梦中出现恐怖事件的比例较高，与生活在无压力环境的儿童相比，他们在每个梦中体验到的恐怖事件也比较多。显然，儿童在夜间做的梦反映了他们白天面临的恐惧事件。

但是，无意识冲突的情况如何？我们根本没意识到的事情也会在梦中出现吗？一些研究结果表明，这些事情会出现。一个系列研究把梦中男性和女性人物出现的频率进行比较。想一想你最近做的梦，梦中的人物是男性多还是女性多？回答可能取决于你的性别。一些调查发现，女人梦中的人物通常男女数量相当。但是，虽然有男人只梦见漂亮女人的陈规看法，其实男人梦见更多的是男人 (Hall, 1984; Hall & Domhoff, 1963)。如表 4.1 所示，这种区别在几乎所有年龄和各种文化的人中都能看到。研究结果表明，在女人的梦中，50% 是男人；而在男人的梦中，65% 是男人。

为什么男人的梦中有三分之二是其他男性呢？一种解释是，这与俄狄浦斯情结有关 (Hall, 1984)。根据弗洛伊德的理论，男人从未彻底克服自己与父亲的冲突，由于这些感情的某些部分被转移到其他男人身上，因此，他们与男人的冲突会多于女性。如同一位精神分析学家所说的那样，如果男人的无意识层次

表 4.1　男人梦见男性和女性的比例

被调查人的年龄	国别/文化	男性梦中两性人物的比例	
		男人	女人
2—4 岁	美国	59	49
7—12 岁	美国	67	54
10—13 岁	美国	69	52
	危地马拉	72	43
	秘鲁	68	50
14—17 岁	美国	66	56
	危地马拉	68	46
	秘鲁	59	57
	祖鲁人	81	49
	库纳人	59	55
大学生	美国*	60	48
	澳大利亚	55	48
	墨西哥	59	61
	秘鲁*	34	39
	祖鲁人	82	54
	印度	71	46
	尼日利亚	81	50
成人	美国	66	52
	伊法鲁克人	80	53
	廷关人	61	66
	阿洛尔人	68	58
	斯科尔特人	73	48
	霍皮人	63	51

*数据来自多个样本。

来源："A Ubiquitous Sex Difference in Dreams," by C. S. Hall, revisited, *Journal of Personality and Social Psychology*, 1984, 1109–1117.

被这种冲突占据，那么这种偏见就在其梦中以男性人物的形式浮现出来。

那么，我们能否说男人梦中男人居多的这种普遍现象证明了弗洛伊德理论是正确的？不完全如此。可能还有其他解释。例如，男人因为白天接触的男人比女人多，所以梦见的男人也比女人多。而且，即使我们接受了男人之间的冲突多于男女冲突的观点，仍有一个疑问：这种冲突是否体现了未解决的俄狄浦斯情结？然而，我们可以说，这些研究发现至少与弗洛伊德理论的预测是相一致的。

梦的研究者感兴趣的另一个现象就是梦的再现。大多数人都做过以前曾经做过的梦。有些人一连几个晚上都做同样的梦。有时，一个梦断断续续做几个月，甚至几年。从精神分析观点来看，一个梦夜复一夜地重复出现，是因为这个梦反映的冲突非常重要而且悬而未决。与这种解释一致，研究者发现，多数重复出现的梦都包含恐怖场面，而且常常是做梦者处于危险情境 (Zadra, Desjardins & Marcotte, 2006)。

精神分析的解释还能帮我们理解，为什么连续几小时在重复的梦中漫游的人，和不做重复梦的人相比，往往处于焦虑和适应不良当中 (Brown & Donderi, 1986; Zadra, O'Brien & Donderi, 1998)。无意识冲突出现在夜梦中，表达的却是白天的焦虑。但是因果箭头也可以指向另一个方向。人们白天体验到的焦虑，也可能是夜里重复出现的梦境导致的。一项研究比较了大学生在考试那几周做的梦和平时做的梦 (Duke & Davidson, 2002)。结果发现，在考试期间，大学生做重复的梦显著多于无压力情况下的此类梦。

但对弗洛伊德释梦的理论争论最多的问题是：看起来无意义的物体和行为是否都是性和性活动的象征物？一些精神分析研究者认为，对性怀有焦虑的人不能直接表达他们的性欲望，取而代之的是，这些人通过梦中的象征符号来表达他们的性情感。为证实这一假设，一组研究人员要求被试连续十天把他们的梦和每天的焦虑情况记录下来 (Robbins, Tanck & Houshi, 1985)。与精神分析立场相一致，被试的焦虑程度越高，弗洛伊德所说的典型的性象征物（铅笔、盒子、飞翔）出现在梦中的次数就越多。

那么，弗洛伊德关于梦的象征物的观点是否正确？尽管研究者有时会得出支持精神分析理论的结果，但是对梦的映像是性的象征符号这一观点，直接且有说服力的验证还未见到。探索梦的多数研究者认同这一说法：梦境不是随机出现的，但为什么一些梦比另一些梦出现得更多，仍然是个具有挑战性的问题。

（二）梦的功能

比梦境更具挑战性的问题是人为什么做梦。弗洛伊德认为，无意识冲动不能永远被压制，因此，梦的主要功能之一就是使这些冲动得到象征性的表达。梦为无意识冲突的表达提供了一个安全、健康的出口。但是，在研究者能够对弗洛伊德理论的这个方面进行考察之前，不得不等待研究技术的成熟。

20世纪50年代，研究者发现哺乳动物有两种明显不同的睡眠（Aserinsky & Kleitman, 1953）。每天晚上，我们的睡眠都是在*快速眼动睡眠*（REM）和*非快速眼动睡眠*（non-REM）之间交替变化。在快速眼动睡眠阶段，通常伴随着眼球在闭上的眼皮下的快速转动。快速眼动睡眠有时也称作*反常睡眠*，因为在这时，虽然人的肌肉很放松，但脑电图仪测量发现，人的大脑活动仍与清醒时一样。大多数成年人一夜有1.5～2小时的快速眼动睡眠时间，分散在睡眠的不同时段。

这一发现对于人格研究者的意义在于：快速眼动睡眠阶段充满了梦，而在非快速眼动睡眠中则几乎没有梦。因此，快速眼动睡眠的发现，为梦的研究者提供了新的机会。例如，研究者能看到剥夺快速眼动睡眠所产生的效果，他们可以计算各个心理变量与快速眼动睡眠的长度和数量之间的相关，或者叫醒正在快速眼动睡眠中的人，让他们说出正在做的梦，而这些梦到早晨起来时可能已被忘记（Arkin, Antrobus & Ellman, 1978; Cohen, 1979）。

在做梦与心理健康的关系方面，快速眼动睡眠的研究有何发现？早期研究者认为，快速眼动睡眠和做梦对于保持人的心理健康是必要的，剥夺人的快速眼动睡眠可能对心理有严重干扰。后来的研究者对这一结论提出了质疑（Hoyt & Singer, 1978; Vogel, 1975）。但做梦看来确实有某些积极的心理效果。被剥夺了快速眼动睡眠的人，完成有压力的任务时更困难（McGrath & Cohen, 1978）。在一项研究中，让被试在晚上睡觉之前和醒来之后观看一部尸体解剖的影片（Greenberg, Pillard & Pearlman, 1978），影片描述了一个医生进行尸体解剖的可怕细节，选择这部影片是因为它肯定会引起观看者的高度焦虑。结果，被剥夺了快速眼动睡眠的被试在应对焦虑方面感到困难。在影片放映期间被允许做梦的被试在第二次看影片时，明显地较少被影片困扰。最后，研究者发现，在第一夜被剥夺了快速眼动睡眠的人，其最典型的反应是在第二夜增加快速眼动睡眠（Bulkeley, 1997）。这一反弹效应表明，快速眼动睡眠执行着某种重要功能。

其他的研究发现至少部分地支持弗洛伊德的观点，即梦为被压抑的想法提供了发泄的出口。遭受心理创伤、在白天总是避免回想创伤经历的人，夜晚经常会做反映创伤事件的梦 (Mellman, David, Bustamante Torres & Fins, 2001)。一项研究让被试在睡觉前进行一个意识流写作练习，要求在练习中故意不去想他们认识的某人 (Wegner, Wenslaff & Kozak, 2004)。当晚，被要求不要想那个熟人的被试更多地梦到了这个人，而被允许写出自己熟悉的某个人的被试则较少梦到这个人。

（三）对证据的解释

从这些支持弗洛伊德梦的解析理论的实验中，我们能得出什么结论呢？一方面，研究人员已经做出了许多与弗洛伊德的推测相一致的发现。我们的梦不是随机出现的，做梦与一些积极的心理机能有关。然而，在几乎所有的案例中，心理学家都能够不依赖弗洛伊德的概念来解释这些发现。而且，研究者发现，一些结果很难在弗洛伊德的理论框架内加以解释 (Domhoff, 2004)。例如，为什么新生儿每天有 8 个小时的快速眼动睡眠时间？无意识冲突是怎样起作用的？就这个问题，现已发现几乎所有哺乳动物（包括人类胎儿），都有快速眼动睡眠 (Crick & Mitchison, 1983)。简言之，对弗洛伊德提出的某些问题的确切回答尚需进一步的研究。我们多数人都有过要放弃一段情感的困难时光，在那段日子里，至少我们的一些梦包含着重要的心理信息，这些梦发挥着某些重要的心理机能。毫无疑问，理解睡眠时在我们头脑中上演的那些愚蠢而恐惧的故事对人格研究者来说，在未来多年里都是一个诱人的神秘话题。

二、防御机制

在弗洛伊德的偶然发现中，当他刚开始窥探人的意识表面之下的东西时，他的病人处理情感伤痛的方式使他感到好奇。早在 1894 年，弗洛伊德就记录了他的病人在隐藏痛苦思想时所做的无意识努力，并将他们的许多神经症状看作防御机制的表现。弗洛伊德最终将作为防御机制的压抑确定为精神分析的基石。然而，防御机制这一概念的发展完善及对其心理学根源和功能的探索，是由弗洛伊德的一些追随者完成的。特别是弗洛伊德的女儿安娜，从其父亲的文献中直接或间接地引申出 10 种防御机制。她自己还提出并描述了另外 5 种机制，后来的精神分析学者把它们列入防御机制的体系内。因此，在精神分析方法中，自我在摆脱焦虑和内疚感上拥有多种手段。

防御机制仍然是弗洛伊德理论中最诱人但却难以捉摸的方面之一。我们经常使用多种防御策略，但是根据其定义，我们却没有意识到自己在这样做。这并不等于说，我们没意识到源于这些防御机制的行为。自己的强烈竞争欲望，对杂货店店员大发脾气，为回避父母而找借口，等等。我们对这些行为可能是相当清楚的。但是，防御机制仍然在意识之下驱动着这些行为。当然，朋友和家人会看出其中的联系。我们常常会指责别人在进行否认，在将情绪投射于他人，或者在为自己的坏毛病找各种理由开脱。当朋友把他们的愤怒转移到我们头上，而不是指向真正惹他生气的人和事上时，我们大都能想到，这是出于他的防御机制。还有一个例子，我们常常有意识地使用缓解焦虑的策略，例如，你可能故意去看电影而不考虑即将进行的招聘面谈，希望能分散自己的注意力。然而，这些有意缓解焦虑的努力与我们在此所谈的无意识的防御机制完全不同 (Cramer, 2000)。我们通常使用的缓解焦虑的策略将在第六章讨论。

（一）防御机制的定义与测量

研究防御机制的心理学家面临着精神分析理论研究者遇到的同样问题。由于这一机制在意识之下发生作用，我们不能简单地让人们描述他们的防御机制。相反，研究人员必须借助不太直接的方法来查明被试会在何时和怎样使用精神分析学家所确定的各种防御机制 (Davidson & MacGregor, 1998)。

毫不奇怪，许多研究人员转而采用投射测验，一些研究者通过解释被试对罗夏墨迹测验 (Lerner & Lerner, 1990) 或对故事 (Ihilevich & Gleser, 1993) 的反应来查明防御机制。另一些人则利用被试对主题统觉测验（TAT）图片卡的反应进行考察 (Cramer, 1991; Cramer & Blatt, 1990; Hibard et al., 1994)。来看一个精神病人在主题统觉测验中的反应。卡片上的图画是一个男孩和一把不能拉的小提琴。和大多数投射性刺激物一样，男孩的感受、想法以及他与乐器的关系等都故意表现得很不明确。这个病人说出了以下的故事：

> 这个男孩的身体和智力有些问题。他不高兴。他想拉小提琴，但他拉不了。也许他是个聋人。有人早些时候来到这个屋子，把琴放在男孩面前，就走了。这个男孩不是那种会拿起琴或别的东西摔坏的人。够了吗？我不知道这地方是干什么的，显然，这不是什么可吃的东西 (Cramer, Blatt & Ford, 1988, p. 611)。

研究人员制订出一个详细的编码系统把这些反应转换为数值 (Cramer, 1991, 2006)。他们从故事中算出分数，来说明受测者使用各种防御机制的程度。在这个例子中，研究者发现了否认（"这个男孩不是那种会拿起琴摔坏的人"）和投射（"这个男孩的身体和智力有些问题"）的证据。参加测验的人做出这种陈述的频率越高，他们被假定在生活中应对焦虑时就会越多地使用防御机制。

在一项关于防御机制的调查中，一些大学生收到有关男性化和女性化的恐吓性信息 (Cramer, 1998b)。研究人员推论，与性别相关的行为是年轻人同一性中特别重要的方面。换句话说，男人认为自己男性化，女人认为自己女性化，这对多数进入成年期的人来说至关重要。威胁到他们这方面自我概念的信息可能会引起相当大的焦虑。研究者假设，学生将会使用自居作用这一防御机制来应对这种焦虑。采用自居机制的人把他们自己与有力量的、成功的人联系起来，例如，一个年轻男性会把自己与军事领袖或体育名人相联系。通过无意识地认同强有力的人物，我们可以摆脱缺陷感与无助感。另外，精神分析学家认为，自居作用在性别认同的发展中起着特别重要的作用。在性别特质的发展过程中，年轻男性会以其父亲自居，年轻女性则以母亲自居。这样，当一个人的男性化或女性化特征受到威胁时，自我会诉诸自居作用，以防御随之而来的焦虑。

为了检验这个推测，研究人员让参与者看了三张主题统觉测验卡片，并分析了他们根据卡片讲述的故事。然后，他们又让被试做了一个可衡量男性化和女性化的简单人格测验。之后，研究人员告诉他们一些虚假的测验结果。一半的男性被告知，他们在男性化方面得分很高，另一半的男性被告知，他们在女性化方面得分很高。同样，半数的女性被告知她们偏向女性化，而另一半被告知她们偏向男性化。然后，研究人员给他们看另一组主题统觉测验卡片，让他们讲另外三个故事。

被试对那些带有恐吓性的测验结果有什么反应呢？如图 4.1 所示，收到虚假结果的男性情绪反应特别强烈。与推测的一样，他们对这些恐吓信息的反应是产生更强的自居作用。认为自己高度男性化的人，其自居作用尤其强烈。换句话说，为了确保他们的男性化不受质疑，这些人无意识地把自己与强有力的、有男子气概的人联系起来。研究中，这些学生的防御特点通过一个男性被试的反应充分地表现了出来。当研究人员询问他被告知有女性化倾向有何感觉时，他回答说："我并不生气。"当然，并没有人让他生气。

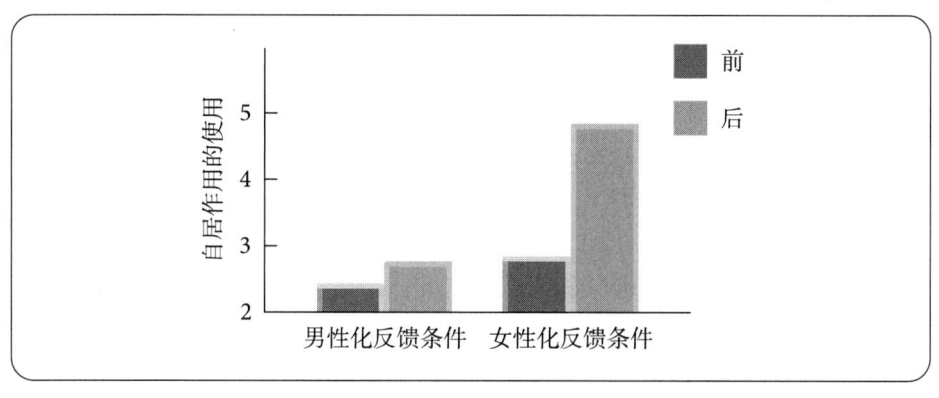

▷ 图 4.1 男性使用自居作用作为反馈

来源：Adapted from Cramer (1998b).

（二）发展的差异

　　成人有一套防御机制可以抵抗焦虑，但儿童并非如此 (Cramer, 1991; Vaillant, 1992)。经历过心理健康威害的学前儿童，除了简单地拒绝承认曾发生在他们身上的伤害外，没有办法处理他们的情绪反应。否认就是不承认特定的事实，从看不到现实到歪曲自己的记忆（"不，没有那回事"），以减缓创伤事件带来的焦虑。一些研究发现，幼儿非常依赖于否认这种防御机制 (Brody, Rozek & Muten, 1985; Cramer, 1997; Cramer & Brilliant, 2001)。当研究人员问幼儿园儿童，他们是否曾经像图画中的男孩那样不高兴和大哭时，很少有儿童承认他们曾经那样不高兴 (Glasberg & Aboud, 1982)。

　　随着儿童逐渐成熟，他们发现，对事实和感觉采取否认态度是无济于事的。进入小学中年级以后，儿童懂得了，不承认一个事实并不能让它消失。而且，促使人采用否认方法的那些焦虑感也不会因为否认而消失。于是，儿童学会使用更复杂的防御方式。特别是较年长儿童，常常转而采用投射来缓解他们的焦虑和内心恐惧。投射使人免于陷入威胁性的焦虑，它把难以接受的思想和情感转嫁给他人。从某种意义上说，这是把引起焦虑的东西转给别人的方式。我们能分辨别人的自私行为和不良动机，却看不清自己身上的这些东西。研究者在一项研究的几个不同时段，收集了儿童在6.5—9.5岁讲的主题统觉测验故事 (Cramer, 1997)。如图 4.2 所示，儿童对否认和投射的使用完全符合研究者的预期。在这几年里，儿童使用的否认逐渐减少，而使用的投射逐渐增多。

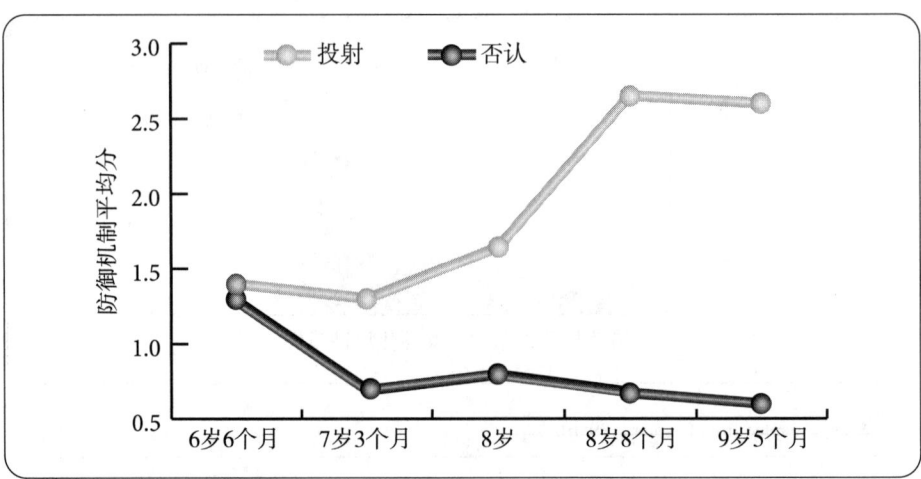

▶ 图 4.2 不同年龄儿童对防御机制的使用

来源："Evidence for change in children's use of defense mechanisms," by Phebe Cramer, *Journal of Personality*, 1997, 65, 233-247. Copyright © 1997 SAGE. Translated and reprinted by permission of SAGE.

但是，投射也有局限性。一项研究发现，9 岁和 11 岁很少有朋友的女孩在面对社交拒绝时，经常使用否认（"她们不是真的忽视我"）和投射（"这些女孩一般般"）的防御机制 (Sandstrom & Cramer, 2003)。由于不承认同学拒绝她们的原因，这些女孩很难做出获得社会赞许所必要的适应。当儿童进入成年初期后，多数人开始使用更复杂的防御机制 (Cramer, 2007)。事实上，使用否认和投射之外的防御机制有时被看作情感成熟的标志 (Cramer, 1998a; Mahalik, Cournoyer, DeFranc, Cherry & Napolitano, 1998)。从儿童期进入成年期，自我所采用的手段可能会改变，但保护自己免于过度焦虑的需求始终不变。

（三）防御风格

我们都知道有这样的人，他们善于把自己的罪行和过失合理化。你也可能知道，某些人常把自己的愤怒发泄到雇员、服务员和电话员身上，或总是把自己的怀疑和担心投射到别人身上。和这些观察相一致，研究者发现，每个人都会较多地使用一些防御机制而较少使用另一些 (Bond, 1992; Vaillant, 1992)。心理学家把这种个人化的方式称为防御风格。

由于一些防御机制比其他的更有效，所以，查明一个人的防御风格，可以告诉我们一个人的一般心理健康状态。弗洛伊德经常用防御机制来解释神经质行为。然而，他是否认为采用防御机制必然处于病态，这一点尚不清楚。后来的精神分析学家认为，偶然使用防御机制是正常的，甚至是适应性的 (Fenichel, 1945; Vaillant, 1977, 1992)。例如，升华——把无意识冲动转向社会能接受的活动，就能起到缓解焦虑和改善个人生活状况的双重作用。

一种防御机制是适应性的还是相反，取决于一个人对其依赖的程度以及人的年龄。安娜·弗洛伊德 (1965) 提出，如果已经过了某个年龄段，却还在使用适合该年龄的防御机制，就是非适应性的。如前所述，儿童常常依靠否认和投射来应对他们的焦虑。5 岁的儿童可以否认他们曾做过令人讨厌的事，却仍然表现良好。但是若成年人使用相同的防御策略（"我从来没说过那样的话"），他们与别人的交往就会越来越困难，或者他们的行为就会越来越失去意义。

为什么一些成年人明明知道像否认这样不成熟的防御机制是无效的，却还继续使用呢？根据弗洛伊德的说法，成年人的防御方法和他们的早期经历有关。研究者对这一说法做了验证 (Cramer & Block, 1998)。研究者先测量了一组 3 岁儿童经受压力的数量。20 年后，他们又找到这些人，并测试了这些 23 岁的成年人所采用的防御机制。正如所料，成人后经常依赖于否认这种防御方式的男性，在儿童早期经历过最高水平的压力。研究人员推断，这些人在年幼时都非常依赖于适合当时年龄的否认的防御机制。由于否认帮助这些男孩缓解了心理压力，所以，他们在成人后还继续依赖这种防御机制。

遗憾的是，我们在真实世界中不能简单地否认某种问题的存在。毫不奇怪，一些研究者发现，采用不成熟的防御方法与心理机能出现问题有关 (Cramer, 1999, 2002; Kwon, 2000; Coolidge & Mizuno, 2007; Vaillant, 1992; Zeigler-Hill, Chadha & Osterman, 2008)。研究还发现，和使用更有效的防御机制的成人相比，经常依赖像否认之类不成熟且无效的防御机制的成人，在敌意、抑郁和酗酒行为上问题更多 (Davidson, MacGregor, Johnson, Woody & Chaplin, 2004)。

防御风格对我们了解人们如何应对日常生活压力也有重要意义。在一项研究中，心理学者考察了父母在生活中某个充满压力的时段，即从第一个孩子出生前几个月到孩子出生后一年这段时期，所采用的防御机制 (Ungerer, Waters & Barnett, 1997)。新生儿的需要、随着做父母出现的经济和个人压力等都可能成为压力和焦虑的主要根源。不能很好地应对这些压力的年轻父母常会感到对彼此间关系的总体满意感降低。与这种观察相一致，研究人员发现，那些通常依赖于否认和投射等不成熟防御机制的父母，当他们面对做父母带来的焦虑时，常常会对配偶不满。另一方面，采用升华等较成熟防御机制的父母，仍然对夫妻关系感到满意，哪怕孩子的出生给生活带来了挑战和焦虑。

三、幽默

多年来，幽默的形式多种多样，但从来不会过时。幽默在小学高年级和青少年初期特别盛行，但并不局限于这一年龄。你们可能听过很多笑话，如"死婴儿"笑话，"海伦·凯勒"笑话，"妈咪妈咪"笑话。其要点似乎是通过描述一个粗俗不堪的形象引起人的惊愕和厌恶，或是以一种傻乎乎的方式引人发笑。弗洛伊德时代有个"婚姻介绍人"的笑话，笑话的开头常常是，一个年轻男子来找婚姻中介，想找一个年轻女子结婚。例如：

> 当把新娘介绍给新郎时，新郎大吃一惊，他非常不高兴地拉着中介人到一边，小声地向他抱怨道："她又丑又老，眼睛歪斜，牙齿不齐，视力模糊……""你用不着小声说，"中介人打断他的话，"她还是个聋人。"(Freud, 1905/1960, p. 64)

人们大多会认为，这样的笑话品位不高。但它们却一直很流行，而且一代一代总会推陈出新。原因何在？

（一）弗洛伊德关于幽默的理论

弗洛伊德在他 1905 年出版的《诙谐及其与无意识的关系》(Jokes and Their Relation to the Unconscious) 一书中，对幽默做了全面分析，他承认有"纯粹的"笑话，如双关语和聪明想法。但他更关注倾向性笑话，它使人能洞察说笑话者和被逗笑者的无意识。弗洛伊德提出两种倾向性笑话：一种是敌意性的，一种和性有关。

乍看上去，很难理解，为什么攻击别人会可笑。吸引人并逗人笑的侮辱和辛辣的讽刺到底是什么？为什么我们会因另一个人的耻辱和尴尬而大笑？在弗洛伊德看来，攻击性笑话可使平时被抑制的冲动表达出来，人们虽有攻击某人或某些人的无意识冲动，但人的自我和超我通常会有效地阻止外显暴力行为。但是，一个好的侮辱性笑话，能使我们以一种社会认可的方式表达同样的攻击欲望。况且，谁又会因一个无辜的笑话而大发雷霆呢？弗洛伊德 (1905/1960) 指

> 一个人因为听了（黄色笑话）而大笑，就仿佛他在旁观一场性侵犯时大笑。
> ——西格蒙德·弗洛伊德

出:"能使我们的敌手变得渺小、屠弱、可鄙和可笑,我们就以一种迂回方式获得了战胜他的乐趣。(p.103)"

同样,用社会认可的性幽默方式,我们能够谈论忌讳的性话题。公开谈论性在许多社会背景下都是不适当的,然而,性笑话却不然,它不但被容忍,而且受到认可和赞赏。我曾见到过一些平时很保守的人,他们在公众场合从不谈论性话题,但却会复述"某人告诉我"的笑话,以此谈及各种禁忌话题。一组研究人员发现,有关性的笑话使青少年期的女孩可以在午饭闲聊时轻松地谈到尴尬的话题 (Sanford & Eder, 1984)。

弗洛伊德还发现,听了一个敌意的或性的笑话后发笑的人,很少是因为笑话的幽默内容。如果你下次再听到涉及性的笑话时,可以想一想,或许你会注意到,笑话中包含的幽默成分并不多。那我们为什么会笑?弗洛伊德把这种反应解释为紧张的缓解,或**宣泄**。笑话中那些说到攻击和性的行为,先使人感到紧张,最后的包袱又使这种紧张得到缓解。使我们感到愉快的许多笑话,不是因为其聪明或机智,而是因为能减轻紧张和焦虑。弗洛伊德说:"严格来讲,我们不知道我们笑的是什么,这些笑话的技巧常常很低下,但却能成功地引人发笑。(1905/1960, p. 102)"

(二)对弗洛伊德幽默理论的研究

看看下一页的照片,想一想,可以给它配上什么尽可能幽默或者滑稽的说明。来比较一下你的回答与研究者让中学生为这类图片写的有趣的说明有何不同 (Nevo & Nevo, 1983)。研究人员发现,学生们"使用了弗洛伊德的方法,就好像他们读过他的著作一样"。也就是说,这些说明里充满了攻击和性的内容。例如,一张照片说的只是一个男人赴约迟到。照片根本没有明显的性或敌意内容,但学生写出了这样的说明:"我迟到是因为我和你老婆在一起。"有趣的是,当学生们被问及:如果真的处在那一情境时他们会说些什么的时候,学生们的回答却几乎不涉及性或攻击。

给这张照片配上可笑的说明。

弗洛伊德说人们觉得攻击和性的话题很有趣，他的说法正确吗？好几项研究为此结论提供了支持 (Deckers & Carr, 1986; Kuhlman, 1985; McCauley, Woods, Coolidge & Kulick, 1983; Pinderhughes & Zigler, 1985)。研究被试大多认为，包含攻击和性的卡通片要比没有这些内容的卡通片好笑。一般观察也证实了这个结论。从一个丑角戳另一个丑角的眼睛，到卡通人物被铁锤砸扁，伤害和痛苦成为幽默的来源。现在很少有喜剧在几分钟时间里不涉及性。

其他一些源于弗洛伊德幽默理论的假设也得到了实证研究的支持。如果敌意幽默可以满足我们的攻击冲动，那么，当我们取笑不喜欢的人或群体时，我们会觉得这个笑话更好笑。一些研究支持了这一假设 (Wicker, Barron & Willis, 1980; Zillmann, Bryant & Cantor, 1974)。例如，几位研究者向男人和女人展示了一套敌意笑话和漫画 (Mundorf, Bhatia, Zillmann, Lester & Robertson, 1988)。其中一些笑话和漫画的内容是嘲笑男性的，另一些是取笑女性的。与弗洛伊德的理论相一致，男性认为针对女性的幽默比针对男性的幽默更好笑，女性则更喜欢贬低男性而不是取笑女性的幽默。

弗洛伊德幽默理论中有两个观点尤其引人注目，因为乍一看这两个观点是违反常识的。其一是关于敌意幽默的效果，其二是焦虑怎样影响我们认为一个笑话有多么可笑。

1. 用敌意幽默降低攻击性

我们常常听到，幽默可以驱散愤怒。假设你遇到一个正在气头上的人，想用笑话改变这种情境，你会讲什么样的笑话？是一个有明显敌意的笑话，还是一个纯粹的、非敌意的笑话？按常理，应该讲一个非敌意的笑话。但弗洛伊德做出了相反的预测。请记住，弗洛伊德曾说，敌意幽默可以使人的紧张得到宣泄。因此，敌意幽默比非敌意幽默更有效。

这虽有些违反直觉，但一些研究确实支持了弗洛伊德的预测。在一项研究中，被试先被研究人员侮辱了一番，然后让他们去读一些或有敌意、或没有敌意的笑话 (Leak, 1974)。之后，询问他们对那些无礼的研究人员有什么想法。与读了无敌意笑话的被试相比，读了有敌意笑话的被试的愤怒程度较低。在另一项研究中，愤怒的被试看了对女性有敌意的动画片 (Baron, 1978b)。随后，让这些男性在学习实验的掩饰下对女性实施电击。同样，与那些没看动画片的愤怒被试相比，这些被试所实施的电击相对较弱且时间较短。

其实，幽默与攻击性之间的关系没那么简单。在一项研究中，看过敌视性喜剧的愤怒的被试，对伤害过他们的人更加敌视 (Berkowitz, 1970)。在另一项研究中，让愤怒的被试去电击一个看不见的人：看了敌意动画片的人比看了非敌意动画片的人实施的电击更厉害 (Baron, 1978a)。因此，敌意的幽默有时能减轻攻击行为，有时却能使攻击行为增强。

这到底是怎么回事？如弗洛伊德所说，很可能是因为敌意幽默在某些情况下可减弱攻击倾向，但它也可能具有其他潜在作用，而不仅是缓解紧张。例如，本书第十四章将说到，人们常常对攻击性示范行为进行模仿。因此，敌意的笑话或漫画中所描述或表达的攻击性可能被一个生气的读者模仿。另外，在某些情况下，敌意幽默可能起到唤醒作用，而唤醒已被确定为引起攻击行为的一个因素。简言之，虽然弗洛伊德关于敌意幽默具有缓解紧张的作用的说法正确，但人们在面对愤怒的听众时，使用这样的幽默还需谨慎。

2. 紧张和好笑的水平

如果有机会，你可以观察人们在听一个讲故事能手讲一个荤段子时的表现。技术高超的人说笑话时往往善于添油加醋。随着他们为最后抖包袱做的铺垫，听者的紧张水平逐渐加强，他们有的微笑，有的脸红。根据弗洛伊德的观点，这一铺垫过程造成的紧张感越强，最后包袱抖出使紧张得到释放时，人们爆发的笑声就越长，声音越大。

弗洛伊德说，人们在笑料抖出之前体验的紧张感越强烈，他们就感到笑话越可笑。换句话说，一个精神紧张、有点恐惧的人与一个处在平静状态、不紧张的人相比，对有趣的笑话更敏感。这个说法乍听上去似乎不合逻辑。一个放松的人不是比一个焦虑的人更能享受一个好笑的故事吗？

这种观点在一项研究中得到了验证。该研究让被试去接触实验室的老鼠(Shurcliff, 1968)。设计的低紧张状态是让被试手抓老鼠5秒钟，并告诉他们："这些老鼠是人工培育的、驯化的，很容易抓，我想你没有任何困难。"中度紧张状态是让被试从老鼠身上抽一点血，告诉他们这个任务比他们想象的要容易。高度紧张组的被试要用一个瓶子和注射器，从老鼠身上抽2毫升的血。实验者强调了任务的难度并警告说老鼠可能会咬人。

当被试走到鼠笼前、发现里面是个玩具老鼠时，笑料抖了出来，与弗洛伊德的理论相一致，处于高度紧张的一组人比其他两组人更认为这一情境滑稽可笑（见图4.3）。紧张的释放带来的轻松感使他们觉得这一情节特别有趣。

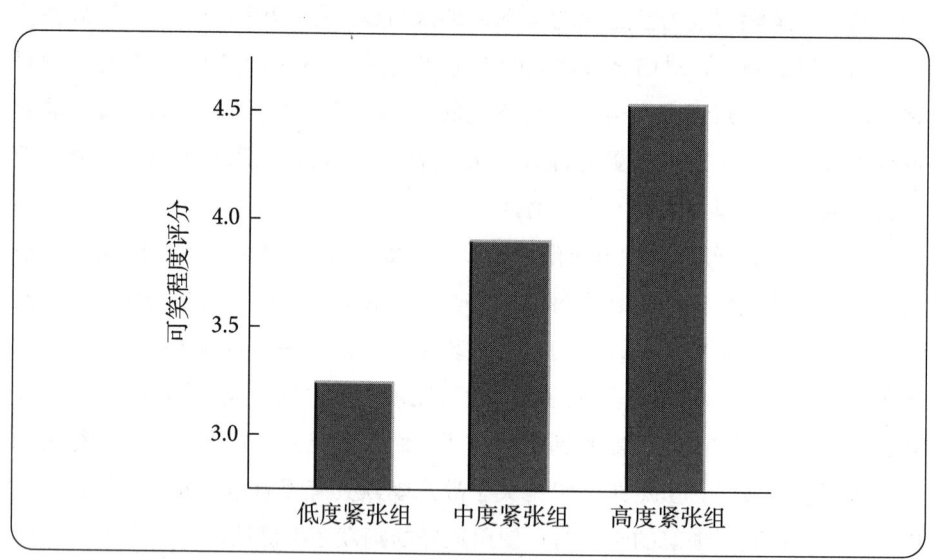

▶ 图 4.3 可笑程度与紧张程度的关系

来源：Based on Shurcliff (1968).

（三）对研究结果的解释

尽管有些研究结果与弗洛伊德的幽默理论不一致，但研究者还是有更多的证据支持他。当笑话和动画片包含性和攻击内容时，人们会觉得更可笑。当讽刺对象是不喜欢的人时，人们觉得这个幽默更有意思。敌意幽默虽然不一定能减少敌意，但可以降低人的紧张程度，而且，因为听者的紧张程度在笑料抖出之前已逐渐累积，笑话就更可笑。对弗洛伊德理论的间接检验也显示，笑有非常重要的心理机能。例如，有几项研究为已被人普遍接受的看法提供了支持性证据：笑对于应对日常的紧张和压力事件是一种有效手段 (Krokoff, 1990, Kuiper & Martin, 1998; Kuiper, McKenzie & Belanger, 1995; Lefcourt, Davidson, Prkachin & Mills, 1997)。一些心理学者甚至把幽默用在他们的治疗中 (McGuire, 1999)。

这些是否意味着弗洛伊德对幽默本质的描述是正确或者部分正确的呢？可能是这样。研究者在解释研究结果时面临一个问题：这些结果往往能从别的角度做出解释 (Kuhlman, 1985; Nevo & Nevo, 1983)。例如，许多发现可以从对立的角度来解释 (McGhee, 1979)。根据这种分析，幽默源自人在某种情境中的期望与笑话中的事实不一致。因此，人们对性和攻击性感到可笑，原因是这种性和攻击行为按理不应出现在笑话中。例如，想象一下这样的电影镜头：两个衣着华丽的妇女在百货商场里撞了个满怀，她们接着是大打出手或脏话连篇。按照弗洛伊德的观点，我们可能会觉得这场景很有趣。但它引人发笑可能不是因为它有趣，而是因为我们不期望贵妇人在购物时会有如此行为。因此，即便我们可以说一些研究为弗洛伊德的理论提供了支持，但只能得出这样的结论：人们对什么感到好笑，以及为什么要笑，尚需进行大量的研究。

四、催眠

一位心理学者正在给一个班演示催眠。几个学生自愿坐到教室前面，催眠师让他们放松，于是他们变得昏昏欲睡。催眠师说他们正处在一种深度催眠状态，并将会按他所说的去做。一会儿学生们闭上了眼睛，安静、专注地坐在椅子上。催眠师开始演示了。他让学生们伸出左臂，想象着有一个重力向下拉胳膊。忽然，有几个学生的手臂开始下垂，好像真有重物在拉他们的手臂。几个人的手臂很快垂下来；另一些学生在这一指令重复几次后，慢慢地向下动。还有一些学生的手臂不受影响，仍然水平前伸。稍后，催眠师对学生们说，有一只苍蝇在他们头顶嗡嗡叫。有些人敏捷地做出反应，也许是要拍打想象中的苍蝇；另一些人反应缓慢，或只是稍有反应；还有些人坐着不动。在结束催眠之前，心理学者告诉这些学生，如果不提醒，他们将不会记住发生了什么事。后来问他们还能回忆起什么的时候，有些人什么也没记住，有些人记住了几个片段，还有些人能全部复述出来。

这种催眠诱导和反应测验在催眠研究中是常用的方式，尽管关于催眠的性质有很多不同意见，但是多数研究者认为，催眠包括一个诱导程序。在这一程序中，人们被告知他将要被催眠，接下来是完成特定任务的暗示。这些任务种类很多，从催眠研究中常用的一些简单动作，如放下手臂，到催眠参与者的娱乐表演，如像美国电影《人猿泰山》里的泰山那样大喊大叫，或楼上楼下地跑着警告大家"英国人就要来啦！"

尽管现代催眠术以某种形式存在了 200 多年，但它仍然是一个充满迷惑、易被误解的现象，被神秘和好奇的疑云笼罩。然而，催眠还是应用广泛。例如，许多人在催眠状态下治疗牙病而不吃止痛药。警官有时采用催眠术帮助目击者回忆罪犯的犯罪细节。很多崇尚精神分析方法的治疗师相信，催眠能暴露出解决病人问题的关键性无意识素材。其他流派的心理治疗师也发现，在处理来访者的一系列问题尤其是慢性疼痛时，催眠是个很有用的工具 (Kirsch, 1996; Milling, Reardon & Carosella, 2006; Patterson & Jensen, 2003)。虽然催眠有这么多用途，但心理学家仍就催眠到底为何起作用而争论不休。下面，我们将就对此问题的不同见解进行探讨，看看在催眠反应中的个体差异。

（一）什么是催眠？

关于催眠的性质，不乏各种理论见解。从传统来看，这些不同的理论可划分为相互对立的阵营，但催眠研究者近期已把它们置于一个连续体中 (Kirsch & Lynn, 1995)。连续体的一端是以接近弗洛伊德的方式来描述催眠的心理学者，他们相信，催眠触及人头脑中用其他方法很难达到的部分。有时，这些理论家说被催眠的人进入一种昏睡状态，或者他们体验到一种好像睡觉的异样的意识状态。连续体的另一端是持反对观点的人，他们不相信被催眠者的行为随着意识状态的改变而改变。他们认为催眠现象毫无神秘可言，人们在催眠状态下做的所有令人惊讶的事情，都可用基本心理过程的概念来解释，这些心理过程对被催眠者和未被催眠者都适用。很多催眠师和研究者是站在这两种观点之间的某个位置上。有关催眠的两种说法可能都不错，只不过每种说法解释了催眠体验的不同方面 (Kihlstrom, 1998b, 2005; Spiegel, 2005)。下面，我们将对两种相反的观点进行分析：一方面，看看精神分析理论对催眠的解释；另一方面，看看强调认知和社会过程的理论解释。

1. 受精神分析观点影响的理论

弗洛伊德把催眠看作打开高度催眠状态病人之无意识心理的钥匙。在催眠状态下，人的无意识的障碍在某种程度上变弱，使治疗师更容易接近无意识素材。许多精神分析治疗师仍然以这种方式来催眠 (Baker & Nash, 2008)。例如，米尔顿·埃里克森 (1967) 发明了几种方法，来迷惑和分散意识的监督，以便能探察到无意识。有心理学者提出，在催眠状态下，自我形成了一个新的亚系统 (Gill & Brenman, 1967)。根据这一观点，自我创造出一个独立区域，催眠中浮现出来的过去的无意识内容被存入这个独立区域。在催眠中，自我对这个独立区域的信息进行监控，并在催眠结束后将它排除在清醒的意识之外。

持精神分析观点的人对催眠的最新解释是所谓的**新分裂论** (Hilgard, 1973, 1992, 1994)。根据这一理论，深度催眠的人出现一种意识分裂。他们意识的一部分进入一种变异状态，但另一部分仍清醒地知道催眠中发生的事，这一部分像一个"隐蔽观察者"一样监控着情境，而意识中被催眠的部分并不知道有观察者这一部分。

新分裂论的倡导者用失痛实验来表明"隐蔽观察者"是怎样起作用的。在一项研究中，对高反应性的参与者进行催眠，告诉他们不会感到痛 (Hilgard, 1977)。然后，把他们的手臂向下放到冰水里，持续几秒钟。像任何人一样，没被催眠时，这些人报告说，他们的手臂一接触冰水，就立刻感到疼痛。然而，在催眠状态下，他们能承受冰水，几乎没有不适感。

但是，在催眠状态下忍受疼痛的能力以前也被证明过。该研究加入的新成分是接着要参与者以"自动书写"或"自动谈论"的方式把他们的体验报告出来。研究人员发现，这些人能让一只手臂待在冷水里，用另一只手写出他们的体验，报告说他们此时是相当疼痛的。新分裂论的倡导者们解释了这种现象，认为它证明了催眠状态下的意识分裂。被催眠的部分不知道疼痛，但隐藏的观察者清醒地知道正在发生的事。

> 从坠入爱河到催眠只差一小步。对催眠师要像对爱人那样谦恭顺从，那样听话，那样避免苛责。
> ——西格蒙德·弗洛伊德

2. 催眠的社会认知理论

为反击一度占统治地位的精神分析理论的催眠观，另一些心理学者对其基本观点，即被催眠者体验到一种不同于清醒时的意识状态提出了挑战 (Barber, 1969; Sarbin, 1950)。他们指出，人在清醒时做不到的事情在催眠状态下也做不到。例如，一个人处在放松状态但没被催眠，要他想象有一个重物向下拉他的手臂，他将体验到自己的手臂不断地变沉。

但这些持怀疑态度的心理学家怎么解释人们在催眠后做出的不寻常的事呢？多数人用期望、动机和聚精会神等概念来解释催眠现象 (Barber, 1999; Coe & Sarbin, 1991; Lynn, Kirsch & Hallquist, 2008; Spanos, 1991)。有时，我会在课堂上让一些学生站起来，像陀螺般地旋转，学生每次都照做了。当我问他们为什么要这样做时，他们回答说因为我要他们这样做。没人说因为他们被催眠了。然而，看到参加催眠的人站起来，按照催眠师的要求做陀螺旋转的多数人会说，因为这些人被催眠了，所以才这样做。这两种情境到底有何不同？是不是催眠师使用了某种有魔力的话语，使人突然进入精神恍惚状态？社会认知理论家认为，不论是否催眠，他们站起来旋转的理由是同样的：别人让他们这样做。

这些理论家还批评了"隐蔽观察者"一说 (Green, Page, Handley & Rasekhy, 2005; Spanos & Katsanis, 1989)。他们指出，在这些研究中，高敏感性的人被告知"隐蔽观察者"应该感觉到疼痛，他们当然会像期望的那样感觉到疼痛。当研究人员告诉一项研究的被试，他们心中的隐蔽观察者不会感到疼痛时，隐蔽观察者就真的报告了较少的而不是较多的疼痛 (Spanos & Hewitt, 1980)。

社会认知理论家还指出，精神分析理论有时会陷入循环论证。如果问被催眠者为什么转圈跑、学鸡叫，他们回答说，因为他们被催眠了。但如果问怎样才能断定一个人是否被催眠时，他们就向我们展示他们怎样转圈跑、学鸡叫。这个概念变成了一个无法证明的东西，因此不能用来解释这种现象。

到底哪种说法正确？各种研究和讨论持续了数十年，争论依旧在继续 (Kallio & Revonsuo, 2003; Kirsch, 2005; Lynn, Kirsch, Knox, Fassler & Lilienfeld, 2007; Raz, Kirsch, Pollard & Nitkin-Kaner, 2006)。最近几年，研究者正在形成一种共识：催眠造成精神恍惚的观点不能单独解释为什么被催眠的人会有这样那样的行为 (Kirsch, 2000; Kirsch & Lynn, 1998)。精神分析理论家研究的常常是催眠状态下的不寻常行为，如失痛、耳聋以及年龄退行等。社会认知理论家也研究在未催眠情况下的同样现象以作为抗衡，或者对参与者描述的准确性提出质疑。例如，声称返回到以前年龄的人通常不能再现他们在那个年龄时真正的样子 (Nash,

1987)。

社会认知理论家质疑催眠中不可思议行为的另一例,是催眠后遗忘。催眠参与者常常被告知,如果催眠师不告诉他们,他们将不会记住催眠中发生的事。的确,除非经过许可,这些人回忆不起他们的经历,或者只能回忆起一点点。催眠后遗忘也没有逃过小说家和电影剧作家的眼睛,他们作品中的人物似乎在邪恶的催眠师的控制下干尽了十恶不赦的勾当。虽然没有证据说明催眠能以这种方式被利用,但有些人确实声称,他们忘记了自己在被催眠时做过的事。这是为什么?

持精神分析观点的理论家解释说,这些经历要么被压抑在意识之外,要么被记录在头脑中不能被意识所触及的某部分。例如,一些心理学者主张,有关催眠经历的信息被保存在催眠期间自我创设的头脑的独立区域里 (Gill & Brenman, 1967),如果自我不让这些信息进入意识,它们就是不可触及的。然而,社会认知理论家反驳说,催眠参与者并没有料到研究者会要求他们回忆起所发生的事,因此也没有努力记住它们 (Coe, 1989; Sarbin & Coe, 1979; Spanos, Radtke & Dubreuil, 1982)。这些研究者指出,在正常状态下,就能说服人们努力去回忆。比方,给被试每人1000美元,让他们描述他被催眠时发生了什么,那么催眠后的遗忘又能持续多久呢?

一些研究者找到了一种成本较低的方式来测试这种可能性 (Howard & Coe, 1980; Schuyler & Coe, 1981)。他们让一些易被催眠的人戴上生理仪器,告诉他们该仪器能测试人是否在说谎。实验者解释说该仪器"非常敏感,功能和测谎仪一样。如果你隐瞒信息,它会告诉我们"。其实,仪器没有这样的功能,但参与者相信它有。虽然参与者在催眠状态下被告知他们什么也不会记住,但在让他们报告催眠后的经历时,测谎条件下的被试比控制条件下的被试记住的东西多得多。显然,参与者认为,假如他们记得催眠中的经历但是说自己忘了,他们会被测出来。

这些研究向精神分析的催眠理论提出了挑战,但并不怀疑催眠的用处和参与者的诚实性,很少有人认为他们故意欺骗催眠师。他们对社会心理的影响做出了正常反应,就像学生按照学校要求的方式来行动一样,催眠参与者以他们认为的、别人期望他们在催眠时应有的方式来行动。

（二）对催眠的敏感性

并不是每个人对催眠师的暗示都同样敏感。有些人能像麦当娜那样唱歌，把他们的手臂沉入冰水，或者报告说他们看见了某个东西，实际上那东西并不存在；有些人会半闭眼睛，对催眠师提出的要求没有反应；多数人介于二者之间。在做完催眠演示后，学生们问我的第一个问题就是为什么一些人反应敏感而另一些人则不然。一个好的催眠师是怎样的？哪类人最容易被催眠？

虽然很多讲台上的催眠师声称自己在本行业中是做得最好的，但是研究显示，催眠敏感性很大程度上是一个被催眠者变量。催眠师之间的差别主要在暗示技巧上 (Meeker & Barber, 1971)。高敏感性的人对他们认为的任何一个合法的催眠师都会做出反应。实际上，为了使程序标准化，许多研究者会对催眠的诱导程序事先录音。研究助理向那些没有明显丧失敏感性的参与者播放录音。一些催眠师新手看到被催眠者对他们的暗示没有反应时，会感到失望，不知道自己错在什么地方。可是如果让他们去实施智力测验，他们或许不会因被测者做得不好而自责。但是有很多催眠师主张区分好催眠师和差催眠师，使之成为一个难以动摇的概念。

在催眠的开始阶段，为了增强参与者的敏感性，尤其是对怀疑催眠者的敏感性，可以采用以下几种方法 (Lynn, et al., 1991)：按照催眠的要求设定情境；在催眠之前，双方建立安全、互信的关系。这样，参与者对催眠师的暗示就会产生更强的反应。多数催眠师都按常规采用了这些技术，但反应仍有很大差别。关于催眠是一个被催眠者变量这一点，更多的证据来自以下发现，即对催眠的反应有相当稳定的个别差异。对某个催眠师的暗示非常敏感的人对另一个催眠师可能也敏感。此外，根据一个人现在对催眠师的暗示做何反应，能准确预测他多年后的反应 (Spanos, Liddy, Baxter & Burgess, 1994)。几位研究者对前后相隔25年的催眠反应性得分进行了比较，发现二者之间有 0.71 的高相关 (Piccione, Hilgard & Zimbardo, 1989)。于是问题又来了：哪类人对催眠最敏感？

几十年来，研究者一直在寻找对与催眠反应有关的人格特质的测量手段。研究人员推测，敏感性高的参与者在感觉寻求、想象力、智力测验中得分也高，而在果断性、独立性、外向性等测量中得分低。遗憾的是，研究很少发现人格测验得分与催眠敏感性之间存在相关，而且重复研究的报告更寥寥无几 (Green, 2004; Kirsch & Council, 1992; Laurence, Beaulieu-Prevost & du Chene, 2008)。除了对人实施催眠之外，尚没有发现能可靠地预测催眠反应的测量方法。即使是弗洛伊德也不能事先说出哪个病人的敏感性会较高。他只是观察到，"对神经症患者，只有付出很大努力才能将其催眠，而精神病患者则会彻底抗拒催眠。(1905/1960, p. 294-295)"

然而，后来的研究查明，除神经症和精神病之外，还有一些人格变量可以预测催眠反应性。这些研究之所以在早期努力但不成功的地方取得成功，是因为研究者测量了与催眠体验更直接相关的特质。例如，人们进入角色的能力与催眠敏感性有关 (Sarbin & Coe, 1972)。这可能是戏剧专业的学生比其他学生对催眠暗示反应更强的原因 (Coe & Sarbin, 1991)。最近，研究者在考察大脑活动时发现了高敏感性和低敏感性参与者的差异 (Gruzelier, 2006; Oakley, 2008)。也许某天，通过检查人的脑电图或功能性核磁共振成像数据，就能预测人的反应性高低。

根据人格特质预测催眠敏感性的研究，最成功的是对所谓**专注**特质的研究 (Tellegen & Atkinson, 1974)。在专注特质测验中得分高的人，更容易被带入感觉与想象体验中。他们喜欢寻求新体验，容易产生幻想和白日梦 (Roche & McConkey, 1990)。多项研究发现，专注测验得分高者比得分低者对催眠暗示更敏感 (Glisky, Tataryn, Tobias, Kihlstrom & McConkey, 1991; Nadon, Hoyt, Register & Kihlstrom, 1991)。因此，如果你是那种能全神贯注地看一本好书和电影并能描述出你体验到的周围一切的人，你大概是对催眠暗示比较敏感的人。

此外，还有三个重要变量影响到催眠敏感性：态度、动机和期望 (Barber, 1999)。对催眠持肯定态度的人，比持怀疑和否定态度的人敏感性更强。教导被催眠者树立对催眠的积极态度并改变期望，从被动接受暗示转变为积极主动地寻求暗示，他的反应会更积极 (Gorassini, Sowerby, Creighton & Fry, 1991; Gorassini & Spanos, 1986)。另外，一个人参加催眠的动机也会影响其反应，越想体验催眠的人，越容易产生反应。最后，人对催眠体验的期望也会影响他们的反应 (Benham, Wood, Wilson & Nash, 2006; Fassler, Lynn & Knox, 2008)。在一项研究中，告诉一些参与者对催眠暗示产生反应很困难，告诉另一些人产生反应很容易，结果后者比前者的反应更强 (Barber & Calverley, 1964)。同样，第一次观看催眠演示时，看到对催眠敏感性高的演示的学生与看到无反应的演示的学生相比，前者对催眠暗示的反应更强 (Klinger, 1970)。简言之，人们在催眠状态下会以他们心目中符合别人期望的方式来行动。这就是为什么期望在催眠表演中看到古怪行为的人，在他们被带上讲台并被催眠后，也表现出了古怪行为。

五、小结

（1）本章围绕一个主线，讨论了四个问题。对每个问题，研究者都找到了支持弗洛伊德理论的证据，但如何解释这些发现仍然是一个问题。虽然一些实证研究支持弗洛伊德的理论，但所提供的证据都不是清晰和确凿无疑的。

（2）研究者考察了梦境，发现男人更多地梦到男人，他们梦到的男性是女性的两倍。一些研究者把这一现象解释为男人对其他男人有偏见，是未解决的俄狄浦斯冲动的遗留物。快速眼动睡眠的发现使研究者能更好地考察梦的功能。尽管剥夺快速眼动睡眠与心理障碍无关，但一些研究表明，做梦有助于睡眠者应对面临的问题。

（3）研究者用投射测验和其他方法来查明人们采用的防御机制。研究表明，幼儿喜欢使用不成熟的防御机制，例如否认，而成年人更多地使用自居作用之类的防御机制。研究者还发现，不同的个体偏爱的防御机制也不同。与采用更有效防御机制的人相比，较多地使用不成熟防御机制的人，在个人适应和身心健康方面遇到的困难也比较多。

（4）弗洛伊德提出了他的幽默理论。他认为，性和攻击主题是我们感到有趣的东西的基础。在支持这一理论方面，研究发现，当人们认为敌意幽默是指向不喜欢的人时，敌意幽默就更可笑。另一些研究表明，如弗洛伊德所说，敌意幽默可削弱人的攻击性。然而其他研究的发现却相反。人在笑料抖出前，越感到紧张，他们就越觉得笑话可笑。虽然许多研究发现与弗洛伊德的理论相一致，但也有不少可以做出不同的解释。

（5）许多研究者和治疗师以接近于弗洛伊德的方式来解释催眠。虽然被催眠者的行为看上去好像是处于意识改变状态，但也有怀疑者用期望、动机和放松来解释这一现象。催眠敏感性在很大程度上是一个被催眠者变量。善于融入情境的人通常对催眠暗示比较敏感。另外，人的态度、期望和动机也起一定作用。

关键术语

专注　absorption (p.95)

宣泄　catharsis (p.85)

新分裂论　neodissociation theory (p.91)

第五章

精神分析流派：
新弗洛伊德主义的理论、应用与评价

- 一、弗洛伊德理论的局限与弱点
- 二、阿尔弗雷德·阿德勒
- 三、卡尔·荣格
- 四、埃里克·埃里克森
- 五、卡伦·霍妮
- 六、评价：个人叙事
- 七、新弗洛伊德学说的优势与批评
- 八、小结

历史学家、学者、教师和教材编著者在描述弗洛伊德的著作和影响时，使用了大量词汇来形容和比喻。一些人把弗洛伊德说成是对当代主流思想和价值观的挑战。另一些人把他说成是涉足无意识心理这一未知领地的先锋。我愿把弗洛伊德比作一个勤奋的侦探，把有关人的心理真实本质的线索拼接起来，或是一个精明的律师，把自我的防御一一攻破。但是我最喜欢把弗洛伊德比作一棵大树。就像一棵巨大的橡树，矗立在一片树林的中央，在探索人格的众多精神分析理论中，弗洛伊德的理论是最早和最强大的。好像一棵橡树落下树籽，种子又长成树一样，弗洛伊德的精神分析学会就这样培养出了几位学者，他们继续前行并发展了自己的人格理论。然而，就像围绕在大橡树下的树苗一样，这些后来的人格理论的血统显然是弗洛伊德主义的。

在维也纳聚集在弗洛伊德周围进行研究的一群学者中，不乏那一时代的思想领袖。他们当中有许多人逐渐形成了自己对人格本质的观点。很遗憾，弗洛伊德和他的一些追随者，有时把这些贡献看作比理论细化和专业分歧更多的东西。只要不是坚定支持弗洛伊德的精神分析理论，就被看作亵渎神明。弗洛伊德把任何偏离或反对他的理论的观点都看作对其理论的背叛。逐渐地，许多追随者脱离了精神分析学会，有的人建立了自己的学术团体和新学派。

本章所介绍的理论家没有一个人像弗洛伊德那样著名和影响巨大，但他们每个人都对精神分析流派的人格理论做出了重要贡献。虽然在当时，他们与弗洛伊德的分歧看似很大，但是若站在时代的角度看，可以说，他们的贡献是使弗洛伊德的理论更准确详尽，而不是形成了更激进的人格新流派。因此，人们称这些理论为新弗洛伊德学说 (neo-Freudians)。新弗洛伊德学说的理论家大多仍把无意识看作行为的主要决定因素。多数人同意弗洛伊德关于童年早期经验影响人格发展的观点，少数人认为，后期经验也影响着成人人格。这些理论家大多乐于接受弗洛伊德的一些概念，如防御机制和梦的解析。简言之，新弗洛伊德学说应该被看作在精神分析流派内关于人格的不同观点。

在早期理论家群体中，衡量对传统的忠诚与背叛的一个标准，就是把理论创立者看作一个先知，而不是一个理论家。人们常把自己归为荣格学派、阿德勒学派。篇幅所限，我们只能简单介绍几位主要理论家的贡献，你们可能会发现，有一两位新弗洛伊德主义者在人类人格本质问题上见解独到，发人深省。在这个意义上，下面的简要介绍可以为进一步阅读和思考提供一个起点。

一、弗洛伊德理论的局限与弱点

如果你曾刻苦钻研弗洛伊德的鸿篇巨制，你一定会发现，他的理论中有些地方让人很难接受，或者需要更详细的阐述。后来的精神分析学者对弗洛伊德思想虽然持很多不同意见，但是对新弗洛伊德学说的发展起关键作用的，主要是弗洛伊德理论的三个局限和弱点：

第一，这些理论家大多拒绝接受成人人格在人生前五六年就几乎完全形成的观点。多数新弗洛伊德主义者承认儿童早期经验对人格发展有重要影响。但他们认为，后期经验，特别是青少年期和成年初期的经历对人格形成也很重要。新弗洛伊德学说理论家埃里克·埃里克森特别指出，人格的一些重要方面会持续发展，一直到老年期。

第二，许多新弗洛伊德主义者向弗洛伊德强调人格的本能根源的观点提出挑战。尤其是弗洛伊德不承认许多重要的社会文化力量影响着"我们是谁"。例如，弗洛伊德把他看到的男人和女人的很多人格差异归结为两性之间与生俱来的生理差异。后来的理论家，尤其是卡伦·霍妮则认为，我们成长于其中的文化对这些差异的形成起着很大作用。当然，弗洛伊德并没有完全忽视社会影响，但他对其缺乏足够重视，不足以让批评者感到满意。

第三，许多理论家不喜欢弗洛伊德理论的整体消极色调。弗洛伊德描绘出一幅悲观的、有失体面的人类本性的图景——人在很大程度上被本能和无意识力量所控制。后来的理论家，不论是精神分析学派还是其他学派，都对人类和人格持更积极的看法。有人提出了自我的建设性机能，强调意识而不是无意识对行为的决定作用。一些理论家指出了人在自身潜能得以实现时获得的成长体验和满足感。这些不同观点使那些认为弗洛伊德理论令人压抑的人感到振奋。

> 同弗洛伊德的巨大成就相比，这些理论的不同在于它们建立在他创建的基础之上。
>
> ——卡伦·霍妮

二、阿尔弗雷德·阿德勒

阿尔弗雷德·阿德勒是精神分析学派中第一个与弗洛伊德决裂的人。那是

1911年，两人都感到，他们之间的差别是根本性的。令人遗憾的是，学术争论变成了个人争吵。弗洛伊德不是把阿德勒的歧见看作学术讨论，而看作背叛。在阿德勒脱离维也纳小组时，还有几个人跟他一起离开了。友谊从此断绝，互相的谴责则连篇累牍。阿德勒继续发展他自己的学会，创办了自己的刊物，还为他新的心理学取了一个名字，个体心理学。阿德勒对人格研究的重要贡献包括提出寻求优越、父母对人格发展的影响以及出生顺序的影响。

阿尔弗雷德·阿德勒
1870—1937

阿尔弗雷德·阿德勒 (Alfred Adler) 的一生，是一个人用毕生努力克服自卑感的优秀榜样。阿德勒1870年在维也纳出生，他在家里六个孩子中排行第三。他童年时有很长时间是在哥哥的影子下度过的。小时候他不断患病，特别是得了佝偻病，使他的身体在体育运动和室外游戏时总落后于哥哥和其他玩伴；他四岁时险些因肺炎而丧生，还有两次差点被卡车撞死。由于阿德勒身体较弱，他得到了妈妈的特殊对待，然而这种优待在他弟弟出生后就结束了。他回忆说："在我两岁之前，妈妈对我很宠爱，但弟弟出生后，她的注意就转移了，我有一种被废黜的感觉。(Orgler, 1963, p.2)"

阿德勒在学校也被自卑感困扰着。他成绩平平，有一年他的数学成绩非常糟糕，不得不重读这门课。他的教师劝告他父亲让阿德勒辍学，跟鞋匠去当学徒。但这件事更激发了阿德勒。他发疯般地学习，很快就成为全班数学最好的学生。1895年，他获得了维也纳大学的医学学位。

阿德勒从未跟随弗洛伊德做研究，也没有像成为开业精神分析师所必需的那样，接受精神分析训练(Orgler, 1963)。这两位理论家的合作是从1902年开始的，那是阿德勒在当地报纸上发表反击文章捍卫弗洛伊德的释梦理论后，弗洛伊德邀请阿德勒加入他的讨论小组。1910年，阿德勒被任命为小组的首任主席。

然而，与弗洛伊德越来越大的分歧导致他在1911年辞掉了该职务。几位成员追随阿德勒，成立了最初称为自由精神分析协会的组织，这个名字意在表达他们拒绝弗洛伊德让他们附属于其理论的诉求。后来阿德勒把该组织的名称改为个体心理学协会，创办了一个刊物，他们对严苛的弗洛伊德理论的另一种解释获得了广泛认可。正像他早期为克服自卑感而斗争一样，阿德勒把他的职业生涯贡献给了追赶并力图超越西格蒙德·弗洛伊德的努力中。

（一）寻求优越

阿德勒和弗洛伊德的一个本质不同就是他们对人类动机的描述。弗洛伊德用性和攻击来描述人的动机，而阿德勒认为，只有一种动机推动着人们，他称之为**寻求优越**，其他所有动机都可归入其中。他写道："我在每一个心理现象中都清楚地看到了对优越感的寻求，它是解决人生问题的所有方法的根，解决一切问题都离不开它。我们所有的机能都遵从它的指挥。(引自 Ansbacher &

Ansbacher, 1956, p. 103)"

具有讽刺意味的是，寻求优越始于自卑感。阿德勒认为，每个人从出生就有着深深的自卑感。这种自卑感的根源是，虚弱无助的儿童需要依赖更年长、更强壮的成人才能生存。从儿童意识到他们很弱小的这一刻起，就开始用一生的努力去战胜他们的自卑感。

在阿德勒看来，人做的所有事情，都是为了建立一种优越感来克服生活中的障碍，克服自卑感。为什么我们要努力工作，求得进步，像一个运动员那样为获胜、为达到一定的权位而奋力争取？因为获得这些东西能使我们迈上一个台阶，进而摆脱自卑。一个人越自卑，寻求优越感的要求就越强烈。富兰克林·罗斯福患小儿麻痹症而致残，然而，阿德勒可能会说，正是因为残疾，他才渴望成为20世纪最有影响力的人物。

但是，有一些事例说明，过度自卑会产生相反的效果。有些人有自卑情结，即认为自己比其他所有人都差得多的观念。其结果是产生无助感，而不是驱使自己去建立优越感。过度自卑的儿童和成人会拒绝或远离挑战而不是去战胜它们。

阿德勒和弗洛伊德的不同可以从他们对成功的商界人士的分析中看出来。弗洛伊德往往用升华来描述这些人。商业与金融方面的成就不过是取代了无意识冲动的位置。弗洛伊德还可能会说，对这些商界人士来说，打败竞争对手就满足了俄狄浦斯情结留下的与父亲竞争的无意识欲望。相反，阿德勒把商业成就看作寻求优越感的表达。收入每增加一次，向公司领导人的位置每前进一步，都会提供一次暗示：这个人并不自卑。

但是阿德勒认为，成就本身并不是心理健康的指标。关键是把寻求优越与社会兴趣结合起来。成功的商界人士凭借自己的成就产生优越感和个人满足感，但只有实现关心他人幸福的目标才会如此。成功意味着以公平的价格为消费者提供高质量的产品，让人们的生活变得更幸福。相反，自我调节差的人靠损人利己和沽名钓誉来表达对优越感的追求。政界人士的以权谋私和假公济私反映了他们缺乏社会兴趣。而那些为了扶正压邪而从事公职的人，则表现出恰当的、建设性的优越感寻求。

（二）父母对人格发展的影响

与弗洛伊德一样，阿德勒也认为，出生后的头几年对人成年后的人格形成非常重要。然而，阿德勒还强调父母在这一过程中的作用。他指出，有两类父

> 做人就意味着感觉自卑。在每一段心理生活的开始，人都会感受到深深的自卑感。
> ——阿尔弗雷德·阿德勒

母行为特别容易导致儿童后来生活中的问题。第一种父母给孩子过多的关注，会造成溺爱危险。溺爱会剥夺孩子的独立性，引起更强的自卑感。如果父母总是让孩子远离飞驰的单车、富有攻击性的玩伴和恐怖电影，会使孩子不能应对生活中的挫折和挑战。你们可能认识一些早年受到溺爱的儿童，他们不能独立生活，不能独立做决定，不能应付生活中人人都会遇到的麻烦和挫折。让孩子自己去解决问题，自己做决定，即便他们会做错，对他们的未来也有好处。

要做到不溺爱，父母应该允许孩子独立，让他们自己做出选择。但是，这也可能会做过了头。父母的第二种错误是对孩子的忽视。很少受到父母关注的儿童在长大后会变得冷漠多疑。成年以后，他们不能与别人建立亲密的个人关系。亲密关系会让他们感到不舒服，亲热或接触会令他们不快。

（三）出生顺序

阿德勒是第一个强调出生顺序影响人格形成的心理学家。他认为，家里的头生孩子在人格上不同于中间出生的孩子，中间的孩子又不同于末生的孩子。根据阿德勒的观点，头生的儿童会受到父母的过度注意，因此被溺爱。第一次养孩子，父母缺乏足够的经验，他们不会错过任何一个向亲友夸耀孩子的机会。然而，好景不长，随着第二个孩子的出生，头生孩子被"废黜"了。即使不让位，他也必须和新的家庭成员分享父母的关爱。这导致头生儿童的自卑感比较强。阿德勒说，在头生儿童中，我们常常发现"问题儿童、神经症、罪犯、酗酒者和性倒错者"。

阿德勒对中间出生的儿童看法更积极。他本人就是中间出生的。这些孩子从来不会对父母的溺爱抱什么奢望，即使他们是家里最小的孩子，身边也总有一两个哥哥姐姐需要父母花时间关注。阿德勒认为，中间出生的儿童会形成对优越感的强烈追求。中间出生的儿童不像哥哥姐姐那样强壮、那样敏捷、那样聪明。他们似乎永远比别人慢一步。这使他们在学校或在工作单位对前面的人总是望其项背，总要付出更多的努力来缩小跟他们的距离。结果，按阿德勒的说法，中间出生的儿童是取得最高成就的人。

阿德勒认为，在家里排行老二的孩子会尽力追赶他们的哥哥姐姐。

阿德勒发现，在难以教育的儿童中，头生儿占的比例最大。但他感到，末生儿也有问题，这些孩子在儿童期受到所有家人的溺爱。大孩子常常抱怨他们的弟弟妹妹可以"杀了人就跑"，而"我在他那么大时就不能这样"。但阿德勒说，这种特殊待遇是有代价的。一个被宠坏的孩子往往非常依赖他人，缺乏个人主动性。末生儿也容易产生较强的自卑感，因为他们身边的每个人都比他们年长，比他们强壮。

在把阿德勒的理论用到你自己的家人身上之前，应该注意，研究并不都支持阿德勒的预测。出生顺序并不能预测一个人在人格测验中的得分 (Jefferson, Herbst & McCrae, 1998; Parker, 1998)，一项研究中发现的影响往往不能在另一项研究中得到验证 (Michalski & Shackelford, 2002)。而且，典型家庭的结构和动力过程自阿德勒时代以来已经发生巨大变化。阿德勒的描述可能适合于某些家庭，但也有很多例外。简言之，虽然阿德勒的理论引发了大量研究，但是出生顺序对人格和智力发展的影响比他想象的复杂得多 (Rodgers, Cleveland, van den Oord & Rowe, 2000; Wichman, Rodgers & MacCallum, 2006; Zajonc, 2001; Zajonc & Sulloway, 2007)。

三、卡尔·荣格

在弗洛伊德主义阵营中，最痛苦的反叛或许是卡尔·荣格脱离精神分析圈子一事。在弗洛伊德眼里，荣格是这一运动当然的继承人。荣格曾任国际精神分析协会的首任主席，然而，1914年，在与弗洛伊德就其理论的一些基本问题进行了长时间激烈辩论之后，荣格辞去了协会的职务。随后几年，他继续做心理治疗师工作，到世界各地旅行，观察其他文化，并最终建立了自己的心理学派，称为分析心理学。

一些学生刚接触荣格观点时感到迷惑不解。部分原因在于，荣格的著作常混杂着古代神话和东方宗教观。人们在初次阅读荣格的作品时，对那些陌生的术语和抽象概念十分迷惘。但是，一旦克服了术语和特殊概念的困难，许多学生就发现，荣格的作品是那种最能引起兴趣、启发思维的人格理论。

（一）集体无意识

如果你和大多数新生儿一样，你就能毫不费力地认识并强烈依恋自己的母亲。当你长大一些后，你多半会害怕黑暗。再长大一些，你也许不难接受存在神的观念，或者相信至少有一些创造并控制着自然的神的存在。根据荣格的观点，所有人都有这样的体验。只要回顾一下历史，与不同文化的人们谈谈话，浏览几本过去的人物传记和神话传说，就会发现，同样的主题和体验贯穿于各种文化的过去和现在。这是为什么？

荣格的回答是：我们的心理有一个特殊部分，是弗洛伊德没有谈到过的。他把这部分称为**集体无意识**，以区别于个体无意识。像弗洛伊德所说的无意识一样，集体无意识由很难进入意识的思想和形象构成。然而，这些思想从没有被压抑在意识之外。相反，我们每个人都有与生俱来的这种无意识内容，而且这些内容对所有人基本相同。根据荣格的说法，就像我们从祖先那里继承了生理特征一样，我们也继承了无意识的心理特征。

集体无意识由**原始意象**组成。荣格根据人们以特定方式对外界做出的潜在反应来描述这些意象。例如，新生儿很快就能对他的妈妈做出反应，这是因为每个人的集体无意识中都保留着母亲的意象。同样，我们对黑暗或神的反应也是因为从祖先那里继承了无意识意象。荣格把这些意象统称为**原型**。荣格描述过许多原型，包括母亲、父亲、智慧老人、太阳、月亮、英雄、神和死亡。原型的数量几乎无穷无尽。荣格认为，"有多少种典型的生活情境，就有多少原型。"

荣格知道，对第一次接触他理论的许多人来说，这一理论听起来很神秘。我们每个人一出生就具有集体无意识内容，它们指导着我们的行动，而且像所有无意识内容一样，我们不能直接接触到它们。对这些看法，许多学生持嘲笑态度。但是荣格却认为，集体无意识理论并不比本能概念更神秘。人们会很自然地说一个小孩"本能地"找到了他妈妈，或者说人"天生"就害怕黑暗。他还说，其他许多理论家也描述了人格中我们无法直接感知的东西。尽管原型的数量可能无穷无尽，但在荣格的著作中，有几个原型特别重要。其中比较有趣的是女性原始意象、男性原始意象和阴影。

（二）一些重要的原型

女性原始意象（阿尼玛）指男性身上的女性一面，**男性原始意象**（阿尼玛斯）指女性身上的男性一面。根据荣格的说法，每一个男性化的男人的内心深处都有一个女性化的配对。每一个女性化的女性，其内心深处都有一个男性化的自我。这一原始意象的基本功能就是引导人们去选择一个爱情伙伴并建立一定的关系。根据荣格的理论，我们在寻找一个爱侣的过程中，是把我们的女性原始意象或男性原始意象投射到潜在的对象身上，用他的话说，就是"一个男人，在对爱情的选择上，受到与他本身无意识的女性原始意象最吻合的女性、即一个能立即接受他的灵魂投射的女性的强烈诱惑"(1928/1953, p. 70)。更现实地说，荣格认为，每个对正在寻找配偶的男人或女人都有一种无意识的意象。某人越是与他投射的标准相匹配，他就越愿意与这个人建立关系。恋爱中的人，可能会"情人眼里出西施"，但荣格相信，被吸引的真正原因在我们心里被隐藏的部分内，它是从我们祖先那里历经若干个世纪继承下来的。

阴影一词有点戏剧性，它包含着自我当中的无意识部分，这部分在本质上是消极的，可比喻为我们人格的阴暗面。它是人身上恶的一面。阴影有一部分存在于个体无意识中，是被压抑的消极感情；另一部分存在于集体无意识中。荣格指出，在不同文化的神话和传说中，恶都被人格化了。在一些宗教中，魔鬼就用来象征恶。在所有文化的文学作品中，善与恶都是最普遍的主题，因为所有人的集体无意识很容易就能理解这个概念。荣格主张，一个能很好地适应社会的人能把善与恶结合进自己的整体中。否则，我们就会投射出这些恶的意念。与弗洛伊德描述的投射相同，荣格说，有时我们会从别人身上看到我们自己令人讨厌的特性。

什么东西使这对男女相互吸引？荣格认为，这两个人把他们的女性原始意象和男性原始意象投射到恋人身上，并且相互适应。

（三）集体无意识的证据

对荣格观点的批评之一，是他的理论很难用科学的研究给予验证。然而，荣格并不是完全从幻想中提出他的观点的。相反，通过对现代和古代文化的毕生研究，借助心理治疗师的职业生涯，荣格得到了集体无意识及其理论中其他内容的无可置疑的证据。

荣格的"证据"并非从严格的实验室实验中得到的有力的数据。相反，荣格是通过考察神话、文化象征物、梦、精神分裂症患者的陈述来证明的。荣格的理由是，如果存在着对每个人基本相同的集体无意识，那么就应在不同历史时期的不同文化中找到某种形式的原始意象。荣格认为，原始意象常常在梦中表达出来。但是它们还会成为艺术象征物、民间传说和神话故事的内容。他认为，那些身处幻觉的人们就是在描述基于原型的意象。

作为集体无意识的证据，荣格指出了在上述所有来源中某些意象和象征物

卡尔·古斯塔夫·荣格
1875—1961

弗洛伊德的人格理论在多大程度上反映了他本人的无意识？当传记作家们还在为这件事争论不休时，卡尔·古斯塔夫·荣格（Carl Gustav Jung）详细描述了他关于人格的想法怎样来自他对自己的内省和体验。荣格1875年出生于瑞士的一个小镇克斯维尔。他是一个非常内省的孩子，对外界比较封闭，因为他认为没人能理解人固有的内在体验和思想。荣格幼年时曾花很多时间思考他做过的梦的含义和超自然的东西。10岁时，他雕刻了一个5厘米高的木人像。他把这个人像收藏起来，独自一人时，他对人像讲话，有时用密码给它写信。在少年时代，他就被自己是另一个人的感觉所占据，他开始用毕生的研究来确认他称之为"第二"人格的东西。

荣格渴望了解人格，这一愿望把他领入新兴的精神病领域。他1900年在巴塞尔大学获医学学位，然后到苏黎世，与精神分裂症权威人士欧根·布留勒（Eugen Bleuler）一起进行研究。稍后，他到了巴黎，与意识和催眠研究的先驱皮埃尔·雅涅（Pierre Janet）一道工作。荣格对人类心灵的好奇心自然地使他对弗洛伊德的研究产生了兴趣，在读了《梦的解析》一书后，荣格开始与弗洛伊德联系。1907年两人终于见面了，据说他们进行了长达13个小时的谈话。不久，荣格成为弗洛伊德的亲密同事，他曾于1909年陪弗洛伊德到美国克拉克大学讲学。也就是在这次旅行中，荣格开始认识到，弗洛伊德和他在人格本质问题上的分歧是多么尖锐。1914年，荣格离开了维也纳小组。

此后的7年，荣格基本是独自工作的，他深入探索了自己的无意识心理境界，沉湎于自己的奇特想法、梦和想象中，努力探索人格的真正本质。这一时期到底是荣格的自我反省时期，还是漫长的精神病患病时期，学者们意见不一。荣格去世前不久出版的自传证明这两种解释都有道理。荣格写道："各种奇怪念头不断从我头脑里溢出，我尽力不让自己的头脑迷失，想办法理解这些奇怪的东西……从一开始我就深信不疑，我正屈从于更高级的意志。(1961, p. 176-177)"

荣格说，在这些年里，有各种人物和形象造访了他。逐渐地，这些人物成为构成集体无意识的原始特征。他详细描述了他与菲力蒙（Philemon，荣格虚构的人物）的谈话，他写道："我与他交谈，他说的一些事情我从未有意识地想过。我很清楚，说话的是他，而不是我……我和他在花园里来回走，对我来说，他就是印度人所说的古鲁。(1961, p. 183)"

荣格从这几年对人格新理论的反省中走出来。他的余生在行医、旅行、阅读和研究中度过。他对这些经历的观察与他不断的内省结合起来，导致了多部著作和讲演的产生。荣格的一些著作曾引起争论，尤其是那些被说成是反犹太主义的观点(Noll, 1997)。但是，他关于人格的思想至今仍使全世界的读者感到神秘和激动。

的反复出现。为什么现代人梦中的秃鹫这一象征物，与做梦者全然不知的宗教教义和古代神话中的秃鹫以同样的方式出现？荣格曾描述了他早期发现的这种类型的一个证据，来自他与一位精神分裂症患者的谈话：

> 一天我遇见他，他正在透过窗户朝太阳眨眼睛，他的头奇怪地来回移动。他用手抓住我，说要让我看样东西。他说，我必须半闭眼睛，看着太阳，我就能看到太阳的阳具，如果我的头左右晃动，太阳的阳具也跟着动，风就是从那里刮起来的 (1936/1959, p. 51)。

几年以后，荣格在读希腊神话时，偶然看到了对管状物从太阳中垂下来的描述。神话中说道，风就是因为管子而形成的。为什么这样的意象既出现在病人的幻觉中，又出现在古希腊的传说中？荣格认为，这种意象存在于希腊讲故事者的集体无意识中，存在于精神病人的集体无意识中，因此也存在于我们所有人的集体无意识中。

在新弗洛伊德主义者中，荣格或许是最多产的作家。他与弗洛伊德一样，最终触及人的行为的多个方面。多数新弗洛伊德主义者对人格的阐述都比弗洛伊德少了些神秘，多了些容易懂的术语，但荣格的思想却使他走到反方向。或许正是他理论的独特风格，使他的著作多年来广为流传。

四、埃里克·埃里克森

1927年夏天，一位对欧洲充满好奇的年轻艺术家在一所为西格蒙德·弗洛伊德的病人和朋友的子女开办的学校里找到一份工作，这位艺术家就是埃里克·霍姆伯格。他从未获得大学学位，但他与精神分析学家交上了朋友，后来还接受了他们的培训。后来，他把名字改为埃里克·埃里克森，成为开业心理医生，并最终形成了自己关于人类人格本质的理论。埃里克森在其理论中保留了弗洛伊德的一些思想，但他本人对精神分析流派的贡献也很大。在这里，我们主要讨论他的两个贡献：他对自我的描述和人格的毕生发展模型。

（一）埃里克森的自我概念

弗洛伊德把自我看作本我冲动和超我命令之间的调停人，埃里克森则认为，自我发挥着许多建设性的功能。他认为，自我是人格中一个相对强大而独立的部分，其目标是建立人的同一性，满足人掌控外部环境的需要。埃里克森对人格的探索被称为自我心理学是恰如其分的。

根据埃里克森的观点，自我的基本功能是建立并保持同一感。这种同一感包括人对自己的唯一性的认识，以及从过去到想象中的未来的连续感。常被人滥用或错用的术语同一性危机就来自埃里克森的著作。他用这个词组来说明人在缺乏明确的"我是谁"的感觉时所产生的混乱和失望。人们都可能在一段时期觉得自己的价值观或生活方向不确定。同一性危机通常出现在青少年期，但不限于年轻人。许多中年人还经历着相似的探索期。

(二) 人格的毕生发展

弗洛伊德认为，人格的主要部分在 6 岁左右超我出现的时候就基本形成了。与此不同，埃里克森 (1950/1963) 认为，人格发展将持续终生。他划分出人人都要经历的 8 个阶段，每一个阶段对人格发展都至关重要（见图 5.1）。

埃里克森提出的人格发展阶段让我们想到一幅路径图。我们从婴儿期到老年期一直走在这条路上，但是在 8 个不同地点，我们会遇到岔路口——面临两个不同的前进方向。在埃里克森的模型中，这些岔路口代表人格发展的转折点。他把这些转折点称作"危机"。怎样解决每个危机，决定着我们人格发展的方向，并影响到我们怎样解决后面的危机。解决每个危机都有两种方式：一种是适应性的，另一种是不适应的。当你读到关于这些阶段的介绍时，可能想回忆自己在已经度过的那些阶段是怎样克服危机的，你也可能会反思，自己现在正处在哪个阶段。

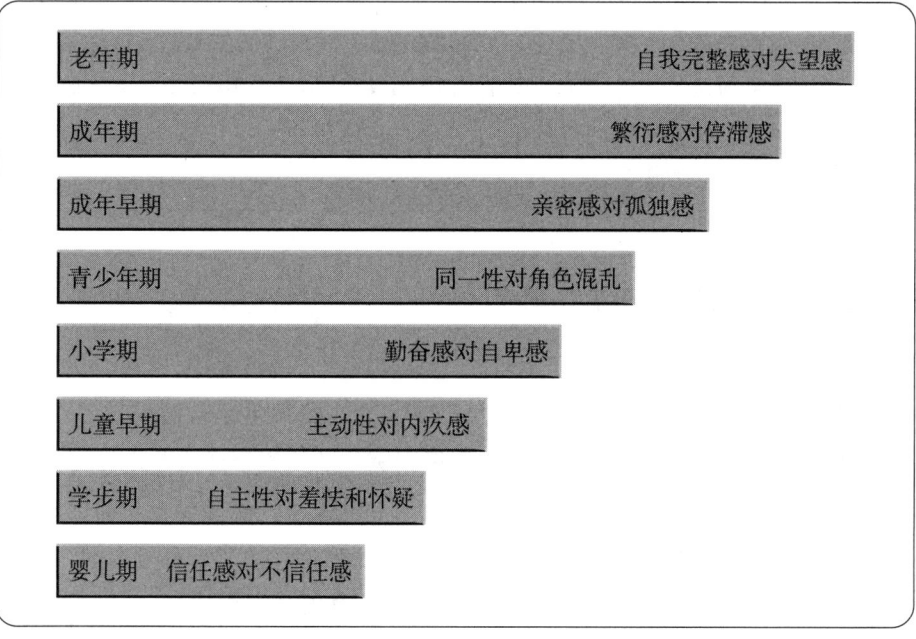

图 5.1 埃里克森的 8 个发展阶段

埃里克·霍姆伯格·埃里克森
1902—1994

很难想象，生活被多于一种同一性问题困扰却最终帮助了埃里克·埃里克森（Erik Homburger Eriksen）。在反思自己曾经度过的时光时，埃里克森说："看上去所有的一切都太明显了……这种早期生活预示着一个人将遇到严重的同一性危机。(1975, p. 31)"埃里克森与他的同一性的抗争，导致他后来出现被他自己查明的介于神经症和精神病之间的行为。然而，这种抗争也给他提供了敏锐的洞察力，深入到有关同一性，尤其是青少年期和成年初期的同一性问题中。

埃里克森1902年出生于德国的法兰克福。他的丹麦人父亲在埃里克森出生前就抛弃了家庭。三年后，他母亲嫁给一个名叫西奥多尔·霍姆伯格（Theodor Homburger）的犹太医生。后来的许多年，母亲一直告诉埃里克，霍姆伯格医生就是他的亲生父亲。这种情况一直持续到青少年期，埃里克森才知道真相——他是一段婚外情导致的私生子。埃里克森一直保守着这个秘密，直到68岁（Hopkins, 1995）。埃里克森的同一性还被他的生理特征搅得混乱。虽然生活在一个犹太家庭，但他保留了斯堪的纳维亚父亲的许多生理特点——高个子、金发、蓝眼睛。他写道："不久以后，有人说我是'非犹太人'；而同学又说我是个'犹太人'。(1975, p. 27)"第一次世界大战爆发时，埃里克森正处在青少年初期，大战造成这个男孩忠诚感上的矛盾：忠于德国还是他正在形成中的丹麦人同一性。

埃里克从公立学校毕业时，他寻求同一性的需要迸发了。继父逼迫他进医学院，但埃里克拒绝了。他决定要学习美术，并花了好几年时间遍游欧洲。最后他来到维也纳，结识了弗洛伊德的女儿、同为著名精神分析家的安娜·弗洛伊德。除了获得蒙台梭利教师资格证书外，他从安娜那里接受的精神分析培训是他离家后接受的唯一的正规教育。在这几年中，他把自己的名字改为埃里克·霍姆伯格·埃里克森，这明显反映出他的自我同一感的变化。

1933年，埃里克森感到纳粹日益猖獗，于是到美国波士顿定居。他在几所大学任教，包括哈佛大学、耶鲁大学、加利福尼亚大学伯克利分校和宾夕法尼亚大学。1950年在他将近50岁时，他的第一部著作《儿童期与社会》（*Childhood and Society*）才出版。就像埃里克森在其著作中描述的成熟的成年人那样，他后半生的个人发展和职业发展一直都很顺利。

1. 基本信任感对不信任感

从出生到1岁左右，新生儿几乎完全处在周围人的疼爱中。婴儿是否得到了疼爱的照料，他们的需要是否得到了满足，他们的啼哭是否被察觉了，这是他们人格发展中的第一个转折点。需要得到满足的儿童会产生基本的信任感，对这样的儿童来说，世界是个好地方，人人充满爱意，容易接近。遗憾的是，有些婴儿从没有得到所需要的疼爱的照料。这使他们形成了一种基本的不信任感。于是这些儿童开始进入一种对他人怀疑和退缩的生活模式。

2. 自主性对羞怯和怀疑

1岁以后，儿童想知道是谁使他们与周围的其他人联系起来。外界的哪些东西是他们能控制的？外界的什么东西控制着他们？如果允许他们操控他们所遇到的各种东西，儿童就容易进入这个充满自主性感觉的阶段。他们感到自己强大而且独立。他们有了强烈的个人掌控感。有自主感的人很自信，相信自己能够掌舵船头，克服障碍，迎接生活中的挑战，破浪前行。但是就像阿德勒关于溺爱的警告一样，埃里克森认为，父母的过度保护会阻碍这一年龄的发展。如果不允许儿童对周围环境中的物品与事件进行探索并施加影响，他们就会产生羞怯和怀疑的情感，会对自己缺乏信心并依赖他人。

3. 主动性对内疚感

随着儿童开始与其他孩子交往，他们也开始面临社会环境中的挑战。儿童必须学习怎样与别人一起玩、一起做事，怎样解决不可避免的冲突。儿童通过寻找玩伴，学习怎样编排游戏，参与其他社交活动，形成一种**主动性**的感觉。他们学习怎样设定一个目标，怎样充满信心地应对挑战。他们开始形成志向感和目标感。没有形成主动性的儿童在这个阶段会产生**内疚**和顺从的情感。他们缺乏目标感，在社交或其他场合很少表现出主动性。

4. 勤奋感对自卑感

大多数儿童进入小学时，都会认为自己没有什么做不了的，但不久，他们就发现自己要与别的孩子展开竞争，为学习成绩，为得到大家的欢迎，为引起老师的注意，为体育比赛中的胜利，等等。他们不可避免地要把自己的天分和能力与同伴比较，如果成功，他们的能力感就会增强，这使他们以自己的方式成为积极的、有成就的社会成员。但失败体验会使儿童产生无能感，导致对创造性与幸福感的不良预后。正是在这个时期，在青春期躁动和青少年时期到来之前，儿童要么形成勤奋感和对自己的力量和能力的信心，要么形成自卑感和对自己的天分与技能的低评价。

5. 同一性对角色混乱

此后，儿童进入了青少年期，这是一个迅速变化发展的时期，也是成年期之前相对较短的准备期。青少年期是一生中最困难的时期。以前，儿童只是对游乐场感兴趣，遇到的问题也很简单。现在，突然要应付生活中的重要问题了，这种跨越使青少年感到烦恼，甚至有点残酷。埃里克森很清楚这几年的重要意义。年轻人开始对一个最重要的问题提出疑问："我是谁？"如果能圆满回答这一问题，他们就形成了同一性的感觉。这使他们能对个人价值观等问题独立做决定。他们懂得了自己是谁，接受并欣赏自己。遗憾的是，许多青少年不能形成较强的同一性感觉，相反，他们陷入角色混乱中。

青少年在寻求同一性的过程中，会加入各种小圈子，投身各种事业，或者辍学，不停地换环境。我的一个中学同学就从虔诚的基督徒转而投身于酗酒、吸毒、社会事业和保守政治——所有这一切都发生在中学时期——为的是努力"寻找"他自己。十年后，在我们的班级聚会上，我听说他在十年里换了许多地方、许多工作，读了几所大学，当时正想成为一个摇滚歌星。没有形成稳定的同一性，显然妨碍了他以后的人格发展。

6. 亲密感对孤独感

青少年很快就进入成年初期，并且迎来埃里克森模型中的下一个挑战：形成亲密关系。年轻人寻求着一种特殊关系以在亲密感和情感方面获得成长。这种关系的结果一般是结婚，或对另一人做出爱的承诺，但也可能有别的结局。一个人可能不结婚却和人一起分享亲密感，也可能很遗憾，结了婚却没有亲密感。在这一阶段不能形成亲密感的人，将面临孤独感。他们可能经历了多次肤浅的关系，但从未在真正的密切关系中获得情感满足。他们可能回避情感投入。独身生活方式有方便之处，也能得到一时的欢愉，但假若不能超越这种生活方式，就会严重地压抑情感发展和幸福感。

7. 繁衍感对停滞感

进入中年，人们开始关心对下一代的指导。做父母者感到，他们通过对子女的影响丰富了自己的生活。无子女的成人通过与年轻人一起工作，或在培养侄子女、外甥子女中发挥积极作用，也会使生活更丰富。没有形成这种繁衍感的成年人会陷入停滞感当中，这是一种空虚感和对自己的人生目标的怀疑。我们都知道，通过培育子女，父母的生活会因为持续有意义、有乐趣而变得更充实。遗憾的是，我们也看到，有些父母很少从这一过程中获得快乐。结果，他们对生活感到厌烦和不满。不能从子女的发展中看到自己的成长潜力，对父母和子女来说都是可悲的。

8. 自我完整感对绝望感

我们大多数人都不可避免地要进入老年期。埃里克森认为，老年人还有一个危机要解决。对过去经历和生命终结必然性的反思，使老年人要么产生一种完整感，要么产生绝望感。以满足的心情回顾往事的人，将怀着一种完整感走完这个最后的发展阶段。埃里克森写道："这是对人的一个而且是唯一的一个生命周期的接纳……好像有些事情必定如此，是必然的，不容替换的。(1968, p. 139)"不能形成这种完整感的人会陷入绝望中。他们觉得现在时间已经所剩无几，年轻人拥有的选择和机会对自己已是落花流水。一生已经过去，希望换种活法重新活一遍的人常常用厌恶和蔑视别人来表达他们的失望。生活中没有什么东西比一个老年人的失望更悲哀，也没有什么事情比一个老年人的完整感更令人满足。

埃里克森认为，老年期这段时光，要么感到生命的完整感和满足感，要么充满失望和对别人的蔑视。

五、卡伦·霍妮

与许多新弗洛伊德主义者不同，卡伦·霍妮 (Karen Horney) 不是弗洛伊德的学生。霍妮间接地研究了弗洛伊德的著作，后来在柏林精神分析研究所和纽约精神分析研究所讲授精神分析学。像许多精神分析学家一样，她逐渐对弗洛伊德理论的一些基本原则提出了疑问。霍妮发现，她尤其不能接受弗洛伊德关于女性的一些观点。弗洛伊德主张，男人和女人生来就有不同的人格。但是，霍妮为此争辩道，文化和社会影响对某些明显的性别差异的作用远远大于生物因素。

霍妮最终不再对弗洛伊德的立场抱幻想，以至于她和她在纽约精神分析研究所的同事们都认为她应该离开这个研究所。她于1941年辞职，并建立了她自己的美国精神分析研究所。霍妮在她整个职业生涯中探索了文化和社会对人格发展的影响。她赋予社会影响以突出作用的观点，反映在她对精神分析流派的两个重要贡献中：关于神经症的观点和她所谓的"女性心理学"。

（一）神经症

我们都见过一些像霍妮所描述的神经症的人。我举三个我遇到的例子。第一例，女性，起初，她看起来友善、热情。她经常参加社交活动，喜欢恭维别人。但很快人们发现她总想要求别人。她不善独处，不接受朋友或情侣背着她做自己感兴趣的事。她与人的关系从不能保持长久，只要遇到下一个男人，就会"堕入爱河"。第二例，男性，他的大学同学几乎都不喜欢他。很少有人逃得掉他尖刻、伤人的评语。他对几乎所有人都持轻蔑态度。我从没听到他说过别人的好话。现在他是个做得不错但残酷无情的商人。第三例，女性，她的工作是在一个小公司绘制图表。她很少与同事参加社交活动，因此，现在有这种活动时，人们都不再叫她来参加。她没有朋友，大多数的晚上都是独自度过。

根据霍妮的观点，这三个人的共同之处是他们都在拼命与不适当感和不安全感进行搏斗。尽管他们最终用自己的行为把别人驱开，但他们的内心是胆怯、可怜的。霍妮会认为这三个人都有神经症。根据霍妮的理论，神经症的主要特点是他们陷入了自我挫败的人际关系方式。也就是说，这些人与他人互动的方式阻碍他们形成无意识中渴望的社会交往。具有讽刺意味的是，他们破坏性的人际交往方式其实正是他们避免焦虑的一种防御机制。

这些人有什么样的背景把他们带到今天这样悲哀的境地？弗洛伊德用心理能量的固着和人格各个方面的无意识争斗来解释神经症。但霍妮认为，神经症是儿童期混乱的人际关系所致。霍妮特别指出，这些儿童往往在那种制造焦虑感的家庭中长大。父母制造这种焦虑感的方式简直是五花八门：

> "……直接或间接地支配，漠不关心，古怪的行为，不尊重子女的个人需要，缺乏真正的指导，蔑视态度，赞扬太多或不赞扬，缺乏真情，父母意见不一致时被迫选择一边，责任太多或太少，过度保护，与其他儿童隔绝，不公正，歧视，不兑现承诺，敌意气氛……环境中的虚情假意。"(1945/1966, p.41）

做父母不是一件容易事，虽然养育孩子是我们面临的最重要的事情之一，但实际上，对这件事既缺乏培训，又没有明确规定什么人能养育儿童，怎样养育儿童。到头来，一些儿童缺少个人价值感，一些儿童害怕或不知道怎么与父母相处，有些儿童担心因为他们搞不懂的原因而受到父母不公正的惩罚，有些儿童感到不安全和无能力，有些儿童渴望却得不到温暖和他们所需要的支持。这些儿童会感到迷惘、害怕和焦虑。

卡伦·霍妮
1885—1952

卡伦·丹尼尔森 (Karen Danielsen) 1885 年生于德国汉堡，是一位船长和他第二任年轻妻子的女儿。她从小就面临不公正对待，常被拒绝，因为她是男人世界里的叛逆女性。她的父亲是一个严厉的独裁者，他推行他的男人至上观点。卡伦的哥哥本特有各种机会，他上了大学并获得法学学位，但她父亲认为女孩子没这个必要。对这种不平等，卡伦的反应是发誓要在小学里保持全班第一。12 岁的时候，她下决心终有一天要进医学院。

在卡伦母亲的劝说下，她父亲同意让卡伦读大学。在大学，她结识了奥斯卡·霍妮 (Oskar Horney)，并在 1909 年与他结婚。1915 年她获得了柏林大学医学学位，成为少数几个招收女性的大学中寥若晨星的女生之一。她研读了精神分析学，这成为她的精神分析师训练的一部分，但她发现，这并不足以帮她战胜长期以来与之抗争的抑郁症。有报告说有一次她企图自杀，她的丈夫救了她 (Rubins, 1978)。尽管她有抑郁症，对精神分析持怀疑态度，家庭有诸多不幸，如她弟弟夭折，她自己的婚姻关系紧张，最终离了婚，但她的事业仍然是成功的。她先在柏林精神分析研究所工作，后移民美国，1934 年开始在纽约精神分析研究所工作。

然而，要让霍妮压抑她对弗洛伊德理论的几个重要方面越来越强的不满，这不符合她的性格。公开质疑导致她与研究所其他成员的关系紧张。1941 年，她的同事以投票方式做出决议，剥夺她的讲师资格。据报道，当时霍妮在一间静得出奇的房间里拿到了投票结果。看到结果后，她以充满尊严和骄傲的方式离开会议，未发一言。霍妮此后成立了自己的成就卓著的美国精神分析研究所。到 1952 年辞世时，她在反抗被男性支配的、家长式的精神分析学派的战斗中，已经取得了巨大成绩。

儿童应该怎样对付这些焦虑呢？根据霍妮的观点，在容易导致焦虑的环境中长大的儿童，会很快形成一种应对有威胁的成人的对策。从积极角度来讲，这些对策在减缓焦虑上是有效的。但是，从消极角度来讲，他们逐渐习惯于依赖这些对策，甚至把它们应用于家庭外的其他人身上。他们成年后，儿时对人际交往的恐惧仍然存在。从根本上来讲，这些人认为社会交往是焦虑的来源。结果，他们为消除焦虑而形成了神经症的人际交往方式。

霍妮根据他们避免焦虑的不同方式划分出神经症患者的三种交往方式，她称为接近人群 (moving toward people)、反对人群 (moving against people) 和脱离人群 (moving away people)。你们看到这里，无疑会反思一下自己的行为，这样做很有好处。霍妮指出，大多数人会根据应对焦虑的不同场合，选择这三种方式中的一种来使用，但神经症患者在各种社会交往中，只能使用其中的一种。

1. 接近人群

一些儿童学会了靠彰显自己的无助感来应对焦虑。他们依赖别人，强迫性地让父母或养育者喜爱和接受他们。他们获得的同情使其暂时免除了焦虑，但儿童却要承担在以后的人际交往中使用这些对策的风险。长大成人以后，他们强烈地需要被爱和被接受。他们大多认为，只要能找到爱，一切都会变好。他们不加选择地依附于身边的某个人，因为他们觉得任何一种关系都比孤独和被冷落好。如果你曾经接触过这样的人，你可能赞成，和这样的人长期交往是徒劳的。这种人不是爱别人，而是依附于人。他们不是和别人分享情感，只是得到情感。由于这样的神经症方式，每一段新的关系都不会长久。

2. 反对人群

应对焦虑的另一种方式就是和他人战斗。有些儿童发现，攻击和敌意行为是对付不良家庭环境的最好手段。他们攻击或伤害其他儿童，以此对自己的不安全感和无能感进行补偿，他们能获得短暂的权力和班上其他儿童的服从，但他们得不到真正的友谊。这些儿童长大后，会更熟练地使用这种神经症方式，他们可以比商界对手更强，用伤害性的语言痛斥别人。在儿童和成人中，我们都可以看到一种总是要欺压他人的需要。霍妮认为，这种神经症方式以外化为特征，很像弗洛伊德提出的投射概念。这就是说，这些人在童年期就已知道，人们基本上都是敌意的，都要想办法得到他们能得到的东西。这种知觉使他们总是在别人对他们下手之前，先对别人下手。只有能得到好处时，他们才与别人建立关系。与这些人交往一定是肤浅、令人难堪和痛苦的。

3. 脱离人群

有些儿童采用第三种策略来应对焦虑。他们不是以依赖或敌意的方式与人交往，而是置身于人群之外。谁会需要他们？这些儿童对隐私和自我满足的愿望可能很强烈。长大成人后，这种神经症的人会寻找那些很少与人打交道的职业。他们把回避情感、爱和友谊当作处世之道。因为情感依恋会使他们回忆起童年经历的痛苦，所以他们对情感体验感到麻木。避免焦虑的最保险方式就是不参与。爱上这类人肯定是一个错误。感情将得不到回应，因为它根本没被感受到。因此，这种关系对双方都是肤浅的、单向的。

（二）女性心理学

作为 20 世纪 30 年代的精神分析学家，霍妮发现自己是男人世界中的一个女人。她对弗洛伊德理论的一些最初的质疑，开始于弗洛伊德蔑视妇女的观点。例如，弗洛伊德曾经描述了阴茎嫉妒——每个年幼的女孩都有想成为一个男孩的愿望。霍妮 (1967) 用于反击这一男性至上观点的概念是子宫嫉妒——男人嫉妒妇女怀孕和哺育孩子的能力。霍妮并不认为男人因此对自己不满，而是认为两性都有让另一性别赞赏的特点。她认为，男人对他们不能怀孕生子的补偿是在其他方面取得成功。

霍妮还指出，弗洛伊德研究和写作的时代是社会造成妇女地位低下的时代。如果生活在那个时代的女人希望做男人，是因为文化给她们带来的限制和负担，而不是因为天生自卑。在两性都能自由实现其愿望的社会里，就没有理由认为一个女孩想变成男孩，或者相反。我们看到，霍妮的思想在很多方面走在了时代的前面。霍妮于 1952 年逝世，这使她没能看到女权主义者怎样利用她的很多思想促进了男女平等运动。

六、评价：个人叙事

想象一下你的生活经历被拍成了电影。不要去想哪位演员会扮演你，而是问问你自己，要使观众完全了解你的角色，需要哪些场景？贯穿这部电影的主题是什么？转折点是什么，是接受的教训，还是战胜的困难？一句话，是什么经历反映出或说明你是某一类型的人？

研究者有时采用这一程序的变式来研究人格 (Singer, 2004)。他们让人们说出自己的生活经历，说出其中一些重要情节。当人们说出自己的经历，特别是那些使他们变成今天这个样子的经历时，就以一种生动的方式揭示了他们的人格。他们说："我就是这种类型的人，我就是这样成为这类人的。"这些描述为人格研究者提供了用其他评价方法难以捕捉到的丰富的信息资源 (Torges, Stewart & Duncan, 2009)。

(一)使用个人叙事测量人格

分析**个人叙事**的研究者通常对受测者进行访谈,有时也会让受测者书面回答问题(McAdams, 1993, 2004)。在多数情况下,是让受测者描述生活中的一些事件。这些事件可以是人生的顶峰、生活的转折点、一段重要的童年回忆等。这些描述能够明确地告诉我们有关受测者性格的一些素材。但是,研究者怎样把这些描述转变为可以把人们进行比较并检验假设的资料呢?首先,对访谈进行录音并转写成文字。然后,研究者读转写稿或书面回答,根据事先制订的标准对材料进行编码。例如,研究者会计算某一主题被提及的次数,比如克服困难。他们还会把故事归入预先确定的几个范畴中的一个。在大多数情况下,会由两个或更多的评分者独立对材料进行编码。如果评分者在大多数评价中都取得一致,那么评价结果就被认为是可靠和可用的(见第二章)。但是,假如一个评分者把某个事件评价为在成就主题上得高分,另一个评分者却把同一个事件评定为低分,就无法确定哪个评定正确。解决办法是,重新确定编码标准,或重新培训评分者怎样运用标准。

和一些人格测量一样,对个人叙事的记分随着时间的推移可能是比较稳定的(McAdams et al., 2006)。但是这种方法也有一些问题,主要表现是研究者可以在多大程度上信任这些自传式报告(Pasupathi, McLean & Weeks, 2009; Woike, 2008)。也就是说,人们报告的生活经历是否准确?即使记性再好,数十年前的事回忆起来也可能有点模糊。受测者可能会有选择性地回忆,夸大得意的事,忽略失败和困窘。而且多数人都有不愿透露给研究者的经历。一些调查者发现,个人叙事是一种有选择的表达,很可能缺乏准确性(McAdams, Diamond, de St. Aubin & Mansfield, 1997)。但是,他们认为,人们挑选的记忆中的事情和建构自己过去生活的方式是生动的。一个人相信某个悲剧塑造了自己的性格,比那个事件是否起了这样的作用更重要。

(二)繁衍感与生活经历

一些心理学者发现,个人叙事特别适用于考察埃里克·埃里克森描述的人格发展阶段理论。不少研究集中于这一模型的第七阶段,繁衍感对停滞感。(Frensch, Pratt & Norris, 2007; McAdams et al., 1997; McAdams, Reynolds, Lewis, Patten & Bowman, 2001; Pratt, Norris, Hebblethwaite & Arnold 2008)。按照埃里克森的理论,

中年人一般会努力获得一种繁衍感。这个年龄的人们通过对下一代的影响获得一种满足感和充实感。埃里克森及其追随者认为,繁衍感这一术语比父母对子女的影响要广泛得多 (McAdams, Hart & Maruna, 1998)。老年人可以通过各种与年轻人接触的方式获得繁衍感,例如,作为叔叔或舅舅、童子军领队、主日学校教师,等等。成人还可以通过自己的努力,为下一代创造一个更美好的世界,来满足他们对繁衍感的需要。

一组研究者让老年人以每十年为一阶段写下他们的人生回忆 (Conway & Holmes, 2004)。假设参与者写的那些事件代表了他们心目中每个十年自己生活经历的特点。随后,评分者根据他们所描述的埃里克森的主题对这些经历进行编码。例如,一段关于恋爱的回忆可以被归为亲密感对孤独感这一范畴。一段帮助孙辈解决个人问题的经历可以编为繁衍感对停滞感这一范畴。从图 5.2 可以看出,正如我们根据埃里克森的理论所预料的那样,反映繁衍感主题的事件数量在中年期的一个十年达到高峰。

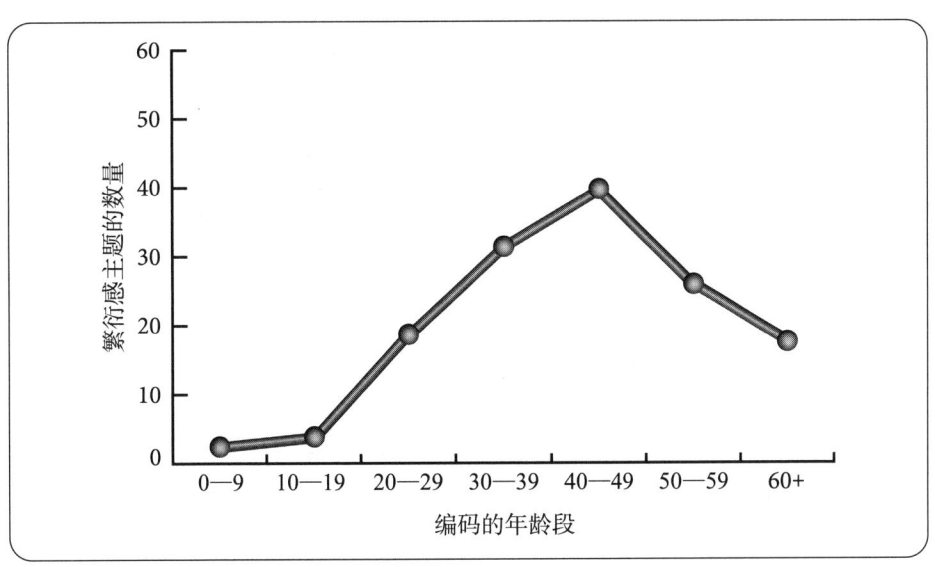

▶ 图 5.2 有关繁衍感主题的回忆数量

来源:Adapted from Conway and Holmes (2004).

为什么一些人能够产生繁衍感而另一些人却不能?回答这个问题的一个办法是,看看人们所说的生活经历。与那些无法产生繁衍感的成人相比,高繁衍感的人较多地讲到不利情况导致好结果的经历 (McAdams et al., 1997; McAdams et al., 2001)。在这些经历中,如爱人去世这样的悲剧,最终增强了讲述者对他人遭遇的敏感性,并自觉地帮助那些有相似经历的人。毫不奇怪,高繁衍感成年人的经历往往有较多关于友谊、分享、亲密关系和照顾别

人之类的主题 (Mansfield & McAdams, 1996)。不难看出，以这样的生活方式生活的中年人，或者至少在记忆中以这种方式生活的人，会更关心怎样帮助和抚育下一代。

七、新弗洛伊德学说的优势与批评

（一）优势

新弗洛伊德学说的主要优势是详细考察了被弗洛伊德忽视或未加强调的一些重要概念。这些理论家大多认同社会因素在人格形成和变化中所起的作用。有些人对生命前几年之后的人格发展做了描述。多数新弗洛伊德理论家描绘出比弗洛伊德更乐观、更令人喜欢的人类图景。他们描述了自我的积极功能，而不局限于认为自我是本我需求和超我要求之间的仲裁者。

新弗洛伊德学说还把很多新概念引入心理学文献。他们的许多观点和弗洛伊德理论一样，现已成为我们日常生活中的语言，许多人无须读埃里克森、荣格和阿德勒的著作，就能说出同一性危机、内向、自卑情结这些术语。

衡量人格理论的价值的另一点，是看它对后来的理论家与心理治疗师的影响程度。在这方面，新弗洛伊德学说也可以说是成功的。许多新弗洛伊德学说特有的、关于人类的乐观色调，为人本主义人格理论铺平了道路。同样，对人格发展中社会因素的重视，无疑地成为人格的社会学习流派前进的阶梯。由新弗洛伊德学说各流派发明的技术和方法已经被许多当代心理治疗师采用或修订。

简言之，新弗洛伊德理论家做了大量工作，使精神分析流派的各部分更适合心理学者和非心理学者的口味。可以说，这些理论家在弗洛伊德理论与后来的许多人格理论之间架起一座桥梁。然而，新弗洛伊德理论家中没有一个人可与弗洛伊德相比，甚至把这些理论加在一起都没能达到弗洛伊德的水平。

（二）批评

批评家们指出的弗洛伊德理论的很多局限性，也存在于新弗洛伊德主义者的著作中。与弗洛伊德的理论一样，一些支持新弗洛伊德理论的根据受到质疑。尤其是荣格关于集体无意识之本质的许多结论，凭借的只是神话、传说、梦、超自然现象和艺术作品。新弗洛伊德主义者关于人的人格的结论，很多时候只是以进行精神治疗的病人为根据。从这种偏差样本中得出的结果及其对正常成人的适用性是让人存疑的。

第二个问题是，新弗洛伊德学说作为一个群体，常常过分简化或忽视一些重要概念。没有一个人像弗洛伊德那样，涉及那么多的问题，做了那么深入的探讨。其结果是，新弗洛伊德学说有时不能对精神分析理论的一些核心概念做出有效说明。这一事实导致有人批评新弗洛伊德学说对人格和人的行为做出的解释是不完整的和有限的。例如，人们批评埃里克森低估了焦虑对心理障碍形成的作用。同样，有人批评阿德勒只用一个寻求优越概念来解释许多复杂行为，未免过于简单化。

八、小结

(1) 一些跟随弗洛伊德从事研究的心理学家最终脱离了维也纳小组，提出了自己的人格理论，建立了自己的心理学派。总体上，这些理论家以新弗洛伊德主义者著称，因为他们保留了弗洛伊德的许多基本概念和假说。他们认为，弗洛伊德的局限是他没有认识到出生头几年之后人格的变化，他强调本能而忽略社会影响，以及他所描绘的人类本性从总体上过于消极。

(2) 阿尔弗雷德·阿德勒提出"寻求优越"的概念来解释人类的很多动机。他说，每个人都有一种内在驱力，推动他们摆脱源于婴儿期的无助感。阿德勒认为，父母的溺爱和忽视是导致后来人格问题的两个根源。他指出，中间出生的儿童与头生和末生儿童相比，最可能取得成就，也最少发生心理障碍。

(3) 卡尔·荣格提出了集体无意识的客观存在，它是被荣格称为原型的各种原始意象的居所。集体无意识包含了我们从前辈那里继承的素材，它们对所有民族都是基本相同的。最重要的原型是女性原始意象、男性原始意象和阴影。荣格指出，原型的象征物通过民间传说、艺术作品、梦和精神病患者的幻觉反复表现出来，是其存在的证据。

（4）埃里克·埃里克森在其理论中强调自我的积极功能。自我最重要的功能之一是形成并保持自我同一感。埃里克森勾画出一生中人格发展的 8 个阶段。在每个阶段，人都面临一种危机和两种解决危机的手段。

（5）卡伦·霍妮反对弗洛伊德强调的本能导致人格发展的观点。她声称，弗洛伊德所说的两性之间的人格差异主要由社会因素而不是遗传素质导致。霍妮主张，神经症行为是儿童期为克服焦虑而采用的人际交往方式的结果。她划分出 3 种神经症的方式：接近人群、反对人群和脱离人群。

（6）个人叙事为人格心理学者提供了关于个体同一性的丰富资源。让参与研究者描述他们生活的各个部分，评分者对这些描述进行编码。心理学者发现，个人叙事对检验埃里克森的繁衍感概念非常有效。形成较强繁衍感的成人讲述的生活经历，往往包含人际交流以及从灾难中吸取教训等主题。

（7）新弗洛伊德理论的优势在于它们对精神分析理论的贡献。除弥补弗洛伊德理论的一些局限外，这些理论家还为心理学领域引入了许多重要概念。后来研究人格的流派无疑受到这些理论家中一人或多人的影响。对新弗洛伊德学说的批评主要是，他们使用有偏差的、有疑问的资料来支持自己的理论。也有人批评他们的某些理论过于简单化和不完整。

关键术语

女性原始意象/男性原始意象　anima/animus (p.107)
原型　archetypes (p.107)
集体无意识　collective unconscious (p.106)
个人叙事　personal narratives (p.120)
原始意象　primordial images (p.106)
阴影　shadow (p.107)
寻求优越　striving for superiority (p.102)

第六章

新弗洛伊德主义理论：
相关研究

一、焦虑和应对策略

二、精神分析概念和攻击

三、依恋类型和成人的人际关系

四、小结

自从一些新弗洛伊德理论家从弗洛伊德的束缚中摆脱出来,已经过去几十年,我们看到,这些理论家和弗洛伊德的相同之处远多于当时人们的看法。正如他们的理论被看成是对弗洛伊德精神分析学说精细化的更完备思考一样,本章涉及的弗洛伊德主义和新弗洛伊德学说的人格研究也是如此。在每个案例中,研究者都从精神分析理论概念出发,但是像追随弗洛伊德的一些理论家一样,他们的思想很快就转到新方向上。

我们首先考察有关焦虑和应对策略的研究。传统精神分析学家强调焦虑和防御机制的无意识根源,但该领域大多数研究关注的是人们意识到的焦虑和压力事件。我们将考察人们为了处理焦虑情绪而做出的有意识努力。

几十年前,研究者借用精神分析的概念来解释攻击性的起因。虽然他们的研究最终远远脱离了精神分析的理论源头,但是,精神分析理论的影响仍然显而易见。在这些研究者的著作中可以看到弗洛伊德的很多术语,如升华、迁移和宣泄等。

我们还将考察亲子关系和成年后依恋类型之间的关系。借用新弗洛伊德流派的对象关系理论,研究者查明了人们与爱情伴侣建立关系的几种方式。这些成人依恋类型的根源,是儿童早期和父母建立的依恋关系。研究表明,儿童期的依恋经验会影响成年后的爱情关系。

一、焦虑和应对策略

我们像一些通俗作家所说的那样,处在一个"焦虑时代"吗?在过去的美好日子里,我们下午在公园漫步,夏日晚上在门廊乘凉,这些日子都已经被更忙碌、更快节奏的工作和比别人干得更好的压力取代了吗?无处不在的按摩、冥想、抗焦虑药物、外出度假之类的广告似乎在说,当今大多数人已经被推到了焦虑发作的边缘。今天我们真的更焦虑,还是我们仅仅抱怨更多?为了回答这个问题,一位研究者考察了从20世纪50年代到90年代发表的研究中报告的平均焦虑分数(Twenge, 2000)。在这50年里,不仅焦虑分数在增加,而且到20世纪80年代,美国儿童报告的平均焦虑水平比20世纪50年代儿童精神病患者的焦虑水平还高。这些资料表明,我们可能真的已经进入了一个焦虑时代。

焦虑和缓解焦虑的策略可以在精神分析理论家的一些著作中找到。尽管焦虑的定义多种多样,但多数研究者赞成它是一种不愉快的情绪体验。当你体验到焦虑时，会感到担心、惊慌、害怕和恐惧。假设你突然被逮捕或发现藏着自己最深处秘密的日记在朋友间传看时，你就会感到焦虑。

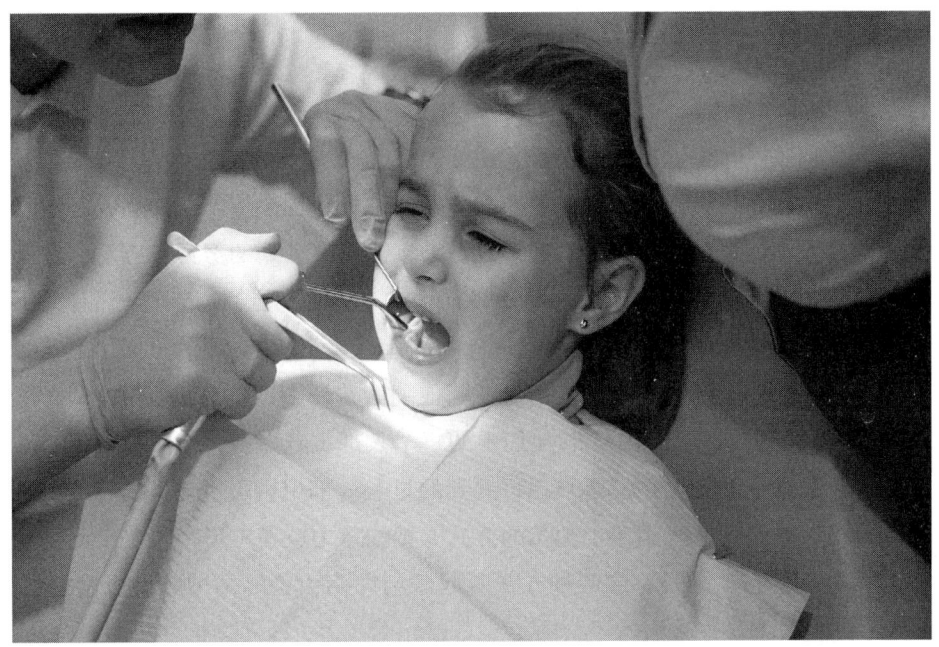

你怎么应对这种情况下的焦虑？你可能会想牙医正在做的事情之外的事情，或良好的牙齿卫生的好处。你大概不会把注意力集中在疼痛上。

弗洛伊德在职业生涯中几次改变对焦虑的看法，他在后期的重要著作中划分出三种焦虑类型。一是现实焦虑(reality anxiety)或客观焦虑(objective anxiety)，它是在觉察到真实世界中的危险时做出的反应。如果你发现你正被一个陌生人跟踪，或者从一场交通事故中死里逃生，你就会体验到这种焦虑。在现实焦虑下，你能意识到你出现情绪反应的原因。

可以预见，这种有意识的思维不是弗洛伊德特别感兴趣的。他把注意力主要放在焦虑的另两种没有明显外部原因的类型上：当不被接受的本我冲动快要逼近意识的时候，人们体验到神经性焦虑。它是导致自我启用防御机制的那种焦虑。当本我冲动违背了超我的严格道德准则时，超我的反应是产生道德焦虑。一般来说，这是一种内疚体验。

许多新弗洛伊德主义的理论家在其著作中吸收并修改了弗洛伊德的焦虑观。例如，霍妮认为，她所描述的神经症的应对方式，就是从极力缓解和避免焦虑而来。阿德勒、安娜·弗洛伊德和其他新精神分析心理学家扩展了防御的概念，纳入了人们有意识的、经过深思熟虑处理焦虑的方法(Snyder, 1988)。在描述应对焦虑的意识努力时，这些理论家好像为了答谢弗洛伊德学说的遗产，通常保留了无意识防御机制的名称。因此，今天当某人完全意识到问题所在并有意忽略它时，我们会说他是在"否认"。

（一）应对焦虑

当你面临一个潜在的压力情境，比如等候牙医在你的牙齿上钻洞或准备一个工作面试时，你会做什么？如果像大多数人那样，你会拒绝把疼痛或害怕看成生活的无法回避的一部分。的确，人们大多会用有计划的努力来应对引发压力的情境，从而减轻焦虑 (Lazarus, 1968, 1974)。一项研究给被试看一部有关工业安全的可怕电影 (Koriat, Melkman, Averill & Lazarus, 1972)。影片里描绘了几起严重事故，如锯子穿过一个工人的肚子，他翻滚着死去，血流满地。被试对这部电影的反应怎样？如你所料，他们中的每个人都试着用各种办法减轻他们的不适感。最常见的策略是提醒自己，看到的只是一部电影，不是真的事故。另一个常用策略是用一种情感上超然的方式，把注意力放在电影特技上而不是可怕的内容上。有趣的是，这两种方法听起来与弗洛伊德的两种防御机制相似：拒绝和理智化。

心理学家把这些面临可觉察的威胁时处理焦虑的努力称为**应对策略**。人们面对一个威胁情境时，运用策略的数量几乎数不清。诸如，人们会长时间散步，和朋友交谈类似的问题，找职业咨询师咨询，饮酒，向问题的根源发起反击，忽略问题的来源，锻炼，回避别人，寻找一线希望，祈祷，等等。女性比男性报告的应对策略更多 (Tamres, Janicki & Helgeson, 2002)，但研究者不知道这种差异是否真的存在，也许只是反映了回忆的差别，或男人和女人在各种问题上感受到的压力程度不同。

研究者发现，不是每个人都用相同的应对策略减轻焦虑。在生活中遇到各种危险情境时，每个人都形成了一些自认为有用的应对策略。因此，研究人员可以查明人们处理焦虑时相对稳定的方式 (Ptacek, Pierce & Thompson, 2006)。与其他人格变量一样，人们在不同时间和引发焦虑的不同情境中，对应对焦虑方式的使用是相对稳定的。我们把一个人处理压力的一般方法称为他的应对风格。

（二）应对策略的类型

有一次，我参加了本地红十字会的一场讨论：要不要给待产父母看一部可能引起焦虑的影片。影片的主题是婴儿猝死症，是一种每年造成成千上万婴儿死亡的突发疾病。有些父母不愿面对自己的孩子可能在婴儿期死亡的任何可能。另一些父母则表示，他们想尽可能多地了解这类信息，以便这种不幸事件在他们身上发生时有所准备。

两种不同意见反映了不同的焦虑应对策略。这个领域的早期研究者会把这两类父母在人格的压抑—敏感化维度上加以区分 (Byrne, 1964)。在这个维度一端的人，对威胁情境的典型反应是回避。这些压抑者努力不去想这个情境，从而尽可能多或尽可能长时间地回避焦虑。比如，若有人劝我们说"担心也没用"，"别想它了，想点别的吧"，用的就是这种策略。如果你曾经推迟去看医生或推迟同教授的谈话，因为你预料到这种场面让你有压力，你用的就是压抑策略。在这个维度另一端的是敏感者。这些人应对压力情境时的典型反应是尽可能多、尽可能快地寻找解决办法，所以他们总是在采取最有效的行动。如果你为一个安排好的治疗程序努力去查找资料，或花大量时间考虑一个即将到来的工作面试，你用的就是敏感策略。

后来的研究者提出了更详细、更复杂的系统，对人们运用的不同应对策略进行分类 (Gol & Cook, 2004; Lazarus, 2006; Skinner, Edge, Altman & Sherwood, 2003; Stanton, Kirk, Cameron & Danoff-Burg, 2000; Zuckerman & Gagne, 2003)。我们来看几点基本差别，很多研究者发现它们确实有用。首先，可把应对策略分成两类：一类是人们在使用应对问题的策略时充当积极角色，一类是人们试图运用策略来回避问题。这与早期研究者提出的压抑—敏感化维度的区分很相似。其次，我们还可以把积极角色策略再分成两类：一类的目标是寻找压力源，另一类则关注体验到的情绪反应 (Lazarus & Folkman, 1984)。这种分类给我们提供了三种应对焦虑的策略：问题中心策略、情绪中心策略和回避策略（见表 6.1）。

问题中心策略直接关注问题，以克服焦虑。如果经济上出现问题，就想办法多赚钱，减少开销。如果学习上有困难，就找辅导老师，或在课业上多花时间。人们在使用问题中心策略时常发现，遇到问题时只需简单地做些计划，就比呆坐着什么也不干强。

表 6.1 应对策略实例

问题中心策略
我尽可能多地获取到相关情况的信息。
我制订了一个行动计划。
我考虑了各种可供选择的办法，并权衡了利弊。
我与一些有类似经历的人商量。
我努力让事情好转。
我向一些知道得比我多的人寻求帮助。
我留出时间来解决这个问题。

情绪中心策略
我和朋友们讨论自己的情绪。
我思考怎样从经验中吸取教训。
我接受所发生的一切，并继续生活。
我努力正确地看待事情。
我努力寻求一线希望。
我向专业咨询师倾诉我的情感。

回避策略
我努力不去想这个问题。
我假装问题并不存在。
我喝酒或者服麻醉药使自己感觉好些。
我努力把自己的注意力转移到其他活动上。
我回避那些让我想起烦恼的人和场景。
我睡得比平时多。
我拒绝承认问题的发生。

情绪中心策略则是减轻伴随问题而来的情绪压力。一个未被法律学校录取的人可以想想，这样的挫折可能也有好处。离婚的夫妇可以把自己的情感吐露给朋友，或者求助专业咨询师，来应对离婚带来的痛苦。

使用**回避策略**的人试图把引发焦虑的情境排除在意识之外来应对焦虑。一位妇女得知朋友身患重病，她的反应可能是不去想这个朋友，或是让自己相信问题并不像人们说的那样严重。一个害怕失去工作的男人会和朋友外出，或借酒浇愁，以此来转移自己的焦虑。

一项研究考察了男人和女人怎样应对过去七个月中经历的现实生活事件(Folkman & Lazarus, 1980)。让被试在一张"可能的行为核查表"上划出他们自己的应对策略。研究中测查了1300多个压力体验的例子。研究者发现，被试使用情绪中心策略、问题中心策略或两种都使用的情形占这些实例中的98%。当然，大多数人使用超过一种策略来应对压力，很多人在应对单一事件时使用了所有的三种策略。另有研究发现，女性比男性更多地使用情绪中心策略，而男性比女性更喜欢直接采取行动解决问题 (Ptacek, Smith & Dodge, 1994)。这种模式与第十四章中有关性别角色的研究结果是一致的。

（三）应对策略的效果

不同研究者一致地发现，使用某种应对策略总比不用策略好 (McCrae & Costa, 1986; Mitchell, Cronkite & Moos, 1983)。不过，并非所有的应对策略都同样有效。首先，研究者所要回答的第一个问题是，要减轻焦虑，积极策略和回避策略哪个更有效？也就是说，当你面临问题时，是应该直接面对，还是尽量回避焦虑的来源？对这个问题进行的大量研究清楚地显示：在几乎所有的研究中，就帮助人们处理压力而言，积极策略都比回避策略更有效 (Suls & Fletcher, 1985)。

一项研究表明，比起运用回避策略，采取直接处理困难情境的方式，能使那些经历过中等规模战斗的退伍军人更好地处理战后创伤的长期影响 (Suvak, Vogt, Savarese, King & King, 2002)。在另一项研究中，积极应对策略使那些因艾滋病感染而失去爱人的艾滋病患者对未来抱有希望，也更乐观；而依赖回避策略的艾滋病患者则表现出更多的无助感 (Rogers, Hansen, Levy, Tate & Sikkema, 2005)。研究还发现，医学专业学生在医学院第一年的紧张学习中，越多地运用积极应对策略，身体就越健康 (Park & Adler, 2003)。一些研究发现，依赖回避策略的人们在面对家人生病 (Compas, Worsham, Ey & Howell, 1996)、身体攻击 (Valentiner, Foa, Riggs & Gershuny, 1996) 或者被诊断为乳腺癌 (Carver et al., 1993) 时遇到了较多的困难。

回避策略有效吗？可能是有效的。一些研究者认为，回避策略有时可能在短期内有作用 (Suls & Fletcher, 1985)。例如，你可能决定，在几天时间内忽略人际关系问题而为期末考试学习。但这种策略最多只是延缓了对这些问题的处理。研究表明，不管回避策略有多大的短期优势，它的有效性都可能局限于较小的压力，或至少是人们能部分控制的压力 (Terry & Hynes, 1998)。而且，过度运用回避策略可能产生另外的问题。因为逃避焦虑有时包含饮酒，严重依赖回避策略的人们可能面临酗酒危险 (Simpson & Arroyo, 1998; Windle & Windle, 1996)。

一项研究发现，依赖回避策略的青少年比起其他学生更容易发生致瘾物滥用等不良行为 (Cooper, Wood, Orcutt & Albino, 2003)。

虽然积极策略总是优于回避策略，但究竟是运用问题中心策略还是情绪中心策略，这一选择还是比较困难的。研究证明，选择哪种策略要取决于情境，看哪种策略能更有效地应对压力 (Austenfeld & Stanton, 2004)。关键在于，是否有改善问题的方法，或者是否不得不接受事实 (Aldwin & Revenson, 1987; Zeidner, 2007)。研究表明，如果确实有解决问题的办法，那么最明智的做法就是迅速采取行动，解决问题 (Vitaliano, DeWolfe, Maiuro, Russo & Katon, 1990)。一个学生因数学课听不懂而苦恼，那么对他有利的做法是立即请教，而不是坐等着以后会突然开窍。但是，我们经常遇到面临问题手足无措的情境。在这种情况下，尝试解决问题是无效的。一项研究发现，对自己的婴儿死亡使用问题中心策略的父母，比使用其他应对策略的父母在应对失落时，遇到的困难更大 (Murray & Terry, 1999)。当一个情境不能被改变时，关注你的情绪反应可能是最有效的方法。

几位心理学者用一种近乎自然的方式考察了这个观点 (Strentz & Auerbach, 1988)。研究者同美国中央情报局和国内的航空公司合作，导演了一个为期四天的劫持人质事件。志愿参加研究的驾驶员、副驾驶员、空中小姐事先接受培训，让他们了解被恐怖分子劫持时的感受。大家尽力使这个劫机案像真的一样。装扮成恐怖分子的中央情报局人员开枪射击、劫持人质并发出死亡威胁。正如预料，被试体验到高度的焦虑。他们是怎样应对这种焦虑的呢？在绑架案之前，曾让部分被试学过情绪中心的应对策略，其他的被试被指导运用问题中心策略。请记住，人质发现在这种情境下自己根本无法采取行动。但是他们可以调整自己在此情境中的情感反应。结果，比起使用问题中心策略的人，使用情绪中心策略的人体验到的焦虑水平更低。

不同类型的应对策略看来会在不同的情境中起作用。有效应对的关键是要知道什么时候应该用哪种策略。研究者把这种能力称为应对的灵活性 (Cheng, 2001, 2009; Cheng & Cheung, 2005)。能够根据特定情境调整应对策略以适应现实的人们，与不能这样做的人们相比，能更有效地处理生活问题。令人欣慰的是，我们大多有不同的应对策略。如果一种策略对焦虑情境无效，换一种策略也许奏效。

二、精神分析概念和攻击

设想一天深夜，你为了准备一门功课，在图书馆读专业期刊上的一篇文章。开头几页就很令人费解，你吃力地一遍一遍地读，希望能弄懂它。在文章的核心部分，你逐字逐句看得很慢很仔细，可还是弄不懂。于是你又把最后几段看了一遍，仍旧无济于事。你再看一遍，还是不懂。你浪费了时间，失去了耐心。这时你最想干的是什么呢？大多数人面对这种经历会有极大的挫折感。结果，他们可能敲打桌子或在心里咒骂作者。如果有可能，他们会把杂志扔出房间。这个例子说的是通常可见到的挫折和攻击之间的联系。

在我们的生活中，没有什么事件能像攻击行为这样引起那么多注意。从运动场上的争斗，到行凶抢劫，再到战争，一个人让另一个人遭受伤痛的企图已成为被广泛研究的人类行为。自然地，人格的精神分析流派多次提到这个话题。事实上，最早试图解释挫折与攻击之关系的努力，可以在弗洛伊德的早期著作中找到。弗洛伊德最初曾假设，攻击是受挫的力比多的结果。人们寻求快乐的冲动受到阻碍，就会体验到一种想要攻击障碍物的"原始反应"。当然，我们的自我不让我们攻击任何人，包括使我们扫兴的人。因此，弗洛伊德声称，人们常常会转移自己的攻击行为。当警察阻止人们开快车时，他们不能攻击警察，但是会朝雇员、朋友或家人吼叫来宣泄攻击冲动。

弗洛伊德后来改变了他关于攻击起因的看法。在目睹了第一次世界大战夺去了成千上万人生命的悲剧后，他提出了死的本能概念，即塔那托斯。弗洛伊德认为，所有人都有一种自我毁灭的本能欲望。但是由于充分发挥功能的自我不允许自我毁灭，于是这种本能就转向他人。然而，后来激起研究者兴趣的，还是弗洛伊德最初关于挫折与攻击之间关系的观点。1939 年，几位心理学家修正了弗洛伊德早期思想，提出了挫折—攻击假说 (Dollard, Doob, Miller, Mowrer & Sears, 1939)。尽管这几位心理学家大多认为自己更靠近行为主义（第十三章），但是他们理论中的精神分析痕迹却难以磨灭。

挫折—攻击假说声称，"攻击总是挫折的结果……攻击行为的发生总是以挫折的存在为前提，反过来，挫折的存在总会导致某种形式的攻击。(p. 1, 楷体字为本书作者所加)"这个假说的一个诱人之处就是其简明性。注意，这些心理学家声称攻击只有一个起因（挫折），对挫折只有一个反应（攻击）。学生因

> 人不是希望被爱的友好的动物。相反，他们具有很强的攻击本能。
> ——西格蒙德·弗洛伊德

上不了光荣榜而受挫，失业工人因经济不景气而受挫，大鼠因找不到一小片奶酪而受挫，所有这些都将引起攻击反应。任何一个有攻击行为的人在此之前都经历过一些挫折。

研究者采用另一个精神分析观点来解释攻击会在什么时候停止。他们提出，当我们为了释放紧张而进行**宣泄**之后，攻击就会停止。弗洛伊德从心理能量释放的角度来探讨宣泄。但是，早期的攻击性研究者从唤醒水平、能量水平、肌肉的紧张度来描述紧张。受挫的学生会把书踢得老远，发挥失常的棒球手会一棒子砸在墙上，然后会感觉他们的紧张消退了。我们可以预期，在挫折再次累积到紧张水平之前，他们不会再爆发。

乍看起来，挫折—攻击假说有些道理。你可能也曾想朝着出故障的复印机踢一脚。我们都见过，推搡排长队的人即使不挨拳头，也会招来几句气话。但是，这一假说马上就遇到问题了。生活中的挫折体验那么多，为什么我们没把时间耗费在攻击行为上呢？为了解答这个问题，最早提出该假说的几位心理学家调整了他们的观点，又一次借用了精神分析理论 (Doob & Sears, 1939; Miller, 1941; Sears, 1941)。他们提出，挫折有时导致一种间接表达的攻击。间接攻击有多种形式。其中一种是把攻击迁移到一个新目标上，比如把工作中的挫折发泄到配偶身上。另一种形式是用间接方式去攻击。例如，我们不可能打自己的论文导师，但是却能在工作中作梗或者散布有关他的飞短流长。我们也可能运用升华（精神分析理论使用的另一个概念）。例如，一个受挫的人可以跑上几公里或打一场激烈的篮球来释放紧张。因此，挫折总要导致攻击，但不总是用最明显的方式。

挫折—攻击假说及后来的变化引起了大量研究。下面就介绍这些研究带出的三个具有精神分析特色的话题：挫折、替代和宣泄。

（一）挫折与攻击

在社会上很多场合都能见到挫折与攻击的联系。在一项研究中，问小学生，哪些同学有推和打这样的攻击行为 (Guerra, Huesmann, Tolan, Van Acker & Eron, 1995)。调查人员发现，最具攻击性的儿童大多是在家里经受过高压和挫折的学生。另一项研究考察了被解雇的成年人 (Catalano, Dooley, Novaco, Wilson & Hough, 1993)。这些人的殴打配偶之类的暴力行为，是未被解雇者的 6 倍。研究者在一项配对研究中考察了挫折的社会条件的影响 (Laudau, 1988; Laudau & Raveh, 1987)。他们发现，像失业这样的压力的增加，与暴力犯罪的增加呈正相关。

对挫折—攻击假说的一些直接检验发现，受挫者比未受挫者有更多攻击行为 (Berkowitz, 1989)。在一项研究中，研究者有意激怒在商场、银行和售票窗口排队的不知情的人们 (Harris, 1974)。因为以前的研究表明，较接近目标的人更容易遭受挫折，所以研究者在排第三的人（接近目标）或排在十二位的人前面插队。研究者之后会往后看一眼，看看这个人的反应，过 20 秒钟后道歉并离开。研究者把这些反应编码为言语攻击和非言语攻击（如推或挤）。结果如图 6.1 所示，与预期一样，队伍前部的人比后部的人受挫时表现出更强的攻击性。

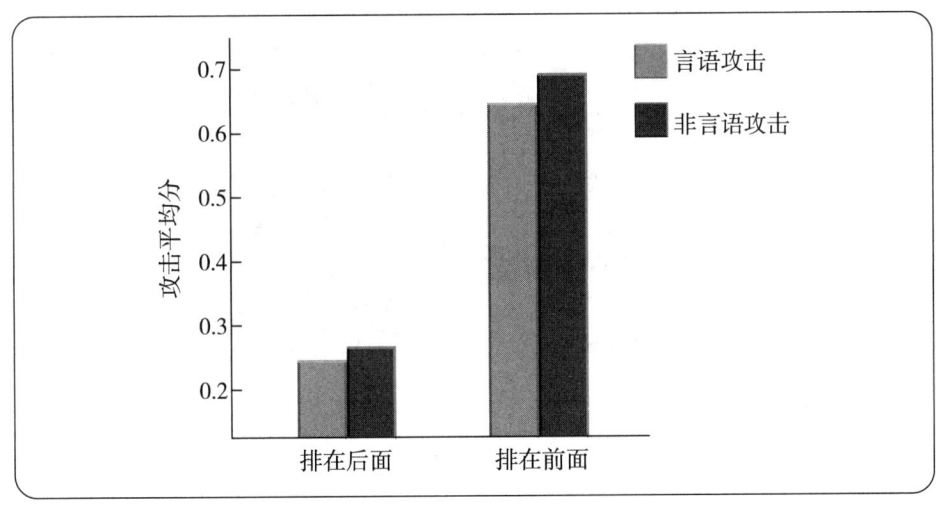

▶ 图 6.1 排队位置对言语攻击行为和非言语攻击行为的影响

来源：Adapted from Harris (1974).

来自多方面的资料表明，挫折可能会导致攻击。虽然这个结论证实了最初的挫折—攻击假说的一个方面，但是多数研究者认为最初的假说有太大的局限性。他们指出，挫折只是增加攻击概率的许多消极情绪中的一种 (Berkowitz, 1989, 1994, 1998; Lindsay & Anderson, 2000)。让人们受挫的事情是不愉快的，人们受挫时做出的反应就是针对这种不愉快。和这种分析相一致，研究者发现，令人不舒服的高温至少在一定程度上会增加攻击 (Anderson & Anderson, 1998)。同样，呛人的香烟味道和嘈杂的噪音会增加人们给予无辜旁观者的惩罚量 (Berkowitz, 1989)。因此，问题不在于一件事情是否使人受到挫折，而在于它使人不愉快的程度。

虽然捶打这部自动售货机，你还是取不出饮料，也拿不出你的钱，但你的感觉会好一点。在这个例子中，取不出饮料的挫折导致攻击，攻击则导致宣泄来释放紧张。

这种看待挫折—攻击的新方式与早期假设相比有几个优势。首先，新模型可以解释为什么挫折不总是导致攻击。只有当事件导致不愉快的体验时，才会促成攻击。其次，这一模型还可解释，为什么一些想法会增加或减少攻击行为的可能性。例如，你一次考试成绩糟糕是因为你的室友驾车回家度周末，而你的课本在他的后备箱里，你可能感到很受挫。但是，如果你认为室友并不知道这回事，与你认为他故意把书带走相比，你的挫折反应可能完全不同。引起消极情感的想法会使整个经历更不愉快，从而增加攻击的可能。使消极情感减弱的想法就会降低攻击的可能性。

（二）替代性攻击

你可能像大多数人一样，曾经冲着朋友大发脾气，事后又后悔。这种情感爆发很可能引来议论，如"你今天怎么啦"或者"某人今天真是触霉头"。等平静下来，你可能意识到你的愤怒的根源不是你的朋友，而是一次作业得了差分，或是老板非让你在周末加班。这样的情形证实了早期版本的挫折—攻击假说的预测。即我们并不总是直接攻击挫折的源头；我们有时会把挫折引发的愤怒指向无关者。对这些间接目标的攻击，往往比攻击让人受挫的教师或老板更安全。

许多研究支持了这一观点，即人们常把攻击从挫折感产生的根源转移到无辜目标上 (Marcus-Newhall, Pedersen, Carlson & Miller, 2000)。在这些研究中，有一项是让被试先做一些构词游戏 (Konecni & Doob, 1972)。一些人觉得这个任务让人受挫，尤其因为另一个被试（主试的同伙）在他们答题过程中老是骚扰他们。其他人答题时没有被骚扰。然后，给被试一个机会让他们去评价另一个正在完成创造性任务的人。评分方式是电击。告诉他们只要听到没有创造性的回答就给予有痛感（但不造成伤害）的电击。虽然实际上并没有真的电击那个人，但被试不知道，还认为他们真的在电击那个人。这个电击的量就作为测量攻击的指标。

这项研究是怎样检验攻击的迁移的呢？一些被试发现与电击仪连在一起的人正是当初骚扰他们的人。对另一些被试，接受电击的是一个陌生人。实验结果见图 6.2。毫不奇怪，那些曾因这个人受过挫折的被试比没受挫的被试给予此人的电击要多。然而，受挫的被试比没受挫的被试给予陌生人的电击也要多一些。换句话说，这些人用无辜的旁人代替了他们攻击的目标。

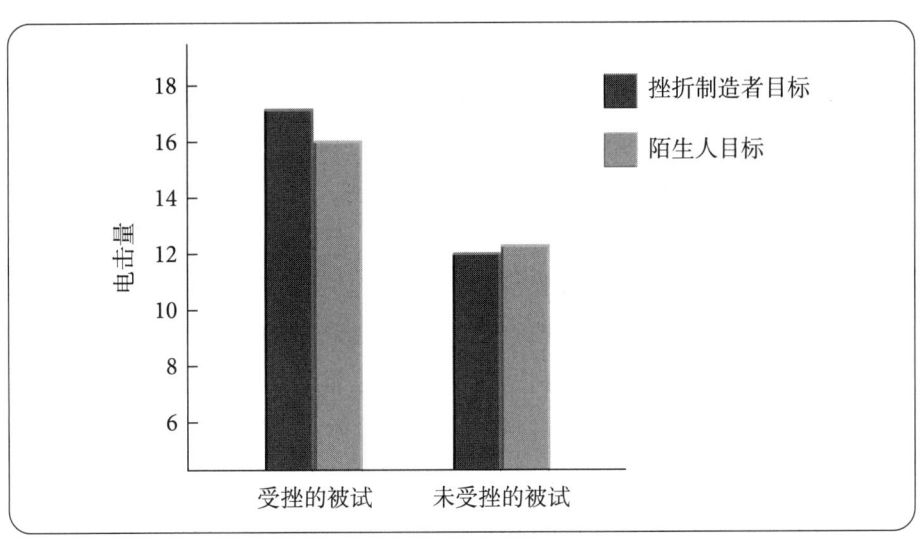

▶ **图 6.2** 不同条件下发出电击量的比较

来源："Catharsis through displacement of aggression," by V. J. Konecni & A. N. Doob, *Journal of Personality and Social Psychology,* 1972, 23, 379-387.

一组研究者考察了替代性攻击在商界的证据 (Hoobler & Brass, 2006)。他们先测量了一些公司主管在工作中体验到的挫折大小，如未获得晋升，或公司对待自己不公平。这些主管当然不愿意直接向老板表达愤怒。但是研究者发现，主管体验到的挫折越多，其下属感觉受到主管的虐待就越多。这些下属抱怨说，他们当着众人的面被主管羞辱，或者说他们的想法很愚蠢。换句话说，受挫折的主管显然把他们的怒气替换到公司下属身上。但是，替代性愤怒并没有到此为止。这些下属的家人也参加了研究。在这些下属中，感觉自己被老板虐待得越多的人，给家人带来的不快也越多。就是说，替代性攻击并没有就此消失，而是被传递到下一层级的人身上。

但是，并非所有受到替代性攻击的人都是完全无辜的。有时，替代性攻击的目标人做了一些事惹恼了那个攻击他们的人。问题在于，攻击者的反应往往和被攻击者的小过失不成比例。心理学者把这类的过激反应称为触发性替代攻击 (*triggered displaced aggression*) (Miller, Pedersen, Earleywine & Pollock, 2003)。研究者发现，当人们遇到在平时可以容忍或忽略的小麻烦的源头时，这种替代攻击很有可能发生 (Bushman, Bonacci, Pedersen, Vasquez & Miller, 2005; Denson, Aviles, Pollock, Earleywine, Vasquez & Miller, 2008; Pedersen, Bushman, Vasquez & Miller, 2008)。来看这种效应的例子：一位受挫的母亲对她的孩子脏乱的房间大发雷霆；一个表现糟糕的篮球运动员猛地推倒一个对手，因为那人因努力防守而碰了他。

（三）宣泄与攻击

我们有时会被别人劝说、有时会自己要求自己："消消气吧，别一怒之下做出后悔事。"别人告诉我们说，你可以打一个枕头，或者用 10 分钟的时间拼命投篮。一些治疗师建议来访者去击打塑料娃娃，或用乳胶棒击打物品，以释放紧张。这种方法是要把攻击倾向从患者身上赶走，使治疗能够在无暴力的氛围中继续进行。这些例子说的是挫折—攻击假说的另一个预测：在紧张得以宣泄之后，攻击需要就会减弱。这种说法往往得到世俗观点的赞同。许多人相信，应对挫折的最好方法是把怒气发泄到一些无害目标物上。问题是，这种广泛流传的说法似乎是错误的。

来看参加一项研究的人们的体验，让这些人写一篇论文，告诉他们，参加研究的另一个人将给这篇论文打分 (Bushman, 2002)。来自另一个人的评价非常苛刻，以这样的评语作为结语："这是我读过的最差的一篇论文！"不用说，这肯定激怒了真正的被试。然后把这些愤怒的被试随机分为三组：第一组被试可以使劲击打吊袋，同时看一幅照片，想着他就是刚才羞辱过自己的人；第二组被试也击打吊袋，但被告之，要一边打一边数击打的次数；第三组被试不击打吊袋，只安静地坐一段时间。结果见图 6.3，关于发泄郁积情感的世俗说法没有起作用。打击吊袋同时想着那个无礼之人的被试不仅是最愤怒的，而且，当后来让他们做一些事伤害自己崇拜的人时，他们也最具攻击性。与我们接受的建议相反，最少愤怒和最少攻击的被试，是那些安静、独自地坐着而没有击打任何东西的人。

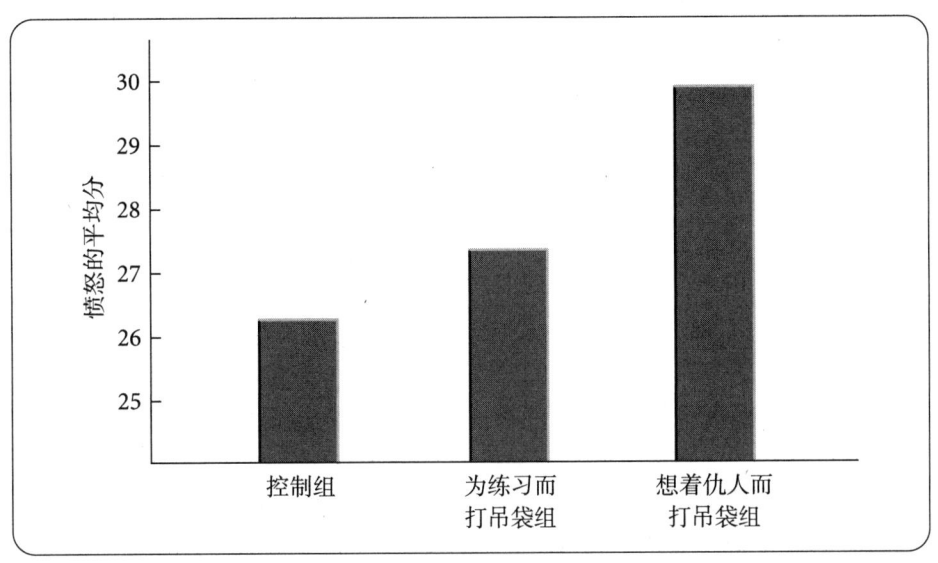

▶ 图 6.3 宣泄活动后的愤怒

来源：Adapted from Bushman (2002).

这些发现与最初的挫折—攻击假说也不一致，该假说认为，攻击导致释放压力的宣泄，宣泄又导致攻击需求的减弱。一些研究结果与这个假说一致，在允许被试攻击另一个人之后，其生理唤醒突然下降 (Geen, Stonner & Shope, 1975)。但是，另一些研究发现，宣泄不仅没减少攻击，这种带有攻击性的动作还会增强攻击倾向 (Bushman, Baumeister & Stack, 1999; Geen et al., 1975; Verona & Sullivan, 2008)。

为什么会这样呢？研究者查明了几个原因 (Geen & Quanty, 1977)。第一，攻击动作可能导致一种抑制解除。也就是说，我们多数人都会强烈地抑制对别人的身体伤害。但一旦破坏了这一规则，我们就很容易袭击他人。攻击引起攻击效应的第二个原因，可能是由于存在着攻击情境。第十四章将谈到，观看与暴力有关的事物（如枪）常会加强攻击性。观看自己的攻击动作，会刺激我们更具攻击性。第三，如第十六章将讨论的，这些暴力情节可能会进入其他与攻击有关的记忆和情绪。第四，由于紧张的宣泄使人感觉良好，攻击动作可能会被强化。研究者发现，在击打吊袋或猛烈抨击别人之后，人们有时感觉更好 (Bushman, Baumeister & Phillips, 2001; Bushman et al., 1999)。第十三章会讨论，带来愉快的行为都会重复出现。因此，宣泄并不能减少攻击，而是相反。

三、依恋类型和成人的人际关系

如果问人们什么能给你带来快乐,他们常会提到与别人的关系 (Myers, 1992)。当人们静心思考什么是生活中最珍贵的东西时,职业、个人成就、物质财富比起我们的家人来,总是排在第二位。具有讽刺意味的是,我们的亲友关系还是给我们带来痛苦的最大来源之一。很多成人的亲友关系都因为这样那样的原因搞不好。你可能因为介入和一个痛苦的人的关系而遭受挫折。或者你会陷入和一个依赖、缠人、令你窒息的伴侣的关系中。如果你运气好,也可能遇上一个自信而感情投入的情侣。但是,什么原因使有些人建立人际关系很容易,对另一些人来说却很难呢?当然,人际关系成败的原因很多,但是有一个考察人际关系的流派认为,要理解成人的感情生活,须从儿童早期经验开始考察。最先提出这一观点的新弗洛伊德主义者认为,我们长大成人以后与身边的重要他人交往,这是我们与父母的关系的反映。近期研究发现这一观点具有重要价值。

依恋理论认为,体验到父母的爱、与父母建立安全关系的婴儿,在长大成人后,会形成一个有助于安全、信任关系的无意识的心理作用模型。

（一）对象关系理论和依恋理论

在 20 世纪中期拓展了弗洛伊德人格理论的心理学家中，有一些是由于提出对象关系理论 (Object Relations Theory) 而著名。其中影响较大的有梅兰妮·克莱因、康纳德·温尼科特、玛格丽·马勒和海因兹·科胡特。他们关于对象关系理论的解释有不同，但这些不同观点之中都贯穿着一些基本原则。第一，像其他新弗洛伊德主义学者一样，对象关系理论家强调早期经历的作用。但他们并不关注弗洛伊德所描述的内部冲突和内驱力，而对婴儿与他身边重要人物的关系感兴趣。这主要指孩子与父母，尤其是与母亲的关系。第二，顾名思义，对象关系理论假定，孩子对其环境中的重要对象会产生无意识表征。当父母不在时，这种对父母的无意识表征不只给孩子提供了与自己有关系的对象，孩子内化父母形象的方式还影响到孩子在今后建立的关系中对他人的看法。换句话说，孩子对父母的依恋状况影响到孩子成人后与重要他人建立依恋关系的能力。

对象关系理论成了依恋理论的出发点。对这个理论贡献最大的两个人是约翰·鲍尔比 (John Bowlby, 1969, 1973, 1980) 和玛丽·爱因斯沃斯 (Mary Ainsworth, 1989; Ainsworth, Blehar, Waters & Wall, 1978)。这两位心理学家考察了婴儿和养育者（通常是母亲）的情感依恋。鲍尔比称之为依恋关系，这种关系能够满足人依附于有支持和保护作用的他人的需要。鲍尔比尤其感兴趣的是婴儿与养育者分离时的行为表现。有的孩子很会应付分离，他们似乎明白，妈妈只是离开一会儿，马上就回来，他们所需要的爱和照料不会失去。但是，另一些孩子以哭喊来反抗分离。还有些孩子在妈妈离开后陷入绝望，有些孩子在妈妈回来后甚至不去亲近她。

爱因斯沃斯及同事在对婴儿和母亲的研究中做了类似的观察。她们划分出亲子关系的三种类型 (Ainsworth et al., 1978)。第一种叫作安全型母婴关系。在这种二人关系中，妈妈关注孩子而且有求必应。体验到这种依恋的婴儿知道妈妈是敏感、亲切的，甚至妈妈不在时也这样想。安全型婴儿一般比较快乐和自信。第二种是焦虑—矛盾型关系，妈妈对孩子的需要不是特别关注和敏感。婴儿在妈妈离开后很焦虑，有时妈妈刚离开就大哭。别的大人不易让他们安静下来，这些孩子还害怕陌生环境。第三种是回避型关系。这种关系中的妈妈对孩子也不很敏感。孩子则对妈妈疏远、冷漠。当妈妈离开时，孩子不感到焦虑，妈妈回来时也不特别在意。

依恋理论家对不同的依恋类型做了进一步观察。和对象关系理论家一样，他们指出，这些不同的亲子关系从长远看影响到孩子以后人际关系的建立。鲍尔比认为，婴儿会形成一种对人际交往的无意识的"心理作用模型"。如果孩子在早期关系中体验到爱和信任，他就会觉得自己是可爱的、值得信赖的。如果婴儿的依恋需要没得到满足，他就会对自己形成一个不好的印象。鲍尔比(Bowlby, 1973) 这样解释，"一个不受欢迎的孩子不只觉得自己不受父母欢迎，而且相信自己基本上不被任何人欢迎。相反，一个得到爱的孩子长大后不仅相信父母爱他，而且相信别人也觉得他可爱。(p. 204-205)"

这样，与养育者关系的早期经验就成为我们处理以后人际关系的基础。如果父母从小对我们关心、注意和敏感，我们就会把同他人的关系视为爱和支持的源泉。如果我们的依恋和被关注的需要得不到满足，我们会变得怀疑和不信任。和精神分析理论一样，对象关系理论家认为，这些依恋关系的心理模式主要是无意识的。

（二）成人的依恋类型

如果依恋理论学者是对的，那么在婴儿身上发现的不同依恋类型应该能适用于成人。换句话说，爱因斯沃斯及其同事把孩子分成安全型、回避型和焦虑—矛盾型，这些孩子长大成人并建立恋爱关系时，这些特点仍会显露出来。我们能找出安全型的成人，他们与人亲近时一点也不困难。这种人容易信任并依赖相爱的人。我们也能发现回避型的成人，他们怀疑那些说爱他的人，害怕与他们太亲近会受到伤害。他们对投入情感小心谨慎，害怕不可避免的分离会带来伤害。我们还能看到焦虑—矛盾型的成人，他们对情侣的爱缺少安全感，相处时苛求对方，有时过于强势。他们太希望受到关注以至于吓跑了情侣。

有趣的是，首先尝试查明和测量这三种成人依恋类型的是刊登在《洛基山新闻》(*Rocky Mountain News*) 上的一项调查 (Hazan & Shaver, 1987)。有一千多个读者从科罗拉多州这份报纸的生活版上看到了这个"爱情小测验"，并寄来了他们的答案。其中一个问题是让答题者标明下面三种描述中哪一种与他们最接近：

_____我觉得自己比较容易与人亲近，信赖别人或被别人信赖让我觉得很舒服。我不怎么担心被抛弃或别人跟我很亲近。

_____与别人亲近让我觉得有点不舒服；我觉得自己很难完全相信他们，也不允许自己去依赖他们。有人对我太亲近时我会紧张，情侣若想让我更亲热会让我感到不舒服。

_____我觉得别人不愿意如我所愿地亲近我。我常担心我的情侣不是真的爱我或者不想和我在一起。我想和另一个人完全融为一体，可这个愿望有时会吓跑别人。

第一种描述说的是安全型依恋的成人，第二种是回避型的成人，第三种是焦虑—矛盾型成人。尽管样本不一定具有科学性，但是结果却给人启发。答题者中 56% 的人把自己归于安全型，25% 的人符合回避型，19% 的人认为自己属于焦虑—矛盾型。后来的一项美国全国分层大样本调查发现了相似的分类结果：59% 为安全型，25% 为回避型，11% 为焦虑型，5% 不可分类 (Mickelson, Kessler & Shaver, 1997)。这些数字的意义没有被研究者忽视。他们很快就指出，符合三种类型的成人比例与发展心理学者得出的婴儿的安全型、回避型和焦虑—矛盾型的比例非常匹配 (Campos, Barrett, Lamb, Goldsmiths & Stenberg, 1983)。这些数据的相似性虽然只是提示性的，但是和一种观点很一致，即成人的依恋类型是在童年期形成的。

另一些研究结果表明，早期亲子关系和成人依恋类型之间的关系不只是一种推测。当问到家庭关系时，安全型成人比别人更多地描述了同父母的积极关系和温暖、信任的家庭环境 (Brennan & Shaver, 1993; Diehl, Elnick, Bourbeau & Labouvie-Vief, 1998; Feeney & Noller, 1990; Hazan & Shaver, 1987; Levy, Blatt & Shaver, 1998)。相反，在这些研究中，焦虑—矛盾型的人很少回忆起父母的支持，回避型的人常把与家人的关系描述为不信任的和情感淡漠的。说自己父母的婚姻不幸福的人往往是回避型的，他们不大可能形成安全型依恋。

（三）其他的模型和测量

成人依恋类型的提出导致了相关著作和研究的大量涌现。这类研究包括关于成人依恋类型的一些新观点和对个体进行分类的新测验量表 (Bartholomew, 1990; Bartholomew & Shaver, 1998; Carver, 1997; Simpson, Fischer & Liu, 2005)。近年来的依恋研究者发现，按两个维度划分依恋类型比较适用 (Bartholomew & Horowitz, 1991; Brennan, Clark & Shaver, 1998)。研究者在第一个维度上把人们分成害怕被情侣背弃和不害怕被抛弃两类。根据依恋理论，我们可以说，这种害怕背弃反映了一个人内化的自我价值感。不担心背弃的人把自己看作有价值和值得被珍惜的。相形之下，有些人怀疑其自我价值，说不清自己是否值得被别人爱。第二个维度涉及人们对亲密和依赖的舒适度。在此维度一端的人认为，别人是可信的，会满足他的情感需要；维度另一端的人认为别人是不可信的和拒绝型的。

把这两个维度放在一起,就得到了图 6.4 所示的四类型模型。对亲密感觉舒适和不过分担忧被抛弃的成人被归为安全型。与三类别模型中的安全型成人一样,这些人倾向于寻求亲密关系,并对此感到舒适。一些人虽然不害怕被抛弃,但是对他人则根深蒂固地不信任。这些回避型(有时称为背离型)的人常常回避亲密关系。他们不信任别人,或因害怕受到伤害而不愿在情感上依附于人。

模型中处于另外两个象限的人体验着不被别人爱的感受,使他们背负着始终害怕情侣会抛弃他们的负担。其中对亲密感觉舒适的人被归入焦虑—矛盾型(也称矛盾—依附型)。因为这种人缺乏内心的自我价值感,所以他们通过与别人的接近和亲密来寻求自我接纳。在某种意义上,他们试图证明,如果对方发现他可爱,他就必定有被爱的价值。遗憾的是,当情侣不能满足他们强烈的亲密需要时,自我价值的缺失就会使这些依附于人者悲伤心碎。最后一种是无定向型(也称恐惧型)。这些成人认为自己不值得爱,怀疑陷入爱情能否提供迫切需要的亲密感。他们回避与别人的亲密关系,因为他们害怕被拒绝带来的痛苦。

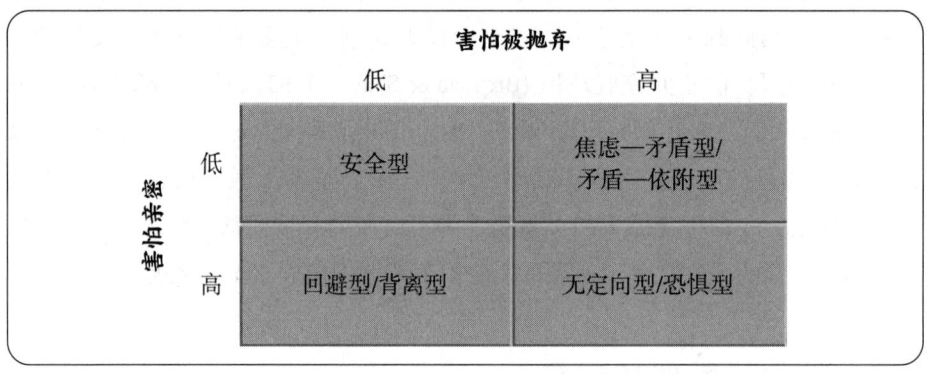

▶ 图 6.4 依恋的四种类型

来源:Adapted from Brennan et al. (1998).

学生们会问,三类型模型和四类型模型哪个能更好地描述成人依恋的不同类型?答案是,虽然近期研究中明显地有运用四类型模型的倾向,但这两个模型都是有用的。因为研究者有时把参加研究的人分成三类,有时分成四类,这样就难以比较不同研究的结果。但是因为两个模型间的相似性,所以,使用哪个模型的研究都是有价值的,下面介绍的研究都是使用两种模型进行的。

(四)依恋类型与爱情关系

依恋类型真能影响我们的爱情关系吗?回答这个问题的正确起点也许是要

问问爱情关系给人们带来了多少快乐。正如所料，好几项研究发现，安全依恋型的成人比另两种类型的人对他们的爱情关系更满意 (Brennan & Shaver, 1995; Keelan, Dion & Dion, 1994; Pistole, 1989; Simpson, 1990; Tucker & Anders, 1999)。其他方面也存在这种现象，即有安全依恋型情侣的人，对自己的爱情关系也感觉更快乐。而且毫不奇怪，安全依恋型成人也喜欢找一个依恋类型相似的伴侣 (Brennan & Shaver, 1995; Collins & Read, 1990; Kirkpatrick & Davis, 1994)。

一项研究发现了爱情关系与早期亲子关系之间的关系。研究开始时，对一些 1 岁婴儿与养育者的依恋关系进行了分类 (Simpson, Collins, Tran & Haydon, 2007)。然后，研究者对这些婴儿一直追踪到 25 岁左右。和其他类型相比，安全型的儿童在小学时的社交能力更强，在中学时期有更亲密的朋友，进入成年期后经历了更积极的爱情关系。

另一组研究者测量了 52 岁的样本人群的依恋类型 (Klohnen & Bera, 1998)。研究人员在这些被试 21 岁、27 岁和 43 岁时就已经测量了他们的人际关系满意度。像预期的一样，安全型的成人有持久稳定和令人满意的爱情关系。如图 6.5 所示，安全型的被试比回避型被试更可能结婚并保持婚姻状态。到 52 岁时，95% 的安全型成人都已经结婚，仅有 24% 的人曾离过婚。相比之下，仅有 72% 的回避型成人结过婚，50% 的人经历过离婚。

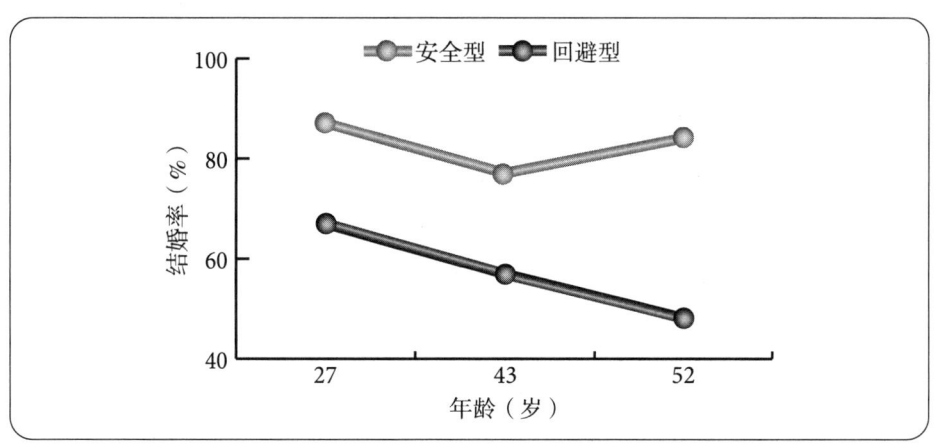

▶ 图 6.5 依恋类型对结婚率的影响

来源：Adapted from "Behavioral and experimental patterns of avoidantly and securely attached women across adulthood," by Eva C. Klohnen, *Journal of Personality and Social Psychology*, 1998, 74, 211-223. Copyright © 1998 American Psychological Association. APA is not responsible for the accuracy of this translation.

但是，为什么人们同安全型成人的关系更好呢？研究人员发现，安全型依恋的人比其他人更倾向于认为他们当前的爱情关系中有很多的爱，也有大量

的投入和信任 (Keelan et al., 1994；Simpson, 1990)。此外，这些安全型的人善于接纳和支持伴侣，而不管伴侣有什么缺点 (Hazan & Shaver, 1987)。跟回避型或焦虑—矛盾型的伴侣相比，安全型伴侣之间的谈话更温暖、更亲密 (Simpson, 1990)。与其他依恋类型的人相比，安全型的成人更喜欢在恰当的时候与别人分享个人信息 (Mikulincer & Nachshon, 1991; Tidwell，Reis & Shaver, 1996)。

安全型成人的人际关系与回避型成人很不相同。回避型依恋的人常常害怕亲密和嫉妒 (Hazan & Shaver, 1987)。他们大多认为，真正的爱不会长久，电影和爱情小说里描写的那种神魂颠倒的爱情并不真正存在。因此，他们比多数人更少地对伴侣表露感情或分享亲密 (Collins, Cooper, Albino & Allard, 2002)。并不奇怪，在一项研究中，有43%的被划分为回避型依恋的大学生说他们从没恋爱过 (Feeney, Noller & Patty, 1993)。

相形之下，焦虑—矛盾型的人屡屡与人相恋，但是难以得到他们拼命追求的长久欢乐 (Hazan & Shaver, 1987; Rholes, Simpson, Campbell & Grich, 2001)。这些人唯恐失去伴侣，因此很快就会对伴侣的愿望做出让步，尽力讨对方喜欢 (Pistole, 1989)。一项研究让大学生看他们的约会伴侣对其他人外貌吸引力的评价 (Simpson, Ickes & Grich, 1999)。焦虑—矛盾型的被试特别容易感到其恋爱关系会受到这种体验的威胁。像早期研究中的婴儿一样，回避型和焦虑—矛盾型的成人在与他们的情侣分离时也感受到很大压力 (Feeney & Kirkpatrick, 1996)。焦虑—矛盾型的人则更可能爱上不给他们爱的回报的人 (Aron, Aron & Allen, 1998)。但是由于他们害怕被抛弃，或者也许因为他们觉得自己不会得到更好的爱情，所以即使恋爱对象无法满足其需要，他们也不愿意断绝关系。

依恋类型的影响还表现在夫妻关系面临压力的情况下。一项研究让情侣们用15分钟来讨论他们关系中的一个未解决的问题 (Powers, Pietromonaco, Gunlicks & Sayer, 2006)。随着交谈的进行，安全型被试比不安全型被试体验到的压力的生理指标更低。对不安全型的人来说，哪怕与伴侣关系中的一些小问题都会构成威胁。不安全型的伴侣比安全型伴侣倾向于从爱情关系中看出更多的冲突 (Campbell, Simpson, Boldry & Kashy, 2005)，他们感受到伴侣的一些蛛丝马迹，例如，自己心情不好时没有被安慰，也会感到更烦恼 (Collins, Ford, Guichard & Allard, 2006)。

一组研究者让机场休息室里的夫妇填写依恋类型问卷 (Fraley & Shaver, 1998)。然后，在夫妇等候出发时，研究者会暗中观看他们的行为（如拥抱、目光接触和亲密地坐在一起）并进行编码。不出所料，安全型的伴侣在其中一人要出发时，两人会表现出亲密行为。相反，回避型被试在出发时间临近时，会表现出要离开的姿态。这些回避型的成人大概正体验着即将与伴侣分离的焦虑与害怕。

回避型的人较难给予伴侣情感支持，当他们自己非常需要时，也不善于从伴侣那里寻求情绪支持。在考察夫妇对压力反应的一系列实验室研究中发现了这一模式 (Collins & Feeney, 2000; Feeney & Collins, 2001; Simpson, Rholes, Orina & Grich, 2002)。一项研究中，研究者告诉女性被试说她们马上要到一个可以引发焦虑体验的装有危险电子设备的隔离室 (Simpson, Rhokes & Nelligan, 1992)。安全型的女人在焦虑增强时会从她们的伴侣处寻求更多的安慰，而回避型的女人在焦虑时较少去寻求支持。在这项研究中，安全型男伴在女伴表现出焦虑时给予了较多的情感支持，但是回避型的男伴则没有。

在结束对这些研究的介绍时，我们应该为那些担心自己不属于安全型依恋的人讲几句宽心话。当这些人进入一个安全持久的成人亲密关系时，要改变自己的依恋类型也是可能的 (Carnelley, Pietromonaco & Jaffe, 1994; Davila, Karney & Bradbury, 1999)。特别是充满爱和信任的成人关系，可以给一些小时候曾被拒绝的人提供安全的心理作用模型。在一项研究中，30%的年轻女性在两年时间里改变了她们的依恋类型 (Davila, Burge & Hammen, 1997)。这一调查显示，依恋类型并不像鲍尔比和其他人所说的，在一生的早期就确定了。但这项研究很难让我们知道，究竟是持久的亲密关系来自人们原有的安全型依恋，还是人们的安全型依恋来自持久的亲密关系。

四、小结

（1）当面临焦虑情境时，人们不是消极地接受它带来的不适。相反，每个人都尝试采取措施来缓解焦虑。研究者把这些应对策略分成积极策略和回避策略，以及应对情绪反应的问题中心策略和情绪中心策略。这些策略中的哪一种对缓解焦虑更有效，要看是否存在解决问题的手段。

（2）研究者使用许多精神分析的概念来解释攻击性的因与果。研究发现，挫折是攻击的一个来源，但不是所有的挫折事件都导致攻击。新近的模型显示，带来不愉快的挫折才会导致攻击。其他研究发现，挫折引发的攻击可能替代性地转向无辜目标。另外，广泛流行的观念——攻击导致宣泄从而减少攻击行为——没有获得实证研究支持。让人们把攻击冲动付诸行动，只会增加而不会减少攻击性。

（3）研究者使用对象关系理论和依恋理论的概念来解释成人的爱情关系。在约翰·鲍尔比和玛丽·爱因斯沃斯的研究基础上，心理学者可以确定成人的依恋类型，并假定这些类型源于早期的亲子关系。研究发现，有安全型、回避型和焦虑—矛盾型依恋的成人寻求并参与爱情关系的方式也不相同。

关键术语

回避策略　avoidance strategies (p.130)　　情绪中心策略　emotion-focused strategies (p.130)

宣泄　catharsis (p.134)　　问题中心策略　problem-focused strategies (p.129)

应对策略　coping strategies (p.128)

第七章

特质流派：
理论、应用与评价

- 一、特质学说
- 二、著名的特质理论家
- 三、因素分析与对人格结构的探索
- 四、情境论与特质论之争
- 五、应用：工作岗位上的"大五"
- 六、评价：自陈式调查表
- 七、特质流派的优势与批评
- 八、小结

设想一下这样的情境，像许多大学新生住在学校宿舍一样，你被安排和一个不认识的人成为室友。开学前几周，你的新室友给你发了一封电子邮件。寒暄之后，她/他介绍了自己的情况，并且问道："你是一个什么样的人？"回信的时候你发觉，描述自己的身体特征比较容易，介绍自己的家乡、兄弟姐妹也不费力。但是你如何向一个陌生人描述你的人格呢？

像大多数人一样，你大概会采取两种方式中的一种来应对这一问题。你可能先描述自己是什么类型的人——安静型、独立型或开朗型。另一种方式是描绘你的特征——勤奋、羞怯还是待人友好。无论用哪种方式，焦点都是你相对稳定的人格特征。本质上，你会诉诸人格特质流派来回答这个问题。

自人类使用语言以来，就试图描述人格。早期的特质理论家之一戈登·奥尔波特（Gordon Allport）曾列举了英语中可以用来描述人的4000多个形容词（Allport，1961）。因此，人格心理学家早期面对的一个挑战，就是把所有这些特征组合成一个适当的结构。最初用于区分和描述人格的一些尝试属于类型学体系。其目的是发现人有多少种类型，并且为每个人划分类型。古希腊人把人分为四类：多血质（快乐）、抑郁质（不快乐）、胆汁质（易怒）和粘液质（淡漠）。也有人根据体型把人分为三种人格类型：内胚型（肥胖）、中胚型（强壮）和外胚型（弱小）。这三种类型的差别不仅在人格上，而且在体貌上（Sheldon，1942）。

如今的人格研究者已在很大程度上放弃了类型学。因为以该方法为依据的一些假设无法被证实。类型说假定：每个人都与一种人格类型相符合，而同一类型的人基本上都是相似的。这一学说还假定，某一类型的人的行为与其他类型的人的行为明显不同。你不可能有些地方符合A型，有些地方符合B型。你必须是非A即B。这些假设显然经不起经验审视。虽然类型学在普通人中间仍然有市场（例如，星座说），但是心理学家已经用特质说取代了类型说。

一、特质学说

（一）人格由不同的特质维度构成

你想得到的任何人格特征都可以用图7.1中的特质连续体来表示，如乐观、自尊和成就动机,等等。特质学说的几个重要特征可用这个简单的图来说明。第一,特质心理学家划定了可用这一连续体表示的一个广泛的行为范围。例如,成就动机涵盖了从高驱动坚持性的一极到毫无兴趣的另一极之间的范围。第二,特质心理学家认为,我们可以把任何一个人置于该连续体上的某一位置。我们都或多或少地有些攻击性,也或多或少会表现出友善的特征,等等。第三,如果我们想测量一个大的群体,并把他们的分数放在这一连续体的适当位置上,我们会发现,这些分数是呈正态分布的。这意味着只有很少的人分数极高或极低,多数人处于这一分布的中间部位。

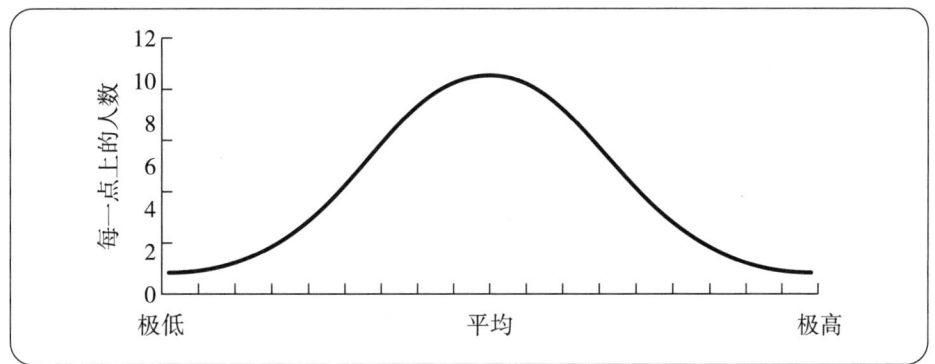

▶ 图 7.1 特质曲线

一种**特质**就是一个人格维度,用它可以把人们分类,依据是人们在某一特征上表现的程度。人格的特质学说建立在两个重要假设上。首先,特质心理学家假定,人格特征在时间上相对稳定。假如一个人在某一天喜欢待在人群中,第二天又害羞地逃避社交场合,就很难说他善于社交。当然,我们都是有时候喜欢独处,有时候去找朋友。但是如果长时间考察某个人的行为,就会发现,他的社交性水平是相对稳定的。特质研究者认为,一个今天善于交际的人,在下个月、明年或多年以后仍然善交际。这不等于说,人格不会变化。研究者发现,我们的人格在进入成年期和老年期之后,仍在继续发展(Bleidorn, Kandler, Reimann, Anglertner & Spinath, 2009; Roberts & Mroczek, 2008; Roberts, Walton & Viechtbauer, 2006)。但是,这些变化是逐渐地在多年时间里缓慢发生的。

特质学说的第二个基本假设是,人格特征具有跨情境的稳定性。攻击性强的人在家庭纠纷和在足球场上表现出的攻击性都高于平均水平。人人都会在某些情境中表现出比在另一些情境中更强的攻击性。但是特质学说假设,延续多个不同情境、相对稳定的攻击性平均水平才可以被确定。后面将讨论,这些关于特质的跨时间和跨情境稳定性的假设并非没有受到挑战。

最后一点，这里使用的术语特质，意义相当宽泛。因此，读者在本章和下一章将会看到，特质理论家还包括那些运用其他概念考察人的需要和策略之个体差异的研究者。在每种情况下，心理学家都对那些能够测量并能按正态分布进行分类的相对稳定的行为模式感兴趣。

（二）特质学说的特征

人格的特质流派在几个重要方面不同于本书所介绍的其他流派。与其他流派的心理学家不同，特质研究者通常没兴趣预测一个人在某个特定情境下的行为。相反，他们想要预测那些得分处在特质连续体上某一范围内的人们有什么样的典型行为表现。因此，一个特质研究者会把在社交焦虑量表上得分较高的人们和得分较低的人们做比较。研究者也许会发现，平均来说，与低社交焦虑的人相比，高社交焦虑者有更多的目光接触。但是，他们并不去预测某一个人的行为。诚然，研究中也会发现，有些高焦虑的人目光接触很少，一些低焦虑的人目光接触很多。这种研究的目的是要查明分别来自两类人的典型行为之间的差异。这与精神分析流派显然不同，精神分析治疗师总是试图解释某个人的行为。

特质流派的另一个显著特征是，与其他流派的理论家相比，特质理论家常常不注重查明行为机制。许多特质研究者更关注描述人格和预测行为，而不是解释人们为什么会以那样的方式行动。当心理学家试图仅仅用特质来解释行为的时候，他们常常会遇到循环推论的问题。例如，要解释鲍勃为什么要打斯科特，我们可能说："因为鲍勃具有攻击性。"如果接着问，怎么知道鲍勃有攻击性？我们可能回答："因为他打了斯科特。"在这个事例中，我们可以用任何一个词来替换"攻击性"，而这在逻辑上也是必然的。

但是，由此断言特质研究者只对描述特质感兴趣也不正确。确定特质和预测行为，常常只是解释过程的第一步。正如第八章的例子所表明的，特质研究者经常调查具有独特特质者行为特征背后的那些过程。比如，一些特质研究者关注那些能够培养高成就需要的父母教养方式，而对社交焦虑感兴趣的心理学家会考察那些容易害羞的人回避社交伙伴背后的内心忧虑是什么。

特质流派研究人格的主要优势之一，就是容易把人们进行比较。特质描述可以把一个人放在某一人格特质曲线中相对于他人的某个位置上。当我们说某人很"女性化"时，意思是说，这个人比大多数人更女性化。一个研究者得出结论说"自我意识较强者不易交友",他其实在说,与那些居于该特质曲线低分端的人相比,这类人在交朋友方面更困难一些。

特质流派与其他人格流派的一个差异是,特质学说很少提及人格的变化。特质研究者收集的信息对于治疗师在治疗过程中做出诊断和制订治疗计划是有用的。此外,特质研究者考察的许多特征,如自尊和社交焦虑,对患者的个人适应和心理健康也有意义。但是,对人格特质的研究结果,一般只能给那些在某人格维度上处于过高或过低位置的人们提供一个改变的方向。特质心理学家大多是学术研究者,而不是开业治疗师。因此,没有一个重要的心理治疗学派是源自人格特质流派的。

二、著名的特质理论家

你会发现,本书大部分章节都有关于特质或特质测量的参考文献。这是特质概念在人格心理学中被广泛接受的证据。几乎可以说,来自每个流派的人格心理学家及其他心理学领域的心理学者,都在他们的工作中运用着特质的概念和测量。特质说从 90 年前提出,发展到今天具有如此重大的影响,早期特质理论家的开创性工作功不可没。下面我们就看看他们做出的一些贡献。

(一)戈登·奥尔波特

心理学者公认的关于特质的首部著作是在 1921 年问世的。这一年,戈登·奥尔波特和他的哥哥弗劳德·奥尔波特 (Floyd Allport) 共同出版了《人格特质:分类与测量》(*Personality Traits: Their Classification and Measurement*)。1925 年,戈登·奥尔波特首次在美国的大学里开设人格课程 (Nicholson, 1997)。在刚刚获得学士学位仅一年以后,具有反传统精神的奥尔波特就设法与西格蒙德·弗洛伊德会面。奥尔波特想跟他谈心理学,但弗洛伊德却把大量的谈话时间用于了解奥尔波特的无意识动机。对奥尔波特来说,他关心的是自己行为的明显的、能意识到的原因。而弗洛伊德那狭窄的思路使他无法了解这些显而易见的原因。奥尔波特从这次会见中得出结论:"心理学家在探求无意识之前,应该先给外显动机以足够的重视"(Allport, 1968, p. 384)。

与盲目捍卫自己精神分析理论的弗洛伊德不同,奥尔波特从一开始就承认

> 性情绝不会一成不变,否则会多么乏味,但如果只有变化而没有一定规律的话,又会多么混乱。
> ——戈登·奥尔波特

特质概念的局限性。他赞同,行为受各种各样环境因素的影响,认识到特质不能预测一个人将会做什么。奥尔波特还认为,人的特质在神经系统中具有生理结构;并且预测,总有一天,科学家会发明出足够先进的技术,通过考察神经结构来查明人格特质。

奥尔波特划分出研究人格的两种基本策略。迄今为止,我们在描述特质和进行特质研究时,遵循的都是奥尔波特所说的**一般规律研究法**。运用这种方法的研究者假设,对所有人,都可以描述其在某个单一维度上所处的水平,例如,果断性或焦虑。在使用一般规律法的研究中,要测量每个人在某个特质上的分数,并与其他受测者的分数进行比较。奥尔波特把这些大致上适用于每一个人的特质称为共同特质 (common traits)。

奥尔波特称一般规律研究法对于理解人格是"必不可少"的。但是他也推崇另一种常被人们忽视的研究人格特质的方法。**特殊规律研究法**试图确定各种特质的独特组合,通过这种组合来说明一个人的人格,而不是把所有人都归入预先确定的类别。为了举例说明奥尔波特的观点,让我们花几分钟时间把你认为最能说明你行为的 5~10 个特质列出来,再让你的一个朋友列出描述他/她自己的词,然后比较你们的回答。你可能发现,你们列出的特质词很不相同。你也许会使用独立或者真诚来形容你自己,而你的朋友可能并不认为他/她是独立或真诚的。同样,你的朋友用的特质词,可能是你在做自我描述时根本不会想到的。

奥尔波特把这 5~10 个最能说明个体人格的特质叫作**核心特质**。当我们想了解某个人时,奥尔波特所推荐的办法是,先确定他的核心特质,然后确定他在每一特质维度上处在什么水平。虽然不同的人核心特质数量不同,但奥尔波特认为,有时候一个单一特质可以决定一个人的人格。这些为数不多的人可以用一种**首要特质** (cardinal trait) 来描述。奥尔波特列举了一些历史人物,他们的行为受单一特质支配,以致这些人物的名字成了这类行为的同义语。当我们谈及某些人的时候,我们会称他们为马基亚维里①式的人物、荷马②式人物,或者唐·璜③式人物。

使用特殊规律研究法的优势是由被研究的人而不是由研究者来决定考察哪些特质。运用一般规律研究法,由研究者选定的特质,对有些人可能

---

① 马基亚维里 (Niccolo de Bernardo Machiavelli, 1469—1527),意大利政治家和著述家,主张权谋霸术者。——译者注
② 荷马,约生于公元前 9 世纪,古希腊诗人。——译者注
③ 唐·璜,西班牙传奇故事中的风流汉。——译者注

戈登·奥尔波特
1897——1967

戈登·奥尔波特 (Gordon Allport) 生于美国印第安纳州的蒙特祖玛。出生时他已有三个哥哥，其中一个是比他大 7 岁的弗劳德。小时候，戈登适应得并不好。他对此写道:"我善于言辞，却拙于游戏。在我 10 岁的时候，一个同学这样说我，'瞧呀，这家伙吞掉了一本词典'。(Allport, 1967, p. 4)"奥尔波特在他哥哥弗劳德的劝说下考入哈佛大学。这是奥尔波特学术和职业生涯的开端，他成年早期的许多时光都是在此度过的。戈登不仅跟随他哥哥在哈佛读完了本科和研究生，而且还选择了弗劳德的研究领域：心理学。弗劳德曾经是戈登选修的第一门心理学课的助教。后来，戈登又选了由他哥哥讲授的一门实验心理学课，并为他的一些研究做被试，还协助他编辑《变态与社会心理学杂志》(*Journal of Abnormal and Social Psychology*)。

但是戈登很快就对心理学产生了完全不同的看法。弗劳德是一个社会心理学家，他一直想在这一领域有所作为。然而，戈登对于理解人类行为的最佳途径另有想法。读研究生的时候，奥尔波特再一次感受到自己与其他心理学研究生的差异。奥尔波特写道:"与我的大多数同学不同，我在自然科学、数学、机械（实验室操作）、生物或者医学专业上缺乏天赋。(Allport, 1967, p. 8)"他把这种感觉向一位教授表白，那位教授告诉他:"但是你知道，心理学有许多分支。"

奥尔波特后来回忆说:"我想是这个偶然的提示救了我，因为他其实是在鼓励我从心理学领域中寻找一条属于我自己的路。(Allport, 1967, p. 8)"尽管他的人格特质说早期曾遭到反对，但他却坚持下来。反对意见最早大概是来自研究生院，当时奥尔波特在克拉克大学的一个研讨会上用 3 分钟时间向著名心理学家爱德华·铁钦纳 (Adward Titchener) 介绍了自己的研究想法。他对人格特质的阐述导致了全场的沉默。后来，铁钦纳问奥尔波特的导师:"你为什么让他研究那个问题？"

奥尔波特并不气馁，他走过了杰出的职业生涯，其中大部分时间是在哈佛大学。他在 1937 年出版的《人格：一种心理学的解释》(*Personality: A Psychological Interpretation*) 一书中，概述了他的人格特质理论，并得到许多心理学家的肯定。两年后，奥尔波特当选为美国心理学协会主席。1964 年，他荣获美国心理学协会颁发的声望很高的杰出科学贡献奖。

奥尔波特在徘徊中选择了心理学的一个特殊领域，这个决定对于一个赞成个体差异观点的人来说是十分恰当的。这一决定也使他走出了哥哥的影子，最具有象征性的事件也许是后来他成了《变态与社会心理学杂志》的编辑。他把与铁钦纳的那次会面看作他事业的转折点。他说:"从那时起，那些直接针对我与众不同的兴趣所提出的指责与专业上的轻视就再也没能困扰我。当然，后来，人格这一领域不仅被人们接受，而且很受欢迎。(Allport, 1967, p. 9)"

是核心特质，对另一些人则可能仅仅是奥尔波特所说的次级特质 (secondary traits)。如果交际性特质是一个人的核心特质，此人的交际性水平得分就有很高的价值，但如果这一特质不是他的核心特质，其价值就有限了。奥尔波特用他对一位叫珍妮·马斯特森（化名）的老妇人的研究来说明特殊规律研究法。在《珍妮的信》(*Letters from Jenny*, Allport, 1965) 一书中，奥尔波特研究了珍妮在 12 年中所写的 300 多封信件。他用这种方法确定了这位妇女的八个核心特质。虽然花费的功夫巨大，但这项特殊规律研究对于勾画一个真实而生动的珍妮来说，比珍妮在几个预先选定的维度上所得的测验分数更能说明

问题。

奥尔波特对"自我"这个概念很感兴趣,尤其是儿童形成自我感觉的过程。我们经常谈论自我,并且意识到我们的同一性与别人不同。但这一观念是怎样产生的?奥尔波特认为,刚出生的儿童并没有把自己与环境区别开的概念。逐渐地,他们意识到自己的身体与世界上的其他物体有区别。婴儿很快就发现,与环境中的其他东西不同,他们可以控制自己身体的运动,而且在身体的某处被碰触的时候能感觉到。由此,儿童产生了自我同一感和自尊,直至最终发展为对自我的充分认识。在这一点上,奥尔波特赞成新精神分析学说的观点,即人格发展在生命最初几年之后还会持续很长时间。如今,自我在人格理论和研究中发挥着核心作用。在介绍人格的人本主义流派(第十一章和第十二章)和认知流派(第十五章和第十六章)时,将会提及这方面的研究。

> 人格像每一种有生命的物体一样,随着成长而发生变化。
> —— 戈登·奥尔波特

(二)亨利·默里

大多数特质心理学家都忽视精神分析理论,亨利·默里却不同,他研究人格的方法结合了精神分析与特质论观点。亨利·默里在职业生涯早期曾与卡尔·荣格有广泛的交往。从默里的著作中多次涉及无意识可以看出荣格的影响。默里的著作中的精神分析色彩,还表现在他对人格理论的主要贡献之一——主题统觉测验——上。第三章已介绍,主题统觉测验是一种投射测量,是为了获取那些不容易进入意识的素材而设计的。

默里称他的学说为人格学 (*personology*),并且把需要看作人格的基本成分。他不关心吃、喝之类的内脏需要 (*viscerogenic needs*)。他的工作重点是了解**心因性需要**。一种心因性需要就是"在某种条件下以某种特定方式做出反应的可能性或准备状态"(1938, p. 124)。与他的精神分析背景有关,他假定这些需要在很大程度上都是无意识的。默里最终确定了人的 27 种心因性需要(见表 7.1)。

表 7.1 默里的心因性需要

需要	描述
贬抑	屈从。顺从和接受惩罚。道歉、忏悔、和解。自我贬损。受虐狂。
成就	克服困难。锻炼能力。努力把各种困难的事情尽快尽可能地做好。
亲和	建立友谊和联系。问候别人,加入他们的活动,与他们一起生活。合作,与他人友善地交谈。爱别人。加入群体。
攻击	攻击或伤害他人。谋杀。贬低、损害、指责、非难,恶意地嘲笑人。严厉地惩罚。虐待狂。
自主	抗拒影响和束缚。蔑视权威,到新地方寻求自由。努力争取独立。
回避指责	通过抑制自私的或无意识的冲动,来回避指责、排斥和惩罚。循规蹈矩,遵纪守法。
抵抗	通过反复抗争和报复,傲慢地拒绝承认失败。选择最困难的任务。以行动维护其荣誉。
辩解	努力免受责备和轻视。为自己的行为辩护。提供无罪辩词、解释和理由。抗拒"查究"。
遵从	钦佩并愿意追随同僚中的优秀者。与领导合作。乐意效劳。
支配	影响或控制他人。劝说、阻止、命令他人。领导和指挥。约束他人。对群体行为进行组织。
表现	吸引别人的注意。激起他人的兴奋、愉悦、不安、震惊和紧张。自我戏剧化。
回避伤害	回避疼痛、身体伤害、疾病和死亡。逃离危险情境。采取预防措施。
回避受辱	避免失败、受辱和嘲弄。不做超出自己能力范围的事情。隐藏自己的缺点。
照顾	照料、帮助或保护无助者。表达同情。像母亲似的对待儿童。
秩序	安排、整理、存放物品。整齐、干净。一丝不苟。
游戏	放松和自娱,寻求消遣和乐趣。"寻开心",玩游戏。爱笑、逗乐和愉快,回避过于紧张。
拒绝	躲避、忽视、排斥他人。冷漠而无兴趣。被歧视。
感性	寻求和享受感性印象。
性	建立并发展爱情关系。寻求性交。
求助	寻求帮助、保护或同情。为求助而哭泣。恳求怜悯。依附于疼爱、关心的父母。依赖性强。
理解	分析经验,提取梗概,辨明概念,界定各种关系,把不同观点加以综合。

来源: *Explorations in Personality*, by Henry A. Murray. pp.743-750 © 1938, renewed 1966 by Henry A. Murray. Translated and reproduced by permission of Oxford University Press, Inc.

亨利·默里
1893—1988

亨利·默里 (Henry Murray) 的生活背景和早期训练很难显示出他不仅会选择人格心理学为职业，而且还被公认为最具影响的理论家之一。用他自己的话来说："（我的）记录几乎是空白的，而且我的一些项目……和大多数职业心理学者的记录都是负相关的。(1967, p. 286)"默里在读大学的时候曾经听过一次心理学讲座，他觉得无聊并中途退场。他于1915年获得历史学硕士学位，后于1919年获哥伦比亚大学医学学位。做了几年有关胚胎学的工作之后，默里考入英国剑桥大学，并于1927年获得生物化学博士学位。

一个生物化学工作者是怎样成为著名的人格理论家的？在默里接受科学训练后期的几年里，他接触到并如饥似渴地阅读了卡尔·荣格的著作。荣格对心理类型的描述更是给他留下深刻印象。1925年，当他还在英国学习期间，就到维也纳与荣格见了一面。与荣格的谈话使默里相信，他真正的兴趣转向了心理学。在哈佛大学心理门诊部工作并接受了正规的精神分析训练之后，默里在哈佛大学谋得了一个任教职位，直到1962年退休。

如同他职业生涯中的几次转折一样，默里曾被指无法成为一个称职的心理学讲师。他不仅心理学背景薄弱，而且还是个口吃。尽管如此，默里的学术生涯还是漫长而成功的。默里对心理学的热爱并没有终结他的职业多样性。1943年，他的学术生涯暂时中断了一段时间，被美国中央情报局的前身——战略情报局招募。他的任务是利用人格方面的知识来选拔情报人员。默里还从事过一些文学创作，虽然他曾经坦白地说："在学校，（我的）英语成绩一直是最差的。(p. 286)"他对赫尔曼·梅尔维尔的作品情有独钟，并且是研究梅尔维尔生平的权威。默里于1988年去世，享年95岁。

根据默里的理论，每个人都可以用个人的需要层次来描述。如果你强烈地需要拥有许多亲密朋友，就可以说你有高亲和需要。这种需要的重要性不在于你比别人的亲和需要强多少，而是比你自己的其他需要强多少。假设你明天有一个重要考试，而你的朋友们今晚要开一个晚会。如果你的需要层次上成就需要高于亲和需要或游戏需要，你也许就会复习功课。假使你的成就需要并不低，但不如其他需要那么强，你的成绩大概就会受影响了。

默里认为，一种需要能否被激发，取决于情境，他称为压力。例如，在缺乏适当压力（如一个杂乱房间）的情况下，你的秩序需要就不会影响你的行为。如果你对秩序有强烈需求，当你的房间有些乱的时候，你就会动手清理。如果你的秩序需要很弱，你就会等到房间乱得无法容身时才清扫，你之所以打扫甚至都不是因为你喜欢整洁，而只是为了取悦你的同屋。

除了主题统觉测验之外，默里为人格领域留下的重要遗产还有他的理论所引发的研究。默里提出的一些心因性需要得到了深入研究，且多由他的学生们完成，其中有些人凭借自己的实力成了著名的人格研究者。得到较多研究的有权力需要、亲和需要，还有第八章将介绍的成就需要。

三、因素分析与对人格结构的探索

除了奥尔波特和默里，特质论还有另一位先驱：雷蒙德·卡特尔 (Raymond B. Cattell)。与其他理论家不同，卡特尔不是从有关人格要素的深刻理论起步的。他借用了其他学科的方法。值得注意的是，卡特尔的第一个大学学位是化学专业。卡特尔认为，化学家在研究之初并不先假设哪些化学元素必然存在，心理学者也不该先入为主地提出一套人格特质的清单。

卡特尔的很多研究都致力于查明，究竟有多少种人格特质。心理学家已经查明、测量和研究了数百种特质。但是，这其中的许多特质都是有相关的。例如，我们可以指出善交际与外向性有细微差别，但二者并非完全不同。在探索人格结构的过程中，卡特尔使用了**因素分析**这种统计技术。本书的篇幅无法使读者全面了解这一方法，但有个例子可以说明因素分析是如何确定基本人格特质的数量的。

假如你要用一些测验测量下列十个特质：抱负 (aspiration)、同情 (compassion)、合作 (cooperativeness)、决断 (determination)、忍耐 (endurance)、友好 (friendliness)、仁慈 (kindliness)、坚持 (persistence)、创造性 (productivity) 和关怀 (tenderness)。用这些测验对一组人施测，每个人都会得出 10 个分数。你可以用相关系数（见第二章）来检验其中一个测验分数与其他 9 个测验分数相比较的情况。比如，你可能发现，友好与关怀有高相关。如果一个人在"友好"上得分高，你就可以有把握地预测，他也会在"关怀"上得高分。从这些相关系数的情况看，你会发现，这些测验趋向于聚为两组。第一组中的五个测验之间有高相关，但与第二组的五个测验没有相关。第二组的五个测验之间也有相关，但与第一组没有相关。这两个组的区分如下：

A 组	B 组
抱负	同情
决断	合作
忍耐	友好
坚持	仁慈
创造性	关怀

虽然你最初测量的是 10 个特质，但合理的结论是，你实际上测量的是两个大的人格维度：一个与成就有关，另一个与人际亲和有关。这是对卡特尔基本方法的一个简单说明。对各种不同来源的资料进行因素分析之后，他试图确定这些基本要素到底有多少个。他把这些组成人类人格的基本特质称为根源特质 (source traits)。

雷蒙德·B.卡特尔
1905——1998

雷蒙德·卡特尔 (Raymond B. Cattell) 童年的大部分时间是在英格兰南部的海边度假胜地托基镇度过的。这使他一生都热爱大海和航行。遗憾的是，从英国加入第一次世界大战时起，卡特尔的幸福童年也随之终结。卡特尔意外地来到一个临时战地医院护理伤残士兵。多年以后，他才意识到这一经历如何影响了他的职业选择。卡特尔后来获得伦敦大学的奖学金，成为家族中唯一的大学生。在他以优异成绩从化学系毕业的前几个月，那些伤兵的形象再次浮现在他脑海里。他突然对以自然科学为职业的计划失去了兴趣。卡特尔还对著名心理学家西里尔·伯特 (Cyril Burt) 的一次讲座印象深刻，伯特声称，心理学为解决很多社会问题带来了最大希望 (Horn, 2001)。

卡特尔写道："我在实验室中的座椅显得很小，而这个世界的问题很大。渐渐地，我得出结论，为了超越人类的非理性，人们必须研究心理自身的作用。(Cattell, 1974, p. 64)"

研究心理学的决定使他选择了在伦敦大学读研究生。而心理学"在当时有理由被看作一门怪人从事的学科"。在伦敦大学，卡特尔与心理学幸运地结缘。他受聘当上了著名心理学家和数学家查尔斯·斯皮尔曼 (Charles Spearman) 的研究助理。斯皮尔曼当时正在研究各种智力测量之间的关系。他的发现证明了关于单一的一般智力概念，这与那些赞成存在多种不相关的能力倾向的模型不同。在这项研究中，斯皮尔曼创立了因素分析的统计方法。后来，卡特尔也用因素分析来考察人格结构。

在英格兰的几个诊所工作了五年之后，卡特尔因为哥伦比亚大学提供的一个职位而来到美国，与学习理论家 E. L. 桑代克一起工作。他还曾就职于克拉克大学，1941 年，戈登·奥尔波特邀请他到哈佛大学心理系工作。在哈佛大学与奥尔波特、亨利·默里一起工作的期间，卡特尔产生了用因素分析这一工具探索人格的思想（"Raymond B. Cattell"，1997）。1945 年他来到伊利诺伊大学心理系之后，把上述思想付诸实践，在那里，他度过了大部分职业生涯。

卡特尔是个工作狂，有时候他连圣诞节都是在办公室度过的。因为工作勤奋，他出版了 56 本著作，发表了 500 多篇研究论文。他决定从事人格研究，对心理学显然是幸事，对自然科学却是个损失。

遗憾的是，因素分析得到的数据并不像这个例子所显示的那么简单明了。如果真是这样的话，我们早在许多年前就能确认究竟有多少个根源特质了。其主要局限之一是该方法受所收集的资料类型的制约。比方，假如你使用前面例子中没有包含的几个项目，如独立性 (independence)、心不在焉 (absentmindedness) 和诚实 (honesty) 等，结果会怎样？很可能会改变类别（或称因素）的数量以及与这些类别相关联的特质的数量（用因素分析的术语来说，叫"载荷"）。

为了回答这个问题，卡特尔考察了大量来自不同方面的关于人格的信息。他检验了像成绩报告单和雇主评价这类的记录资料，关于人们如何在逼真情境中行动的资料，以及人格问卷资料。他把这三种资料分别称为 L 资料、T 资料和 Q 资料。卡特尔通过研究，最终确定了 16 种基本特质，并于 1949 年发表了第一个得到广泛应用的人格测量版本：16 项人格因素调查表（Sixteen Personality Factor Questionnaire，简称 16PF）。16PF 的修订版至今仍然是应用广泛的人格问卷 (Cattell, 2004; Cattell & Mead, 2008)。

（一）"大五"

确定和描述人格基本维度的工作没有止步于卡特尔的最初模型。几十年来，人格结构一直是人格研究领域里一个经久不衰的主题。在卡特尔的早期工作之后，复杂的统计检验方法、数据处理中计算机的应用以及大规模多变化的数据资料加入这一探索中。虽然在这个问题上从来没有取得过完全一致，但是研究者们近来在对人格进行因素分析时却有一个惊人一致的发现。一些不同的研究组从许多不同的人格研究资料中反复地发现了五个基本人格维度的证据 (Digman, 1990; Goldberg, 1992; John, Nauman & Soto, 2008; McCrae & Costa, 1997, 2008)。虽然在这些因素的命名和确切数量上仍有争议，但研究者们还是不断地揭示出与表 7.2 中所列内容相似的那些因素。

表中的五个因素在多个采用不同方法的研究中都得以显现，因此研究者现在称之为**大五**。要记住，这些研究者并不是从一种理论出发，该理论涉及他们会发现多少个因素，或人格的基本维度有哪些。他们是让数据说话。因此，研究者发现哪些特质聚为一类之后，才针对这五个人格维度提出描述性的术语。不同的研究者会使用不同的名称，但用得最多的是"神经质"(Neuroticism)、"外向性"(Extraversion)、"求新性"(Openness)、"亲和性"(Agreeableness) 和"尽责性"(Conscientiousness)。细心的读者会发现，这五个维度的第一个字母可组成 OCEAN（海洋）一词，它正好容纳了人类人格的"海洋"。

神经质维度依据人们情绪的稳定性和个人调节情况而将其置于一个连续体的某处。那些经常感到忧伤、情绪大幅波动的人在神经质测量中会得高分。在神经质维度上得分高的人比得分低的人更容易因为日常生活压力而感到心烦意乱 (Gunthert, Cohen, & Armeli, 1999; Lahey, 2009)。消极情绪有许多不同种类，如悲伤、愤怒、焦虑和内疚等，它们都有不同的原因，需要不同的应对方式，但是研究一致表明，容易产生某一种消极情绪的人，通常也容易体验到其他消极

表 7.2 大五人格因素

因素	特征
神经质	烦恼对平静
	不安全感对安全感
	自我同情对自我满足
外向性	善交际对不善交际
	爱开玩笑对严肃
	深情对冷淡
求新性	富于想象对务实
	偏爱变化对偏爱惯例
	独立对顺从
亲和性	热心对冷漠
	信任对怀疑
	乐于助人对不合作
尽责性	有序对无序
	认真对粗心
	自律对意志薄弱

来源: McCrae, R. R., & Costa, P. T.. Clinical assessment can benefit from recent advances in personality psychology. *American Psychologist*, 1986, 41, 1001-1003. Copyright © American Psychological Association. Translated and reprinted with permission. APA is not responsible for the accuracy of this translation.

情绪 (Costa & McCrae, 1992)。在神经质维度得分低者，多表现为平静、适应良好，不容易产生极端情绪反应。

第二个人格维度是外向性，其一端是极端外向，另一端为极端内向。外向者非常善于交际，还表现为精力充沛、乐观、友好和果断。内向者则一般不会表现出这些特质，但如果说他们不善社交和缺乏精力也不正确。一个研究小组这样解释，"内向者含蓄而非不友好，自主而非追随他人，稳健而非迟缓" (Costa & McCrae, 1992, p. 15)。你可能已经猜到，研究发现，与内向者相比，外向者有更多朋友，会花更多时间参加社交活动 (Asendorpf & Wilpers, 1998)。

求新性是指个人经验的开放性，而不是指人际意义上的开放性。构成这一维度的特征包括活跃的想象力、自发地接受新观念、发散性思维和智力方面的好奇心。在求新性上得高分者是不依习俗的、独立的思想者。得低分者则多数比较传统，喜欢熟悉的事物胜过新事物。根据这一描述，创新的科学家和艺术家自然会在求新性维度上得高分 (Feist, 1998; Rubinstein & Strul, 2007)。有的研究者把这一维度称作智力维度，其实它与智力并不等同。

在亲和性维度上得分高的人往往乐于助人、可信赖，且富有同情心。而得低分的人多表现为敌意和多疑。亲和的人偏爱合作胜过竞争，相反，亲和性得分低的人则喜欢为了个人利益和信念而争斗。研究者发现，亲和性维度得分高的人比得分低的人有较多愉快的社交互动，而互相争吵较少 (Donnellan, Conger, & Bryant, 2004; Jensen-Campbell & Graziano, 2001)。他们也更愿意帮助那些需要帮助的人 (Graziano, Habashi, Sheese & Tobin, 2007)。

尽责性维度指人们怎样自控和自律。处于该维度高分端的人做事有条理、有计划、有决心。得分低的人马虎大意，完成任务时容易分心，办事不牢靠。毫不奇怪，尽责性差的人更容易发生交通事故 (Arthur & Graziano, 1996)。研究者发现，高尽责性的人一般比低尽责性的人寿命更长 (Kern & Friedman, 2008)。由于尽责性特征往往表现在获得成就或工作情境中，有些研究者把这一维度称为成就意志维度，或更简单地称作工作维度。

无论怎样测量人格，"大五"都无处不在，这一点使许多研究者颇为感叹。当然，这五个因素是研究者通过自陈式特质问卷得到的。但是研究者采用其他指标考察人格时，也发现了五个基本因素，例如，人们描述朋友或熟人时使用的词汇 (Watson, Hubbard & Wiese, 2000)，以及教师描述学生时使用的词汇 (Digman & Inouye, 1986; Goldberg, 2001)。这五个因素还在对小学生的研究中得到了证明 (Markey, Markey, Tinsley, & Ericksen, 2002; Measelle, John, Ablow, Cowan, & Cowan, 2005)，而且显示出跨越时间的较好的稳定性 (Terracciano, Costa, & McCrae, 2006; Vaidya, Gray, Haig & Watson, 2002)。一个研究小组用 1939—1944 年对一些大学生的访谈和问卷资料来确定他们的"大五"分数 (Soldz & Vaillant, 1999)。这些分数与被试 45 岁时采用"大五"测验得到的分数高度相关。简言之，来自各方面的证据表明，构成人格的那些特质，是可以根据五个基本人格维度加以组织的。

（二）对"大五"模型的批评及其局限性

虽然对五因素模型的研究得到了令人惊异的一致发现，人格研究者对此也取得了非同寻常的一致意见，但对这一模型并不是没有批评的。首先，对这五个因素的含义存在争议 (Digman, 1989; Digman & Inouye, 1986; Westen, 1996)。例如，这些因素也许只代表在我们语言中形成的五个维度。就是说，人格其实具有一个非常不同的结构，但我们表述人格特质的能力却受制于我们语言中现有的、可以进入五个基本类别的形容词。其次，还有一种可能，在组织关于我们自己和他人的信息方面，我们的认知能力局限于这五个维度。因此，虽然人们可以在表述人格时把所有的特质纳入这五个因素，但这一模型却未必能够准确地涵盖人格的复杂性和微妙性。

为了对这些问题做出回答，许多研究者考察了说英语以外的其他语言的人们的人格结构 (McCrae et al., 2004, 2005a, 2005b)。虽然有少数例外，但是大量研究结果表明，五因素模型不仅反映了英语语言结构，而且显然是适用于全世界的描述人格的模式。

第二点，关于人格五因素模型的结构依然存在着不同意见 (Ashton, Lee, Goldberg & de Vries, 2009)。有些因素分析的研究发现了并不完全符合五因素结构的模式 (Block, 1995; Lee, Ogunfowora, & Ashton, 2005)。研究者有时发现三个或四个因素，有时候是六个或七个因素 (Ashton & Lee, 2007; Zuckerman, Kuhlman, Joireman, Teta, & Kraft, 1993)。汉斯·艾森克 (Hans Eysenck) 曾提出一个包含三个主要因素的人格模型，该理论将在第九章介绍。这种令人困惑的结果使一些心理学家将其称为"大五加减二" (Briggs, 1989)。

关于人格维度数量的一些令人困扰的问题，要追溯到因素分析得出的究竟是什么数据的问题上 (McCrae & Costa, 1995)。例如，大多数研究发现，五因素并不包括像独特 (special) 或不道德 (immoral) 之类评价性的特质。当把这些词语也包括进去时，研究者就发现多出来两个因素。研究者有时把这种新的因素结构叫作"大七" (Almagor, Tellegen, & Waller, 1995; Benet-Martinez & Waller, 1997)。此外，还有些人格描述词不适合五因素模型。这些特立独行的特质包括虔诚 (religiousness)、青春活力 (youthfulness)、节俭 (frugality)、幽默 (humor) 以及狡猾 (cunning) (MacDonald, 2000; Paunonen & Jackson, 2000; Piedmont, 1999; Saucier & Goldberg, 1998)。

另一些研究者指出，即使因素分析得出的是五个因素，但在把一项研究与另一项研究做比较时，这些因素看上去也并不总是相同的。其实，研究者对有些因素的命名也有异议。这一点让一些批评者不禁问道："哪个'大五'"？作为对这一批评的回应，支持者辩称，使用不同方法和不同研究对象获得的因素之间具有明显的相似性 (McCrae, 2001)。确实，在人格研究领域要找到很多结果一致的例子并非易事。

第三，五因素模型一直因其非理论性而受到批评 (Briggs, 1989; H. J. Eysenck, 1997)。也就是说，研究者并不事先假定他们的因素分析研究将会产生几个因素，这些因素是些什么。就像第二章说的那样，缺乏事先预测会导致对研究结果做多种解释。有些人格理论家推论，人格五大维度的发展也许具有某些进化论的原因；也有人猜测，五因素可能与神经结构有联系。但是由于这些假设都是在看到研究结果之后才提出的，所以研究者没有证据来解释，为什么在我们的研究中总是出现这几个特殊的因素。

人格研究者若继续发现人格五维度模型的证据，是否意味着心理学家最好只考察这五个主要特质群，而不是他们现在正研究的那数百个特质呢？回答是否定的。在多数情况下，要预测行为，考察某一具体特质比测量一个大的人格维度更有用 (Mershon & Gorsuch, 1988; Paunonen, 1998; Paunonen & Ashton, 2001)。举例来说，"善于社交"与"敢于冒险"都是"外向性"这一人格大概念的一部分。然而，如果研究者想了解人们在社交情境中如何行动，考察他们的交际性分数就可能比测量其外向性这个大维度更有用。研究者发现，在考察合作与竞争时，这种说法完全正确 (Wolfe & Kasmer, 1988)。虽然用"外向性"可以预测哪些人更具合作性，哪些人更具竞争性，但是当研究者考察交际性得分时，得到了更好的预测结果。

另一个例子更清楚地说明了这一点。测量大五人格维度的量表通常都把焦虑分量表和抑郁分量表作为"神经质"这个大维度的一部分 (Briggs, 1989)。虽然焦虑和抑郁对于说明这个大维度都起作用，但心理治疗师和研究者希望知道，他们的患者和被试遭遇的是哪些情绪困扰。

这并不等于说，了解一个人处在五个基本维度的什么位置是无用的。相反，研究表明，大五模型对临床障碍的诊断和心理疾病的治疗是有用的 (O'Connor & Dyce, 2001; Reynolds & Clark, 2001; Trull, Widiger, & Burr, 2001; Widiger, 2005)，对于查明问题行为也是如此 (Booth-Kewley & Vickers, 1994; Marshall, Wortman, Vickers, Kusulas, & Hervig, 1994)。此外，本章后面将介绍，人们在"大五"维度上的得分常常与他们的工作绩效有关。

四、情境论与特质论之争

从早期奥尔波特为使他的理论被人接受而奋斗到现在，特质概念的发展走过了一条漫长的路。特质测量的运用几乎吸引了持各种观点和具有各种工作背景的心理学家。到心理卫生机构就诊的患者经常要花几个小时接受测验，以获得在各种不同特质测量上的分数。教育工作者普遍使用成就和能力倾向测验，以便把儿童分类，查明有问题的个案。近年来在美国教育系统中受教育的任何人都能记起在这些测验上花费的那些时间，这些测验常常在一年级就开始了。几十年来，人格研究者一直在忙于编制特质测验，并将测验分数与各种行为联系起来。

（一）对特质学说的批评

> 人格心理学家能够预测行为吗？是的，有时候我们能。
> ——沃尔特·米歇尔

很遗憾，在人格测量得到广泛应用的同时，也出现了被滥用的苗头。40多年前，一位心理学家特别批评了一些心理学工作者运用和解释测验分数的方式。沃尔特·米歇尔 (Walter Mischel, 1968) 指出，很多心理学工作者仅凭一两个测验的分数就做出重要决定，如精神病诊断或一个人是否该入狱。他指出，这是"仅凭很小的行为样本，就对各种各样的行为做出预测，而那些重大决定直接关乎人们的命运"(1983, p. 580)。

有些批评指责米歇尔否认人格特质的存在，但他辩驳说，这从来就不是他的观点 (Mischel, 1973, 1990, 2009)。米歇尔认为，他的不满主要指向对人格测验分数的夸大解释。由于这些讨论和争辩，当今多数心理学家都认识到过分相信测验分数的危险性。曾经只使用一个测验的心理学者，如今在做诊断或给教育项目提建议之前，都要认真考虑来自多个相关来源的资料。尽管特质学说今天比以往任何时候都强大 (Swann & Seyle, 2005)，但是米歇尔和其他批评者还是针对特质学说所依据的一些关键假说提出了一些质疑。了解这些批评以及特质研究者做出了哪些回击，是有帮助的。米歇尔认为，特质测量和其他各种类型的测验分数，在预测行为上，并不像一些心理学者声称的那样好。他还认为，没有证据证明行为具有跨情境的一致性。

1. 特质测量不能准确预测行为

这一争论的核心问题为：是人格决定行为，还是情境决定行为？你这样做是因为你所处的情境，还是因为你就是这样一种人呢？处于一个极端的人宣称，几乎所有的行为都是由情境决定的。虽然这些心理学者并没有断言，处在某情境中的每个人表现都相同，但他们经常把这种个体差异仅仅看作"误差变异"。处在另一极端的人则声称，稳定的个体差异是决定我们如何行动的主要因素。

在这一争论的早期，一些心理学者通过比较——看人格分数对行为的预测力强，还是情境对行为的预测力强——来寻求"个人对情境"问题的解答。这些研究果然发现，个人与情境都与人的行为有关。既了解人格，又了解情境，远胜过仅仅获得单方面的信息 (Endler & Hunt, 1966, 1968)。遗憾的是，这种方法存在着一个严重缺陷。任何这类研究的结果都受到情境类型和被考察的人格变量种类的局限。比如，我们可以想象一个所有人都会做出同样反应的情境。如果我们预测，当一座大楼失火的时候，究竟是高自尊的人往外跑，还是低自尊的人往外跑，那就太荒谬了。虽然这种情境能够解释该事例中几乎所有的变异，但若由此断言个体在自尊上的差异与行为无关，那就错了。自尊与这种情境中的逃生行为完全无关。但是，如果我们考察其他情境中的其他行为，比如人们如何对待批评，也许就会发现高自尊者与低自尊者之间的巨大差异。

如今，多数心理学家都同意，人与情境的相互作用决定行为 (Funder, 2009)。只了解某人具有高攻击性，或者某情境是挫折情境，不如同时了解二者来更好地预测行为。虽然在攻击性维度上得高分的人比得低分的人更可能表现出攻击性，挫折情境比非挫折情境更容易产生攻击行为，但我们可以预见，当一个富于攻击性的人处在一个挫折情境中时，其产生攻击行为的可能性最大。这种研究特质、情境和行为之间关系的方法叫作**个人—情境法**。

尽管如此，关于用人格特质预测行为的效度问题仍然有争议。米歇尔指出，人格特质的分数与行为测量之间的相关系数很少能超过 0.30 或者 0.40。这种被戏称为"人格系数"的相关水平，从统计学上只能解释行为变异的 10%。虽然这些数字证实人格与行为有相关，但是有相当多的行为无法用单一特质分数来说明。

2. 没有证据支持跨情境的一致性

在有关人格特质的一项早期研究中，研究者花了几年时间对八千多名小学儿童做了关于诚实的调查 (Hartshorne & May, 1928)。他们从 23 个方面（说谎、欺骗和偷窃等）对诚实做了测量，发现这些测量之间的平均组间相关只有 0.23。因为假定人格特质会在一定程度上表现出跨情境的一致性，所以该发现被广泛地用作向特质流派挑战的武器。我们知道一个孩子在某种情况下能跟家长说实话，但未必能由此肯定这个孩子在运动场上不会有欺骗行为，或者在教室里不会偷其他同学课桌里的东西。

米歇尔也对特质的跨情境一致性提出了挑战。虽然人们的行为在不同情境中表现出相当明显的一致性，但米歇尔却认为，这是因为它"比真实情况更明显"。由于诸多原因，我们容易看到一致的行为，但若深入考察，它并不真正一致。例如，人们看到的往往是他们希望看到的东西。假如你期望凯伦是个不友好的人，你就特别留意她对别人的冒犯，忽视她对别人的称赞。其次，我们在多数情况下，只是看到处在一种情境中或充当一种角色的人，而不能充分认识到情境（而不是其本人）对其行为的影响程度。举例来说，学生们有时会惊讶地发现，他们那古板、保守的教授在校外居然是一个好娱乐、爱冒险的人。有时我们对待别人的方式会导致他们的逢迎，而非真实行为。如果你假定罗恩是个有敌意的人，你大概也会以一种对抗的方式与他打交道，这就会导致他做出敌意反应。由于这些原因，我们可能更多地看到人们的行为具有跨情境的一致性，实际情况也许并非如此。

（二）对人格特质的辩护

自然，像攻击人格理论的某些核心内容那样攻击特质学说，这种做法也遇到了挑战。对米歇尔的批评所做的回应，都围绕着对行为与特质如何测量、这些特质所解释的变异大小等问题的质疑。

行为测量

特质学说的拥护者辩称，从表面上看，否定人格特质的存在是荒谬的(Epstein, 1980, 1983)。假如行为完全不具跨时间、跨情境的一致性，我们怎么知道跟谁结婚或者雇用谁呢？如果没有可预测的行为方式，我们只能随机地和一个人结婚，因为我们配偶的行为将会日复一日地随着情境变化。

特质心理学家辩称，研究者之所以发现不了人格特质与行为之间强有力的联系，是因为他们对行为的测量不准确。批评者用作例子的典型研究，大多是用人格特质分数来预测对行为的一次测量结果。例如，研究者可能测量在某项活动上花了多少分钟，或者让人们在一个七点量表上勾画他们做公益活动志愿者的可能性。这种方法违反了心理测验的一个基本概念：基于一个题目或者一个测量所获得的行为分数，其信度非常低，以至于它与其他任何分数的相关都几乎不可能高于从 0.30 到 0.40 的"人格系数"。

要理解这一原理，可以想想，为什么期末考试卷上从来不会只有一道是非选择题。一个对教材掌握得很好的学生可能因各种原因答不出某一个题目。但是，题目若超过 50 个，该学生的得分就可能高于那些掌握教材不好的学生。用心理测量学的术语来说,50 个题目的测验具有较高的内部一致性（见第二章），因此能较好地说明学生掌握的知识。可惜，在米歇尔发起攻击的时期，很多测量行为的特质研究基本上都是单一项目的测验。一种人格特质也许能很好地预测行为，但是心理学者却无法知道他们测得的行为是否可信。

要改进单一项目测量，研究者可以进行数据累计 (aggregate)。例如，若想测量学生在学习上花多少时间，可以连续几周、每天晚上观察他们的行为，得到的分数就比只观察一个晚上好得多。来看一项用内外向量表分数预测交往行为的研究 (Epstein, 1979)。该研究让大学生记录他们每天发起社会交往的次数。虽然我们可以预期，外向者比内向者发起的社会交往更多，研究者却发现，在任意一天中，社会交往的总量与外向性得分之间并不存在显著相关。但是，量表得分与学生在两个星期中社会交往总量之间存在着 0.52 的显著相关。在另一项有关攻击性量表得分与实际攻击行为关系的研究中，先对攻击性特质进行测量，同时记录学生两周当中发生攻击行为（如争论、对人大喊大叫）的次数 (Wu & Clark, 2003)。结果发现，两周中累计的攻击行为与攻击性特质得分存在 0.51 的相关。

（三）查明相关特质

人格特质测量通常无法突破 0.30—0.40 的界限，另一个原因是，研究者也许考察了错误的特质。回顾一下奥尔波特对核心特质和次级特质的区分。如果一个特质对某人是重要的、核心的，这个特质就能更好地预测他的行为。例如，假设你对独立性特质感兴趣，你会让好多人去填一份独立性量表，然后计算量表得分与他们后来在一些情境中的独立行为之间的相关。但是计算时，你大概会把独立性是其重要（核心）特质的人与独立性是其不太重要（次级）特质的人混在一起。如果把研究样本限定于独立性是其重要人格维度的人群，你无疑能更好地预测独立行为。如果包括了独立性只是其次级特质的人，特质分数与行为之间的相关就会降低 (Britt & Shepperd, 1999)。

为了说明这个问题，一组研究者找出在"友善"和"尽责"这两种行为上相当一致和相对不一致的人们 (Bem & Allen, 1974)。一些人格研究者把这两类人分别称为特质显著者和特质不显著者，因为某一人格特质对于他们要么重要，要么不重要。这一研究的目的是预测采用六项测量得到的友善行为（如被试在等候实验开始时是否友善）和六项测量得到的尽责行为（如学生认真坚持课堂阅读）。如表 7.3 所示，从高一致人群与低一致人群分别获得的相关系数表现出明显不同的模式。高一致被试在友善的诸测量之间的平均相关为 0.57，而低一致被试仅为 0.27。同样，高一致被试在尽责性测量之间的平均相关是 0.45，而低一致被试只有 0.09。在预测行为时，把特质显著的被试和特质不显著的被试分开，其重要性在各种特质测量中得到了广泛证明 (Baumeister, 1991; Baumeister & Tice, 1988; Britt, 1993; Reise & Waller, 1993; Siem, 1998)。

表 7.3 高一致被试与低一致被试在特质测量中的平均相关

	高一致被试	低一致被试
友善测量		
自我报告	0.57	0.39
母亲报告	0.59	0.30
父亲报告	0.60	0.16
同伴报告	0.54	0.37
群体讨论	0.52	0.37
自然表现出的友善	0.59	0.01
友善变量合计	0.57	0.27
尽责性测量		
自我报告	0.41	0.11
母亲报告	0.56	0.10
父亲报告	0.49	0.22
同伴报告	0.49	0.16
返回评价	0.40	0.06
课程阅读	0.32	-0.12
尽责性变量合计	0.45	0.09

来源：Bem, D. J. and Allen, A. (1974).On predicting some of the people some of the time: The search for cross-situational consistencies in behavior. *Psychological Review,* 81, 506-520.

10% 的变异的重要性

为人格特质辩护的另一个问题涉及从 0.30 到 0.40 的相关系数的意义。批评者以特质测量与行为之间的相关微弱为由攻击特质理论。但是相关系数必须达到多高才算重要？一组研究者通过检验一些经常被作为"重要"发现而加以引用的社会—心理学的（注重情境的）研究，对这个问题做出了回答 (Funder & Ozer, 1983)。研究者把从这些研究中获得的资料转换为相关系数，发现其相关为 0.36—0.42。简言之，这些情境变量的"重要"效应，从统计学角度来说，并不比人格特质批评者视为很弱的效应更重要。

检验这类相关之重要性的另一种方法是，把人格研究中所能解释的变异数大小与其他领域里的一般研究结果做比较。一位心理学者考察了近年来广受称赞的医学领域中的研究 (Rosenthal, 1990)。他考察的一项大型医学研究因发现阿司匹林可以明显降低心脏病发作风险而成为头条新闻。实际上，研究者因为结果已经非常清楚而比计划提前结束了实验。继续给一组患者提供安慰剂而不是阿司匹林，会违反研究的伦理原则。显然，研究者认为这是一个重要发现。但是，对这些数据的检验发现，医学研究者从中获得的相关只有 0.03 左右，其对变异的解释还不到 1%！还有一组研究者考察了人格测量与死亡、离婚和工作成绩等重要事件之间的关系 (Roberts, Kuncel, Shiner, Caspi & Goldberg, 2007)。人格特质不但与这些事件相关显著，而且人格特质的方差解释率还等于或大于社会经济地位或认知能力（即智商），这两个变量一般被认为是行为的重要决定因素。

问题在于，这种重要性是一个主观判断。在医疗上，能够有效地拯救哪怕少数人的生命都是重要的。但当我们打算用人格测验分数预测行为的时候，必须记住，我们考察的多数行为都是由很多原因决定的。没有人能找到单一原因解释为什么有的人会患精神分裂症，为什么消费者买这种产品而不买另一种。大多数研究的目的都是要说明这些行为的部分变异。当我们考虑到影响行为的所有复杂因素时，人格心理学家即使只能对其做出 10% 的解释，都足以给我们留下深刻印象。

五、应用：工作岗位上的"大五"

假设你拥有自己的一家公司，急需做出一个录用员工的决策。摆在你办公桌上的五个应聘者的申请材料几乎相同。你注意到每个应聘者的文档里都有一些人格测验分数。特别是，你有这五个人在大五人格每个维度上的得分。你迅速浏览一遍申请材料，发现每个人都在某个维度上与其他人得分不同。第一个应聘者的"外向性"得分甚高，第二个人的"神经质"得分很低，第三个人的"求新性"得分显著高于其他人，第四个人的"亲和性"得分特别高，最后一个应聘者的"尽责性"分数较高。时间紧迫，你不得不只根据这些信息尽快做出决策。回顾前面对"大五"因素的描述，你会雇用这五个人中的哪一个？当然，对这一问题的回答还要看工作类型和其他一些重要变量。但是假如你不得不尽快地根据这些有限的信息做出决定的话，你或许就会借鉴那些日益发展的研究，它们会给你提供最佳答案。

雇主们多年来都把人格测验分数作为录用和晋升员工的依据 (Roberts & Hogan, 2000)。与此同时，批评者也指责雇主在做决定时一直在错误地运用和解释人格测验的分数。正如米歇尔批评临床心理学者对心理障碍做出诊断时过分依赖测验分数一样，这些批评说，研究表明，测验分数与工作绩效之间只有低相关 (Reilly & Chao, 1982; Schmidt, Gooding, Noe, & Kirsch, 1984)。

但是，人格测验对工作成就的预测究竟有多大价值？人们对此虽已争论多年，但这一争论随着"大五"模型的发展，近来已有变化 (Goldberg, 1993; Landy, Shankster, & Kohler, 1994)。一些研究者提出，用人格的五大维度来解决人格与工作绩效问题，而不去管大量人格变量是否与工作绩效相关、有多大相关。这一研究结果提供了关于人格与工作绩效之间关系的、比以往研究更有力的证据 (Tett, Jackson, & Rothstein, 1991)。

那么，五个申请者中谁可能成为最佳雇员呢？虽然他们中的每个人都可能成为一个好员工，但是大量研究表明，在大五人格因素中，尽责性是工作绩效的最佳预测指标 (Barrick & Mount, 1991; Barrick, Mount, & Judge, 2001; Hurtz & Donovan, 2000; Salgado, 1997)。我们只要看看组成这一人格维度的那些特征，就能明白其中原因了。在尽责性上得分高的人认真、严谨、值得信任。也就是说，他们对工作不会敷衍了事，而是肯花时间，准确、彻底地完成任务。高度尽责的人善于组织，会在开始一个大项目之前做好计划。这些人工作努力、持之以恒、希望取得成就。

不难看出，为什么这些特质组合起来能造就优秀雇员。一项研究调查了一个大型电器制造厂的销售代表的工作方式 (Barrick, Mount, & Strauss, 1993)。像其他研究一样，研究者发现，在"尽责性"上的得分能很好地预测销售代表售出产品的数量。对这些销售人员工作方式的进一步考察，能够解释他们的销售业绩为什么好。高尽责性的员工为自己设立了较其他员工更高的工作目标。从一开始，他们的目光就盯住雄心勃勃的年终销售额。此外，这些高尽责性的销售员为了实现其目标，比其他员工更投入。为了达到目标，他们格外努力，当面对无法避免的阻碍和工作过程中的低迷状态时，他们更加坚持不懈。

简言之，有许多理由可以说明，为什么一个高"尽责性"的人会成为一名优秀雇员。一组研究者指出，"很难想象，与尽责性相关的特质不会对工作成功产生影响"(Barrick & Mount, 1991, pp. 21-22)。这些努力并没有被忽视。高尽责性的雇员通常受到上司的高评价 (Barrick et al., 1993)。此外，一项研究还发现，在公司不得不裁员时，高尽责性员工被裁减的机会最小 (Barrick, Mount,

& Strauss, 1994)。毫不奇怪，高度尽责的人在大学 (Poropat, 2009) 和工作岗位上 (Judge, Higgins, Thoresen, & Barrick, 1999) 都比在这一维度得分低的人做得更好。

但这并不是说"尽责性"是"大五"中唯一与工作绩效相关的维度。在"亲和性"上得高分的员工也是有实力的 (Tett et al., 1991)。这些人可信、合作、乐于助人。他们在办公室颇有人缘，在要求团队合作的工作中表现格外出色。另一些研究表明，在商界，外向的人往往比内向的人更有优势；而求新性在某些工作背景下有好处 (Barrick & Mount, 1991; Caldwell & Burger, 1998; Mount, Barrick, & Straus, 1994; Tett et al., 1991)。一句话，了解一个应聘者在"大五"人格中所处的维度，对做出录用决定是有用的。

还有一点需要告诫。虽然关于"大五"人格特征与工作绩效的研究结果令人鼓舞，但如果由此断定雇主总是应该雇用"尽责性"得分最高的人，那就过于简单化了。人格也许能解释工作绩效变异中很大的比例，但它只是影响一个人工作表现的诸多变量之一。如果根据人格测验分数就在心理健康或教育方面做出决策是不恰当的，那么仅凭测验分数就做出录用和晋升的决定也是不明智和不公平的。

六、评价：自陈式调查表

如果你已到了上大学的年龄，很难想象你不曾填写过若干自陈式调查表。咨询师会让你做兴趣和能力测验，教师会让你做成就测验和能力倾向测验，心理治疗师会让你填一些人格和诊断调查表。你自己甚至会出于自娱和满足好奇的目的，从杂志上找一些这类小测验来试着做。自陈式调查表比其他任何形式的人格评价都应用得更广泛。这一般是让人们对有关自己的问题做出回答的纸笔测验。相对简单的计分程序使测验者能得出一个或者一组可以在某一特质连续体上与其他人做比较的分数。过去 60 多年，有数百种自陈式调查表问世，有的是根据信度、效度的要求而精心编制的，有些则不然。

由于某些原因，自陈式调查表在职业心理学者中间很流行。它们可以群体施测甚至在线施测，可以快速地、由未经充分培训的人来实施。与此相比，罗夏墨迹测验每次都需要由训练有素的心理学者来实施并对结果做出解释。给自陈式调查表评分也比较容易和客观，研究者一般计算互相匹配的题目分数，或全部题目的总分。自陈式测量之所以受欢迎，还因为它的表面效度高于其他工具。也就是说，当我们看到一个自尊测验的题目时，我们能有把握地保证这就是测量自尊的。虽然单凭表面效度并不能确定一个测验的价值（见第二章），但如果题目的意图很明显，心理学者一般不会对该测验能测量什么提出异议。

自陈式调查表在形式与容量上各不相同。有些不足 10 个题目，有些则超过 500 个题目。有些提供了对各分量表和比较组进行计算机分析的方案，有些只提供某一特质维度的单一分数。使用自陈式调查表，研究者可以考察个体差异，人事管理者可以做出录取决策，临床心理学者可以快速了解患者的人格概况，以便做出诊断。

（一）明尼苏达多相人格调查表

临床心理学者使用的最具代表性的自陈式调查表是明尼苏达多相人格调查表 (Minnesota Multiphasic Personality Inventory, MMPI)。最初的 MMPI 编制于 20 世纪 30 年代末期，修订版 MMPI-2 于 1989 年出版。临床、咨询、人事和学校心理学等方面的心理学者都惯于让他们的患者或客户接受 MMPI-2 的测量。

MMPI-2 包含 567 条 "是—否" 题目。这些题目可产生几个量表分，量表分相加则形成关于受测者的概况。各个量表分最初是用来测量各种心理障碍的。因此，心理学工作者可以获得以下各维度的分数，如抑郁、癔症、妄想和精神分裂。但是多数心理学者在做评价时更关注总分的模式，而非某个分量表得分。尤其值得注意的是那些显著高于或低于大多数受测者的分数。图 7.2 便是一例剖析图。

自 MMPI 问世以后，又出现了一些附加的量表。关心某种特殊障碍或概念的研究者通常会选定能把其目标人群从正常人群中区分出来的题目。例如，要编制一个创造性量表，你就会找出高创造性者在回答时不同于低创造性者的那些题目。

多年来，MMPI（现在是 MMPI-2）一直是应用最广泛的临床评价工具之一 (Camara, Nathan, & Puente, 2000; Piotrowiski & Keller, 1989; Watkins, Campbell, Nieberding, & Hallmark, 1995)。一项调查发现，几乎所有主管临床心理学研究生教育的人都认为，临床专业的学生必须接受实施 MMPI-2 的训练 (Piotrowski & Zalewski, 1993)。大量研究使用了该量表 (Butcher, 2006)。但这并不等于说 MMPI-2 无人批评。心理学者在以下方面始终存在争议：一些量表的效度、由测验编制者提供的常模数据的适用性、测验所要测量的一些建构的性质，等等 (Helmes & Reddon, 1993)。下一节将介绍自陈式调查表并不像该测验所得到的看上去准确而客观的分数显示的那样容易解释。

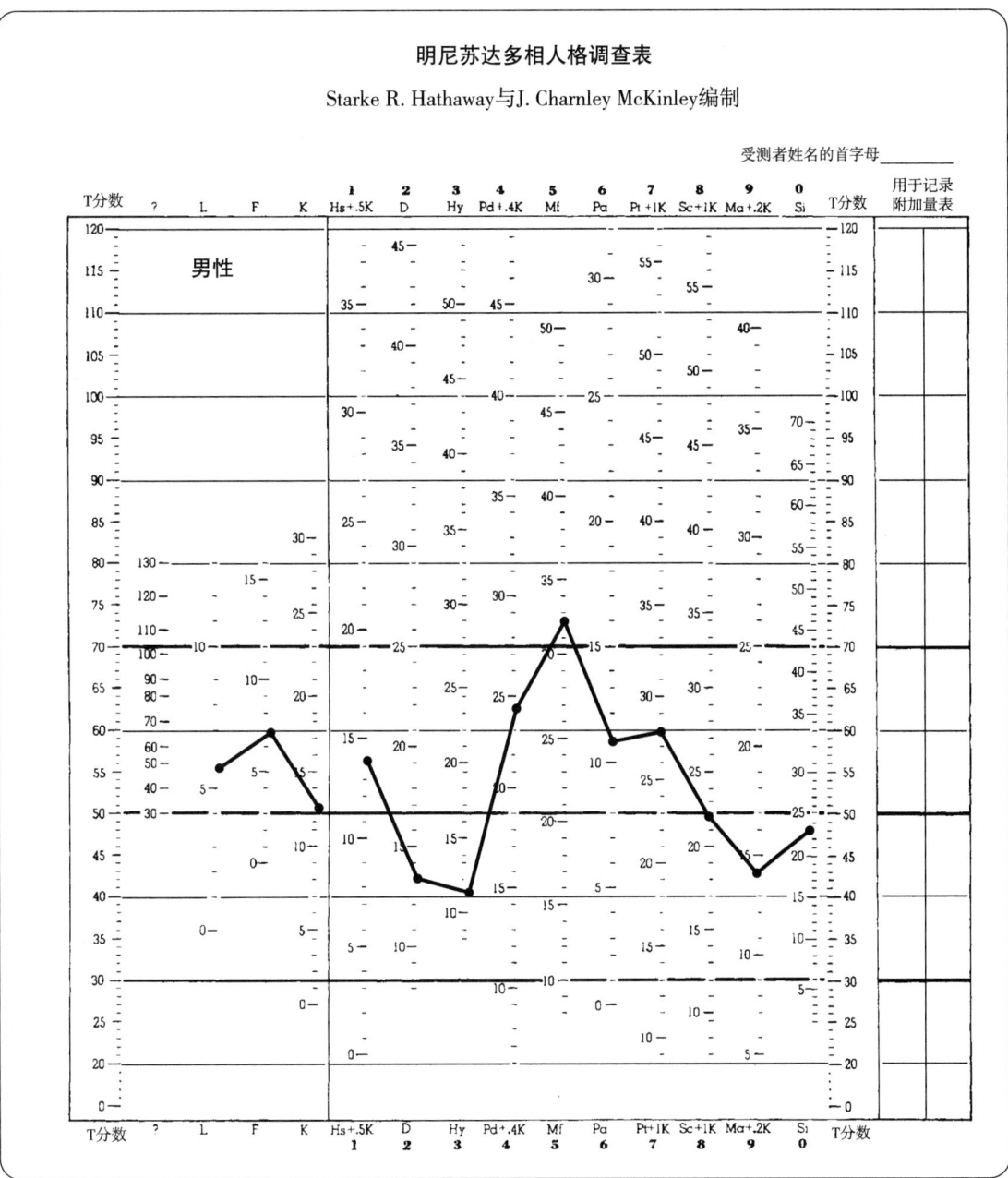

> **图 7.2** 明尼苏达多相人格调查表 (MMPI) 测验图实例

从数字 1 至 0 的各量表分别为：疑病、抑郁、癔症、精神异常、男性化—女性化、妄想、精神衰弱（焦虑）、精神分裂、轻度躁狂和社会内向。

来源：Minnesota Multiphasic Personality Inventory Profile Form. Copyright © 1943, 1948 (renewed 1970), 1976, 1982 by the Regents of the University of Minnesota. All rights reserved. Reprinted by permission of the University of Minnesota Press.

（二）自陈式调查表存在的问题

自陈式调查表虽然应用广泛，但在编制量表或解释测验得分时还需考虑到它的几个局限性。使用自陈式调查表的研究者始终不得不依赖受测者准确提供自身信息的能力和愿望。有时，这些不准确的信息能够被检出，测量分数作废；但在多数情况下，错误信息都难以发现。过分依赖自陈式测量的临床心理学者都要冒着以下风险：他们可能对就医者的心理健康状况做出不准确的评价(Shedler, Mayman & Manis, 1993)。

1. 伪装

有时候自陈式调查表的受测者会故意提供误导信息。例如，有些人在接受一项测验时"伪装得很好"。就是说，他们努力表现得比实际要好。当量表是用来做出人员录用决定时，这种策略很常见 (Rosse, Stecher, Miller, & Levin, 1998)。既然一个雇主要根据这些信息来决定录用谁，求职者为什么要承认那些对自己不利的东西呢？另一方面，有时候，人们也会故意"伪装得很差"。受测者想使自己看起来比实际上差。比如，那些想逃避到一个"安全"的医院环境中的人，就可能极力表现出自己有心理问题。

在这些情况下，施测者怎么办？最根本的也许是，不应该仅凭测验数据就做出重要决定。如果一个人在五年的工作中都不曾表现出领导素质，但在领导能力测验上却得高分，雇主若仅根据这一点就提拔他，那就太愚蠢了。此外，测验的编制者有时还在测验题中加入预防措施以减少伪装。如果可能，应该使测验目的不那么明显，还可以插入一些补充题目，使受测者对测验意图感到迷惑。然而，这种努力充其量也只能起一部分作用。另一种选择是对伪装进行直接测查 (Bagby, Rogers, Nicholson, Buis, Seeman & Rector, 1997; Nelson, Sweet, & Demakis, 2006; Nicholson, Mouton, Bagby, Buis, Peterson & Buigas, 1997)。像很多大型人格调查表一样，MMPI 就包含有检测伪装的量表。为编制这类量表，编制者把那些按照指示伪装得更好与伪装得更差的人的反应与其他人群的反应做比较。例如，测验编制者发现，有些题目能够区分伪装者与真正的精神分裂症患者。试图装作精神分裂症患者的人往往会在这些题目上打钩，认为它们可以表明有精神障碍，但是真正的精神分裂症患者不会这样做。当施测人检测出伪装者之后，可以将测验结果作废，也可以根据伪装倾向调整分数。但也有一些心理学者质疑，用这种方法能否获得准确分数 (Piedmont, McCrae, Riemann &

Angleitner, 2000)。

2. 敷衍与捣乱

实施测验的人通常能很认真地对待测验，但受测者不一定都能这样。参加实验的被试和初来就诊的患者可能对冗长的测验感到厌烦，耐不住性子仔细阅读测验题目。有时，他们不愿承认自己阅读能力差，或不想承认自己没有充分地理解测验指导语。结果，其反应可能是随机做出选择，或者只是粗略浏览一下问题就做出选择。这些问题并非仅出在受教育程度不高的人身上。一项研究让大学生在回答一份标准化人格问卷时注明不懂的词 (Graziano, Jensen-Campbell, Steele & Hair, 1998)。研究者发现，对于某些测验题目，不理解的大学生多达32%。

更有甚者，受试者有时会轻率地或故意地报告错误信息，以搅乱研究计划或诊断。我曾见过这样一份测验答题纸，初看上去很正常，再一看才发现，受测者在长达一小时的测验时间里竟在勾选答案的空格里用字母组成了污言秽语。在那些憎恨医务人员或执法人员的人当中，这种不合作的情况较常见。

解决这一问题的最好办法是详尽地解释测验指导语，强调测验的重要性，在整个测验过程中实施监督。此外，测验的编制应能检测出敷衍因素。例如，有些测验不止一次地呈现同类题目。施测人员通过检查这些重复题目，认定受测者的回答是否一致。一个人在回答两个相同题目时第一次选 A，而第二次选 B，他就可能没有读题目，或者有意对抗测验。

3. 反应倾向

在读这一段之前，你大概想做一下书后的反应倾向测验。该测验是为测量一种叫作**社会赞许性**的反应倾向而设计的，它指人们想展现自己受人赞许一面的程度。这与伪装不同，伪装是指人们故意对测验题做出不正确回答。社会赞许性高的人并非故意地以好于真实情况的方式来表现自己。看看这个量表的题目，就能说明这一点。很少有人会说自己从未掩饰过错误。而一个想要达到这个标准的人可能会夸大事实，认为这是他/她的真实情况。对此该怎么办呢？通过直接测量社会赞许倾向，施测者可以修正对其他分数的解释。但是，有些研究者对此质疑，这种修正果真能提高分数的效度吗 (McCrae & Costa, 1983)？如果社会赞许分数特别高，研究者有时会把这一受测者的分数从样本中删去。

社会赞许分数可用于检验一个新人格量表的判别效度（见第二章）。例如，你编制了一个测量友好特质的自陈式量表，其中大多数题目都直截了当，如

"你有一个好朋友吗?"在这一测验上得高分有可能反映了一种潜在的"友好"特质,但也可能反映出受测者期望自己表现得像一个和善的人。因此,测验编制者往往把新编量表得分与一个社会赞许测量的得分进行比较。如果两者之间有高相关,测验编制者就无法知道新量表所测量的是两种特质中的哪一种。如果新编的"友好"量表与社会赞许量表的相关不高,你就有把握确认,新量表上的高分反映的是真正的友好,而不是想让人们看起来更好。

但是,表现出自己令人赞许的一面并不是让施测者担心的唯一反应倾向。有些人比别人更可能同意测验中的问题。假如你问这些人:"当给你一项困难任务时,你会努力去做吗?"他们可能说"是"。你稍后再问他们:"当你知道一项任务很难完成时,你会放弃吗?"他们还说"是"。这种默从(或赞同)反应是某些自陈式量表的一个问题。举例来说,假如这一特质的得分仅仅是在一个量表上回答"是"的数字,那么不管题目的内容是什么,有很强默从倾向的人在这一量表上都会得高分。而且,有默从反应倾向的人在几个人格维度上与其他接受测验的人存在差异 (Knowles & Nathan, 1997)。如果不做说明,一些人的默从倾向可能会歪曲人格测验分数的含义。默从反应倾向对测验分数的歪曲究竟有多严重,仍是个有争论的问题 (Paulhus, 1991)。保险起见,许多测验编制者都把一半的题目倒过来说。即有时候以"同意"表示该特质,而有时候则以"反对"来表示该特质。这样,无论是赞同倾向还是不赞同倾向都不会影响最终的测验分数。

七、特质流派的优势与批评

人格的特质流派在许多方面不同于本书所探讨的其他流派。特质理论家多从事学术研究,而不从事治疗。他们关注的焦点是对行为的描述和预测,而不是行为的变化和发展。此外,特质研究者很少去解释一个人的行为。这些不同使特质流派具有一些独特优势,但同时也招致了批评。

(一)优势

奥尔波特、默里以及其他早期特质心理学家所做工作的实证性,使他们有别于其他人格理论的创建者。与弗洛伊德和新精神分析主义者依赖直觉和主观判断的做法不同，特质理论家运用客观测量的方法来检验自己的理论建构。像卡特尔等人只凭数据说话，然后再进一步接受实证方法的检验。这种方法在一定程度上减少了仍困扰着其他流派的各种偏差和主观性。

特质流派的另一优势是其在许多方面的有效应用性。心理健康工作者在对就医者进行诊断时，大多按惯例使用特质评价。许多教育心理学者也在他们的工作中使用特质测量。在工业和组织机构工作的心理学者，经常使用人格特质测量，作为招聘和晋升员工的依据。就业指导咨询人员经常根据特质分数帮助客户选择职业。尽管特质测量的广泛应用招致了因错误地使用测量分数而造成的特质测量的滥用，但这种测量的受欢迎程度说明了它在心理学工作者心目中的价值。

像任何重要的理论观点一样，特质学说也引发了大量研究。人格学术期刊充斥着有关人格特质的调查。通过人格特质的测量来预测行为，已成为临床心理学、社会心理学、工业与组织心理学、教育心理学和发展心理学等各领域学者从事研究的正常工作。

（二）批评

对特质学说的批评常常不是针对这一学说说了些什么，而是针对它遗漏了什么。特质心理学家用特质词来描述人，却不解释这些特质是如何形成的，或者怎样才能帮助那些得分处于两个极端的人。了解这些分数有助于教师和雇主为人们选择最适合他们的任务与工作，但是却没有一个心理治疗学派是从特质学说发展而来的。

另一种批评意见针对特质学说缺乏一个公认的框架。虽然所有的特质理论家都使用实证方法，都关注对特质的确认，但是却没有一个理论或一个基本结构把所有的理论统一起来。我们只需问问有多少个基本特质，就不难看出这种情况所造成的混乱。默里把人格简化为 27 种心因性需要。卡特尔发现了 16 个基本的人格因素。近期研究表明，这个数字实际上是 5，而有些研究又对这一数字提出了挑战。尽管有研究仍在继续查明这些模型中哪一个正确，但是如果没有一个公认的理论框架，就很难得到对该学说的完整概述，或者很难明确对人格特质某一方面的研究怎样与其他领域的研究相吻合。

八、小结

（1）特质学说假定我们能够查明个体的行为差异，这些个体差异具有跨情境和跨时间的稳定性。特质理论家一般不关注某个人的行为，而是关注怎样描述处在特质连续体不同位置上的人们的典型行为。

（2）戈登·奥尔波特是第一个公认的特质理论家。其主要贡献是提出了核心特质和次级特质的概念、一般规律研究法和特殊规律研究法以及对自我的描述。亨利·默里把心因性需要看作人格的基本要素。根据默里的观点，一种需要会根据其在一个人的需要层次上所处的位置和这个人所处的情境而对行为产生影响。

（3）雷蒙德·卡特尔致力于查明人格的基本结构。他使用因素分析的统计方法来确定构成人格的基本特质有多少个。近期研究提供了相当一致的证据，证明人格由五个基本维度构成。虽然仍有质疑，但至今为止的证据趋向于支持五因素模型。

（4）有关人格的一场旷日持久的论战涉及特质与情境哪个对决定行为更重要。批评者指责特质不能准确预测行为，也没有什么证据证明特质具有跨情境的一致性。特质论的拥护者则辩称，假如特质与行为能够被准确测量，就能发现它们之间存在着有意义的关系。他们认为，特质所解释的行为变异的大小是可观的和重要的。

（5）五因素模型的新近发展重新引发了人们对人格与工作绩效之间关系的兴趣。"大五"的几个维度都与商界的绩效有关，但许多研究表明，尽责性是预测绩效的最佳指标。

（6）特质研究者在其工作中一般采用自陈式评价法。应用最普遍的自陈式调查表之一是明尼苏达多相人格调查表。施测者需注意自陈式调查表固有的问题，如伪装、敷衍、捣乱以及反应倾向。

（7）像其他人格流派一样，特质学说既有优势也受到批评。其优势包括：可靠的实证基础，在实践中的大量应用，以及引发了大量研究。受到的批评是：在揭示问题行为方面缺乏应用性以及缺少一个公认的框架。

🔲 关键术语

大五　Big Five (p.161)
核心特质　central traits (p.154)
因素分析　factor analysis (p.159)
特殊规律研究法　idiographic approach (p.154)
一般规律研究法　nomothetic approach (p.154)

个人—情境法　person-by-situation approach (p.167)
心因性需要　psychogenic needs (p.156)
社会赞许性　social desirability (p.177)
特质　trait (p.151)

第八章

特质流派：相关研究

一、成就动机

二、A型性格、敌意和健康

三、社交焦虑

四、情绪

五、乐观主义和悲观主义

六、小结

近期我曾花了一些时间，做了一个简短的、在一定程度上算是科学的调查。我查阅了最近三期的《人格杂志》(Journal of Personality)、《人格研究杂志》(Journal of Research in Personality) 和《人格与社会心理学杂志》(Journal of Personality and Social Psychology) 中有关人格的所有文章。这三种杂志是反映目前人格研究的重要窗口。我发现，在这些杂志的 45 篇实证研究文章中，有 40 篇包含至少一种特质测量。也就是说，88.9% 的研究测量了个体差异。这些分数要么用来对处于一个特质连续体不同位置的人进行比较，要么用来预测另一项测量的得分。这一结果支持了我在前面做出的结论：特质学说在今天的人格研究中已经根深蒂固，对许多心理学者来说，人格研究已成为测量和考察特质的同义词。一项比我做的更严格的研究表明，在人格研究中，特质测量不仅应用范围宽广，而且在近几十年来呈稳定增长趋势 (Swann & Seyle, 2005)。特质测量的应用也相当广泛，它已成为本书介绍的所有人格流派研究者的武器库的一部分。另外，如果你对发展心理学、社会心理学、临床心理学、工业与组织和其他领域的研究杂志做一个类似的调查，恐怕也会发现特质测量的广泛应用。

人格研究者深入考察了数量繁多的特质，但是本章只讨论能说明人格特质流派研究深度和广度的五个问题：①有关成就和成就动机的研究；②探讨一个来自医学界并引起特质研究者注意的人格概念——A 型行为模式和对敌意的测量，这曾被医生用来查明容易患心脏病的人；③人格研究怎样帮助心理学者更好地理解社交焦虑或者害羞这一常见的人际关系问题；④分析有关情绪的个体差异的研究，人的情绪会随着各种事件而波动，但人格心理学者查明了人们在体验和表达情感方面具有相对稳定的模式；⑤关于乐观主义和悲观主义，研究显示，人以何种乐观主义或悲观主义的态度投入生活具有非常重要的意义。

一、成就动机

请看下页的照片。发生了什么事情？你认为这个人是个怎样的人？请你编一个有关这个人的故事。这个故事的结局如何？对这些问题的回答没有对错之分。一个人会认为，他正陷入深思，权衡解决一个重要问题的各种方案，以他的方式做着一些有价值的事情。另一个人可能说，这个人对他的工作感到厌倦了，正梦想着他要去什么地方，冥思苦想着早点离开办公室、和朋友或家人一起度过这个下午的理由。

这个人是谁？他正在做什么？结果怎么样？无论你认为他是正在想一个生意上的难题，还是想着要去钓鱼，这些都能反映出你的成就需要水平。

这个简短的练习很像心理学家最初为探讨一个问题而设计的程序，这个问题是，为什么有些人勤奋工作，在公司成绩卓著；另一些人却不是这样(McClelland, 1961, 1985; McClelland, Atkinson, Clark & Lowell, 1953; Stewart, 1982)。半个多世纪以来，对在成就背景下能否成功的预测，一直是人格研究的一个焦点。在这一问题上的很多早期工作曾经关注亨利·默里提出的一种心因性需要，即成就需要的个体差异。默里认为，**成就需要**就是渴望"完成艰难任务；通过掌握、操纵或组织……来克服困难，达到高标准；超越自我"(1938, p.164)。为了考察这种需要，有时研究者使用主题统觉测验，这是默里对心理学的另一个贡献。第三章曾讲过，主题统觉测验要求受测者依据测验卡片上的图画编故事。然后主试依照一套客观的编码系统给他们编的故事打分，据此得到这个人成就需要的分数。假使你从照片里看到，那个人正在努力为达到更高目标而勤奋工作，那么你的故事就显示出你的成就需要较强。反之，如果你的故事内容是有关这个人在他应该工作的时间却在想他的亲人或其他私事，那么你的成就需要分数可能就比较低。

主题统觉测验被应用于很多关于成就需要的研究中。但是这一测验需要花很长时间而且分数不易解释 (Blankenship et al., 2006; McClelland, 1980; Tuerlinckx, De Boeck, & Lens, 2002)。因此，现在多数研究者用简便的自陈问卷来评价成就动机 (Schmalt, 1999; Spence & Helmreich, 1983)。然而，主题统觉测验测出的分数有时候与自陈式测量得到的分数有差异 (Brunstein & Schmitt, 2004; Thrash, Elliot & Schultheiss, 2007)。这些研究使一些心理学者提出了成就动机的两种类型：一种是我们没有意识到的内隐动机（像主题统觉测验测得的那样）；另一种是我们可以自如地描述出来的自我归因动机或外显动机 (Brunstein & Maier, 2005; McClelland, 1989; Thrash & Elliot, 2002)。内隐成就动机或许可以解释一些自发的举动，例如在一个晚会上对投掷飞镖挑战的反应；而当我们有时间去思考有关成就的选择和决定时，自我归因动机便开始起作用了。

（一）高成就动机者的特点

有高成就动机的人是什么样子？最初研究成就需要的学者对各种类型的成就都不感兴趣，只关注创业者行为。就是说，他们希望了解和预测工商界的行为，而不关心诸如科学和艺术领域。研究者很快发现，有高成就需要的人并不总是符合人们对成功商界人士的一贯看法。例如，你怎么看一个为获得成功而冒很大风险的人，他有很高的胜算达到目标吗？也许你会惊讶地发现，这样的行为并不代表高成就需要。高成就需要者的突出特征之一是他们是稳健的冒险家。他们希望成功，但他们也有很强的回避失败的动机。他们会冒一些风险，比如一笔相当安全、有一定失败可能的生意。但是他们回避大的风险，比如不会把大部分钱放在一项高风险投资中，即使这项投资有可能带来高回报。成就动机强的人乐观地认为，他们的决定是正确的，他们会取得成功 (Puca & Schmalt, 2001)。但是，他们希望获得成功的愿望会阻止他们陷入很大的失败风险中。

可以想象，具有高成就需要的人把大量精力投入工作。但是高成就需要者并不是对每件事都很努力。他们把热情集中在那些有可能带来个人成就的工作上。和他们所做的其他事情相比，他们对日常的琐碎工作兴趣不大。但是那种需要创造性并且有机会显示能力的事情，对他们很有吸引力。

高成就需要者喜欢那些需要对结果负责的工作。他们希望对成功的赞扬，但也愿意接受对失败的批评。高成就需要者尤其欢迎有关其工作的具体反馈 (Fodor & Carver, 2000)。他们想知道他们的工作好在哪里，跟其他人相比怎么样。这一研究结果可以帮助我们理解，为什么高成就需要者一般会选择工商界的职业。有些职业的人士就不容易得到他们工作做得如何的明确反馈。比如，一位社会工作者就很难有明确证据证明，他/她在多大程度上帮助了来社区心理卫生诊所的就医者。相对而言，销量、生产率和利润数据，则为工商界人士提供了工作绩效的晴雨表。高成就需要者不但希望得到这种及时反馈，而且希望对未来的各种可能性做出预期,并制订长远规划。这些人在商界之所以取得成功,部分原因在于他们眼光长远,对行动路线和可能的失误做出预判,因而提高了他们实现个人成就目标的可能性。

(二)对成功行为的预测

为什么有些人能够成为成功的创业者,而商界的另一些人却对成为百万富翁毫无兴趣?父母有办法培养孩子的高成就动机吗?这些正是最初研究成就需要的人们提出的问题。研究者虽然没找到简单的答案,但他们发现,有些抚养行为与孩子的高成就需要有关 (McClelland, 1961; McClelland & Pilon, 1983)。本质上讲,父母要培养孩子的高成就动机,就应该长期给予孩子支持和鼓励,增强孩子的个人能力感,而不应该总是剥夺孩子的独立性和主动性。培养孩子高成就需要的关键,是父母在过分干预和放任自流之间找到一个平衡点。父母应鼓励孩子努力争取好成绩,给他们奖励,还要对他们的成绩表现出热情。

何时该放手,何时该抓住不放?这位家长可能决心让孩子摔几次,让孩子形成控制感和独立性,也可能多给孩子一些保护,让他有安全感和信心。心理学家认为,这样的决定会对孩子的成就需要产生影响。

可以预测,高成就需要者比其他人更可能取得经济上的成功 (Littig & Yeracaris, 1965)。但是研究者警告说,高成就需要可能是把双刃剑。同样的高水平成就动机既能够帮助一些人获得成功,也可能妨碍工作效果。例如,高层管理或行政人员的成功,往往取决于他们代表上级激励下级的能力。过分关注自己成就的人，可能难以放弃对细节的控制，不能切实地依靠下属。这也许可以解释，为什么有研究发现，成就需要与基层管理者的成功有正相关，但与高层管理人员的成功无关 (McClelland & Boyatzis, 1982)。这种现象的另一个例子是一项引起人们极大兴趣的研究。该研究考察了美国历届总统的成就需要和他们的业绩之间的关系 (Spangler & House, 1991)。那些在就职演说中表现出高成就需要的总统，却往往被历史学家们认为是能力较低的领袖。

（三）性别、文化和成就

有关成就需要的很多早期研究常以男性为研究对象，这是有原因的。这类研究开始于20世纪50年代，那时女性很少有机会进入商界，能进到高级管理层的就更少。因为研究者关注的是创业者，所以把研究对象局限于男性就很自然了。从那时以来，情况已经发生了很大变化。女性的职业志向和机会已经大不相同，研究者发现，女大学生的成就需要水平显著提高了 (Veroff, Depner, Kulka & Douvan, 1980)。同男性一样，高成就需要也能预测商界女性的成功。在一项研究中，女大学生的成就需要分数可以预测14年后她们的职业选择和职业特点 (Jenkins, 1987)。

不但成就需要分数能预测商界男性和女性的成功，研究发现，在比较男性和女性的成就行为时，还有其他一些变量在起作用 (Hyde & Kling, 2001; Mednick & Thomas, 2008)。例如，有研究者发现，男性和女性对成就的看法不同 (Eccles, 1985, 2005)。由于性别角色社会化的差异（见第十四章），男性和女性在看重哪些成就或把哪些成就看作自己的目标方面存在差异。例如，商界女性重视成就，但有时会把消费者利益这类对别人的关切放在个人成功之前。在女性中，我们会看到这样的例子，她们为家庭做出的牺牲胜过对职业目标的追求。因此，与其问为什么女性在成就方面并非总是表现得像男人那样，不如问为什么男性和女性在成就方面会做出不同的选择。

其他研究者发现，男性和女性界定成功的方式不同 (Gaeddert, 1985)。在西方社会，男性更多地按照外部标准看待成功，比如获得声望和对成就的认可。相反，女性则更看重成功的内在定义，比如她们是否达到了设定的目标。因此，在成就问题上比较男性和女性时，心理学者必须谨慎，不能想当然地把男性对成就的定义当作成功的标准。

在把研究结果推论到非西方文化时，也要持谨慎态度。研究者发现，成就的含义作为一种文化功能有时是不同的 (Hui, 1988; Salili, 1994)。在美国这样的个体主义国家（见第一章），成就通常被定义为个人的成功。在这种文化中，个人努力会受到赞赏，人们因成功而备受瞩目。而在集体主义文化中，成功更多地从合作和团体成绩角度来界定。集体主义文化中的员工在完成了自己分内的工作而公司实现了目标时，可能有很强的成就感(Niles, 1998)。对个人声誉，人们既不追求，也不需要。一组研究者发现，美国人往往通过与同事的竞争来看待自己，而且能看到这种竞争的积极方面。对比而言，印度的公司从业者更关心同事的情感健康与经济福利，并且真诚地愿意帮助他们取得成功(Tripathi & Cervone, 2008)。因此，在集体主义文化中考察行为时，诸如成就需要之类关注个体的概念未必适用。相反，可能需要重新界定成就和成功，以便更好地理解不同社会中的成就行为。

（四）归因

想象一下，你在一次期中考试中只得了一个"不及格"（注意，这不过是个假设）。你会做何反应？由于能否通过这门课程对你很重要，之后的几天，你肯定要找找你这次没考好的原因。你可能认为，是因为这次考试有点出乎意料——教授选的都是一些古怪的知识点，或者提出的都是一些模棱两可的问题。你也可能认为，是一些个人问题使你没能像你想的那样努力学习。还有一种可能，你认为自己无论怎么努力，都不具备一名大学生应具备的能力。你对这个很差的期中考试成绩做出什么反应，以及下次考试你会取得什么样的成绩，部分取决于你采用了哪一种解释。假使问题在于学习不够努力，你会为下一次考试付出更多时间。但如果问题是你自己能力不足，那你就不大可能为下次考试而努力了。

这个例子说明了研究者尝试理解成就问题的另一种方法。一些心理学者希望解释人们在成就问题上如何理解自己的成败(Weiner, 1985, 1990, 2006)。按照这种方法，我们通常会问自己为什么会成功或失败。对这个问题的答案——我们的归因——决定着我们对自己的表现有何感觉以及将来在类似情境中我们会怎样做。

有多种方法可以分析人们对自己的表现做出的归因类型，研究者一般关注三个维度（见表8.1）。首先是稳定性维度。人们可以把自己的表现归结为稳定的原因，比如智力，也可以归结为不稳定的理由，比如运气。其次，归因可能来自内部，如努力程度，也可能来自外部，如考试难度。研究者称这个维度为控制点。最后一个维度是可控性——人们能否控制导致成功或失败的原因。

表 8.1　归因的三个维度

稳定性	稳定归因	不稳定归因
	协调能力好	运气好
	数学学习态度差	生病（如感冒）
控制点	内部归因	外部归因
	格外努力	考试容易
	学习技能差	竞争激烈
可控性	可控归因	不可控归因
	动机强	家里富裕
	练习不够	国家经济萧条

通过考察这三个维度的归因，研究者可以预测人们对成功或失败怎样做出反应。例如，你只有相信成功的理由来自内部，考试取得好成绩、在组织中获得提升或在网球比赛中获胜，才能增强你的幸福感。如果你赢了网球比赛是因为对手水平太低，或因为阳光晃了他/她的眼（外部归因），那么取胜可能不会给你带来什么好感觉。一个人对未来事件的反应往往取决于人知觉到的行为原因的稳定性。如果你输了网球比赛是因为对手比你强（稳定原因），那你可能不会期望在你们两人的下次比赛中你会赢。但是，如果你把失败归因于不稳定的坏运气，你就会渴望着下一场比赛。这样的分析有助于解释，为什么虽然不是每个人都能成为胜者，但是多数人仍然坚持参加体育比赛。研究显示，多数人会把失败归于不稳定原因，这样下次就有赢的希望 (Grove, Hanrahan & McInman, 1991)。

这种分析还显示出提高成就动机的一种相对容易的方法：改变人们的归因。几位研究者对大学新生做了这样的研究 (Wilson & Linvile, 1982, 1985)。被试是在大学前两个学期成绩不太好的学生。研究人员向其中一些学生解释说，刚入学的一年，成绩不好的原因通常是暂时的。换句话说，他们用不稳定的归因（"大学第一年总是最困难的"）取代了稳定的归因（"我不是一个好学生"）。这些用不稳定归因解释成绩的学生不仅下个学期的成绩提高了，而且后来在研究生入学考试中的成绩也较好。这种方法应用于教育、体育、商界和其他成就领域的效果都很明显。

(五) 成就目标

成功不仅取决于我们事后对自己的表现做何解释，也取决于我们最初给自己设定的目标 (Elliot & McGregor, 2001; Kaplan & Maehr, 2007)。**成就目标**提供了人们在成就情境中渴望达到的目标。例如，一个人可能雄心勃勃地想要赢得月度最佳销售奖，另一个人可能把目标定为熟练地演奏一首钢琴曲的一个高难度乐段。

虽然使用的术语和分类标准不同，但多数研究者把成就目标分为两大类：掌握目标和成绩目标 (Ames & Archer, 1988)。掌握目标 (mastery goals) 与能力的增强有关。受掌握目标强烈驱动的学生会努力学习一门课程的重点难点。对教材的理解和精通感会带来满足感。成绩目标 (performance goals) 是为了向别人展示成绩。受成绩目标强烈驱动的学生希望得高分，可能的话要得到全班最高分。因为得到好成绩而受到赞扬会带来满足感。我们常常可以发现，同一个班的两个学生同样地努力准备考试并完成作业，取得的分数也相似，但是他们的动力来自不同的目标。其中一个希望掌握教材，享受克服困难、获得能力感的乐趣。另一个则努力做取得好成绩所需要的事情，并且为了获得好成绩而安排自己的学习时间。

但是，人们并不仅仅渴望成功。有时候，他们更在意不要失败。因此，心理学者发现，还需要区分趋近目标 (*approach goals*) 和回避目标 (*avoidance goals*) (Cury, Elliot, Da Fonseca & Moller, 2006; Elliot & McGregor, 2001; Van Yperen, 2006)。如图 8.1 所示，若把掌握目标和成绩目标再划分为趋近类和回避类，就得到了一个 2×2 的成就目标模型。在这一框架中，尝试学习高难度教材（掌握目标）的学生，其动机可能是希望获得掌握感（趋近），或是不希望觉得能力差（回避）。同样，依赖成绩目标的学生，其动力可能是取得成绩，得到赞赏，也可能是避免因为成绩差而感到尴尬。

		定义	
		绝对的/内在的（掌握）	标准的（成绩）
效价	积极的（趋近成功）	掌握—趋近目标	成绩—趋近目标
	消极的（避免失败）	掌握—回避目标	成绩—回避目标

▶ 图 8.1 成就目标模型

来源：Elliot and McGregor (2001).

因为成就动机在教育、工商业和生活各个领域有重要意义，心理学家希望了解，某些成就目标是不是比其他的更有效。对于学生来说，是聚焦于掌握教材好呢，还是努力获得高分好呢？为了促进学习，教师能改变作业和评分原则吗？经理为了提高生产率，能改变评价和奖励员工的方式吗？虽然掌握目标和成绩目标都能激励人们获得成功，但是研究者发现，追求能力提高的人和注重获得称赞的人之间存在差异。

关于这个问题的大部分研究比较了掌握目标和成绩目标的效果。研究者一致发现，掌握目标会带来更高的成就 (Dompnier, Darnon & Butera, 2009; Kaplan & Maehr, 2007; Payne, Youngcourt & Beaubien, 2007)。受掌握目标驱动的学生比受成绩目标驱动的学生会选择更多的挑战性课业，对所学课程更感兴趣。让他们在两项作业中选一个，掌握定向的学生愿意选择他们感到好奇的一项，而成绩定向的学生会问哪一个能带来好成绩。一个对掌握教材感兴趣的学生不大会问："考试会出这道题吗？"

对学过的知识和技能，受掌握目标驱动的人比受成绩目标驱动的人保持得更长久。如果一个学钢琴的学生目标是掌握一首高难度的协奏曲，那么他会比一个仅仅希望在独奏会上表现出色的学生对这首曲子的记忆更持久。同样，受掌握目标驱动的人，在别人对其成绩的称赞消失之后，仍能保持对材料的兴趣 (Rawsthorne & Elliot, 1999)。与仅仅为了考出好成绩而读狄更斯作品的学生相比，一个为了提高文学修养而阅读查尔斯·狄更斯作品的学生会在暑假里读更多的好书。

这并不等于说，依赖成绩目标毫无可取之处。掌握目标和成绩目标都能带来成就，而且人们对掌握知识和获得赞扬的渴望可能同时存在。研究者发现，在某些情况下，把掌握目标和成绩目标结合起来可能特别有效 (Barron & Harackiewicz, 2001; Harackiewicz, Baron, Pintrich, Elliot & Thrash, 2002; Senko & Harackiewicz, 2005)。成绩目标的优势仅限于成绩—接近目标的情况下 (Darnon, Harackiewicz, Butera, Mugny & Quiamzade, 2007; Elliot, Shell, Bouas & Maier, 2005; Roney & O'Connor, 2008)。只是在失败时不希望自己显得太差才被驱动着接近课业的学生，通常比抱有其他成就目标的学生成绩更差。

最后一点，对成就目标的研究还会影响到教师在课堂上怎样设定目标和编排课业 (Meece, Anderman & Anderman, 2006; Murayama & Elliot, 2009)。研究者发现，在教师强调掌握并促进学习技能的情况下，学生会表现出高水平的学习动机和学习成绩 (Kaplan & Maehr, 2007; Meece et al., 2006)。遗憾的是，许多学校强调的东西正相反——分数、学生间的竞争以及对不良成绩的威胁。虽然一些学生对这些刺激手段做出了较好的反应，但多数人做不到，眼光盯住成绩而不是学习往往会导致学习动机减弱。

二、A型性格、敌意和健康

几十年前，一些内科医生和医学研究者因无法查明哪些病人易患心血管疾病而困惑。他们知道高血压、吸烟、肥胖和缺少运动会增大患心脏病的风险，但是综合这些因素仍然不能准确地对一些新病例做出预测 (Jenkins, 1971, 1976)。这些医学专家还注意到，心脏病人的行为看上去与其他病人不同 (Friedman & Roseman, 1974)。心脏病患者与没有心血管病的人相比，行为更主动，更精力充沛，驱动力更强。简单说，他们的人格看起来与众不同。

A型的人经常有紧迫感，喜欢同时做很多事情。

这个人格维度被确定为心脏病易感行为方式，因为它似乎是与冠心病相关的一些行为的结合。后来，这个维度被称为 A 型—B 型，或只称为 A 型。严格来讲，这个说法也不确切，因为这不是正确的分类法。与其把人区分为 A 和 B 两种类型，不如用一个特质连续体来考虑，其一个极端是 A 型，另一极端是 B 型。典型 A 型者有克服困难的强烈动机，会努力取得成就。他们喜欢竞争、权力和受赞赏，但也容易愤怒和好斗。他们不喜欢浪费时间，而喜欢以有激情的高效方式做事。A 型的人发现，悠闲自在的人们常常是让他们受挫的根源。另一方面，典型的 B 型者则比较放松，不慌不忙。他们偶尔也会努力工作，但很少以 A 型人那种精力充沛、冲动性的方式工作。这种人也较少像 A 型者那样追求竞争或容易愤怒好斗。

（一）作为人格变量的 A 型

医学研究者考察的这些东西的确是人格特质。很自然，A 型这个引人注目的特质很快就引起了人格研究者的注意。心理学者不久就找到了 A 型特质的三个主要成分 (Glass, 1977)：第一，A 型者比 B 型者有更强的获取成就的竞争性。不管有没有像最后期限这样的外部压力，A 型者都会为了成就而努力工作。第二，A 型者有时间紧迫感。他们感到时间宝贵，不能浪费。当 B 型者还在拖拖沓沓时，A 型者已经急切地投入工作。研究发现，A 型学生比 B 型学生更早地报名做实验志愿者，而且较早来到现场 (Gastorf, 1980; Strube, 1982)。第三，A 型者对挫折情境更易产生愤怒和敌意反应 (Bettencourt, Tallye, Benjamin & Valentine, 2006)。下面会谈到，这第三个成分具有最重要的意义。

人格研究者比较了 A 型者和 B 型者的各种行为，包括驾驶习惯、学习习惯、对失败的反应和对劝导信息的反应。这些研究提出了一个有趣的假设，就是用控制动机来解释 A 型和 B 型行为的差异。也就是说，追求成就、时间紧迫感和敌意反映了 A 型者希望能有效控制他们遇到的人和情境。A 型者比 B 型者更可能支配一个小组讨论 (Yarnold, Mueser & Grimm, 1985)。即使别人能做得更好，A 型者也不愿放弃对一项任务的控制 (Strube, Berry & Moergen, 1985)。A 型者比 B 型者更希望得到被告知不能得到的东西 (Rhodewalt & Comer, 1982; Rhodewalt & Davison, 1983)。

很自然，研究者考察了 A 型者是否比 B 型者更有成就。不少实验室研究发现，在成就任务方面，A 型被试比 B 型被试表现得更出色。这种差异的原因之一是，A 型者往往给自己设置了更高的目标 (Warda & Eisler, 1987)。但是真正能让 A 型者振奋的是竞争。还有什么能比 A 型者被告知只有一个赢家对他们的控制感更具威胁呢？仅仅告诉他们正在与另外一个人竞争，他们的血压和心率就会上升 (Lyness, 1993)。A 型者不仅会对竞争做出反应，他们似乎还深受竞争吸引。在一项研究中，当 A 型被试被告知，他们正在视频游戏中与另一个被试竞争时，他们对自己的打游戏能力显得更有信心 (Gotay, 1981)。

研究者还发现，A 型与 B 型大学生的学业成绩存在差异。A 型学生比 B 型学生选修的课程更多，并更希望把这些课程学好 (Ovcharchyn, Johnson & Petzel, 1981)。一项调查表明，A 型学生比 B 型学生获得的奖学金更多，参加课外活动也更多 (Glass, 1977)。这一研究还发现，A 型学生参加的体育活动更多，得到的运动奖项更多，在中学时就比 B 型同学参加更多的社会活动。

（二）敌意与健康

正如最早查明 A 型特质的医学研究者所预料的那样，早期研究发现，A 型特质是心脏病的良好的预测指标 (Cooper, Detre, & Weiss, 1981)。一项持续 8 年半的研究显示，A 型男人患心脏病的人数比 B 型男人多两倍 (Rosenman et al., 1975)。另一项调查显示，A 型特质比胆固醇水平和吸烟对心脏病发作的预测力更强 (Jenkins, Zyzanski & Rosenman, 1976)。这样的研究结果很自然地引起了医学界和媒体的关注。这些结果不仅能帮助医生更好地预测心脏病，而且提醒人们，改变生活方式可以降低患心脏病的风险。

但是，后来的研究发现，A 型特质与健康的关系比最初的研究发现更复杂。几位研究者报告，A 型行为与冠心病之间只有低相关或零相关 (Matthews & Haynes, 1986; Siegman, 1994)。这些发现应做何解释？看起来不像是 A 型行为曾一度导致心脏病，突然间又不再导致心脏病了。也不大可能是所有的早期发现查明的是一个根本不存在的关系。

研究者把 A 型特质分解为不同成分，从而找到了这道谜题的答案。前面刚讲到，A 型特质实际上是几种行为倾向相互结合的整体。从本质上来讲，当我们测量 A 型行为时，测得的不止是一种特质。可能只有其中的一两种成分导致了健康问题。在这种情况下，我们预期，A 型行为和心血管疾病之间只有弱相关，甚至无关。这种推理导致一些研究者去寻找 A 型行为中的"有毒成分"。

他们发现了什么？现在已有大量证据显示，敌意成分是罪魁祸首 (Bunde & Suls, 2006; Krantz & McCeney, 2002; Smith, 2006; Smith, Glazer, Ruiz & Gallo, 2004)。

敌意性强的人不一定喜欢暴力或专横霸道。但他们对人人都会经历的日常挫折和困难会做出激烈反应。他们对很小的烦恼都会"表现出对抗、不快、无礼、粗鲁、批评与不合作"(Dembroski & Costa, 1987)。高敌意的人如果在邮局排队时队伍前进缓慢，或不能马上想起把东西放在什么地方，就会心烦意乱。多数人都能从容地对待这些小麻烦，但有些人会因此而恼怒。我们有时称这些敌意性强的人为"急脾气"，因为要让他们发脾气不费吹灰之力。应该注意，研究者有时用愤怒或攻击性来指称这种特质 (Smith et al., 2004)。为简明起见，我在本书中将简单地使用敌意一词。

几项研究表明，敌意和愤怒测量得分可以很好地预测冠心病 (Kawachi, Sparrow, Spiro, Vokonas, & Weiss, 1996; Niaura, Todaro, Stroud, Spiro, Ward, & Weiss, 2002; Williams, Nieto, Sanford, Couper, & Tyroler, 2002; Williams, Nieto, Sanford, & Tyroler, 2001)。一项研究在四年半的时间里追踪了 12986 名中年男女 (Williams et al., 2000)。愤怒特质得分高的被试在这段时间里患某种形式的心脏病者，是愤怒特质得分低者的两倍多。更值得警惕的是，在研究期间，高愤怒被试因心脏病住院或死亡者，是低愤怒被试的将近 3 倍。

为什么敌意与心血管疾病有关呢？研究者查明了几种可能的联系，包括不健康的生活方式 (Siegler, 1994)、缺乏社会支持 (Smith, Fernengel, Holcroft, Gerald, & Marien, 1994)、免疫机能低下 (Uchino, Caccioppo, & Kiecolt-Glaser, 1996)，以及高血脂 (Richards, Hof & Alvarenga, 2000)。其他研究发现，高敌意的人经常出现与心血管疾病有关的生理反应，例如高血压 (Jackson, Kubzansky, Cohen, Jacobs & Wright, 2007; Jorgensen, Johnson, Kolodziej & Schreer, 1996; Martin & Watson, 1997; Powch & Houston, 1996; Raikkonen, Matthews, Flory, & Owens, 1999)。

在一项研究中，男性被试一整天戴着血压监测仪 (Guyll & Contrada, 1998)，并记录自己的活动和心情。如图 8.2 所示，高敌意被试在与别人交往时血压升高，低敌意被试则没有这样的反应。很显然，高敌意被试在很多交谈中感到失意或烦恼，这种反应导致了高血压。有趣的是，在这个研究中，高敌意的女性没有这种反应。也许是因为和男性相比，社会交往常常给女性带来愉快，很少成为挫折的根源。

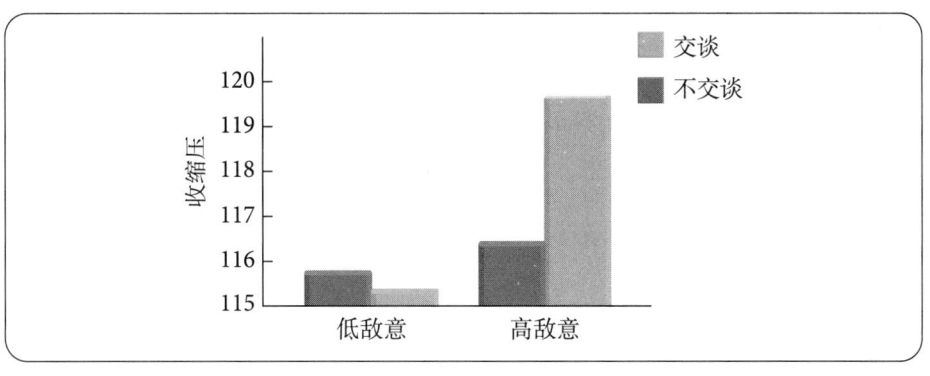

▶ 图 8.2 对社会互动的血压反应

来源：From "Trait hostility and ambulatory cardiovascular activity: Responses to social interaction," by M. Guyll and R. J. Contrada in *Health Psychology*, 17, 1998, p.30-39.Copyright © 1998 by the American Psychological Association.

如表 8.2 所示，大量研究结果一致地展现了高敌意性的危险状况 (Suinn, 2001)。幸好，研究者也有一些令人鼓舞的发现。首先，有证据表明，一些用于帮助可能患心血管病的人减少愤怒反应的项目可能是有效的 (Davidson, Gidron, Mostofsky & Trudeau, 2007; Gidron, Davidson & Bata, 1999; Suinn, 2001)。这些项目通常会训练那些容易发怒的被试用放松来代替面对挫折情境的最初反应。指导者教被试换一种方式看待这种情境。具体来说，他们指导被试不要把小小的不便当作灾难，要正确地看待事物，要认识到，还有很多比发火更有效的解决问题的办法。几位研究者发现，对那些需要心理咨询的在驾车时难以自控的"公路暴怒者"，这些训练程序特别有效 (Deffenbacher, Huff, Lynch, Oetting & Salvatore, 2000)。

表 8.2 高愤怒高敌意对健康的不良影响

身体疾病	高敌意分数可预测一些疾病发生率的增多，例如，哮喘、肝病、关节炎。
免疫系统	高愤怒与免疫机能降低有关，尤其在冲突之后。
疼痛	高愤怒分数与实验室研究中的低疼痛耐受性有关，与病人在疼痛时更多的抱怨有关。
胆固醇	高愤怒特质与胆固醇水平高有关。
心血管疾病	高敌意与心血管病的高发有关，例如，动脉硬化和冠状动脉阻塞。
死亡	愤怒和敌意测量中的高分与心血管疾病或其他原因引起的死亡有关。

来源：From "The terrible twos-anger and anxiety: Hazardous to your health," by R. M. Suinn in *American Psychologist*, 56, 2001, p. 27-36. Copyright © 2001 by the American Psychological Association.

第二条好消息适用于那些具有 A 型特质但是不具有敌意成分的人。与最初的告诫不同，A 型特质对健康不一定是坏事。那些不断让自己面对更大挑战和喜欢在午饭时间工作的工作狂最终并不一定会陷入早发心脏病的境地。这些人如果不会因为小的失败和挫折而烦恼的话，他们可能是能干的和健康的。

三、社交焦虑

在近期的一个心理学会议上，我花了几分钟时间观察同行们四处走动以及和别的专家打招呼的方式。我躲在大厅的角落里，观察人们怎样打发会议安排的"社交时间"。活动是在日程之内的，目的是让人们在这里互相见面，也许还要互相交流一下各自工作的想法。有些人在这样的场合看起来像在家里一样。一位女士特别让我叹服，她很善于向素不相识的人做自我介绍，而且很快就开始了生动而愉快的交谈。但是另一些人却以迥然不同的方式进入这种社交场合。一位男士先是站在离门口大约半米的地方张望，然后绕着大厅慢慢走，寻找交谈对象。当有人和他交谈时，他的笑显得很不自然。他看地板的时间比看对方的时间多，而且他与别人的交谈最多不会超过 30 秒。大约 10 分钟后他就离开了。

不难推测，这两位来到社交场合的人会落在我们称为社交焦虑的人格特质的两端。那位男士在这样的情境中显然很焦虑，人们会认为，他的言行举止显得很羞怯。我猜想，那位女士从来没有害羞过。可能多数人会觉得，那位女士的行为在社交场合是正常、恰当的。但研究者却发现，和多数人的想法相比，那位害羞男士的经历可能更具普遍性。事实上，羞怯是一个很常见的社交问题。研究者一致发现，在他们调查的人当中，大约有 40% 的人认为自己是羞怯的人 (Zimbardo, 1986)，另外 40%~50% 的人说，他们曾经羞怯或是在某种场合会感到羞怯。剩下的那一小部分人未曾尝过社交焦虑或羞怯的痛苦。

社交焦虑是一种与社会交往或参加社交活动有关的焦虑。有社交焦虑的人会体验到一般焦虑的症状：生理唤醒水平升高，不能专心，感到紧张。但是社交焦虑者知道，他们不舒适的来源是他们正在会见或即将会见的交往对象。每个人都会因为即将参加的面试或约会感到紧张，但我们可以查明那些体验到社交焦虑的人们的相对稳定倾向。就是说，每个人都可以因体验到社交焦虑的程度而被置于一个连续体上。

对高度社交焦虑的人来说，在人群面前讲话会引发高度的紧张。高社交焦虑的人往往对负面评价很介意。

社交焦虑和心理学家探讨的其他建构相同或有关系。这些概念有羞怯、约会焦虑、沟通焦虑、沉默及怯场（舞台恐惧）等。虽然一些心理学家找出了社交焦虑与这些概念之间的区别 (Buss, 1980; Leary, 1983b)，但现在多数研究者认为，社交焦虑和羞怯是同义的。像约会焦虑和怯场这样的概念常常被认为是社交焦虑这一大概念的特例。此外，用于测量社交焦虑、羞怯和相关建构的量表彼此之间往往有高相关 (Anderson & Harvey, 1988)。所以，本书中会交叉使用社交焦虑和羞怯这两个词。

社交焦虑和内向不同，意识到这一点很重要。内向的人不愿参加社交活动，这往往是他们自己的选择，而大多数社交焦虑者都不喜欢自己的羞怯。一项研究表明，大约 2/3 的社交焦虑者认为自己的羞怯是"一个真正的麻烦"；1/4 的羞怯者说，他们愿意找专业人员帮助他们克服社交焦虑 (Pilkonis, 1977a)。

（一）社交焦虑者的特征

社交焦虑者在各种社交场合往往度日如年。社交焦虑者报告说，当他们不得不和别人交谈时，尤其是和不认识的人打交道时，会感到尴尬和紧张 (Cheek & Buss, 1981; Kashdan & Roberts, 2006)。他们非常关注别人怎样看他们，当他们遇到陌生人或不得不在听众面前讲话时，会变得很羞怯。社交焦虑的人经常想，自己做错了什么，自己说的话想必很愚蠢，自己的样子看起来一定很傻 (Brush, Hamer & Heimberg, 1995; Ickes, Robertson, Tooke & Teng, 1986; Ritte & Patterson, 1996)。羞怯的人在说话时有时会有点口吃，说错话，出现紧张的外部信号，如出汗和发抖等。这些尴尬的感觉不只是社交焦虑者的体验。和他们交往的人也能看出，羞怯的人比不羞怯的人更紧张、抑制和不友好 (Cheek & Buss, 1981; Papsdof & Alden, 1998)。和社交焦虑的人交谈，比和非社交焦虑的人交谈，使人更不愉快 (Heery & Kring, 2007)。羞怯的人比一般人更可能对他们在社交情境中的所作所为感到窘迫或尴尬。这可能是羞怯的人比不羞怯的人容易脸红的原因 (Leary & Meadow, 1991)。羞怯的人报告说，他们有时过于害羞，过于紧张，以至于想不出要说些什么。他们只好让谈话陷入沉默，而这种沉默会让那些已经在社交焦虑中煎熬的人觉得更不舒服 (Pilkonis, 1977b)。

前面已经说过，羞怯的人并不内向。相反，他们大多希望朋友圈比现有的朋友圈更大些。尤其是羞怯的人经常说，他们希望在自己需要帮助时有更多的人可以去求助。遗憾的是，他们的羞怯使他们不能结交更多的朋友，也使他们在需要帮助时没有多少人可求。一项研究发现，羞怯的学生比不羞怯的学生较少向咨询师求教职业问题 (Phillips & Bruch, 1988)。在另一项研究中，被试要完成一项不求助别人就无法完成的任务 (DePaula, Dull, Greenberg & Swaim, 1989)。结果，社交焦虑者比其他被试更不愿意求助于身边的人。

社交焦虑者不仅怕别人看不起自己，还往往错误地假定，别人对结识他们不感兴趣 (Wenzel & Emerson, 2009)。也许这就是为什么羞怯的人在解释从别人那里得到的反馈时，往往加上消极色彩 (Amir, Beard, & Bower, 2005; Ledley & Heimberg, 2006)。一项研究揭示了这种自我挫败倾向，在该研究中，参与的大学生与另一个被试一起完成一系列任务 (DePaulo, Kenny, Hoover, Webb & Oliver, 1987)。当后来被问及"你觉得别的学生会怎样看你"时，社交焦虑者比无焦虑者更多地觉得自己不受对方喜欢，会给别人留下无能的印象。在另一项实验中，被试参与一场他们相信是通过视频连接的双向讨论 (Pozo, Carver, Wellens & Scheier, 1991)。其实，所有被试看到的只是一盘事先录好的录像带，录像中的人摆出了被试的姿态。虽然反馈是一样的，但社交焦虑者比非社交焦虑者更多地把对方的表情说成是不喜欢自己的。

总之，高社交焦虑的人往往会预期自己的社会交往很糟糕，总是寻找别人拒绝自己的证据。遗憾的是，这种悲观态度会导致社交拒绝，这正是社交焦虑者最害怕的。人们有时候会把羞怯错误地当作缺乏兴趣或者缺乏能力 (Paulhus

& Morgan, 1997)。另外，由于社交焦虑者觉得别人不喜欢自己，他们可能会缩短交谈时间或避免和对方待在一起。这样，他们可能会把愉悦的交往和潜在的友谊扼杀于萌芽状态，使其不能开花结果。

（二）对社交焦虑的解释

为什么社交焦虑者在社交情境中会那么焦虑？他们害怕什么？许多研究者认为**评价恐惧**是社交焦虑背后的原因。换句话说，社交焦虑者担忧别人怎么看他们 (Baldwin & Main, 2001; Leary & Kowalski, 1995)。他们尤其害怕负面评价。社交焦虑者还担心与他们交谈的人会觉得自己愚蠢、无聊或幼稚。能够引起他人评价的情境也容易引起焦虑。只要一想到即将到来的初次约会、在大庭广众下发表讲话或与某个陌生人见面，一些高社交焦虑者就会产生噩梦般的体验。

社交焦虑者用什么办法来对付这种负面评价恐惧呢？通常，他们只是避免与交往对象见面。他们放弃参加可能一个人都不认识的聚会，回避初次约会，选择写学期论文而不选择在课堂上做口头报告。如果羞怯者不能摆脱这些情境，他们就尽量减少社会交往的量。这样做的一个办法是避免目光接触 (Farabee, Holcom, Ramsey & Cole, 1993; Garcia, Stinson, Ickes, Bissonnette & Briggs, 1991)。与他人的目光接触是打算或愿意交谈的信号。通过不发出这种信号，羞怯的人告诉周围人，他们希望避免社会交往。这样，社交焦虑者就限制了别人对他们做出评价的机会。

当羞怯的人避免潜在的尴尬的社交情境的努力失败时，他们会尽量让谈话变得简短和不具威胁性。在一项实验中，让被试给访谈者讲有关他们自己的四个故事 (DePaulo, Epstein & LeMay, 1990)。有些被试认为，访谈者事后会用这些故事评价他们。认为自己会因此受到评价的社交焦虑者比其他被试讲的故事更短，暴露自己更少。显然，这些羞怯的人担心会在访谈者心中留下坏印象。

在另一项实验中，被试要与刚见到的一个人进行一段5分钟的"互相了解"的谈话 (Leary, Knight & Johnson, 1987)。研究者对录像进行的分析发现，羞怯和不羞怯的被试的言行有几点不同。社交焦虑的被试会较多地赞同对方说的话，在轮到自己讲话时，他们只是重复和解释对方说的话。这种交往方式使社交焦虑者给人留下有礼貌和不想深入到谈话中的印象。羞怯的人希望用这种方式减少谈话伙伴对自己做出的评价，尤其是减少这个人对自己产生异议的机会。这种对评价的担心还可解释为什么社交焦虑者在刚认识的人面前很少暴露个人信息 (Meleshko & Alden, 1993)。

毫不奇怪，我们发现，在那些特别担忧别人怎样看你、强调回避批评的重要性的文化中，羞怯的比例更高 (Okazaki, 1997)。第一章曾讲到，集体主义文化中的人们更关注怎样做适合于他们的社会与文化，而个体主义文化中的人们则把更多的注意力放在自己身上。与这种差异相一致，研究者往往发现，集体主义文化中的人们比个体主义文化中的人们更羞怯 (Heinrechs et al., 2005; Paulhus, Duncan & Yik, 2002)。

总之，羞怯者的交往方式是一种自我保护策略。由于社交焦虑者非常担忧负面评价，他们会尽力控制自己留给别人的印象 (Schlenker & Leary, 1982; Shepperd & Arkin, 1990)。羞怯的人谨慎地使交谈更简短、更愉快，避免潜在的争论和尴尬话题。这样他们就减少了留给别人负面印象的可能性。

羞怯者的这些特征听起来令人失望，但是有研究发现，社交焦虑者并不像看上去那样不善交谈。羞怯的人一旦开始一次交往，他们并不觉得困难。也就是说，至少对于部分羞怯的人而言，真正的障碍在于发起一次谈话 (Curran, Wallander & Fischetti, 1980; Paulhus & Martin, 1987)。在一项研究中，让羞怯的人和不羞怯的人单独与一位异性谈话 (Pilkonis, 1977b)。虽然不羞怯的人比羞怯的被试说的话多，也更善于打破沉默，但是这两种人在谈论事情的时间长度上并没有差异。

此类观察使一些研究者推论说，社交焦虑者真正缺少的是对自己给别人留下好印象的能力的自信心 (Hill, 1989; Leary & Atherton, 1986; Maddux, Norton & Leary, 1988)。怕自己说错话使羞怯的人干脆不说话。所以，用于帮助克服羞怯的心理治疗项目往往致力于帮助就医者相信，他们有能力把事情说得正确，也能给别人留下好印象 (Glass & Shea, 1986; Haemmerlie & Montgomery, 1986; Leary & Kowalski, 1995)。我们可以教缺乏社交技能的羞怯者如何进行一次谈话，但对很多人来说，关键还是树立信心，相信自己的社会交往比现在多数羞怯的人所预期的更成功。

四、情绪

乍一看，你可能奇怪，为什么情绪这样的题目会出现在人格特质一章。毕竟特质是稳定的特征，而日常观察告诉我们，人的心境是经常波动的。我们每个人都经历过美好的时光和艰难的日子，我们会异常高兴、深深地悲痛、骄傲、惭愧、热情和内疚。日常的感觉还显示，我们的感受如何，取决于情境。

好事发生时，我们快乐；把一些事情做好时，我们感到自豪；发生不幸事件时，我们会悲伤。但是，如果我让你说出你认识的人中有谁总是处于良好心境时，我猜你会毫不费力地说出一例。同样，我发现人们也能很容易地想出一个"悲观的人"、"自信的人"、"牢骚满腹的人"，等等。换句话说，略加反思我们就会很清楚地看到，虽然每个人都体验着范围广泛的积极情绪和消极情绪，但我们还是能找出可以把一个人与他周围人区别开来的相对稳定的情绪模式。

这些稳定的模式有哪些？研究者已经找到情绪的三个特征，它们显示出，情绪是相对稳定的：第一，每个人所体验到的积极情绪和消极情绪的程度不同；第二，人们所体验到的情绪强度不同；第三，人们表达情绪的方式不同。人格心理学家把情绪的这三个方面分别称为敏感性 (affectivity)、强度 (intensity) 和表达 (expressiveness)。

（一）情绪敏感性

浏览一下词典，你会发现，有成千上万的词汇可用于描述人的情绪。人可以是高兴的、兴奋的、满足的、紧张的、尴尬的、厌烦的。我们体验着惭愧、欢乐、歉疚、愤怒、焦虑和骄傲。但是我们有理由问一问，这些真的是不同的情绪吗，还是如同研究者在探索人格特质时发现的那样，彼此之间在几个主要维度上有关联？借鉴"大五"人格维度的研究方法，有些研究者使用因素分析方法考察了各种情绪之间的关系 (Watson & Clark, 1991; Watson & Tellegen, 1985)。这些研究者通过自陈调查表、词汇的使用、面部表情和他人评价等方法考察了人的情绪。和"大五"研究者一样，他们发现，某些情绪可以聚为一类。快乐的人也可能是热情的人，而容易激动的人也容易悲伤。

这些研究者最终发现，情感可能是围绕着两个基本维度构成的。如表 8.3 所示，研究者把其中一个维度定义为积极情感。在这个维度的一端，可以找到积极、满足和满意这样一些情绪；处于另一端的人则常常是悲伤或无生气的。可以预见，这一研究中出现的第二个维度被确定为消极情感。处于这个维度一端的是紧张、愤怒和压力；而处于另一端的则是平静、安详。

这两个维度可以用来查明我们一般的情绪体验。与其他特质一样，我们体验积极情感和消极情感的一般倾向是跨时间地相对稳定的。也就是说，如果我现在知道你在这两个情感维度上的位置，那么我就能对你几年以后体验积极情感和消极情感的倾向做出比较准确的预测 (Charles, Reynolds, & Gatz, 2001)。心理学家把这种个体差异称为**情绪敏感性**。

表 8.3　积极情感和消极情感举例

强积极情感	强消极情感
活跃	悲伤
兴高采烈	害怕
热情	敌意
兴奋	神经过敏
精神饱满	紧张
坚强	轻蔑

弱积极情感	弱消极情感
昏昏欲睡	休息
无精打采	平静
困乏	平缓
懒散	放松

积极情感和消极情感之间的关系是该领域研究者关注的核心问题之一。最初的研究表明，这两个情感维度是彼此独立的 (Diener & Emmons, 1984; Mayer & Gaschke, 1988; Meyer & Shack, 1989; Watson, Clark, & Tellegen, 1988)。如果这样，知道一个人的积极情感测验分数，对了解他的消极情感分数毫无意义。但是，后来的研究发现支持更符合直觉的观点，即在一个维度上得分高意味着在另一个维度上得分低，反之亦然 (Russell & Carroll, 1999)。换言之，我体验到的积极情感（如高兴、满意）越多，我感到生气、焦虑的可能性越小。目前，积极和消极情感之间的关系仍然是争论的一个大问题，研究还在继续 (Carver, 2001; Schmukle, Egloff & Burns, 2002; Segura & Gonzalez-Roma, 2003; Terracciano, McCrae, Hagemann & Costa, 2003)。毫无疑问，积极情感和消极情感之间的关系比研究者最初发现的更复杂。尽管日常观察告诉我们，做些有趣的事情能驱散抑郁，但每个人都遇到过读小说或看电影让我们既高兴又悲伤的情况 (Larsen, McGraw & Cacioppo, 2001)。

不管争论的结果如何，心理学者发现，在积极情感和消极情感上的个体差异可以预测很多重要的行为。例如，在特质性积极情感上得分高的人，比在这一维度得分低的人更健康 (Cohen & Pressman, 2006; Robles, Brooks & Pressman,

2009; Steptoe, O'Donnell, Marmot & Wardle, 2008)。也许和强烈积极情感相关的活动大多是社交活动 (Watson & Naragon, 2009)。特质性积极情感较强的人比这一特质较弱的人参与较多的社交活动，也更享受这些活动 (Berry & Hansen, 1996; Clark & Watson, 1988; Robins, Caspi & Moffitt, 2002; Watson, 1988)。这一结果还扩展到爱情关系中。特质性积极情感得分高者比得分低者更容易投入爱情关系中，对伴侣也更满意 (Berry & Willingham, 1997)。

为什么积极情感与社交活动有关？一种可能性是社交活动导致积极情感。即是说，因为一些人社交行为较多，所以他们体验到的积极情感也较多。在一项研究中，参与的学生按照要求每周回答一份测量积极情绪和消极情绪的量表，连续做 13 周 (Watson, Clark, McIntyre & Hamaker, 1992)。被试每周还要填一份问卷，报告一周内参加 15 种不同的社交活动（如聚会、参加热烈的讨论、看电影或听音乐会等）的次数。研究者发现，这些学生参加的社交活动越多，他们在那一周的积极情感得分越高。研究者在考察日本学生的心境和活动水平时也发现了类似结果 (Clark & Watson, 1988)。但是必须注意，这些研究发现的只是相关关系（见第二章）。也就是说，因果关系的箭头还可能指向相反方向。人们参加社交活动，也许是因为他们体验着积极情感。与这种解释相符合，研究发现，当我们感觉良好时，就更愿意去结识朋友，也会更友好地对待别人 (Cunningham, 1988)。

高积极情感特质的人在交友方面也比较活跃，这导致了更多的社会活动。一项研究让被试跟一个陌生人交谈 6 分钟。当评分者观看谈话录像时，发现高积极情感的被试一般比低积极情感被试更愉快，也更投入 (Berry & Hansen, 1996)。高积极情感的人报告说与朋友发生的冲突更少 (Berry, Willingham, & Thayer, 2000)，与恋人意见不一致时更通融 (Berry & Willingham, 1997)。就是说，他们更善于解决冲突，保持稳固、愉快的关系。总之，高积极情感特质的人一般比较愉快、热情和殷勤。毫不奇怪，他们善于建立和维持友谊与恋爱关系。

哪些行为与消极情感有关呢？研究表明，消极情感得分高一般与心理压力有关 (Brissette, & Cohen, 2002; Tarlow & Haaga, 1996; Watson, Clark & Carey, 1988)。在这个维度高分端的人容易受到各种情绪问题的困扰。一些研究还发现，消极情感与抱怨健康状况不好有关 (Leventhal, Hansell, Diefenbach, Leventhal, & Glass, 1996; Watson & Pennebaker, 1989; Williams, Colder, Lane, McCaskill, Feinglos, & Surwit, 2002)。也就是说，那些在消极情感测验中得分高的人比得分低的人报告的健康问题更多。我们会发现，在去医院或诊所就医的人当中，高消极情感者要多于低消极情感者。

但是这些发现又引来另一个问题：高消极情感者真的更容易受到病情困扰，还是他们的抱怨比较多？也许高消极情感的人只是比一般人更多地思虑他们的疾病症状。为了查明这种可能性，一组健康的志愿者被故意暴露在感冒和流感病毒环境中（Cohen et al, 1995）。之后几天，这些被试被隔离在一家酒店里，研究者监测他们的实际症状，同时让他们每天报告自己的症状。研究者发现，高消极情感特征的志愿者比在这一维度得分低的人报告了更多的感冒和流感症状。但是，研究人员检查他们的实际症状（比如流鼻涕），发现消极情感得分高者和得分低者之间没有差异。

在我们认定高消极情感者的健康问题比例高只是因为抱怨更多之前，还要考虑到可能同时存在两种情况——也许高消极情感者抱怨较多，但是他们的真实症状可能也较多。请看一项长达 7 年的研究，被试都是风湿性关节炎患者（Smith, Wallston & Dwyer, 1995）。其中，高消极情感的病人比低消极情感者报告的症状更多、更重。事实上，这些病人的身体疼痛也比较严重，但并不能简单地用这些人的消极倾向来解释。总而言之，高消极情感患者的抱怨多于真实症状，但他们也有抱怨多的正当理由。

上述结果又引出最后一个问题：为什么不同水平的消极情感会与一个人的身体健康有关？迄今为止，对这一问题还没有明确答案。一种可能性是，高消极情感的人在压力应对方面有困难，从而影响了他们的健康。也有可能是心境影响了与健康相关的行为。高消极情感者和低消极情感者可能有不同的锻炼、饮食或卫生习惯。还有一种可能，饱受各种疾病困扰的人对他们的整个生活状态很消极。

（二）情绪的强度

一项心理学研究让大学生每天记录自己的情绪状况，并持续了 84 天（Larsen, 1987）。这些大学生每天要填写一个简短的量表，说明他们当天体验到的快乐、有趣之类的积极情绪的程度，以及悲伤、愤怒等消极情绪的程度。研究者得到了每个人在研究过程中的情绪模式。

研究者要发现些什么呢？请看两个参与研究的大学生的数据（见图 8.3）。在将近三个月的时间里，这两个人的积极情绪和消极情绪的平均数大体相同，但显然，这两个学生有截然不同的情绪生活。学生 A 的情绪时高时低，但都不极端。我们都会认识一些这样的人，他们比较沉稳、冷静。他们快乐但很少欣喜若狂。他们也会激动但很少愤怒。我们也都见过像学生 B 那样的人。他们高兴时会兴高采烈，情绪低落时又会一落千丈。这种人难以捉摸，喜怒无常，今天兴致勃勃，热情高涨，明天又垂头丧气，充满敌意。

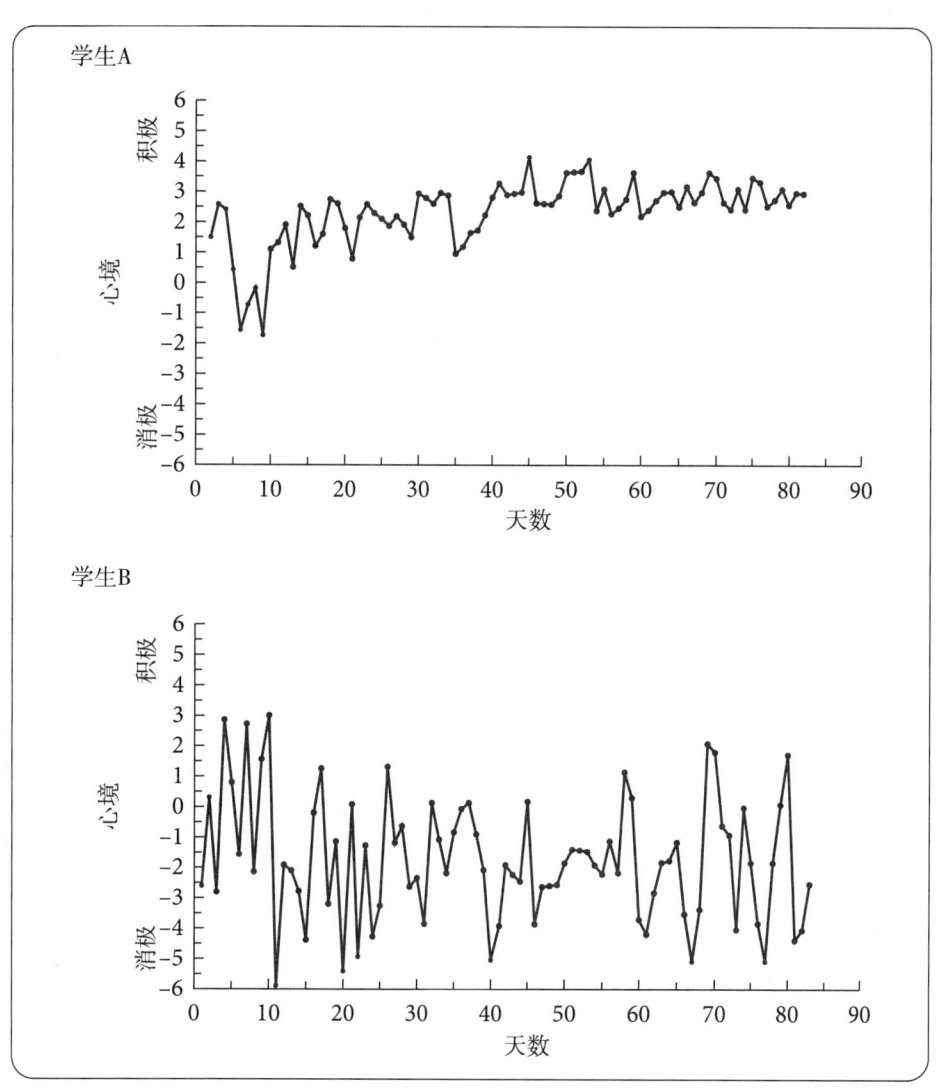

图 8.3 日常情绪波动的两个例证

来源："The Stability of Mood Variability: A Spectral Analytic Approach to Daily Mood Assessments," by R. J. Larsen, *Journal of Personality and Social Psychology*, 1987, 52, 1195–1204. Copyright © 1987 by the American Psychological Association.

人格研究者会说，这两个学生的情感强度不同 (Jones, Leen-Feldner, Olatunji, Reardon & Hawks, 2009; Larsen & Diener, 1987)。**情感强度**指人们体验到某种情绪的强弱或程度。在其一端，我们看到人们对引发情绪的情境做出比较温和的反应；在另一端，我们看到人们做出激烈的情绪反应。两名大学生的数据显示，高强度的人不仅体验着强烈的情绪，还表现出大幅度变化的倾向。他们的情绪要么很高，要么很低。值得注意的是，情感强度既适用于积极情绪，也适用于消极情绪。体验过强烈积极情绪的人大多也体验过强烈的消极情绪 (Schinmmack & Diener, 1997)。在找到山峰的地方也会找到深谷。

我们可能认为，高、低两种情绪强度的人，其差异仅在于前者在生活中经历了更多的情绪事件。其实并非如此。研究者在比较高强度和低强度的人经历的活动类型时，并没有发现差异 (Larsen, Diner & Emmons, 1986)。高、低强度的人参加聚会和听音乐会的次数基本相同，他们参加争论和遇到挫折的次数也一样多。不同的是他们对各种事件怎样做出反应。一项研究给被试呈现了一种同样的假设情境，比如收到朋友来信或发现自行车爆了胎等 (Larsen et al., 1986)，当让他们想象自己会怎样做出反应时，高强度的被试和低强度被试相比，会以较大强度享受积极事件，同时对消极事件也更烦恼。

对高强度的人来说，即使比较温和的情境也能引起强烈反应。在一项研究中，高强度的被试比低强度者对杂志上酒类广告的情绪反应更激烈 (Geuens & De Pelsmacker, 1999)。另一些研究也发现，高强度的人常常高估事件对他们的影响程度，他们会因为一个好的或坏的体验做出无根据的结论，并因此而内疚 (Larsen, Billing & Cutler, 1996; Larsen, Diener & Cropanzano, 1987)。对于高强度的人来说，一个善意的微笑就等于绽放的友谊，一个糟糕的分数就是世界末日。毫无疑问，在情感强度维度另一端的人眼里，高强度的人总是反应过度。

这些观察引出了另一个问题：是做一个高情感强度、真实地体验生活的人好，还是处在这一维度低端、在成就和灾难面前都能保持沉稳冷静的人好？换言之，情绪强度和幸福感之间是一种什么样的关系？答案是：高、低强度的人在测量快乐和幸福感时得分是一样的 (Larsen, Diener & Emmons, 1985)。当然，高强度的人会体验到较多的积极情感。但这又被他们体验到的较多消极情感抵消了 (Kring, Smith & Neale, 1994)。

但是，这两种人体验快乐的方式不同。对高强度的人来说，快乐意味着令人振奋和生机勃勃的体验。对低强度的人来说，快乐是一种平静而持久的满足感 (Larsen & Diener, 1987)。总之，两类人只是享受着不同的但无所谓好坏的情感生活。此外，这两种人都可能是有创造力的，只是方式不同而已。一位研究者发现，科学家倾向于低情感强度，而艺术家则倾向于高强度 (Sheldom, 1994)。这些发现与人们的固有印象相符：耽于沉思的科学家因一步步接近自己的目标而心满意足，喜怒无常的艺术家则因灵感驱动的能量突发而大放异彩。两种人都能各取所需，只是所走过的情感历程不同而已。

（三）情绪表达

如果我告诉你玛丽亚是一个情绪化的人，那么你很容易就能想象出她是什么样的人。我所认识的"情绪化的"人在看悲伤的电影时会哭泣，会跟朋友说"我爱你"，会在听到好消息时四处狂奔。如果玛丽亚是一个情绪化的人，你大概只需看看她的表情就能说出她现在是何心境。毫无疑问，她的朋友们会和她分享快乐和惆怅。我们大多见过玛丽亚这样的人，但是，使这些人与众不同的原因何在？

现在问题应该很清楚了，我们体验到的各种类型的情绪（情绪敏感性）和我们情绪的力度（强度）是我们的情绪活动的两个重要方面。但是当我们说某个人是情绪化的人时，指的并不是他在这两方面与别人不同。我猜想，把这种人与其他多数人相区别的，是他们在研究者所称的情绪表达方面非常突出。

情绪表达指一个人情绪的外在表现。有些人特别善于表达情感。我们说这些人"情感外露"或我们能"像读一本书那样读懂他们"。如果他们今天情绪低落，一眼就能看出来。他们会放慢脚步，低头垂肩，满脸沮丧。如果这些人刚听到一个好消息，或者只是对自己做的事感觉良好，我们立刻就能觉察到：走路连蹦带跳，时而开怀大笑。从他们的声音中就能听出兴奋之情。在一项研究中，高表达性的女性被告知她们正确地回答出了几道很难的问题后，就忍不住笑了起来（Friedman & Miller-Herringer, 1991）。

研究者发现，和情绪敏感性与强度一样，人们的情绪表达程度也存在着比较稳定的个体差异（Friedman, Prince, Riggio & DiMatteo, 1980; Gohm & Clore, 2000; Kring, Smith & Neale, 1994）。我们可以像其他人格特质一样，把人们放在一个连续体上，一端是高情绪表达的人，另一端的人几乎不表现出有关他们的内心感受的外显信号。和普通人的观察一致，研究者发现，女性比男性更善于表达情绪（Gross & John, 1998; Kring & Gordon, 1998; Lavee & Ben-Ari, 2004; Timmers, Fischer, & Manstead, 1998）。有趣的是，女性也比男性更善于通过表情理解别人的情绪（McClure, 2000）。

人们怎样表达自己的情感，对他们怎样和别人相处有重要影响。特别要指出，人们越多地表达自己的情绪，在爱情和亲友关系中遇到的问题就越少（Cordove, Gee, & Warren, 2005; Lavee, & Ben-Ari, 2004; Noller, 1984）。沟通有助于交往中的伙伴了解对方的感受，也有助于人际关系的和谐与满意。能自如表达情绪的人在理解他人情绪时较少感到困惑（King, 1998）。

情绪表达对心理健康也有益。在一项研究中，让被试填写一系列有关幸福感的问卷，并让其连续 21 天记录自己每天的心境 (King & Emmons, 1990)。被确定为高表达性的被试比低表达性的被试体验到的快乐更多，焦虑和内疚更少。其他研究者采用相似的程序发现，善表达者较少出现抑郁 (Katz & Campbell, 1994)。高表达性的人们的自尊高于低表达性的人 (Friedman et al., 1980)。总之，情绪的表达对我们是有益的。在第十二章，我们将讨论幸福感与情绪表达之间为什么有这种关系。

五、乐观主义和悲观主义

近年来，研究者意识到，积极地看待事物与较高的成就和积极的心境相关 (Taylor, 1989)。面临即将发生的事件时，和那些认为事情会变糟的人相比，相信自己能做好的人，更可能表现出色且自我感觉良好。同样，当遇到特殊困难时，相信自己能战胜困难者比认为自己不能克服困难者更可能表现出色且感觉良好。在一项研究中，询问接受心脏移植手术的患者，他们在手术前有何期望 (Leedham, Meyerowitz, Muirhead, & Frist, 1995)。结果，有积极期望的患者比那些想法消极的患者的术后适应要好得多。

但是，研究者还发现，乐观和悲观并不仅仅与特定的事件或困难有关。像本章讨论的其他特质一样，心理学家能够根据人们迎接生活中的挑战的方式，来查明这种个体差异 (Scheer & Carver, 1985)。我们可以把人们放在一个连续体上，一端是以最乐观的眼光看待生活的人，另一端是以最悲观的眼光看待世界的人。由于人们持有这两种观点的程度相对稳定，所以研究者有时把这一人格变量称为**素质性乐观主义**。

研究者把素质性乐观程度高与低的人相比较时往往发现，乐观主义有明显优势。乐观地面对生活的人比悲观的人取得的成就更多 (Crane & Crane, 2007; Brown & Marshall, 2001; Segerstrom, 2007)。乐观主义者给自己设置较高的目标，有效地优先考虑他们的目标，相信自己能达到这些目标 (Geers, Wellman & Lassiter, 2009)。研究者发现，就像很多小说中的人物一样，一个人对自己能力的信心是取得成功的关键。尤其是乐观主义者不会因挫折和暂时失败而退却 (Gibbons, Blanton, Gerrard, Buunk & Eggleston, 2000)。几位研究者考察了刚开始工作的人寿保险推销员在销售中遇到顾客拒绝时做何反应 (Seligman & Schulman, 1986)。他们发现，在第一年里，悲观者的辞职人数是乐观者的两倍多。在工作很难取得进展的时候，许多悲观主义者认为情况再也不会好转了。同时，那些不气馁并坚持下来的乐观主义者比悲观的同事推销出了更多的保险。

同其他许多人格变量一样，研究者发现，乐观主义、悲观主义与文化有关 (Chang, 2001; Fischer & Chalmers, 2008)。许多这类研究比较了生活在个体主义文化和集体主义文化背景下的人们（参见第一章）。一项研究让加拿大和日本的学生估计某些事件（例如，长寿和患皮肤癌）在他们的生活中发生的可能性 (Heine & Lehman, 1995)。日本学生普遍表达了比加拿大学生更悲观的看法。另有研究者在不同文化背景下比较了乐观主义和悲观主义测量的得分 (Chang, 1996; Lee & Seligman, 1997)。这些研究者也发现，来自亚洲的被试比来自个体主义文化背景下的被试更悲观。下面将会讲到，由于乐观主义和悲观主义同应对方式、幸福感和健康有关，所以这些文化差异对面临不同文化背景的人们的心理咨询工作者有重要意义 (Chang, 2001)。

（一）应对逆境

研究者发现，乐观主义者和悲观主义者在面临意外的压力事件时，应对方式有明显差别 (Nes & Segerstrom, 2006; Rasmussen, Wrosch, Scheier & Carver, 2006)。来看在海湾战争中以色列居民体验到的压力 (Zeidner & Hammer, 1992)。在研究进行中，以色列海法市经常受到飞毛腿导弹袭击，研究者考察了该地区居民的应对和调节方式。结果发现，在样本中，素质性乐观主义者比悲观主义者较少体验到焦虑和抑郁。对不太严重的压力源进行考察，也得到了相似结果。研究者选择那些至少已花一年时间照顾患老年痴呆症配偶的男女为被试，考察了他们的适应情况 (Hooker, Monahan, Shifren, & Hutchinson, 1992)。结果发现，对生活抱乐观态度的配偶比那些悲观的照料者体验到的压力和抑郁少得多。另一项研究考察了经历亲人死亡或重病的人的健康状况 (Kivimaki et al., 2005)，发现在事件发生后的 18 个月中，乐观者比悲观者健康问题要少。

还有研究考察了乐观者和悲观者对疾病和治疗过程的反应，发现平时乐观的女性在乳腺癌手术后第一年比悲观患者较少感到沮丧；几年后，与悲观者相比，她们的适应水平更高 (Caver et al., 1993, 2005)。同样，素质性乐观的风湿病关节炎患者，在心理适应测量中得分高于悲观的风湿性关节炎患者 (Long & Sangster, 1993)。另一项研究比较了 6 个月前做过动脉搭桥术、正在恢复中的男患者的情绪和生活质量 (Scheier et al., 1989)。结果和其他研究一样，素质性乐观的男性在手术后的情况比悲观主义者好得多。

这些研究结果清楚地表明，乐观主义者应对逆境好于悲观主义者。但是，乐观主义的益处不限于战争和手术这类极端情境。研究者考察了大学生对校园生活的适应 (Aspinwall & Tayle, 1992)。持乐观态度的大学新生适应大学第一学期的要求明显比悲观的学生更轻松。

显然，素质性乐观主义者比悲观主义者在掌控压力情境方面做得更好。为什么会这样？乐观主义素质怎样帮助人们自如地应对生活中的危机和挑战？答案之一是，乐观主义者和悲观主义者运用不同的策略应对他们遇到的问题 (Lai & Wong, 1998; Peacock & Wong, 1996; Scheier, Carver & Bridges, 2001; Scheer, Weintraub & Carver, 1986)。乐观主义者更多地直面问题，就是说，他们使用积极的应对策略（参见第六章）。相反，悲观主义者面临困难时更多地采用自我分心或拒绝策略。一项研究比较了乐观主义和悲观主义的大学生面对大考的应对策略 (Chang, 1998)。如图 8.4 所示，乐观主义者采用直接解决问题的方法应对面临考试的压力，例如，努力复习，把自己的体会跟其他同学交流。然而，悲观主义者通过胡思乱想和回避交往来应对焦虑。

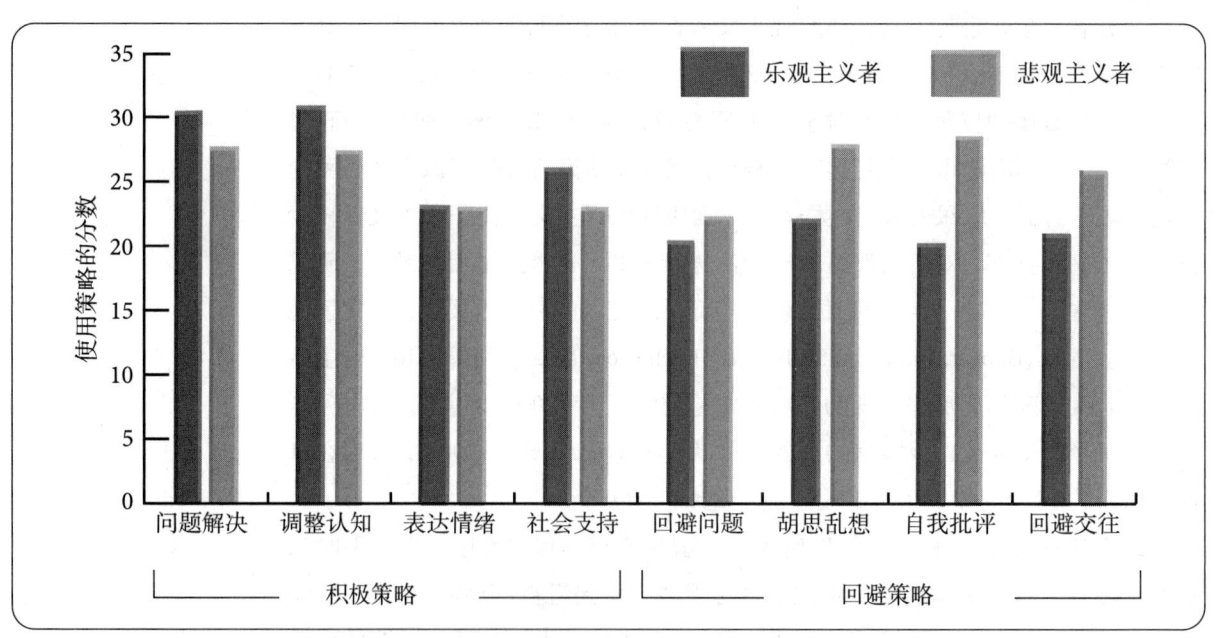

▶ 图 8.4 乐观者和悲观者使用应对策略的比较

来源："Dispositional optimism and primary and Secondary appraisal of a stressor," by E. C. Chang, *Journal of Personality and Social Psychology*, 1998, 74, 1109–1120. Copyright © 1998 by the American Psychological Association.

研究者在考察乐观主义者和悲观主义者面临的其他类型的压力时，发现了相似的模式。在一项研究中，乐观主义的癌症患者比悲观主义者更多地运用积极应对策略 (Friedman et al., 1992)。乐观的患者尽其所能地应对他们的癌症，并且向别人说出自己的感受。悲观的患者不去想自己的病情，把感受闷在自己心中。在前面提到的一项研究中，患乳腺癌的乐观的女性比悲观者更多地在患病早期就做出治疗计划，并且会运用像幽默这样的积极应对策略 (Carver et al., 1993)。悲观的患者更多地运用拒绝策略。对动脉搭桥术后恢复期的男性的研究发现了相似的模式 (Scheier et al., 1989)。甚至在大学新生应对初进大学的压力时也显示出了这种在应对策略使用上的差异。乐观的学生以直接解决问题的方式来应对新课程、新朋友和新的社会压力。而悲观的学生更多以尽量长时间地假装问题不存在或以简单回避的方式面对这些问题。

（二）乐观主义和健康

研究者还发现，乐观主义对健康也有好处。乐观主义者的身体健康通常要好于悲观主义者 (Baker, 2007; Conway, Magai, Springer & Jones, 2008; Rasmussen et al., 2006; Segerstrom, 2007)。一项研究先根据一些男性被试多年前写的散文，确定他们在 25 岁时的乐观和悲观状况 (Peterson, Seligman & Vaillant, 1988)，到这些被试45岁和60岁时，样本中的乐观主义者比悲观主义者的健康状况更好。

为什么乐观主义者比悲观主义者更健康？乐观主义与健康之间的关系似乎很复杂，但是研究者查明了几种可能的联系 (Peterson & Bossio, 2001)。例如，我们知道乐观主义者喜欢建立广泛的社交圈子，在遇到困难时会求助于朋友 (Brissette, Scheier, & Carver, 2002)。相反，被诊断为乳腺癌的悲观的妇女倾向于减少与朋友的接触 (Carver, Lehman, & Antoni, 2003)。很多研究发现，社会支持有利于健康。乐观主义者的免疫系统更强 (Kamen-Siegel, Rodin, Seligman, & Dwyer, 1991)。反之，悲观主义者因为经常体验消极情绪，因此血压更高，这可能影响他们的健康 (Raikkonen & Matthews 2008)。

乐观主义者比悲观主义者更健康，对此的最好的解释也许是，乐天派的心胸导致了有利健康的态度和行为。例如，研究者考察了参加一组心脏康复项目的病人 (Sheppperd, Maroto & Pbert, 1996)。所有病人都是在突发心脏病或者被诊断为某种心血管疾病之后参加项目的。与悲观的病人相比，乐观的病人在减少饱和脂肪摄入、减轻体重以及提高供氧量方面做得更好。乐观的被试确信，他们能够实现康复目标，并朝着这个方向努力。研究还发现，乐观主义者比悲观主义者更关注健康信息 (Aspinwall & Brunhart, 1996)，较多地锻炼身体，吃健康食品 (Giltay, Geleijnse, Zitman, Buijsse & Kromhout, 2007)，较少沾染有损健康的习惯，如吸食致瘾物 (Carvajal, Clair, Nash, & Evans, 1998)。另外，悲观主义者持有的宿命论观点可能使他们不会采取合理的预防或保障措施（例如，开车系安全带或者指定专门的驾车人）。几位研究者发现，悲观主义者，尤其是遇事就往坏处想的人，比乐观主义者更容易遭遇致命事故 (Peterson, Seligman, Yurko, Martin & Friedman, 1998)。

（三）防御性悲观主义

上述研究清楚地表明，乐观主义态度比悲观主义态度更容易带来快乐和成功。但是我们怎么来解释斯帕基·安德森 (Sparky Anderson) 现象？安德森是美国棒球运动史上最成功的教练之一。他在大联盟担任主教练的时间超过 1/4 个世纪，他率领球队获得冠军的次数在棒球史上仅次于另外两位主教练，他还是同时赢得美国全国棒球协会和美国棒球职业大联盟两项冠军的第一位主教练。我们可能认为，斯帕基·安德森像多数主教练那样，是个自信而乐观的人。但是我们想错了。每次穿上西装准备上阵时，激励安德森的却是另外的东西——对失败的恐惧。虽然他指导过近 4000 场比赛，经验丰富，但到每个比赛日的早晨，他就开始紧张，而且一整天都如此。他考虑可能出错的所有细节，估计球队失利的所有方式。在安德森已经具备丰富经验和累累战功之后，只要一想到即将开打的比赛，他还会双手发抖，甚至拿不稳一杯咖啡 (Antonen, 1993)。

斯帕基·安德森为我们展示了某些人在面临一项任务时所使用的另一种策略。研究者把这些人称作**防御性悲观主义者** (Norem, 2001, 2008)。与只是做最坏预期的悲观主义者不同，防御性悲观主义者做出的沮丧预期，只是应对当前事件时故意采用的策略。防御性悲观主义者在想到失败时，不仅对最坏的结果感到忧虑和担心，而且告诉自己，他们在即将来临的任务中可能做得不好。当研究者让学生们估计自己在下次考试中成绩如何时，防御性悲观主义者的预期明显比多数学生更差 (Norem & Cantor, 1986a, 1986b)。

为什么有人会刻意采用这种悲观主义的方式？其实，防御性悲观主义者并不希望失败。相反，正是对失败的恐惧激励了他们。防御性悲观主义者持这种沮丧的观点可能出于两个原因：第一，这些人应对失败的方式之一就是提前设定一个较低的预期。对于防御性悲观主义者来说，如果一直预期失败，失败刺激就会减弱。经过这样的低预期,当成功到来时,体验的可能是更加甜蜜。第二,真正失败的可能性会促使防御性悲观主义者更努力。成功的喜悦似乎不足以激励这些人,相反,害怕自己做不好却能给他们提供动力。

真的有人会策略性地预期最坏的结果吗?来看一项对成绩优秀的大学新生的研究 (Cantor, Norem, Niedenthal, Langston & Brower, 1987)。心理学者用自陈式调查表区分出他们中的哪些人是防御性悲观主义者,哪些人是素质性乐观主义者。这两组学生在中学时的成绩同样好。防御性悲观主义者的平均成绩是 3.81 分,乐观主义者的平均成绩是 3.83 分。在预期自己第一学期的成绩时,防御性悲观主义者的预期平均成绩是 3.24 分,而乐观主义者的预期是 3.64 分。显然,两组学生对自己学习成绩的预期不同。

这些不同的预期会怎样影响学生的实际学习成绩?一方面,我们预料,预言的自我应验机制会在这里起作用。它指的是心理学家发现的,人们在测验中表现差是由于他们对结果的预期差。另一方面,防御性悲观主义者的策略并非要失败,而是让自己对可能的坏结果做好准备。事实上,防御性悲观主义者和乐观主义者花在课业上的时间大体相当。结果,第一学期考试分数公布时,防御性悲观主义者的平均成绩是 3.34 分,与乐观主义者的 3.38 分近乎相同。他们的低预期似乎完全没有负面影响。

另几项研究也证实:当面临可能的失败时,防御性悲观主义者会故意地考虑那些使他们焦虑的事情 (del Valle & Mateos, 2008; Gasper, Lozinski & LeBeau, 2009; Norem & Illingworth, 2004; Sanna, Chang, Carter, & Small, 2006)。他们专注于消极事情而不是积极事情,真会使他们受益吗?如果防御性悲观主义者不思考这些担忧的事情又会怎么样呢?为了找到答案,研究者告诉一些防御性悲观主义者,马上要对他们进行一系列的心算测验 (Norem & Illingworth, 1993)。研究者让一半被试做防御性悲观主义者在面临这类任务时一般会做的事情。他们按指导语反思自己在面临测验时的想法和感受,并写出来交给主试。让另一半被试做文字校对,做这种分心的事情可以防止他们思考马上要做的算术测验。研究者在测验之前测量了被试的心境,然后进行心算测验。如图 8.5 所示,思考测验带来的担心和忧虑的防御性悲观主义者比不这样做的被试感觉更好。此外,把自己的想法写出来的防御性悲观主义者的心算测验成绩比测验前做分心事情的被试更好些。

这一实验结果表明,在测验前考虑到坏结果对一些人真的有帮助。这一策略是否对所有人都适用呢?答案是否定的。研究者用同样的实验对素质性乐观者也进行了考察。与防御性悲观主义者相反,在测验前想这些事情使乐观主义

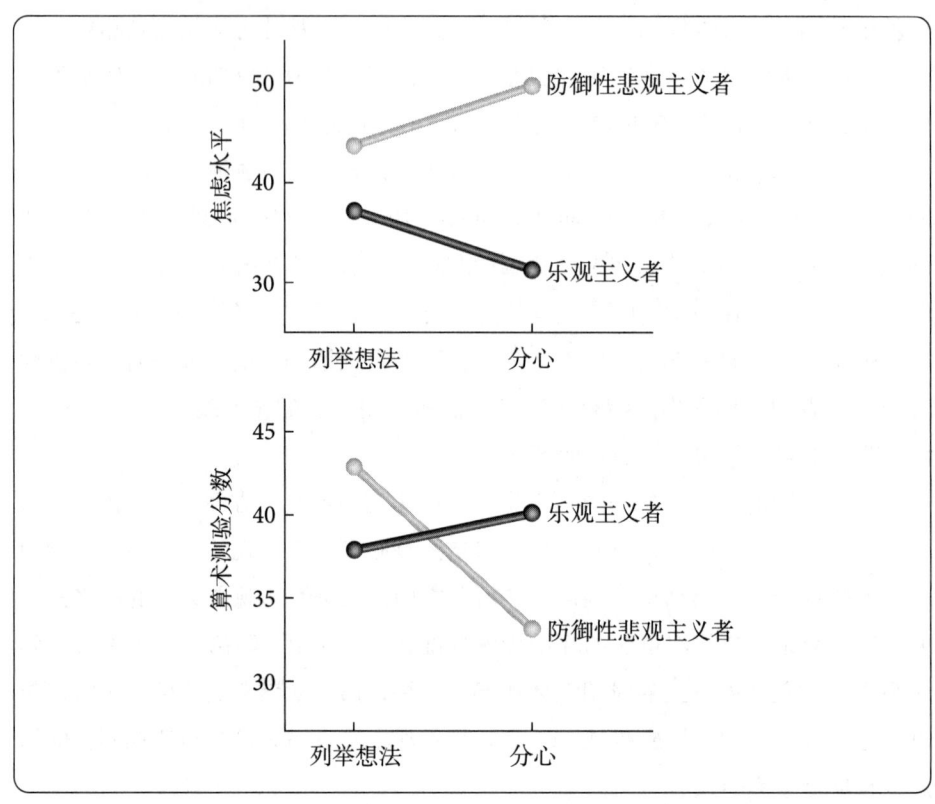

> 图 8.5 焦虑水平和算术测验分数

来源："Strategy-dependent Effects of Reflecting on Self and Tasks: Some Implications of Optimism and Defensive Pessimism," by J. K. Norem and S. S. Illingworth, *Journal of Personality and Social Psychology*, 1993, 65, 822-835. Copyright © 1993 by the American Psychological Association.

者更焦虑，并导致他们在心算测验中的表现较差。如果可以选择，乐观主义者会期望成功而不愿意思考失败。乐观主义者用这种方式避免在想象失败局面时的焦虑。有研究发现，在玩投飞镖游戏时，如果允许乐观主义者在等待游戏时先放松10分钟，这些乐观主义者会投得最好 (Spencer & Noem, 1996)。可以想见，在这一研究中，如果让防御性悲观主义者想想他们怎样应对可能会犯的错误，他们会投得更好。

防御性悲观主义者聚焦于消极结果并从中获益，这种情况还不局限于成就情境。在一项研究中，告诉防御性悲观主义者，他们要和一个陌生人做简短交谈，然后，那个人要对他们做出评价 (Showers, 1992)。这一实验在许多方面与约会、初次会面和其他社交情境相似，在这些场合里，人们都会努力给别人留下一个好印象。和较早的实验一样，让一半防御性悲观主义者采用他们常用的策略。这些被试按指导语思考在马上开始的谈话中可能做错的所有事情（例如，长时间尴尬的沉默）。让另一半被试想象好结果（例如，一次轻松流畅的交谈）。然后让被试与一个不认识的学生交谈五分钟。谈话进展将会如何？和只能考虑好结果的防御性悲观主义者相比，可以思考坏结果的防御性悲观主义者说的话明显更多，也更被交谈对象喜欢。另外，研究者考察了那些通常以乐观态度对待其社交对象的人们，结果没有发现这种模式。可见，像在成就情境中一样，在社交情境中考虑坏结果显然也能使一些人做得更好。

六、小结

（1）成就动机是数十年来的一个重要研究课题。该领域的很多早期研究以亨利·默里对高成就需要者的描述为基础。近期研究关注归因和成就目标对成就行为的影响。研究者发现，掌握目标往往比成绩目标带来更多的成就。

（2）对A型行为模式的研究始于医学专家对心脏病患者的观察。早期研究者曾发现A型行为与心血管疾病有很强的关系，但后来的研究并不总能重复这一发现。研究者现在发现，A型中的一个成分——敌意，对早期研究中发现的心血管疾病增多有影响。

（3）对社交焦虑人群的研究找到了妨碍羞怯者与别人正常交往的一些特征明显的行为。羞怯者在社会交往中一般会怕难为情，不愿求助别人，常把谈话对象的反馈理解为拒绝。研究表明，社交焦虑的人被评价恐惧困扰。羞怯的人为了回避别人的负面评价，会限制自己的社会交往，或使这种交往更简短和愉快。缺乏自信使社交焦虑者很难主动发起与别人的谈话。

（4）虽然情绪会随着时间和情境而波动，但是研究者已经找到具有相对稳定个体差异的三个情绪特征，即情绪敏感性、情绪强度和情绪表达。

（5）在从素质性乐观主义到素质性悲观主义的连续体上，可以为每个人找到位置。研究者发现，乐观主义者之所以应对逆境更有效，是由于他们比悲观主义者使用了更多的积极、直接的应对策略。研究者还考察了防御性悲观主义者。这些人会故意地专注于事情的坏结果，以便鞭策自己做得更好。

关键术语

成就目标　achievement goals (p.191)
情感强度　affect intensity (p.207)
防御性悲观主义者　defensive pessimists (p.214)
素质性乐观主义　dispositional optimism (p.210)
情绪敏感性　emotional affectivity (p.203)

情绪表达　emotional expressiveness (p.209)
评价恐惧　evaluation apprehension (p.201)
成就需要　need for Achievement (p.185)
社交焦虑　social anxiety (p.198)

第九章

生物学流派：
理论、应用与评价

一、汉斯·艾森克的人格理论

二、气质

三、进化人格心理学

四、应用：儿童气质与学校教育

五、评价：脑电活动与大脑不对称性

六、生物学流派的优势与批评

七、小结

有人对你说过你的举止像你的父母吗？大概有亲戚这样说过："你真是你妈妈的儿子（女儿），没错。"我哥哥的急性子就经常被说成是"遗传了他爸爸"。我认识一对夫妇，他们对女儿未婚夫的家庭比对其本人更关心。他们跟我说，见一见新亲家，就知道将来他们的外孙是什么样。这些例子说明，孩子继承了父母的许多特点，这一看法在社会上被广泛认可。人们认为，父母不仅会把眼睛颜色、身高等生理特点通过基因遗传给孩子，而且孩子的人格也像父母。

　　尽管习俗观念多年来承认生物因素在人格发展中的作用，但许多心理学家却不这么认为。几十年前，一些学院派心理学家曾把所有健康新生儿看成是"白板"，差异也许仅限于智力或身体技能，他们有相同的可能性形成任何一种成人人格。不同的成人人格被归因于不同经验，特别是成长早期父母的不同教养方式。但是，这一观点已经改变了。有声望的心理学家不会声称，成年后的人格是天生的，但是也很少有心理学者否认，人格至少有一部分来自遗传的生物学差异。

　　遗传会影响人格，对这一观点的接纳，是与另一种日益明确的认识同时发生的，即，不能把人格与生物因素分开。研究证明，人们并不是都具有同样的生理机能。我们已能确定人们的脑电活动、激素水平、心率反应和其他一些生理特点的差异。对人格心理学者来说，更重要的是，这些生物差异会转换成行为差异。本章最后阐述脑电波的个体差异时，将介绍一个这方面的例子。

　　近年来，我们也越来越认识到，人格像人的其他特点一样，是世代进化的产物。生物学家发现，考察物种生理特征的进化功能非常有用，同样，心理学家发现，探讨进化问题对理解人格的一些特点也很有用。

　　生物性对人格有影响的观点日益被接受，这在一定程度上反映出，行为主义对科学心理学工作者思想的影响逐渐减弱。正如第十三章将介绍的，早期行为主义者忽视新生儿的个体差异，有人甚至声称，只要对儿童的经验给予足够的控制，他们可以把儿童的人格塑造为他们想要的任何一种人格。如今，大概已经没有一个行为主义者会坚持如此极端的观点。这种对"白板"说的背离也受到已有研究的驱动，这些研究清楚地表明，人格至少有一部分是从父母那里遗传来的。我们将在第十章介绍这些研究。

　　在本章中，我们将讨论心理学者运用生物学理论解释人格的三个途径：第一，我们介绍汉斯·艾森克对人格的描述，他的理论几十年来对人格研究都是一种有影响的模型。从一开始，艾森克就认为，他所描述的人格个体差异是基于生理差异的。第二，我们要考察所谓"气质"的这种一般素质的个体差异。

有充分的理由可以相信，不同气质是基于生物学差异的。心理学者已经成功地在婴儿中查明了一些气质差异。第三，我们会考察进化人格心理学这一人格研究领域。采用这一方法的心理学者借用了生物学里自然选择的概念来解释人类的许多行为。

这三个理论观点清晰地表明，要想完整地理解人格，就必须超越这一学科的早期界限。认为人格与生理结构毫不相干的观点对思考人格问题已不足取。

一、汉斯·艾森克的人格理论

多年前，心理学界的习惯性观念还认为，人格来自经验。但当时有一位受人尊敬的心理学家辩称，人格更多地决定于生物结构，其影响超过父母的行为或犯的错误。虽然汉斯·艾森克的人格理论在本领域一直受到尊重，但是对于他最初提出的、人格主要由生物特性决定的断言，很多人却是怀疑和容忍并存。现在，艾森克对个体差异的生物学因素的强调，与人们对生物学在人格中作用的认可越来越吻合了。

（一）人格结构

如同第七章介绍的雷蒙德·卡特尔和其他心理学家一样，艾森克致力于发现人格的基本结构。像这些特质研究者一样，艾森克运用因素分析法来查明他称之为类型或超级特质的基本数量。但是，与大多数特质研究者不同，艾森克经过多年研究，把所有特质归结为三个基本人格维度。他把这三个人格维度命名为外向—内向性、神经质和精神质。

艾森克的研究方法是先把人格因素分成可以按等级排列的不同单元（见图9.1）。在这一系统中，基本结构是包含个别行为的特定反应水平。举例来说，如果我们看到一个人整个下午都在与朋友说笑，我们就看到了一个特定反应。如果这个人每个星期都有几个下午与朋友一起度过，我们就有了艾森克模型中的第二个水平——习惯性反应的证据。但是似乎这个人并不是把自己的社交局限在下午，也不只限于这些朋友，他还把大部分的周末和不少的晚上用于社交活动。如果你观察的时间足够长，你就会发现，他生活在社交聚会、小组讨论和派对之中。按照艾森克的理论，你就能得出结论，这个人表现出好交际的特质。艾森克还声称，像好交际这样的特质是一个更大的人格维度的一部分。也就是说，好交际的人还倾向于冲动、主动、活跃和兴奋。所有这些特质构成了艾森克所说的外向性超级特质。

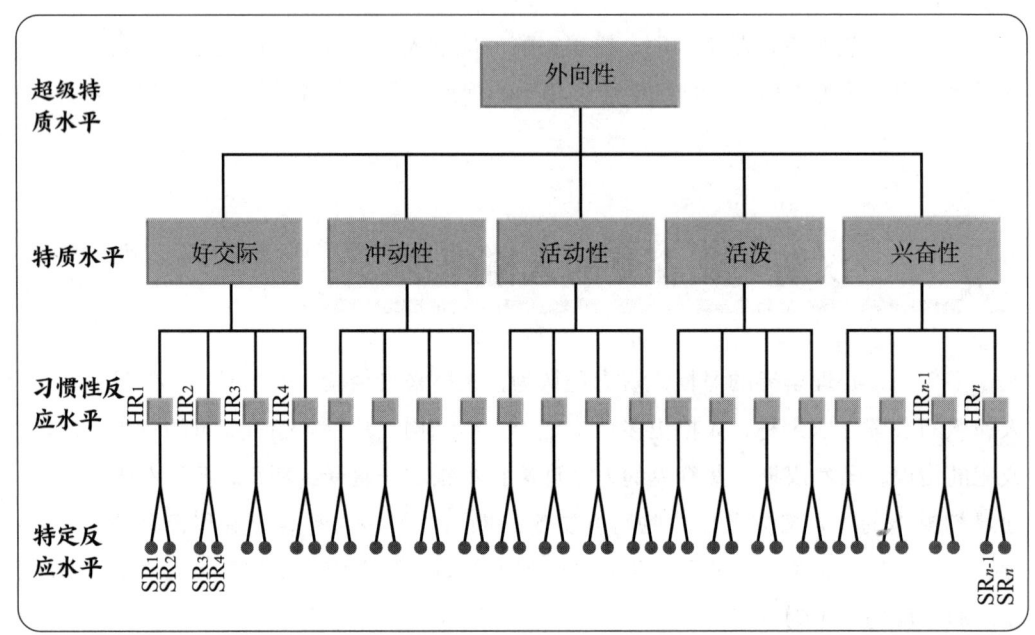

图 9.1 艾森克的人格层级模型

这样的超级特质有多少个？最初，艾森克用因素分析得出两个最基本的维度，它们可以包括其他所有特质：内向—外向性和神经质。由于这两个维度相互独立，因此得分处在第一个维度的外向性一端的人，在第二个维度上的得分可高可低。如图 9.2 所示，一个外向性得分高而神经质得分低的人，与一个在外向性和神经质两维度上都得高分的人，具有不同的特质。

如果你是典型的外向型，你就是"开朗、冲动和非抑制的人，社交活动广泛，经常参加群体活动。典型的外向者善于社交，喜欢聚会，朋友多，需要有人与之交谈，不喜欢一个人读书学习"(Eysenck & Eysenck, 1968, p. 6)。内向的人是"安静、退缩、内省的人，喜欢读书而不喜欢人群；除了对亲密朋友外，他是冷淡而保守的人"(p. 6)。当然，大部分人处于这两个极端之间的某个位置，但每个人或许都会更靠近某一端。

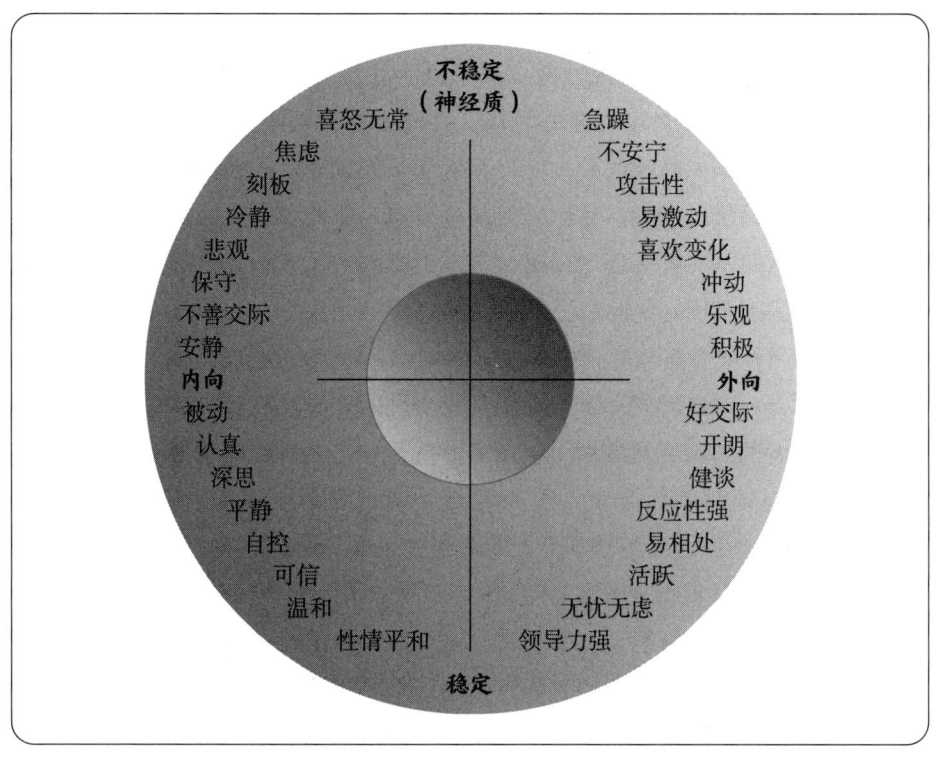

图 9.2 艾森克两种主要人格维度的相关特质

来源：Eysenck, H. J., and Eysenck, B.G. (1968), *Manual for the Eysenck Personality Inventory*, San Diego: EDITS. Translated and reprinted by permission of Educational and Industrial Testing Service.

艾森克模型的第二个主要维度是神经质。在此维度得分高则倾向于做出情绪化反应。我们有时把高神经质的人称为不稳定的或情绪化的人。他们常对微小挫折做出强烈的情绪反应，并长时间被这样的情绪笼罩。他们比多数人容易激动、气愤和抑郁。处在神经质维度另一端的人很少大发脾气，也较少有情绪波动。

根据后来的研究，艾森克加入了第三个超级特质：精神质。在这一维度上得高分的人被描述为"自我中心、攻击性、缺乏人情味儿、冷漠、缺乏同情心、冲动、不关心他人，通常不关心别人的权利和福祉"（Eysenck, 1982，p. 11）。不用说，在这一维度得分特别高的正是那些应该接受审判或心理治疗的人。

（二）生理差异：刺激敏感性与行为系统

艾森克认为，外向者和内向者不但行为不同，而且其生理结构也不同。起先，他认为外向者和内向者在无外界刺激的休息状态下，大脑皮层唤醒水平不同 (Eysenck, 1967)。乍一听他好像说反了，他说外向者的皮层唤醒水平通常比内向者更低。由于什么也不做的时候，外向者的皮层唤醒水平比他们要求得低，所以他们会寻求高唤醒的社交行为。从某种意义上来讲，极端外向的人只是在极力避免讨厌的无聊。他们的问题是要满足他们对刺激的需要。内向的人正相反。典型的内向者所处的皮层唤醒水平比其最佳水平高。这些人会选择僻静的、无刺激的环境，使他们已经很高的皮层唤醒水平不会变得更高。正是由于这个原因，外向者喜欢嘈杂的聚会，而内向者却想马上离开。

遗憾的是，许多研究都未发现艾森克所说的皮层唤醒基线水平的差异。内向者和外向者的大脑特定区域对情绪刺激的反应方式确实有差异 (Canli, 2004)，但是，在休息或睡眠状态下，内向者与外向者的脑电活动没有显示出差异 (Stelmack, 1990)。但这并不意味着艾森克最初的理论毫无根据。大量证据表明，内向者比外向者对刺激更敏感 (Bullock & Gilliland, 1993; Stelmack, 1990; Swickert & Gilliland, 1998)。也就是说，受到外部刺激时，内向者的唤醒更快、更强。在喧闹的音乐或活跃的社交活动刺激下，内向者更容易被唤醒。内向者受到化学刺激（如摄入咖啡因或尼古丁）时，比外向者更易产生反应。

由于这些研究结果，现在很多研究者根据人对刺激的敏感性不同、而不是根据皮层活动性来描述外向者和内向者。但是，其效果在本质上相同。由于生理差异，内向者很快就会被喧闹的社交聚会的刺激搞得晕头转向，而外向者却觉得，这样的聚会很开心。看慢节奏电影或听舒缓音乐时，外向者很快会厌倦，但内向者却觉得这些细腻的刺激魅力十足。

另一些研究者从强化敏感性的生物基础角度来解释外向和内向的差异。根据强化敏感性理论 (Gray, 1982, 1987; Gray & McNaughton, 2000)，每个人的大脑都有一个**行为接近系统**和一个**行为抑制系统**。这两个假设系统的大脑准确定位和具体过程仍在探索中。但是无论如何，像其他人格概念一样，人们认为个体的这两个系统的强度不同，且个体差异跨时间相对稳定。行为接近系统较活跃的人被强烈推动去寻求并达到快乐目标。和这一维度的较弱者相比，他们更多地从奖励中获得快乐，并且享受着即将受到奖励的预期。行为接近系统较活跃的人在不能得到预期的快乐时，会体验到更强的愤怒和挫折。行为抑制系统较活跃的人比别人更忧虑。他们进入新情境时非常谨慎，不断地寻找危险信号，并且迅速退出可能招致麻烦的情境。一点也不奇怪，他们比此维度低端者体验到更多的焦虑。

至于说这两个假设系统与外向内向有何联系，人们仍在讨论中 (Smillie,

汉斯·艾森克
1916—1997

假如遗传对人格起很大作用的话，我们可以说，汉斯·艾森克 (Hans J. Eysenck) 生来就是那种无论到什么地方都会成为注意中心的人。艾森克1916年生于德国一个名流家庭。其父艾杜阿德·艾森克是一位著名演员、歌唱家，在欧洲曾经是一个舞台偶像。他的母亲艺名赫尔加·莫兰德尔，是一位无声电影明星。他们为汉斯计划了灿烂的演艺前程。8岁时，汉斯就在一部动作片中饰演了一个小角色。但是，像如今的许多好莱坞婚姻一样，汉斯的父母在他小时候就离婚了（母亲后来嫁给另一位演艺界人士）。艾森克童年的大部分时光是与祖母在柏林度过的。

在柏林的公立学校毕业后，反叛的艾森克决心从事物理与天文学职业，这已引起家人的不满，他还要出国。在法国待了一年后，他来到英格兰，最终在伦敦大学获得博士学位。与那一时代的许多人一样，艾森克在1934年离开德国，部分原因是要逃离纳粹的崛起。他回忆道："如果我想读大学，就必须加入纳粹冲锋军。我知道，在我那不幸的祖国，我是没有前途的。(Eysenck, 1982, p.289)"由于艾森克是德国公民，他不能加入英国军队。第二次世界大战期间，他在一家急救医院工作。

"二战"后，艾森克重返伦敦大学，在那里度过他漫长的职业生涯，出版了79部著作和1000余篇论文 (Farley, 2000)。

虽然他没有进入父母期望的演艺界，但他没有避开公众的眼睛。艾森克似乎经常寻求并投入心理学界最大的争论。1952年，他发表了一篇论文，质疑心理治疗的有效性。他特别批评了精神分析，指出当时有实证证据显示，接受精神分析治疗比不接受治疗好不了多少。他声称人的智力差异大部分来自遗传，这引发了更大的争议。因此，他经常被不公正地与那些认为智力有天生种族差异的人相提并论。1980年，艾森克在一本书中辩称，吸烟导致的疾病并不像人们认为的那样严重。当人们发现他的这一研究得到美国烟草商赞助后，对他的批评更加激烈。

艾森克一生的好斗风格被一位传记作家形容为"知识界的斗士"(Gibson, 1981, p. 253)。艾森克无疑喜欢这一称呼。他写道："从我青年早期与纳粹对立，到我与弗洛伊德和投射技术对立，提倡行为疗法和遗传学研究，以至近期的许多问题，我一直反对多数派，支持少数派，（但是）我更愿意认为，在这些问题上，多数人错了，而我是对的。(Eysenck, 1982, p. 298)"

Pickering & Jackson, 2006）。但多数研究者认为，行为接近系统与外向有关，行为抑制系统与内向有关。也就是说，行为接近系统较活跃者与外向性得高分者相似，行为抑制系统较活跃者与内向性得高分者相似。用于测量行为接近系统、行为抑制系统的量表和测量外向—内向性的量表之间确实有相关，但相对来说，这种相关还远远无法令人满意 (Jackson, 2009)。看来，概念之间是相关的，但二者并不是同样的东西。

尽管如此，我们在思考这些术语时，可以把外向者看作更易察觉、更受承诺有奖励的情境吸引的人。只要外向者一有机会欢度时光，他们就会积极地接近这些渴望的对象。结果，外向者比内向者更冲动，更可能在聚会中或玩过山车时找到自己。这种描述的一个潜在含义是，外向者并不一定被所有的社交情境吸引，只有那些可能带来快乐的情境才能吸引他们 (Lucas, Diener, Grob, Suh & Shao, 2000)。研究者发现，如果外向者认为一些非社交情境（如独自散步的经历）是愉快的，他们就真比内向者更偏好它 (Lucas & Diener, 2001)。

（三）人格的生物学基础

> 遗传力不是一个确定值。一旦你意识到自己遗传了什么，你就可以根据它做很多事情。
> ——汉斯·艾森克

艾森克 (1990) 在解释人格的个体差异基于生物基础时，提出了三个论据：第一，他注意到外向—内向性具有跨时间的持续性。一项研究发现，被试在持续 45 年的时间里，外向—内向性测量得分相当稳定 (Conley, 1984, 1985)。当然，仅仅有这一个发现还不能确认外向—内向性由生物性决定，也可能是因为人们在一生中或者在其人格特点的发展时期所处的环境保持着相似性。

第二，艾森克用跨文化研究结果作为论据。他指出，在具有不同文化背景和历史的许多国家和地区进行的研究都发现了人格的外向—内向性、神经质和精神质这三个维度 (Barrett & Eysenck, 1984; Lynn & Martin, 1995)。此外，艾森克还辩称，这三个"超级因素"不仅出现在他的研究中，也出现在别人用不同数据收集方法所做的研究中 (Eysenck & Long, 1986)。艾森克推断，如果生物因素对人格不起主要作用，那么这种跨文化一致性根本不可能出现。

第三，艾森克指出，一些研究结果显示，遗传对人格三维度的每个维度都起重要作用。第十章将详细介绍，研究令人信服地表明，每个人都遗传了内向或外向的素质。

艾森克在分析了以上三个方面的证据后，还加上一点自己的直觉，他宣称 (1982)，人格发展中 2/3 的变异来自生物因素。虽然准确数字可能没这么高，但是不断有研究数据证明，外向者和内向者在许多生物学测量上存有差异 (Cox-Fuenzalida, Gilliland & Swickert, 2001; Doucet & Stelmack, 2000; Stelmack & Pivik, 1996)。这并不等于说，环境因素不起作用。但是，第十章回顾的证据说明，生物因素会限制我们能在多大程度上把一个内向的朋友变成一个非常善于社交的人，或者把一个冲动、开朗的儿童塑造成一个安静、随和的成人。

你怎样度过闲暇时间？如果你是外向的人，大概从不会独自一人长时间地散步。如果你是个内向的人，度过紧张、忙碌的一天之后，你要靠长时间的散步来降低你的唤醒水平。

二、气质

如果你花几分钟时间观察托儿所里的学步儿，你肯定会注意到，即使在1岁以前，一些儿童的行为和其他儿童也有明显的不同。如果你在托儿所里工作一周，你就能区分出那些好动、爱哭的孩子和（但愿如此）几个总是安静快乐的孩子。这些差异可能是儿童在家里受到不同对待的结果，但是越来越多的研究者赞同，这些一般的行为类型在出生时就有所表现。他们声称，这些一般类型在人的一生中相对稳定，并影响其人格特质的发展。

但是这就意味着一些人生来善交际而另一些人生来害羞吗？可能不是。我们也许生来就具有形成某些行为类型的宽泛的倾向性。心理学家把这些一般行为倾向称为**气质**。气质是行为和情绪状态的一般模式，可以通过多种不同方式表现出来，和人的经验有关，并分属于不同的人格特质。

这些一般倾向怎样发展成为稳定的人格特质，取决于人的遗传素质与成长环境之间复杂的相互作用。

（一）气质与人格

虽然研究者赞同，气质是在新生儿身上即可见到的一般行为方式 (A. H. Buss, 1991)，但是他们对所观察到的不同气质如何分类，却不能总是取得一致 (Caspi, 1998; Clark, 2005; Clark & Watson, 1999; Evans & Rothbart, 2007; Rothbart, Ahadi & Evans, 2000; Shiner, 1998)，研究者在基本气质的数目上意见不一致。一个流行的模型划分了三个气质维度，即情绪性、活动性和社交性 (Buss & Plomin, 1984, 1986)。情绪性 (emotionality) 指情绪反应的强度。爱哭、易受惊吓、爱发脾气的孩子，其气质的情绪性水平高；如是成年人，则容易烦恼，可能是个"急性子"。活动性 (activity) 指一个人能量的一般水平。活动性水平高的孩子好动，喜欢跑跑跳跳的游戏，让他多坐一会儿，就会烦躁、扭动；高活动性水平的成年人总是忙忙碌碌，闲暇时间喜欢体育或跳舞之类高耗能的活动。社交性 (sociability) 指人与别人联系及交往的一般倾向，他的人缘及与人相处的特点。好交际的孩子喜欢找别的孩子一起玩；好交际的成年人朋友多，喜欢社交聚会。

气质是从哪里来的？因为我们能够在婴儿时确认气质差异，所以毫不奇怪，研究者发现气质主要来自遗传的证据 (Neale & Stevenson, 1989)。与几十年前很多医生和心理学者的看法不同，现在人们已普遍承认，并不是所有婴儿生下来时都一个样。那些难带的婴儿的父母往往对"典型"新生儿的描述感到苦恼，即新生儿只要放在摇篮里就睡觉，吃奶有规律，用平静可爱的声音回应父母的关注。幸好，如今大多数关于婴儿教养的普及书籍都会告诉父母，有些孩子比其他孩子更好动，更情绪化。

与日常观察一致，研究者也发现了气质的性别差异 (Else-Quest, Hyde, Goldsmith, & Van Hulle, 2006)。女孩比男孩更可能表现出一种努力控制 (effortful control) 的气质，例如能够集中注意和控制冲动。与女孩相比，男孩更可能具有活力 (surgency) 气质。这种气质模式包括高水平的活动性和交际性。这些性别差异在 3 个月大的婴儿身上就可以观察到。

我们能根据一个幼儿的气质水平来判断他成年后具有什么样的人格特点吗？在一定程度上讲，答案是肯定的。来看在新西兰丹尼丁镇进行的一项追踪研究结果 (Caspi, 2000; Caspi et al., 2003; Moffitt et al., 2007)。研究者对该城镇 91% 的出生于 1972 年 4 月 1 日至 1973 年 3 月 31 日的儿童在 3 岁时的气质进行了测量。他们把这些学步儿童划分为三种气质类型：适应良好的儿童 (well-adjusted)，他们表现出自我控制和自信等特点，接近陌生人和新环境很少有困难；难控制的儿童 (undercontrolled)，冲动，不安，容易分心；抑制型的儿童 (inhibited)，胆小、不愿参加社交活动，有陌生人在场就感到紧张。调查者测查了这些儿童从童年、青少年到成年初期不同时期的人格及行为发展的特点。适应良好的儿童长大后成为相对健康、适应良好的成人，但是，难控制的儿童和抑制型儿童的人生则大不相同。在小学阶段和青少年期，难控制的儿童在学校和家里较多地出现打架、说谎、不守纪律等问题行为，到成年初期，他们较多地遇到法律、就业和人际关系问题。抑制型儿童在成长中出现较多的烦恼和忧虑征兆。进入成年后，他们不善社交，较多地遭受抑郁的困扰。虽然气质并不是决定成人人格和行为的唯一因素，但是这项研究和其他研究都显示，气质在人格发展中的确起着重要作用。

从一般气质发展成为人格特质的过程是复杂的，它受到许多因素的影响 (Caspi, 1998; Rothbart & Ahadi, 1994; Rothbart, 2007)。虽然一个孩子的情绪性和活动性水平预示了其人格发展的可能方向，但这一发展过程还要受这个孩子成长经历的影响 (Ganiban, Saudino, Ulbricht, Neiderhiser & Reiss, 2008)。例如，一个高情绪性的孩子比低情绪性的孩子更可能成为一个攻击性的成人。但是如果父母鼓励他用解决问题的技能代替发脾气，也可能把高情绪性的孩子培养成一个合作、不爱攻击的成人。一个低社交性的孩子似乎不大可能成为一个开朗、善交际的成人，但是这个孩子也许能学会出色的社交技能，成为一个好朋友，并且学会用温和礼貌的方式去领导别人。

一般倾向能够影响人格特质的发展方向，原因之一是，儿童的倾向会影响他们的生活环境 (Caspi, 1998; Rothbart & Ahadi, 1994)。别人会对我们做出怎样的反应，他们是否能成为我们环境的一部分，这些都部分地取决于我们的气质。因此，好交际的孩子喜欢寻求一个与人共处的环境。父母对待一个总是烦躁、好动的孩子和一个总是安静睡觉的孩子的方式也会不同。这使好动的孩子与父母形成的关系与其他气质类型的孩子不同。气质还会使父母以外的他人产生对孩子的期待，从而影响他们对待孩子的方式。在一项研究中，幼儿园老师观察班上孩子们的一般活动水平,据此对他们的人格有不同期待 (Graziano, Jesen-Campbell, & Sullivan-Logan, 1998)。不难想象,这些不同的期待会导致不同的对待方式。

总之,成人人格是由遗传的气质和环境因素二者共同决定的。并且,气质会影响环境,环境又会影响气质变为稳定人格特质的方式。两个生来具有同样气质的孩子会变成不同的人。一个活动性水平高的孩子可能会变成一个爱攻击的、成功的或健壮的成人。但是这个孩子不会成为一个懒惰、冷漠的人。孩子生来不是一块任由父母写上他们想要的人格的白板。但是儿童的人格也不是出生时就设定好的,父母和社会只能听其自然。

(二) 抑制和非抑制儿童

几十年前,两位发展心理学家发表了他们关于人格特质稳定性的一项研究 (Kagan & Moss, 1962)。他们在儿童两三岁时测得其人格特质,等到他们 20 岁的时候,再次测得他们的人格特质。随着时间推移,大部分特质都有变化,但有一个特质显示出明显的稳定性。研究者发现,那些面临新环境时被动、谨慎的孩子,在长大后面对陌生人时,也会表现出相似的害羞模式。当时,环境决定行为的观点仍占主流,所以这两位研究者假设,这一稳定特质是父母在童年期塑造而成的某种类型的"获得性恐惧"。

如今,那些心理学家有了不同的解释。他们指出,这些不同的类型是遗传倾向造成的 (Kagan, 2003; Kagan & Snidman, 2004)。研究显示,大约 10% 的美国白人儿童是"抑制型的"儿童 (Kagan & Snidman, 1991a)。**抑制型儿童**是自我控制的、温和有礼的。当他们扔一个球或把积木搭的房子推倒时,动作也是"有控制的、抑制的、几乎是轻轻的"。抑制型儿童在进入一个陌生游戏室或遇见一个新的小朋友时,会抱住爸爸妈妈不放。他们慢慢地探索新玩具,可能在几分钟内一句话也不说。

非抑制型儿童表现出相反的行为模式,在研究样本中,大约 25% 的儿童属于非抑制型 (Kagan & Snidman,1991a)。这些孩子一进实验室就直接去玩一个新玩具,或往游乐设备上爬。他们在进入一个新的游戏区后,很快就开始讲话,即使他们事先并不知道别的孩子正在那儿玩。

一些孩子天生就对陌生情境有高生理唤醒反应倾向。当进入一个新环境面对陌生人时，这样的孩子表现出典型的"害羞"行为。

从表面上看，这两类儿童间的差异似乎是焦虑程度所致。但是，抑制型儿童并不是对什么都害怕，他们表现出了一种特殊的焦虑，心理学家称之为新异焦虑 (anxiety to novelty)。这些儿童对陌生人和陌生情境很谨慎，有时会害怕。抑制型学步儿常常离开陌生人，把脸藏在妈妈或爸爸的腿后面。成年以后，他们在新环境里也会表现得不自在，例如，会社交退缩或总是等别人先说话。

研究者从多种来源获得的证据显示，抑制型和非抑制型是与生俱来的生物性的气质特征。抑制型和非抑制型儿童从出生就表现出许多生理差异 (Fox, Henderson, Rubin, Calkins & Schmidt, 2001; Moehler, Kagan, Brunner, Wiebel, Kaufmann & Resch, 2006; Rosenberg & Kagan, 1989)。他们的体格、对厌恶的东西的敏感性、眼睛的颜色（抑制型儿童多为蓝眼睛）有所不同。和非抑制型儿童相比，抑制型儿童在出生后几个月里较多地出现烦躁、睡眠紊乱和慢性便秘。新生儿中对陌生刺激物做出心率加速、瞳孔变大反应者，后来被证实是抑制型儿童 (LaGasse, Gruber, & Lipsitt, 1989)。

关于生物基础的更多的证据来自对年长儿童和成人的研究。一项专门的脑成像研究发现，抑制型儿童和非抑制型儿童的大脑对事件和图像的反应不同 (Bar-Haim et al., 2009)。在另一项研究中，10—12 岁的抑制型男女儿童的脑干对噪音做出的反应与非抑制型儿童不同 (Woodward et at., 2001)。还有研究者发现，当向抑制型儿童呈现新奇的或不确定的刺激时，他们的杏仁核做出了不正常的强烈反应 (Perez-Edgar et al., 2007; Schwartz, Wright, Shin, Kagan & Rauch, 2003)。

当然，抑制型儿童表达焦虑的方式随着成熟也会改变。研究者发现，这种对不熟悉事物的恐惧贯穿儿童期直至成年期 (Gest, 1997; Kagan & Snidman, 2004; Moehler et al., 2008)。受过训练的记分人员观察 4 个月大的婴儿的运动动作，如胳膊和腿的动作、伸舌头、哭等，据此把婴儿划分为抑制型和非抑制型 (Kagan, 1989; Kagan & Snidman, 1991a, 1991b)。在这些孩子 9 个月、14 个月和 21 个月大的时候，心理学者观察了这些学步儿对不熟悉事件的反应，例如，看见一个木偶用生气的语调说话，给他们看一个可以玩的大的金属机器人。在这些孩子 14 个月和 21 个月大时，40% 的被划分为抑制型的婴儿表现出了恐惧，如哭或躲开，但是没有一个非抑制型婴儿有同样表现。

儿童到了上学年龄，仍可以观察到这些气质差异 (Rimm-Kaufman & Kagan, 2005)。一项研究在儿童 21 个月时测查了其对陌生情境的恐惧程度 (Reznick et al.,1986)。这些儿童 5 岁半时，他们再次被带到实验室，在各种情境中被观察。实验者记录了儿童在游戏室是如何与陌生孩子一起玩的，包括玩向下跳的游戏时自发地跳下落到垫子上，玩扔球游戏时的勇敢动作，等等，并对这些动作进行编码。如表 9.1 所示，在婴儿时曾经表现出抑制型行为模式的儿童，在 5 岁半时表现出了相似的行为。换句话说，在陌生情境中曾经抱住妈妈或爸爸不放的婴儿，在 4 年后的观察中表现出了相似的行为方式。

不难看出，这种对陌生事物的恐惧怎样把抑制型儿童推上了走向羞怯的道路。一项研究发现，抑制型儿童比非抑制型儿童更可能成为害羞的青少年 (Schwartz, Snidman & Kagan, 1999)。但是，后来怎样呢？抑制型儿童真的变成抑制型成人了吗？为回答这个问题，一项研究对 8—12 岁儿童的抑制性做了测量 (Gest, 1997)，近 10 年后，在这些被试刚进入成年期时，又对他们进行了测量。调查者发现，两次测量之间存在着 0.57 的高相关，说明那些安静、胆小的儿童在他们成年时仍然保持了很多类似特征。另一项研究发现，曾经是抑制型儿童，这是成人焦虑障碍，尤其是社交恐惧症的危险因素 (Biederman et al., 2001)。

表 9.1　21 个月时的抑制性测量与 5 岁半时行为的相关性

5 岁半时的行为	与 21 个月时的抑制性得分的相关系数
与陌生孩子游戏	0.43
实验室的活动性水平	0.38
看实验员	0.22
玩新玩具	0.19
自发跳下	0.40
扔球的勇敢程度	0.35
在幼儿园的社交性	0.34
母亲对其害羞的评价	0.36

注：得分越高，该早期抑制性分数越能预测其 5 岁半时的行为。
来源："Inhibited and uninhibited children: A follow-up study," by J. S. Reznick, et al., *Child Development*, 1986, 57, 660–680. Reprinted by permission of the Society for Research in Child Development, Inc.

这些结果是否意味着，抑制型儿童注定要成为一个羞怯的成人呢？所幸的是，答案是否定的。抑制型儿童的父母如果能敏感地察觉孩子对陌生情境的不适，并教会孩子如何应对陌生情境和陌生人，就能帮助自己的孩子。研究显示，许多企业领导人、社会工作者和演艺界人士都曾战胜自己的羞怯，享有交际广泛的生活。

最后一点，这一领域的大多数研究都关注抑制型儿童，但是研究者还发现，非抑制型儿童对他们自己身上的一些潜在问题也是敏感的。尤其值得注意的是，非抑制型儿童比其他儿童更可能出现破坏性行为障碍，包括攻击性和注意问题 (Biederman et al., 2001; Schwartz, Snidman & Kagan, 1996)。但是要指出，父母和其他人也会影响这些天生的气质在非抑制型儿童变成青少年和成人时如何表达。

三、进化人格心理学

想想最近让你感到焦虑的事情。就是说，最近让你感到紧张、烦躁或焦虑的两三件事情是什么？直接威胁到一个人生命财产的事情，如地震或遭抢劫，当然算是焦虑的来源，但在大部分人所列的焦虑清单上，很少有或根本没有此类事情。相反，多数人想到的事情是当众讲话、在聚会上做了傻事或与朋友闹了矛盾。换句话说，在你想到的情境中，至少有一个涉及别人的消极评价或是被别人拒绝。你清单上列出的其他事情也许仅仅预示着你可能会遭到某种社会拒绝，比如忘交作业，或在某天早上忘了使用香体剂。这一简单的测试表明，别人的消极评价，不管是直接的还是潜在的，都是常见的焦虑来源。

为什么会这样？这是习得的行为吗？我们是害怕别人惩罚我们，或拒绝给我们想要的东西吗？当然这是有可能的。还是说这种焦虑有精神分析学原因？在我们内心深处仍留有与父母的分离创伤？也许是吧。但另一种解释是，焦虑的来源还可比上述分析追溯得更远。根据这种解释，我们对消极社会评价的反应与我们的祖先是相同的。我们继承了在特定情境中紧张忧虑的倾向，因为这种焦虑体验使人类世世代代生存下来。

这一不同流派被称之为进化人格理论 (Buss, 1995, 1997, 2009; Buss, Haselton, Shackelford, Bleske, & Wakefield, 1998)。这一理论的提出者从进化论借用了自然选择概念，来解释诸如焦虑等人类普遍存在的特征。这些心理学者辩称，如果我们理解"人类本性"的许多特征所具有的进化功能，这些特征就会更有意义。下面，我们以焦虑为例阐明这一点。首先，我们需要考察进化人格理论的一些基本概念。

（一）自然选择与心理机制

进化论在生物学领域的发展已有一个多世纪，而进化人格心理学是以进化论为基础的。根据进化论，生理特征的进化是因为它能帮助物种战胜环境挑战和繁衍后代。这一过程的关键是自然选择。即，物种中有些个体拥有一些先天特征，能帮助他们应对并战胜自然环境的威胁，如恶劣气候、天敌和食物匮乏等。这些幸存者比其余不能适应环境的个体更容易繁衍后代，并且把它们的特性遗传给后代。经过世世代代的选择，物种特性得以进化。自然选择使这些物种发展了能帮助他们生存繁衍的特点，而那些未形成这些特征的物种就会灭绝。在许多情况下，生理特征之所以得以进化，是因为进化为物种提供了克服那些严重威胁物种生存的困难的方法。例如，对人类来说，疾病问题因免疫系统的进化而解决，刀割或受伤导致的流血致死问题使人类进化出凝血机制 (D. M. Buss, 1991)。这并不等于说，这些特征是因为需要才产生的。相反，根据进化论，人类物种是因为进化才得以生存。

根据进化人格理论，正如自然选择过程导致了人类某些生理特点的进化一样，这一过程对心理机制也起作用。这些心理机制是人类特有的机能，它们使人类有效地应对日常的问题和需要。经过自然选择，有利于人类生存和繁衍的心理机制被保留下来，而不能应对生存挑战的则被淘汰。

心理学者查明了大量的此类机制。例如，许多人对陌生有一种天生的恐惧。进化人格心理学者认为，这种恐惧的形成是为了应对不属于同一群体或部落的人的袭击 (D. M. Buss, 1991)。同样，愤怒可以在维护权威和战胜敌人之类的生存行为中帮助我们的祖先 (McGuire & Troisi, 1990)。因此，它使愤怒成为人类的普遍特征。一些心理学者认为，人类天生有从属和依附于群体的需要 (Baumeister & Leary, 1995)。不难想象，在一起劳作的物种比并非如此的物种生存得更好。人类某些特征的生存机能比较容易解释，但是另一些心理机制的优越性并不明显。下面来看这种机制的一个例子。

（二）焦虑与社会排斥

进化人格理论认为，焦虑这类特征之所以得到进化，是因为它们有助于我们祖先的生存。但是怎么会这样？焦虑是一种不愉快的情绪状态，一个心理机能正常的人会尽量回避它。而且，焦虑总是带来麻烦。它影响我们学习新任务、记忆信息以及完成性行为的能力，等等。像焦虑这种破坏性的东西怎能对物种有帮助呢？

为了回答这个问题，我们来看是什么导致了焦虑。一些心理学者认为，导致焦虑的主要原因之一是社会排斥 (Baumeister & Tice, 1990)。这些研究者假设，所有人都有从属于某个群体或加入某种关系的迫切需要。因此，当我们被社会群体排斥或拒绝时，我们会非常痛苦。这种痛苦不仅限于相对较少见的被一个群体明确拒绝或在某一关系中被排斥时产生。任何暗示着我们可能会被社会拒绝，或我们对别人不再有吸引力的信息，都会威胁到我们的从属需求。

就像你所想到的最近引起你焦虑的事件那样，你可能已经意识到，引起你焦虑的很多事件都与害怕被社会拒绝有关。你也可能注意到，你不一定真的得体验到被某一群体或某一关系排斥才感到焦虑。甚至只是暗示你某一天可能会被别人拒绝的信息也足以使你焦虑。焦虑是因为害怕被社会拒绝，这使我们明白了，为什么在众人面前演讲或发现第一根灰白头发时，人们会感到焦虑。演讲者害怕听众会给他/她一个消极评价，这是一种社会拒绝。30 岁左右的人发现自己有一根白发时,会担心自己不再对别人有吸引力。虽然彻底被社会拒绝并不常见,但是对别人怎么看自己的恐惧,我们可能每天都会体验到。

用社会排斥来解释焦虑,与进化人格理论十分吻合。群居在一个小群体里的原始人比独居的原始人更容易生存和生育。独居的人比生活在群体或部落里的人更容易受伤、生病、失去蔽身之所、缺乏生活来源,寻求配偶和繁衍后代的机会也更少。因此,任何能使人避免被群体排斥的行为都有助于物种生存。焦虑就可以达到这个目的,所以,进化人格心理学者认为,焦虑是为了满足物种需要而进化来的。

这一观点的提出者指出,虽然焦虑的表达方式不同,但它在几乎所有文化中都存在 (Barlow, 1988)。而且,导致社会排斥的行为正是那些危害物种生存的行为 (Buss, 1990)。这些行为包括通奸、侵害和掠夺他人财产。在这个意义上,进化论与西格蒙德·弗洛伊德的理论有共同之处。弗洛伊德也认为,古人为了物种的生存而寻求群居,制订规则,约束性行为和侵害行为。弗洛伊德关注的是对无意识冲动的压抑,但他的分析在很多方面与近来的进化理论相似。

总之,我们所谓的"人类本性"可以被看作大量的心理机制,拥有这些心理机制,人类才得以生存。持这一看法的学者并不认为人类的所有特性都是有益的。甚至有一天,我们的某些心理机制会导致物种灭绝,这也有可能。无论如何,进化人格心理学为我们理解人格的一些基本特征提供了一种新思路。

四、应用:儿童气质与学校教育

我们时常听到某个父母或祖父母述说"当我是个孩子的时候",老师们那种严格、高控的带班方式。按照这样的描述,所有孩子都得到了同样的对待。每个孩子都被期望在阅读的时候安静地坐好,按老师的要求认真学习,最重要的是时刻集中注意力。任何不守规矩的行为都会被限制,有时候甚至被严厉惩罚。

这种说法的正确性已受到质疑,如今的教师已经不像几代人以前的教师那样对待工作。过去的教学与现在的教学之间的一个重要差别是,教师意识到,所有的学生并不都是以相同方式学习的。儿童天生有不同气质,一些孩子能很快投入学习,另一些则需要慢热地投入新课业。一些学生在任何活动中都很难长时间集中注意力，另一些学生在面对新课业但缺乏准备时会有挫折感。

研究发现，从熟悉的家庭环境进入不熟悉的教室，可以突出地反映出儿童气质的差异。一项研究在儿童 21 个月大时测查其抑制类型，并预测他们进入幼儿园时会如何反应 (Gersten, 1989)。在孩子入园第一天，观察者在一段无结构的自由游戏时间对孩子进行观察。先前被鉴定为抑制型的儿童，在这一陌生情境中会一个人待着，看着别的新同学。与同班幼儿相比，抑制型儿童不跟别的孩子玩，不接触别人，更不会笑。显然，抑制型与非抑制型儿童在班里第一天的反应非常不同，研究者发现，这种差异会持续整个学年 (Gersten, 1989)。

两位研究者查明了影响儿童在校表现的九种气质差异 (Chess & Thomas, 1996; Thomas & Chess, 1977)。如表9.2所示，儿童的气质会在活动水平、适应性、接近或退缩、分心程度、反应强度、心境、持久性、节律性和反应阈限等方面发生变化。对这 9 个维度的分析得出了小学生三种基本的气质类型。第一是适应型儿童 (easy child)，他们主动地接近新情境，容易适应，通常会体验到积极心境。也许老师大多希望全班都是这种学生。但是，班里还有些学生属于困难型儿童 (difficult child)。这些孩子面对新情境不是接近而是退缩，对新环境的适应比较困难，并且经常处于消极心境中。班里的另一些学生属于第三种一般类型，慢热型儿童 (slow-to-warm-up child)。这些孩子与本章前面描述的抑制型儿童相似。他们面对陌生情境时会先表现出退缩，并慢慢地适应新的学习任务和新活动。

在一项历时六年、针对中产阶级背景儿童的研究中发现，小学生有 2/3 的孩子属于这三种类型中的一种 (Thomas & Chess, 1977)：40% 的孩子属于适应型，10% 属于困难型，15% 属于慢热型。显然，这对于教师来说是一个很大的挑战。

（一）气质和学习成绩

许多研究发现，儿童的气质会影响他们在学校的表现 (Coplan, Barber & Lagace-Seguin, 1999; Cowen, Wyman & Work, 1992; Keogh, 2003; Rudasill & Konold, 2008; Stright, Galagher & Kelle, 2008)。正像你预期的，困难型儿童和慢热型儿童的学习成绩比适应型儿童差一些。适应型气质的儿童在老师那里可以得到更好的分数和更好的评价。这些与气质有关的差异在标准化成就测验中也有所表现。

表 9.2　托马斯和切斯的 9 个气质维度

活动水平	吃、玩、走或爬的一般活动水平。
节律性	睡眠和饥饿等行为的可预见性或不可预见性，即规律性。
接近或退缩	对新情境或新经验的最初反应，或者急切地接近，或者走开和等待。
适应性	对新的或变化的情境做出反应的能力（在最初的反应之后）。
反应阈限	引发反应所需的最小刺激量。包括对新的感觉、客体或人的反应。
反应强度	无论反应类型如何，支持反应的能量大小。
心境特征	一般心境水平，或者愉快、友好，或者不愉快、不友好。
分心	面对环境中的分心物能继续坚持行为的能力。
注意时间和持久性	在一个任务上集中注意的时间；面对困难任务时坚持的时间。

但是研究表明，气质与智力无关 (Keogh, 1986)。那么，气质是如何影响儿童的学习成绩的呢？研究者提出了几个可能性：第一，某些气质可能比另一些气质更符合课堂的要求。在多数课程中，专注、适应、坚持性强的孩子比在这些气质维度低端的儿童表现得好。注意时间短、容易分心的儿童完成作业较困难，或在刚开始上课时较难充分集中注意力。需要较长时间适应新环境的儿童常常会落在别人后面。而且，做作业落在后面或做得不好的儿童，会灰心或放弃努力，因此增加他们的学业困难。

第二，学生的行为会引发教师的反应。注意力集中、渴望学习的学生和容易分心、退缩的学生会引发小学老师的不同反应。对前者进行教学令人愉快，感到有回报；对后者的教学则使老师感到挫折，而且吃力。出于无意，教师可能会跟一些学生更亲近，对他们比对别人更专注。因此，儿童的气质创造出了学习和成功的机会。

第三，教师有时会曲解学生的气质差异 (Keogh, 1986)。当慢热型儿童没能及时完成作业时,他们被看成是不想学习的,当他们需要几次尝试才能掌握新知识时,又被认为不够聪明。好动的学生会被看作麻烦制造者。容易分心的学生会被看作对学习不感兴趣。很多研究表明,教师对学生行为的解释,影响着师生互动,从而进一步影响学生在学校的表现 (Cooper & Good, 1983)。

一个以高强度、高持久性投入学习的小学生的真实例子可以说明气质对学习的间接影响 (Chess & Thomas, 1986)。这个男孩的注意力持续时间长,他能长时间专注于一门课的学习,到下一节课开始时仍然如此。遗憾的是,教师的教学计划不允许这样。每当教师打断他的学习时,这个男孩就很烦恼。起初,教师把男孩的反应误解为一种行为失调。幸好,男孩的父母把他转到另一所学校,这所学校鼓励持久而高强度的学习行为,而不像原来那个班级那样限制他,于是问题解决了。

(二)"良好匹配"模型

我们可能会问,"什么气质特点会对学习成绩产生影响?"但是,这个问题可能提得不恰当。多数研究者更想问,"根据这个学生的气质,哪一种类型的环境和教学对他的学习最有利?"这个问题引出了我们对**良好匹配模型**的思考。根据这一模型,一个孩子在学校表现得如何,部分地取决于学习环境与这个孩子的"能力、特点和行为风格"匹配得如何 (Thomas & Chess, 1977)。换句话说,并非所有孩子都是以同一种学习风格和能力来到学校的。我们无法改变孩子的气质,但是如果安排课业时能考虑儿童的学习风格并与之相适应,儿童就能表现出最佳的学习状态。好几项研究支持了这一模型 (Keogh, 2003)。当学生的气质与教师的期望和要求相匹配时,学生就能取得好成绩,并且会得到教师较好的评价。

这些研究发现为改进教学提供了一个显而易见的策略。需要长时间集中注意力的课堂作业会给一个易分心、只能短时间集中注意的女孩带来麻烦。但是,如果把同样的教材分成短小、容易完成的几个部分,她掌握起来就不会太困难。当教师按照全班的平均水平安排学习进度时,一个慢热型男孩会落在全班后面。但是如果允许他按照自己的速度学习,这个男孩就能和同学们做得一样好。

良好匹配模型也适用于幼儿园环境。幼儿对有组织的社会情境的制度与规则的适应能力非常重要。作为入学准备的一部分,幼儿必须学会遵守规则,考虑他人的需要。但是在要求整齐划一的幼儿园里,那些很难安静坐着的冲动型儿童更可能会遇到困难与挫折 (Coplan, Bowker & Cooper, 2003; De Schipper, Tavecchio, Van IJzendoorn & Van Zeijl, 2004; Rudasill, Rimm-Kaufman, Justice & Pence, 2006)。如果幼儿园老师让自己的教学方式适应儿童的气质，儿童的适应问题就会减少，适应问题的改善又会为学习发展铺平道路。一项研究发现，在美国全国幼儿教育早期启蒙项目中，教师的风格与学生的气质之间的良好匹配，与学生较高的数学、读写成绩相关 (Churchill, 2003)。

教师调整自己的教学风格，使之与学生的气质相匹配，不仅会改进学习成绩，而且会帮助儿童建立良好的自我价值感 (Chess & Thomas, 1991)。在学校表现不佳的孩子会责备自己。父母和老师也会指责这些孩子不努力，或有意无意地发出暗示：他/她本来就比别的孩子差，进而强化孩子的消极自我评价。这些体验导致自尊下降，进一步造成学习困难，产生螺旋式下降效应。幸好，如今大多数教师都意识到了气质差异，并采取步骤使自己的教学适应学生的个人风格 (Keogh, 2003)。虽然时间和资源可能会限制教师适应所有学生的能力，但是认识到气质差异对实现这一目标是至关重要的一步。

五、评价：脑电活动和大脑不对称性

下一次你和朋友聊天的时候，可以对他们做一个小测验。问你的朋友几个需要思考的问题，比如"你在焦虑的时候有什么感觉"，或者"说说你最近经历过的最高兴的事情"。大多数人在沉思时都会向某一侧看。一些人常向右侧看，另一些人常向左侧看。下面将讲到，这种差异能告诉我们，你的朋友容易高兴还是容易悲伤。这是因为，人们沉思时看哪一侧，可能代表不同的大脑活动模式，心理学者认为这种活动模式与情绪有关。

生理测量可以用来考察人格的观点已经提出很久了。弗洛伊德推测，总有一天，科学家会发现人格的神经学基础。奥尔波特也认为，未来的技术进步将会查明中枢神经系统的差异与不同人格特质的关系。我们已经实现了这些预言，人格研究者已经在实验中运用了多种生理测量方法。多年来，研究者已在运用唤醒这一生理指标，如心率和皮电反应。另一些研究者测查了激素、免疫系统、神经递质、呼吸、自主肌肉反射和血液中的酶。近年来，研究者转向神经成像技术为大脑神经活动定位。这种技术有功能性磁共振成像 (functional Magnetic Resonance Imaging, fMRI)，正电子断层成像 (positron emission tomography,

PET）等。在本节，我们用另一个例子来看，心理学者在人格研究中怎样使用生理测量来考察大脑活动水平的差异。

（一）大脑活动性测量

我们怎样才能不进入一个人的头颅，而测量大脑活动性呢？所幸，技术进步提供了一些相对非侵入的程序进行测量。一种比较简单而且不昂贵的方法是使用脑电图记录仪 (electroencephalograph, EEG) 来测量人的大脑不同部位的脑电活动水平。人格研究者发现脑电图仪特别有用，这有几点原因。该方法比较简单且对人没有副作用。一般来说，是把小电极用夹子和松紧带固定在头上。被试报告说，除了电极黏结剂会在头发上留下斑痕之外，没有任何不适。另外，脑电图仪使研究者可在很短的时间里记录脑电活动。有的设备精确度可达到毫秒。在测查迅速变化的情绪时，这种敏感性尤其重要。

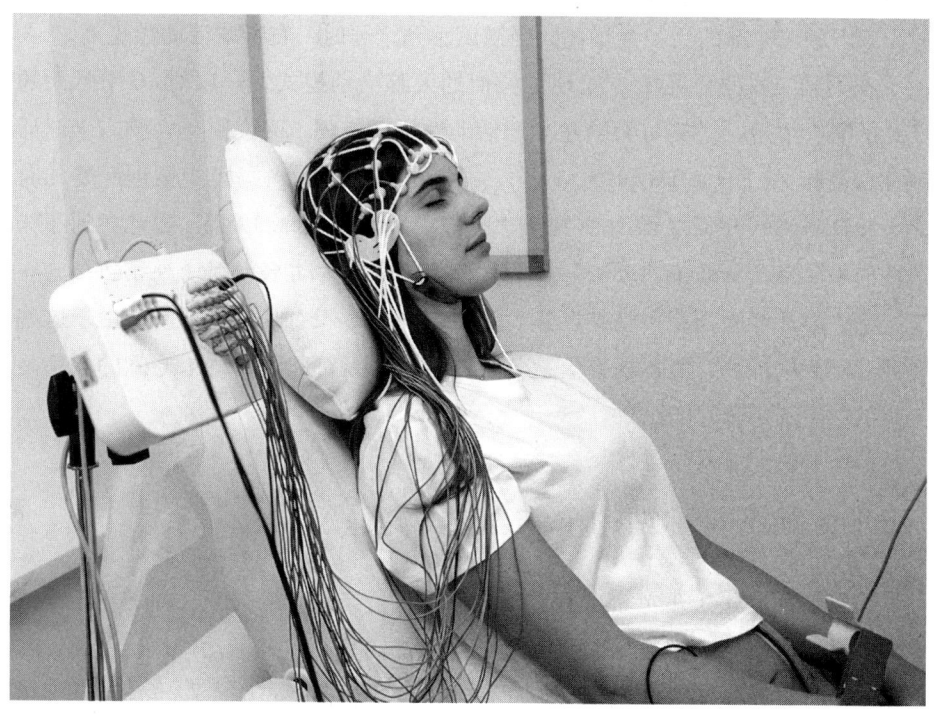

研究者使用脑电图仪来测量脑电活动水平。这种信息可揭示人们体验不同情绪的倾向。

脑电图仪的数据根据每秒钟的周期或波来描述。α 波就是通过这种方法来测量的，它在研究人格与情绪时特别有用。α 波活动水平越低，大脑相应区域的活动水平就越高。

（二）大脑不对称性

脑电图数据可用于评价大脑不同区域的活动水平，最近的研究发现，大脑前额叶的α波对解释个体的情绪差异非常有用。这一区域与大脑调节情绪的部分有重要联系。更重要的是，研究者发现，大脑右半球前额叶经常显示出与左半球前额叶不同的活动水平。研究者把这种大脑左右半球活动水平的差异叫作**大脑不对称性**。

研究发现，大脑不对称性的不同形式与不同的情绪体验有关。起先，研究者发现，左半球高活动性与积极心境相联系，而右半球高活动性是消极心境的标志 (Wheeler, Davidson & Tomarken, 1993)。在一项研究中，研究者让被试观看可以唤起情绪的影片，同时用脑电图仪测量左、右半球的活动性 (Davidson, Ekman, Saron, Senulis & Friesen, 1990)。当根据被试面部表情确定他们感到快乐时，其大脑左半球的活动性增高。当被试感到厌恶时，右半球活动性更高。

在不到1岁的婴儿中也发现了类似的大脑活动模式。一项对10个月大的婴儿的研究显示，微笑与大脑左半球活动性增高相关，哭泣则与大脑右半球活动性增高相关 (Fox & Davidson, 1988)。在其他研究中，当妈妈弯腰抱起婴儿时 (Fox & Davidson, 1987)、婴儿听到笑声时 (Davidson & Fox, 1982)、婴儿尝到甜味东西时 (Fox & Davidson, 1986)，婴儿大脑左半球的活动水平都增高了。在这些情况下，婴儿体验到积极情绪，其大脑左半球相对于右半球更活跃。由于这些婴儿还不到一周岁，所以研究者认为，这种大脑不对称性与情绪之间的联系是天生的，而不是学习的结果。

（三）大脑不对称性的个体差异

后来的研究进一步考察了大脑不对称性与情绪之间的关系。即使在无情绪反应的休息状态下，多数人的大脑某一半球都比另一半球活动性高。但是，哪一半球的活动水平更高，则因人而异。在休息状态下，一些人左半球活动性更高，另一些人右半球活动性高。和其他个体差异一样，大脑不对称性也具有跨时间的稳定性。如果你今天一个半球的活动性高于另一半球，那么你下星期甚至明年去做脑电图测查时，会显示相同的模式。

这一观察引出了另一个令人感兴趣的问题。由于左右半球的活动性与积极或消极心境有关,我们能否用脑电数据来预测心境?答案是肯定的。一项研究测量了被试在休息状态下是左半球活动性更高,还是右半球活动性更高 (Davidson & Tomarken, 1989)。然后让这些被试观看预先设定的可引发快乐或恐惧等情绪的电影。不出所料,左半球活动水平更高的被试对积极心境的影片反应更强,右半球活动水平高的被试对消极心境的影片反应更强。

在婴儿中也发现了相似模式。一项研究先测查了 10 个月大的婴儿在休息状态下是左半球还是右半球活动性高 (Davidson & Fox, 1989)。然后根据婴儿与妈妈分离时是否哭泣把他们分成两组。和预期一致,哭的婴儿右半球活动性较高,不哭的婴儿左半球活动性较高。

如何解释这些发现?最初,研究者用积极和消极心境阈限来解释 (Davidson & Tomarken, 1989)。他们假设,右半球活动性较高的人只需强度较小的消极事件就体验到了恐惧或悲伤。一次微小的失望或一句粗话就足以把这些人推向消极情绪状态的阈限。反之,左半球活动性高的人,只需一件强度较小的积极事件就能引起快乐。一次愉快的谈话或收音机里一支好听的歌曲就足以引起快乐情绪。

但是,后来的研究发现使心理学者重新思考了大脑不对称性和情绪的关系。心理学者不再只考察积极和消极情绪,而是根据趋近和退缩倾向来描述其差异 (Harmon-Jones & Allen, 1997; Harmon-Jones & Sigelman, 2001; Pizzagalli, Sherwood, Henriques & Davidson, 2005)。研究发现,左半球活动性与接近情绪源有关,右半球活动性与避开情绪源有关。因此,右半球活动性高与沮丧相关,是因为从本质上讲,沮丧会使人努力避开引起沮丧的来源。而左半球活动性高和愉快相关,是因为快乐使人们接近引起快乐的来源。与这种分析一致,研究者发现,愤怒与左半球的高活动性有关 (Harmon-Jones, Lueck, Fearn & Harmon-Jones, 2006; Hewig, Hagemann, Seifert, Naumann & Bartussek, 2004; Wacker, Chavanon, Leue & Stemmler, 2008)。虽然愤怒与沮丧一样,也是负面情绪,但愤怒的人倾向于接近甚至攻击这种痛苦的来源。

上述大脑不对称性和情绪的关系,使研究者又提出一个问题:大脑两半球活动性的差异对情绪障碍的形成是否有影响?一些研究结果表明,这是可能的。在这些研究中,与不抑郁的被试相比,抑郁的被试大脑右半球的活动性更高 (Accortt & Allen, 2006; Thibodeau, Jorgensen & Kim, 2006)。一项研究测量了曾经抑郁但当前不抑郁的人的脑电波模式 (Henriques & Davidson, 1990)。在休息状态下,这些人比从未抑郁的人大脑前额叶左侧的活动水平低。换句话说,这些曾经抑郁的人可能有对抑郁的生理易感性。另一项研究发现,焦虑者比不焦虑者

的右侧活动性更高 (Crost, Pauls & Wacker, 2008; Mathersul, Williams, Hopkinson & Kemp, 2008; Thibodeau et al., 2006)。显然，我们是否发生情绪障碍，取决于许多因素，包括我们经历的种种事情。但是，有些人比其他人只需较少的、强度较低的消极体验就会感到抑郁或焦虑。

现在回到本节开头说的眼球转动小测验。虽然这一测验结果不像脑电测量那么可靠，但研究表明，右利手的人如果在思考时眼球转向左侧，那么在休息状态下，其大脑右半球活动的水平会较高。如果眼球转向右侧，则左半球活动水平更高 (Davidson, 1991; Gur & Reivich, 1980)。影响情绪的变量还有许多，但是研究证明，思考问题时往哪边看，可能是感受到相应情绪的信号。

六、生物学流派的优势与批评

（一）优势

生物学流派的优势之一是它在人格研究和生物学科之间架起了一座桥梁。长期以来，人格心理学者忽视人类行为的生物根源。但是我们越来越难以无视这样的事实：人是进化史和个体遗传结构的产物。人类行为受很多因素影响，其中之一就是生物性。把生物学家熟知的进化论和遗传学知识加进来，使人格心理学者更深刻地理解了是什么原因使人成为某种类型的人。

生物学流派成功地查明了心理学家想探讨的人的行为的一些真实变量。关于人的"白板"说可能颇具诱惑力。如果新生儿的人格像一块黏土，那么，只要有足够的知识、资源和努力，我们就能塑造出我们需要的任何一种人格。假如所有婴儿从本质上都是一样的，那么通过充分的研究，心理学者就可以指导父母和老师用"正确"的方法来培养所有的儿童，教育所有的学生。遗憾的是，过去被广泛接受的白板说带来了很多问题。困难型婴儿的父母抱怨说，不知道怎么带孩子。高活动性的儿童因为不能像同学那样安静地坐好而受到惩罚。生物学流派的拥护者主张，人们与生俱来的生物差异，会限制一个人将变成什么样的儿童和成人。一些人生来就比另一些人更内向，而父母、老师或配偶很难把一个内向的人变成外向的人。

生物学流派的另一个优势是，其大部分拥护者都是科学心理学工作者，强烈希望通过研究来检验自己的观点。目前，研究者已经获得了对这一流派提出的许多假设的实证支持。另外，生物学流派的心理学家常常根据研究结果来修正自己的理论。例如，几十年以前，艾森克勾画出一个整体的人格模型之后，他和其他人就根据这一模型推出的预测做了许多研究。很多研究支持了艾森克的观点，但研究者也修正了另一些观点，以更好地反映研究结果。

（二）批评

生物学流派的拥护者常常需要验证其理论的局限性。尤其是进化人格心理学者必须为比较弱的类比和推论观点进行辩解 (Eagly, 1997)。一个看似合理的观点是，由于焦虑防止了社会隔离，因此有助于人类生存。但是怎样验证这一假设呢？在这个问题上，直接操纵变量是不可能的，即使可能，要证明因果关系也困难。就这个问题，我们可以考虑一个几乎适合于人类所有属性的适应机能。例如，一些心理学家声称，抑郁是适应性的，因为它使人们放弃难以达到的目标并因此节省资源 (Wrosch & Miller, 2009)。这种看法似乎符合逻辑，但是如果说我们物种之所以能更好地生存，是因为我们有能力抑郁，就太过分了。

为了理解这种局限性，来看一位心理学家引用的例子 (Cornell, 1997)。就像在第十章将要讲到的，一些心理学家用进化论来解释性别差异，比如，男性比女性更具支配性、更强壮、性行为更混乱 (Archer, 1996; Gangestad & Thornhill, 1997)。但是如果从反面想这个问题：男性比女性更胆小、身体更弱、更少寻求性伙伴，人们也能用进化论来解释这些结果。我们可以推论，因为男性更自由，会到处游逛，不必保护后代，进化使他们形成了胆怯地远离争斗的倾向。女性进化得更强壮，因为养育孩子的责任要求她们带着孩子，进入丛林以求安全，要与天敌搏斗。而性混乱使女性可以避免因单个性伙伴不能使其怀孕而无法传递其基因的风险。如同这个例子说明的，如果一个理论能解释所有可能的结果，它就不能被验证。因此，进化人格心理学者推测出的许多观点的支持性研究，相对来说都是软弱无力的。

另一种批评针对的是气质研究。大学生和研究者都为缺少一个公认的模型而困惑。一个著名的模型确认了三种基本气质，而另一些模型则描述了五个、七个和九个气质维度 (Bates, Wachs & Emde, 1994)。学生们有理由问，这些模型中哪个是正确的。更重要的是，由于研究者对气质的命名和描述不同，所以很难把不同研究加以比较。"抑制型"儿童与"慢热型"儿童是一回事吗？我们希望，对基本气质特征的数量和描述的更明确回答，是本领域研究者继续做的工作。

和特质流派一样，生物学流派也很少为人格变化提供解释。虽然这一流派的许多观点对心理治疗师有帮助，但却没有一个以此流派为基础的心理治疗学派。来自生物学流派的信息是，我们需要更多地了解，改变一个人有多大的局限性。治疗师可能意识到，由于生物差异，并非所有患者对他们的治疗都有相同的反应。

七、小结

（1）汉斯·艾森克是人格生物学流派的早期倡导者。他认为，人格可以划分为三个基本维度，他称之为外向—内向性、神经质和精神质。研究显示，内向者比外向者对刺激更敏感，外向者则更容易被奖励吸引。艾森克认为，人格差异主要基于遗传的生物差异。

（2）人格研究者考察了气质的一般遗传倾向。心理学者认为，气质主要是遗传的，这些遗传倾向与经验相互作用，形成成人的人格特质。儿童可以划分为害怕陌生情境的抑制型儿童和与此表现不同的非抑制型儿童。有证据表明，这种倾向是遗传的，它在整个儿童期都保持着相当的稳定性。

（3）进化人格心理学用自然选择概念来解释人格特征的发展和生存机能。理论家指出，焦虑往往是与社会拒绝有关的事件的结果。他们认为，由于社会拒绝降低了生存和繁衍机会，因此焦虑的进化有助于物种的生存。

（4）气质研究对教育有重要意义。研究发现，被划分为困难型气质和慢热型气质的儿童比适应型气质的儿童在学校表现差一些。根据良好匹配模型，如果学习环境的要求与儿童气质相匹配，儿童可以学得更好。

（5）人格研究者在研究中常使用生理测量方法。一些研究者用脑电图数据来考查个体的情绪差异。他们发现，大脑左右半球活动水平的差异与心境的差异有关。一些研究显示，大脑两半球活动的基底水平的差异是遗传的，这种差异使人们对一定的情绪体验更敏感。

（6）生物学流派的一个优势是，它把人格心理学与生物学联系起来。此外，这一领域的研究证明了人格发展的"白板"说的局限性。生物学流派的另一优势是它强烈仰仗实证研究。对这一流派的批评主要是，研究者很难验证自己的某些观点。另一些批评认为，研究者没有形成一个统一的气质模型，而且生物学流派没有提供行为变化的信息。

关键术语

行为接近系统　behavioral approach system (p.224)
行为抑制系统　behavioral inhibition system (p.224)
大脑不对称性　cerebral asymmetry (p.242)
良好匹配模型　goodness of fit model (p.239)

抑制型/非抑制型儿童　inhibited/uninhibited children (p.230)
气质　temperaments (p.228)

第十章

生物学流派：
相关研究

一、人格特质的遗传力
二、外向—内向性
三、进化人格理论与选择配偶
四、小结

如今，大多数心理学工作者都相信生物因素对人格起作用，但是，学生们常常感到奇怪，因为他们听到的事实并非都是如此。事实上，确有许多心理学者还不情愿接受这一观点。为什么有阻力？一个原因是人类的"白板"说有很大影响力。如果我们承认人格大部分或完全由一个人的经验决定，那么在理论上我们就能把一个人培养成我们期望的任何一种人。凭借足够的知识和资源，我们也能改变导致问题的那部分人格。低自尊、悲观、神经质以及其他人格特质就能够通过治疗加以矫正，或采用适当的教养方式得以规避。承认生物因素在人格发展中的作用，往往等于限制了这些改变的可能性。一些心理学者不愿接纳生物学观点的另一原因，是担心过于强调生物性的作用，会导致一些不恰当的、甚至错误的解释。过去曾有人坚决反对实施一些社会项目，认为种族差异或性别差异是由生物因素而非文化因素造成的。

当然，承认人格的生物成分并不意味着人格是生来就确定的。若抱定"男人或女人就是那样"、"这就是我的天性"的想法就愚蠢地忽视了经验的作用。但是如果忽视有大量证据证明的生物因素对人格形成的作用，也是愚蠢的。在支持生物学流派的数量越来越多的研究中，可以发现很多令人信服的结果。在本章，我们将回顾一些这样的发现。和其他人格流派的研究一样，这里所介绍的研究有时也受到了批评和曲解。但是，看完这些资料，就很难再忽视生物因素对人格的重要作用。

我们先探讨关于人格特征的遗传力的研究。具体说，我们要看看研究者用什么方法去查明我们的人格有多少是从父母那里遗传来的。你将会看到，对这些研究并不是没有批评，确定遗传成分的准确力度问题仍尚待商榷。

然后我们介绍汉斯·艾森克的人格理论引发的研究。具体说，我们要了解外向者和内向者的一些差异。这些研究显示，外向—内向性程度对行为有广泛的影响，包括人有多快乐，他会坐在图书馆的什么地方。我们还要介绍进化人格理论的一种应用。根据这一理论，男性和女性在选择情侣时会有所不同。

一、人格特质的遗传力

你的人格中有多少东西是你的基因组合的结果，又有多少东西来自你的成长环境？"天性—教养"是心理学最古老、最长久的一个话题。有趣的是，人们很少或根本没见到过认为遗传和经验二者对人格形成都重要的研究。父母们经常说，孩子的人格特质是"从我这儿来的"，但是也很少有父母否认，他们的教养方式对孩子会成为怎样的成年人起很大作用。因此，这个问题与其说是遗传和环境到底是哪一个塑造了我们的人格，不如说二者分别在多大程度上和怎样塑造了我们的人格。

新闻摘录　遗传与智力

大量研究表明，智力与人格特质、心理障碍一样，有相当一部分决定于遗传基因。乍一看这个结论并不奇怪，但它却是心理学者和讨论社会政策的人们经常激烈辩论的中心。几十年前，心理学家 Arthur Jensen (1969) 曾经关注智力研究，发现美国黑人在标准化智力测验上的得分一般要低于白人。根据这些观察，他提出，从遗传学角度，黑人的智力可能不如白人。Richard Herrnstein 和 Charles Murray 在 1994 年发表《正态曲线：智力与美国人生活中的阶级结构》(*The Bell Curve:Intelligence and Class Structure in American life*)，重新点燃了这场辩论。这两位心理学者也认为，智力主要来自遗传。他们认为，从"早期启蒙"之类的教育干预项目中获得的任何东西，效果都是短暂的，因为遗传决定的儿童天资将最终决定儿童的成功。由于 Hernstein 和 Murray 把他们的分析与种族问题扯到一起，因此触动了社会和政治的神经。他们声称，如果美国黑人的智商测验平均分低于白人，那么努力为非裔美国人提供教育机会就是浪费时间。此后，一些种族主义团体又抓住遗传研究者发现的结果不放，这些研究查明了与大脑有关的基因 4 万年来因进化而发生的变化 (Regalado, 2006)。由于发现了欧洲样本和非洲样本之间的差异，这些人便做出了从科学角度并不恰当的结论，说这一研究证实了种族间的智力差异具有遗传基础的论断。

每次出现这种情况，社会反应都既强烈又迅速。新闻评论员、政治评论家和政治领袖都迅速对这一解释提出质疑。来自科学心理学界的反应也同样强烈。多数心理学者认为，智力的种族先天差异观点不仅具有挑衅性，而且研究结果并不支持这一结论 (Flynn, 1999; Neisser et al., 1996; Nisbett, 2009; Sternberg, Grigorenko & Kidd, 2005)。而且，智力水平天生已定且不受环境影响的说法是不对的 (Nisbett, 2007)。心理学者指出，和白人家庭的平均水平相比，黑人儿童一般生活在缺少智力刺激的环境中 (Zernike, 2000)。研究发现，被一般社会经济地位的白人家庭收养的黑人儿童，与被收养的白人儿童的智商分数没有差异 (Nisbett, 2007)。毫不奇怪，在各种背景中的儿童都拥有学前教育和其他教育机会的情况下，白人学生和黑人学生的智商分数的差异就会大幅收窄 (Dickes & Flynn, 2006)。

此外，批评者还提出了依存于文化的智力测验问题。他们指出，大部分智力测验中问的问题都是美国中产阶级白人认为重要的。在使用广泛的韦克斯勒智力测验中，一个分测验问的是一些常识。这些问题背后的假设是：在向所有儿童呈现同样信息的情况下，比较聪明的儿童会注意并记住这些信息。但是很明显，在非裔美国人文化与中产阶级白人文化中长大的儿童，接触的信息是不同的。由于这一问题，许多心理学家致力于编制"不依存于文化"的智力测验，韦氏成人和儿童智力测验的新版本就基于这样的考虑做了修订。

所以我们也许应该这样问：成年后的人格到底在多大程度上是出生时已注定的？现在研究者赞同，一些相对稳定的能力和天资，比如智力，显然包括遗传成分 (Plomin & DeFries, 1998)。这并不是说，高智力的儿童不可能由不聪明

的父母所生，或儿童的成长环境对智力发展不起作用。但是很显然，我们生来就具有一种智力潜质，它与环境影响相结合，决定了成年后的智力水平。同样，一些心理障碍也受到我们所遗传的基因影响 (Crabbe, 2002; DiLalla, Carey, Gottesman, & Bouchard, 1996; McGue & Christensen,1997; Rhee & Waldman, 2002)。但这也不等于说一些人生来就注定会得神经分裂症或抑郁症，而是说一些人天生就比其他人对这些失调更敏感。

那么人格特质呢？人们生来就爱攻击或外向吗？现在有充足的证据证明，遗传对于这些和其他人格特质有影响。但是，收集关于这一问题的证据并不容易，而且关于怎样解释已有资料的问题仍然尚待解决。

（一）把环境和遗传影响分开

和人格其他领域相比，考察环境—遗传问题的心理学者面临的任务有些不同。无论在技术上还是伦理上，要想操纵人的基因来考察他们会变成什么样的人都是不可能的。因此，研究者必须依靠一些间接手段。就像侦探试着把零碎信息拼成完整图景以找到真相一样，这些研究者要采用一些新的、巧妙的实验程序，来细究成人人格的根源。每一种方法都有局限性和弱点，但是不同来源的资料显示，遗传在人格发展中起着重要作用。

在这一问题上，最明显的信息来源就是父母与子女的相似性。攻击型的父母往往有攻击型的子女；害羞的儿童往往来自父母也害羞的家庭。同样，我们常常看到兄弟都开朗或姐妹都敏感、关心人的例子。普通人都能看出这样的关系，并且常常认为，儿童的这些特点是从父母那里遗传而来。但是，对这种相似性还有另一种不同解释。同一家庭的成员不仅共享相似基因，而且共享生活环境。兄弟姐妹的人格相似也可能是由于父母以基本相同的教养方式教育他们。内向的父母，子女也内向，可能因为他们在安静祥和的家庭中成长。

因此，在多数情况下，共享基因和共享环境总是缠绕在一起。我们能把这两种影响分开吗？所幸，办法已经有了。最常用的把遗传与环境影响分开的是**双生子研究法**。这种方法利用一种自然存在的现象：人类双胞胎的两种类型。一种是同卵双生子，两个胎儿来自同一个受精卵。这种双胞胎从外表看起来很像。对研究者来说，最重要的是，同卵双生子有相同的基因型。另一种是异卵双生子，他们来自不同的受精卵。这种双生子在遗传上的相似程度与两个同胞兄弟姐妹的相似程度一样。

同卵双生子不仅生理特征相同，人格也相似。研究者把这种相似性部分地归于遗传影响，尽管遗传影响人格的程度还在讨论中。

双生子研究法的逻辑如图 10.1 所示。我们假定，两个同性别的异卵双生子和两个同卵双生子（性别自然相同）共享非常相似的环境。也就是说，在采用这一方法的研究中，无论哪一种双胞胎都是同年龄、同性别且生活在规则相同的同一家庭中的。因此，环境对他们人格形成的影响对两类双生子都一样。如果遗传对人格有影响，我们可以预期，同卵双生子比异卵双生子更相像，因为同卵双生子的基因相同，而异卵双生子不完全相同。

	同卵双生子	异卵双生子
环境	相同	相同
遗传	相同	不同

▶ 图 10.1 双生子研究模式

运用双生子法的研究者先测量两类双生子中每个人的人格特质，然后考察这些双生子兄弟或姐妹在这些特质上的相似性。如果同卵双生子在这些特质上得分的相关度高于异卵双生子，我们就有了遗传影响人格的证据。由于这两类双生子中的每一对所受的环境影响大致相同，可以推断，同卵双生子之间的相关度更高，是因为他们的基因相同。

双生子研究通常会得到如表 10.1 那样的相关系数表。在此例中，比较了成年的同卵双生子与异卵双生子的大五人格特质（参见第七章）。数据显示，同卵双生子在各项目上的相似性都高于异卵双生子 (Riemann, Angleitner & Strelau, 1997)。表中的数据与其他用不同方法测量大五维度的双生子研究得到的结果相似 (Borkenau, Riemann, Angleitner & Spinath, 2001; Jang, Livesley & Vernon, 1996; Jang, McCrae, Angleitner, Riemann & Livesley, 1998; Loehlin, McCrae & Costa, 1998; McCrae, Jang, Livesley, Riemann & Angleitner, 2001)。把考察不同人格特质的双生子研究综合起来，我们发现，同卵双生子得分的相关系数平均在 0.50 左右，而异卵双生子得分的相关系数在 0.25—0.30 (Loehlin, 1992)。行为遗传学研究者把这些数字代入公式估计出，在成年人稳定的人格特质中，大约有 40%~50% 是从父母那里继承来的 (Loehlin, 1992; Plomin, Chipuer, Loehlin, 1990)。

表 10.1 双生子研究中的相关系数

	同卵双生子	异卵双生子
神经质	0.53	0.21
外向性	0.56	0.33
求新性	0.54	0.35
亲和性	0.42	0.24
尽责性	0.54	0.23

来源：Riemann, Angleitner & Strelau (1997).

采用把遗传和环境影响分开的其他方法，同样得出了遗传对人格有影响的证据，但是一般来说，这些证据没有双生子研究得到的数据那么有说服力 (Plomin & Caspi, 1999)。一个例子是对收养儿童的研究。在孩子刚出生即被别人而不是亲生父母抚养的情况下，遗传和环境的影响不再混在一起。试想在一个家庭中，一个孩子是领养的，另一个是亲生的。哪一个孩子的人格会与父母相似呢？如果遗传起作用，那么亲生子女应该更像父母，因为不仅其成长环境是父母为他营造的，而且他还拥有来自父母的基因。事实上，这也正是研究者所得出的结论 (Scarr, Webber, Weinberg & Wittig, 1981)。但是，如果把这些研究数据与双生子研究数据相比，我们发现，遗传的影响要小一些，收养研究得出的人格遗传力数据只有双生子研究所得数据的一半左右 (Plomin, Chipuer & Loehlin, 1990; Plomin, Corley, Caspi, Fulker & DeFries, 1998)。

但是，收养情境却为我们提供了更多的可能性，来检验遗传和环境影响的问题。如果把收养儿童的人格与他们的亲生母亲做比较，会得到怎样的结果？这些儿童与亲生父母不共享环境，基因却相关。把收养儿童的人格分数与其养父母和亲生父母分别比较，这些孩子根本不认识亲生父母，但他们的人格更像亲生父母 (Loehlin, Willerman, Horn, 1982, 1987)。尽管这种相关弱于双生子研究资料，但我们毕竟得到了其他来源的证据：遗传在成人人格的形成中至少起着一定作用。

双生子研究与收养研究还可以结合起来。同卵双生子刚出生就离开父母，分别在不同家庭中养大，这种情况很少，但是一些研究者利用了这一情况的优势。这些双生子共享基因，不共享环境。把他们与在同一家庭抚养，既共享基因又共享环境的同卵双生子做比较。用这种方法获得的结果如表 10.2 所示。可以看出，不管是否与其兄弟或姐妹分开抚养，同卵双生子都更相似 (Rowe, 1987)。这种相似性说明，同卵双生子的基因以相似的方式影响着他们的人格，而无论他们在什么环境中长大。

表 10.2　分开抚养与一起抚养的双生子间的相关性

	分开抚养的同卵双生子	一起抚养的同卵双生子
外向性	0.61	0.51
神经质	0.53	0.50
智力	0.72	0.86

来源："Resolving the person-situation debate: Invitation to an interdisciplinary dialogue," by D. C. Rowe, *American Psychologist*, 1987, 42, 218-227. Reprinted by permission of the American Psychological Association.

总之，研究者运用巧妙的方法把遗传与环境对人格的影响区分开来。虽然遗传影响的准确度还不确定，但是多来源的结果一致显示，成人的人格的确受遗传影响。然而，本书对这一问题的介绍还远没有结束。正如下一节将要讨论的，一些原因使人们对行为遗传学家根据其资料做出的结论提出了质疑。

（二）遗传学研究存在的问题

支持遗传影响人格观点的最有力、最一致的证据来自双生子研究。但是，用这一方法进行研究有两个重要前提：第一，双生子可以准确地被划分为同卵双生子和异卵双生子。许多"同卵"双生子其实是长得特别像的异卵双生子。所幸，生物学的进展使我们要验证这一前提不像以前那么困难。如今，通过血液检验可以做出准确的鉴定。

第二个前提更成问题。研究者假定，同卵双生子和异卵双生子有相同的成长环境。但是，有证据表明，同卵双生子比异卵双生子分享着更相似的环境(Hoffman, 1991; Lytton, 1977; Scarr & Carter-Saltzman, 1979)。也就是说，同卵双生子所受的对待可能比异卵双生子更趋于一致。他们经常被看作一个人，穿戴一样，人们送给他们的礼物一样，等等。异卵双生子在相同的环境中长大，但他们通常穿戴不同，参加不同的俱乐部，有不同的朋友。异卵双生子甚至比一般兄弟姐妹所处的环境更不同(Hoffman, 1985)。这是因为父母会注意并强化他们的不同点（例如，"特里很勤快，拉利却爱惹麻烦"）。

如果事实如此，那我们就不得不把图 10.1 修改一下。在环境对人格特质的影响方面，同卵双生子和异卵双生子的情形并不相似。这种可能性在解释双生子研究结果时会出现问题。我们不能肯定，同卵双生子间的较高相关，是由较高的遗传相似性所致，还是由较高的环境相似性所致。这种解释上的困难正好可以说明，为什么双生子研究数据显示出的遗传影响比其他方法显示的遗传作用更大。

然而，其他一些程序也要依赖有问题的假设(Hoffman, 1985, 1991; Stoolmiller, 1999)：第一，收养并不是随机事件。收养孩子的家庭一般更长久、更富裕、更稳定，不存在未收养孩子的家庭中常见的问题。第二，分开抚养的双生子虽然被不同的家庭收养，但为他们选择的收养家庭，类型却十分相似。第三，更大的误解可能来自这样的假设：父母会以同样的方式对待收养子女和亲生子女。其实，父母对收养子女和亲生子女的期望可能不同。由于不知道他们的亲生父母是谁，养父母很少思考孩子将来会成为一个什么样的人。

简言之，双生子研究结果与其他方法的研究结果之间的差异，可能要归于方法问题。双生子研究还可能因其他原因而高估遗传力。研究显示，人格特质不是以简单、直接的方式由父母遗传给孩子的。所遗传的那部分人格往往是一个以上的基因复杂组合的结果(Finkel & McGue, 1997; Plomin et al., 1998)。也就是说，除非遗传的是一个以上基因的唯一组合，否则遗传对某些人格特质的影响是无法查明的。研究者把这些复杂的影响叫作非加性影响 (nonadditive effects)。异卵双生子的某些基因相同，但基因组合可能不同，从而形成了各自不同的人格特质。而同卵双生子的基因相同，基因组合也相同，因此其人格更相似。这样，非加性影响在同卵双生子中可以看到，在异卵双生子中就看不到。如果确实如此，就可以解释，为什么双生子研究比其他方法更容易提供人格受遗传影响的证据。

这些问题让我们想到了什么？准确地说明遗传是怎样或在多大程度上决定着成人的人格仍是个悬而未决的问题。对这一问题的回答可能会来自新的方法论和新技术的发展 (Krueger, South, Johnson & Iacono, 2008)。例如，研究者正在查明人格特质与特定基因的 DNA 标记之间的联系 (Gillespie et al., 2008; Plomin & Crabbe, 2000)。无论将来的发现告诉我们什么，忽视遗传对人格有影响的那些比较有说服力的案例，都是不明智的。

二、外向—内向性

很少有人格变量像外向性和内向性一样，受到研究者和理论家如此多的关注。显然，汉斯·艾森克人格理论中这一方面的内容比其他内容受到了更多的注意。如第九章所述，外向者比内向者对刺激更不敏感。因此，外向者比内向者喝较多的咖啡却不被咖啡因困扰。这还可解释，为什么我们常看到外向者置身于喧闹的社交集会或嘈杂人群，而内向者常常独自活动，在聚会时喜欢待在安静的角落。

篇幅所限，我们只能探讨这一领域进行的诸多研究主题中的三个：第一，外向—内向性的个体差异与前一节提到的该人格变量遗传力的研究证据之间的关系；第二，我们介绍检验艾森克提出的一个假设的研究，即唤醒偏好是内向者与外向者之间的基本差异；第三，内向者和外向者谁更快乐？

（一）外向性的遗传力

如果你是个内向者，有人会对你提出这样的建议："你应该多出去玩玩。""你为什么不多和朋友来往呢？"或者"放松些，活得高兴点儿。"外向者则可能听到这样的建议:"生活中还有很多其他事情,不能总是玩乐。""你做事情之前不能想一想吗?"或"慢慢来,要享受生活。"总之,无论你是内向者还是外向者,总可能有人建议你成为另一种类型的人。即使是最外向的人,也会安静地坐上几分钟,而你认识的最内向的人,偶尔也会放松一下,和朋友们痛痛快快玩一场。但一个外向的人能变成一个内向的人吗?你能把孩子教养得不那么内向,而是更外向一些吗?

对这一问题的回答取决于什么原因使一个人成为外向的人或内向的人。艾森克对这个问题的回答是:遗传在起作用。前一章已讲过,关于外向者与内向者之间生理差异的细节仍在研究中。但是,人们认为,这些遗传差异在人的一生中都相当稳定,并最终形成成年人外向或内向的行为风格。艾森克最初提出他的人格理论时,还没有关于人格遗传力的证据,但是如今,已有大量研究支持了艾森克的这一观点。

如前所述,研究者往往用双生子研究方法来查明遗传在人格发展中的作用。因此,许多外向—内向性的遗传力的证据,来自对同卵与异卵双生子间相关系数的比较。用这种方法所做的研究,得到了关于外向—内向性遗传成分的一致结论 (Baker & Daniels, 1990; Eaves & Eysenck, 1975; Heath, Neale, Kessler, Eaves, & Kendler, 1992; Neale, Rushton, & Fulker, 1986; Scarr, 1969)。在这一人格变量的遗传力问题上,一些研究结果虽然获得人们的信任,但实际上,对该变量遗传力的估计多少有些夸大了 (Plomin et al., 1990)。

这些研究中有两项值得关注。一个研究组用艾森克人格调查表修订版测查了瑞典的 12898 对成年双胞胎 (Floderus-Myrhed, Pedersen & Rasmuson, 1980)。这个数字代表了 1926—1958 年间在瑞典出生的所有可找到的双胞胎。另一个研究团队测查了芬兰的 7144 对成年双胞胎 (Rose, Koskenvuo, Kaprio, Sarna & Langinvainio, 1988)。这几乎是芬兰全国在 1958 年前出生的所有在世的双胞胎。这两个样本有几个特征突出显示了其重要性。不仅样本大,而且它们几乎代表了这两个国家的所有双胞胎。这意味着,研究者不用担心,参加研究的只是志愿者。

把这些样本中同卵双生子和异卵双生子的组内相关系数进行比较,发现了关于外向—内向性中遗传成分的重要证据。如表 10.3 所示,同卵双生子比异卵双生子彼此更相像,可以认为是遗传影响。之外,芬兰的研究还考察了双胞胎彼此之间交往的多少和他们平时参加的社交活动多少。虽然研究者发现同卵双生子彼此沟通得更多,但单用这一因素不能充分地解释同卵双生子和异卵双生子在外向—内向性测量中相关系数的差异。

表 10.3　同卵与异卵双生子外向性得分的相关性

	男		女	
	同卵双生	异卵双生	同卵双生	异卵双生
瑞典样本	0.47	0.20	0.54	0.21
芬兰样本	0.46	0.35	0.48	0.14

来源：Floderus-Myrhed et al.(1980) and Rose et al.(1988).

另一项研究把双生子研究方法推进了一步 (Pedersen, Plomin, McClearn & Friberg, 1988)。和早期研究一样，研究者比较了在一起长大的同卵双生子和异卵双生子。他们还选取了不在一起抚养的 95 对同卵双生子和 220 对异卵双生子。刚出生就被分开在不同环境中长大的同卵双生子的得分呈正相关，这为遗传的影响再次提供了证据。如表 10.4 所示，分别在不同环境中长大的同卵双生子间的得分有较高的相关，尽管这一相关不如在一起长大的同卵双生子间的相关高。

表 10.4　分开抚养和一起抚养的双生子外向性得分的相关性

分开抚养		一起抚养	
同卵双生	异卵双生	同卵双生	异卵双生
0.30	0.04	0.54	0.06

来源："Neuroticism, extraversion, and related traits in adult twins reared apart and reared together," by N. L. Pedersen, R. Plomin, G. E. McClearn, and L. Friberg, *Journal of Personality and Social Psychology*, 1988, 55, 950–957. Reprinted by permission of the American Psychological Association.

总之，外向性在已研究过的所有人格变量中是遗传性最强的变量之一。近来科学技术的发展给研究者提供了考察遗传力与外向性问题的新方法 (Canli, 2006)。一个研究团队对青少年的基因组进行了筛查，探索哪些染色体与各种人格测量有联系 (Gillespie et al., 2008)。他们发现，外向性和第 2、3、8、12 对染色体有关系。

从这些研究中可以得出结论：人的内向性和外向性受到遗传基因的影响。这并不等于说，如果你是一个内向的人，你就不可能时不时地开朗一些；如果你是一个外向的人，你就不能停下来思考一会儿。但是你经常表现出哪种类型，可能是由你的遗传基因决定的。

（二）外向性与偏好唤醒水平

假如还有几天你就有一门课要大考。你没有为考试做足够的准备，所以今天晚上你要去图书馆花几个小时看书。那儿有两个学习区。一个有很多单人桌，你可以把自己单独隔离在安静的书架后面。很少有人会走过这些书桌，而且这个房间没有耳语、复印机和其他噪音。另一个学习区有长桌、沙发和舒适的靠椅。你可以轻易地纵览全屋，看看有谁在这里。到图书馆其他地方去的人会经过这里，你可以跟他们搭讪几句。你选择哪个学习区？

在这种情况下，你的选择部分地取决于你是个外向者还是内向者。几位研究者证实了这一点，他们让正在上述两种学习区学习的学生填写艾森克人格调查表 (Campbell, 1983; Campbell & Hawley, 1982)。在喧闹、开放房间的学生更可能是外向者，而在单独、安静房间的学生更可能是内向者。在喧闹房间的学生说，他们喜欢有点声音和社交机会。另一些人说，他们选择安静的房间是为了避开这些分心物。

这个学生是个内向者还是个外向者？根据研究，他对学习区的选择提供了线索。外向者偏好这种开阔的学习区，在这里可能受到干扰，偶尔也有一些社交刺激。

这些发现完全符合理论家对外向—内向性的描述。内向的学生对刺激更敏感。因此，一个内向的人在喧闹的房间可能会被各种事情干扰，很难进入学习状态。相形之下，缺少刺激的外向者会觉得安静的房间令人厌烦。除非学习材料特别令人兴奋，否则外向的人会不时地停下来，环顾四周分心的事物，很难把心思集中到当前任务上。

这种对刺激水平偏好的差异，在严格控制的实验中也有所发现 (Geen, 1983)。例如，在一项视觉学习任务中，外向的人会更快地按下按钮更换幻灯片，因为他们对这些图片和图案厌烦得比较快 (Brebner & Cooper, 1978)。另一些研究发现，外向的人在完成一个听力练习时，如果速度突然变慢，难度下降，他们的成绩会突然降低，而内向者则不然 (Cox-Fuenzalida, Angie, Holoway & Sohl, 2006)。另一项研究中，让内向和外向的人一边听耳机里的噪音，一边完成词语记忆任务 (Geen, 1984)。如果允许，内向的被试会把他们的耳机音量关得比外向者小得多。但是，这一研究却强迫一些内向的人听音量大的噪音，限制一些外向者听轻柔的噪音。与艾森克的模型一致：内向者在强刺激下成绩较差，外向者在听轻柔噪音时成绩较差。

最后一个发现有助于解释为什么有些学生只有听着音乐、看着电视才能学习，而另一些学生必须寻找安静的图书馆房间，还要用耳塞堵住耳朵来隔绝噪音。刺激过多使人很难集中注意力，即使外向的人也会在达到一个刺激点时把收音机音量调低。但对内向的人来说，很快就会达到那个临界点。当然，在另一面，刺激太少也会影响成绩。但是大概需要几个小时的独处才能使一个内向的人受不了，而几分钟静静的独处就会给一个非常外向的人带来痛苦。

（三）外向性与快乐

显然，外向的人与内向的人有不同的生活。我们很容易发现外向者参加聚会，拜访朋友，游走四方，比较活跃。内向的人会独自打发时光，做些安静、低刺激的事情。你猜猜哪种人更快乐？一点也不奇怪，我经常会发现，内向的人猜内向者更快乐，而外向的人则难以想象一个人怎么让生活像内向的人那么乏味。

初看起来，内向的人可能难以理解，但研究者发现，外向者比内向者报告的平均快乐水平更高 (DeNeve, 1999; DeNeve & Cooper, 1998; Lucas & Baird, 2004; Lucas, Le, Dyrenforth, 2008)。在一项研究中，让外向者和内向者报告了他们连续84天的心境 (Larsen & Kasimatis, 1990)。如图10.2所示，研究者把被试在一星期中每天的心境加以比较时，发现了一个有趣的模式。星期一是学生们最不喜欢的一天，随着星期六的到来，一周的心境逐渐变好。但是这个图还表明，一周中无论哪一天，外向者报告的积极心境都高于内向者。几位研究者发现，外向性分数能够预测两年后的积极情感测量水平 (Headey & Wearing, 1989)。另一项调查用外向性分数预测了人们在四年里的快乐体验的多少 (Magnus, Diener, Fujita & Pavot, 1993)。此外，研究者还发现，一个国家公民的平均外向性分数较高，他们的幸福感平均分数也较高 (Steel & Ones, 2002)。

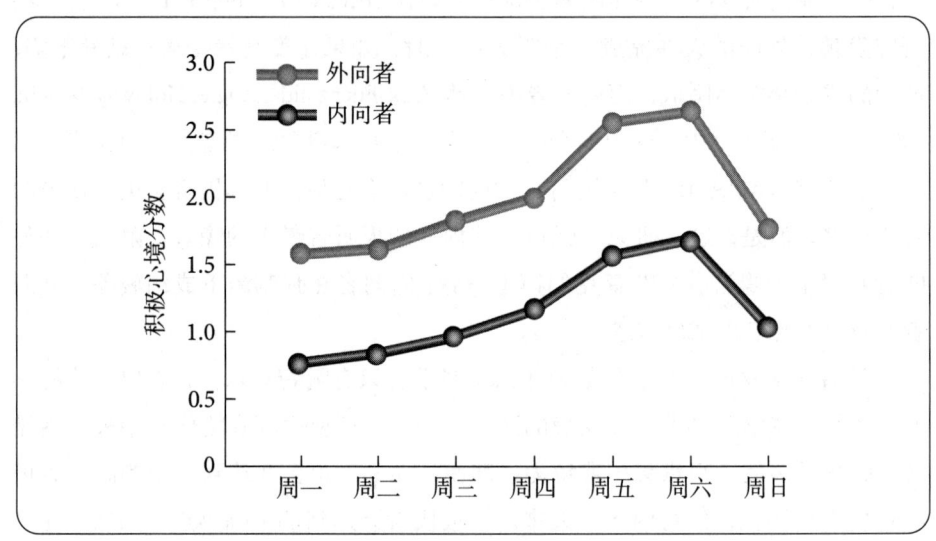

▶ 图 10.2 外向者和内向者对快乐的评价

来源：Adapted from Larsen & Kasimatis (1990).

简言之，外向者一般比内向者更快乐。但是什么原因造成了这种情况？研究发现，至少有两个原因。首先，外向的人比内向的人更喜欢社交 (Srivastava, Angelo & Vallereux, 2008)。外向的人朋友多，与朋友往来频繁。研究者重复地发现，社会交往与幸福感有密切关系 (Diener, 1984)。与朋友来往通常是愉快的，就像外向者的其他行为一样，如跳舞、参加聚会和橄榄球赛。许多基本需求，如胜任感和价值感，都是在社会背景下获得满足的。另外，朋友有助于缓冲压力 (Cohen & Wills, 1985)。就是说，在朋友帮助下应对困难比独自应对困难更好。与这一观察相一致，一项研究发现，外向的人遇到问题时会比内向的人更多地寻求朋友帮助 (Amirkhan, Risinger & Swickert, 1995)。

对外向者更快乐的第二种解释是，就像上一章讲过的，他们对奖励比内向者更敏感 (Rusting & Larsen, 1998; Strelau, 1987)。一个在考试中取得好成绩的外向者，比得到相同分数的内向者更高兴。在验证这一假设的一项实验研究中，外向者和内向者参加了被告知测量新型智力的"综合技能"测验 (Larsen & Ketelaar, 1989)。测验虽然是假的，但研究者还是把被试做得好坏的信息反馈给他们。心境测验证明，得到积极反馈时，外向者比内向者更高兴。有趣的是，得到消极反馈时，外向者却没有内向者那么失望。

其他研究发现，外向者会比内向者更多寻求他们认为会使自己快乐的任务 (Tamir, 2009) 并能发现内向者未看到的情境中的奖赏 (Noguchi, Gohm & Dalsky, 2006)。在一项研究中，要求被试写出一些单词，像拼写测验那样 (Rusting, 1999)。只不过其中许多是发音相似的同音词。有时他们会听到一个让人高兴的词——"*peace*"（和平）而不是"*piece*"（一片），有时又会听到一个令人伤心的词——"*mourning*"（哀痛）而不是"*morning*"（早晨）。被试写出哪个答案都算对，但外向的被试比内向的被试听到了更多的高兴的词。

这能说明外向的人总是比内向的人快乐吗？不一定。外向的人不只是比内向的人爱社交，而且也更冲动。外向的人做事更容易一时冲动，这会给他们带来麻烦 (Emmons & Diener, 1986)。最初闯入脑海的并不一定是好主意。凭一时感觉良好而不考虑后果地行事是有危险的。如果不写学期论文而去享受海滨旅行或晚上与朋友聚会，这种冲动行为可能尝到苦果。如此看来，外向性像一把双刃剑。外向的人可能比内向的人容易结交朋友，乐趣也更多。但他们也可能不假思索地行动，给自己招惹麻烦。内向的人较少从社会交往中获益，但他们也避免了为判断失误付出代价。

三、进化人格理论与选择配偶

设想一下，你打算借助网络上的婚恋服务来寻找恋爱伴侣。在输入自己的信息时，你面临两个难题：第一，你必须把自己描述得对别人有吸引力；第二，你必须确定你要找什么样的人。你会怎么说呢？

只要看看人们过去喜欢听的歌曲、梦幻的夜晚和喜欢的饮料等，研究者就发现，在这些情境下，人们怎样描述自己和他们想找的人，主要取决于他们是男性还是女性 (Harrison & Saeed, 1977)。女性大多描述自己身体上吸引人之处，说她们要找比自己年长、能提供经济保证的男性。幸好，这些要求很符合男性的自我描述。男性一般要找一个年轻些、身体有吸引力的女性。他们也会说自己能提供经济保证。

除了对人们寻求爱情有实际用处之外，这些结果能告诉我们关于人格本质的什么东西吗？进化人格理论的拥护者认为，答案是肯定的。这些心理学家认为，爱情关系就是同种系的雄性和雌性走到一起并（最终）繁衍后代的过程。因此，选择伴侣在一定程度上基于对亲代投资的关切 (Geary, 2000; Trivers, 1972)。也就是说，作为一个种系成员，必须关心生育并把基因传给下一代。由于这种关切，人们要选择能正常生育并有效抚育子女的配偶。这种分析并不等于说，我们在选择约会伴侣时要认真考虑其能否生育，而是说，某种配偶选择偏好已经通过进化过程传递给我们了。

依据进化论分析，男人和女人对亲代投资有不同的看法。由于女性要生育并大多要抚养子女，所以她们对将要与之结婚并生育子女的配偶更挑剔。相反，在很多种系中，雄性都能自由地与许多雌性繁殖后代。频繁地与许多雌性性交，增加了雄性把自己的基因传递给下一代的机会。在进化论术语中，选择配偶的投资主要是针对女性而不是针对男性的。如果选择失误，女人失去的要比男人失去的多。由于两性对亲代投资有不同观念，进化人格理论预期，男性和女性寻找的伴侣有着非常不同的特点。

男人要找什么样的女人？女人要找什么样的男人？这个问题会让最聪明的人感到迷惑。尽管进化人格心理学者不能解释所有的事，但在这件事情上他们认为，男人和女人选择配偶的条件部分地来自种系的需要。下面将介绍这些推测得到了哪些研究支持。

（一）男人想找什么女人

从进化论的观点来看，男人满足种系需要的最好方法就是尽量多地生殖 (D. M. Buss, 1991)。因此，有"高生育价值"的女性会吸引男性。换句话说，男性应该选择那种可能给他生很多孩子的女性。但是女性可能会多产的外在信号是什么？一个指标就是女性的年龄。一个年轻的妻子比年长的妻子的生育潜力更大。因此，一些进化人格心理学者预计，男性喜欢年轻女性胜过喜欢年纪大的女性 (D. M. Buss, 1991)。而且，与年轻女性有关的生理特点也提供了"女性生育能力的线索"，比如"光滑的皮肤、良好的肌肉力量、浓密的头发和丰满的嘴唇"(D. M. Buss, 1991, p. 2)。这些生理特点正是社会上公认的"美"的特征，这并非巧合。

因此，进化人格心理学者估计，男性更喜欢那些外表有吸引力、比自己年轻的女性。但是同样的推理适用于女性吗？可能不会。如果有区别的话，年轻的男人可能不能像年龄稍长的男人那样，为女人及其后代提供她想寻求的物质来源。据此，我们预期大部分夫妻都是夫长妻幼。

研究支持了这些推测。美国一项对全国未婚成人的调查发现，男性更喜欢以年轻女性做结婚对象，女性则偏爱年长些的男性 (Sprecher, Sullivan & Hatfield, 1994)。在另一研究中，询问已婚夫妇，他们选择配偶时认为哪些特点最重要 (Buss & Barnes, 1986)。正如所料，选择婚姻伴侣时，丈夫比妻子更看重身体上的吸引力和漂亮的相貌。另一项研究发现，女人越具有吸引力，男人就越努力地与那个女人保持关系 (Buss & Shackelford, 1997)。如果男人的伴侣的吸引力变弱，他们更容易感到不安 (Cramer, Manning-Ryan, Johnson & Barbo, 2000)。

女性身体吸引力的重要性在她们极力获得男性注意的策略中也可看到 (Buss, 1988)。在进化人格理论中，这就是著名的同性间的选择，即同性成员间为争取和最优秀的异性相配而展开的竞争。如果男人选择伴侣以年轻漂亮为标准，那么一个女人为了增大自己与最理想伴侣相配的机会，就会强调自己的这些特点。

为了检验这一假设，一项研究请新婚夫妇描述他们刚开始约会时为了吸引对方做了些什么 (Buss, 1988)。不出所料，新娘大多说，她们改变了自己的形象，化妆，戴首饰，穿时髦、性感的衣服，让自己显得整洁靓丽。另一研究让女大学生在两种不同的情况下来上实验课 (Durante, Li & Haselton, 2008)。这些女生并不知道，两次课程分别安排在她们排卵期的不同时间。经激素检测，分别让她们在处于高生育期的一天和处在低生育期的一天来上课。这些女生也不知道，研究者最感兴趣的是她们穿什么衣服来上课。结果与同性选择理论相吻合，根据编码者评价，女生在高生育期会穿更暴露、更性感的衣服。因为女生觉得，这几天正好是最能吸引潜在伴侣注意的日子。

总之，很多证据说明，男性在选择约会对象或婚姻伴侣时，比女性更看重身体上的吸引力 (Feingold, 1990)。但是要记住，成熟男性要找的是比自己年轻的女性，不一定是少女。一些研究者对十几岁的男孩进行访谈时发现，他们喜欢年龄稍长的女性 (Kenrick, Keefe, Gabrielidis & Cornelius, 1996)。换句话说，男孩较多地被那些最有生育力的女性所吸引，无论她们的年龄如何。

回顾迄今为止的研究，我们发现其中有一个局限性。那就是，它们告诉我们关于美国男性和女性偏好的很多事情，但是没告诉我们其他文化中伴侣选择的情形。为了给进化人格理论观点提供有力证据，我们需要证明，这一效应并不限于某一特定的社会或文化群体。如果只发现西方文化中的男性更看重身体吸引力，那么，肯定会有反驳意见说，这种行为反映的是一种社会学习模式而不是人类与生俱来的特点。

为了解决这一问题，研究者进行了一项精心设计的跨文化研究 (Buss, 1989)。研究者在 36 种文化群体中考察了伴侣偏好的性别差异。在这些文化群体中，有文化背景与美国差异巨大的民族，如南非的祖鲁人、印度古吉拉特人和巴西的圣卡塔里纳人。研究者询问了这些样本中的被调查者，当他们要结婚时，自己和配偶的最理想年龄是多大。还问他们 18 种人格特质对选择配偶时的重要性（如智力、良好的经济前景和漂亮外貌）。

研究结果为进化人格理论提供了有力支持。在所有 36 个样本中，男性都更喜欢比自己年轻的伴侣。研究者在调查人们第一次结婚的实际年龄时也得到了证据。在所有这些样本中，男人不仅声称他们喜欢年轻的女性，而且希望娶一个比自己年轻的女性。虽然研究者并没有做出女性偏好的假设，但所有 36 种文化中的女性都说他们喜欢年长的伴侣。

研究人员进一步考察了在男性和女性心目中身体吸引力对选择配偶的重要性，其结果为进化人格理论提供了更多的证据。在各种文化中，男性都比女性更认为漂亮的外表很重要。除了其中的三个样本之外，这一差异都达到统计显著水平。看来，不论文化和社会标准如何，男性偏爱年轻、有身体吸引力的女性的这一趋势具有相当的普遍性。进化人格心理学者把这些结果解释为，这是我们从祖先那里继承下来的、具有普遍性的特征。

（二）女人想找什么男人

根据进化人格理论，男人喜欢一个能提供最大生育机会的女性伴侣。但女性在生育和抚养子女的过程中扮演着不同角色。根据亲代投资分析，女性更喜欢能为子女提供保障的男性。对于非人类种系，这意味着能提供食物和保护的雄性。对人类来说，这意味着能提供抚养子女所需的经济来源。在这方面，一些男人的能力比另一些男人强。男人照料和养育儿女以及把地位和权力传递给孩子的能力是不同的。进化人格心理学者认为，女人更喜欢具有这些能力的伴侣。

一些研究支持了这一推测。调查者让已婚夫妇描述他们认为自己的配偶有何吸引力，女性说的更多的是这样一些特征：可依靠、能挣钱、有抱负、事业心强 (Buss & Barnes, 1986)。另一些调查发现，女性更看重伴侣的高社会经济地位和高抱负水平 (Ben Hamida, Mineka & Bailey, 1998; Feingold, 1992)。但是未发现与亲代投资无关的特点，比如幽默感，存在性别差异 (Feingold, 1992)。在另一项研究中，女性比男性更多地说到，如果伴侣不能维持一个好工作，自己会感到不安（Cramer et al., 2000）。一项研究要求被试选择假设的恋爱伴侣，女性宁可放弃身体吸引力，而看重社会地位和经济条件（Fletcher, Tither, O'Loughlin, Friesen & Overall, 2004）。

其他研究发现，男人知道女人的这些偏好，像女人一样，他们也为了得到最理想的伴侣而竞争。在一项研究中，新郎比新娘更喜欢通过夸耀自己的经济条件来吸引未婚妻的注意（Buss, 1988）。换句话说，男人极力让别人知道，他们赚了很多钱，或故意炫耀他们的新车和房子。为了与对方保持恋爱关系，男人会比女人更多地显示其财力（Buss & Shackelford, 1997）。

另有研究发现，与相对温顺的男人相比，女人更青睐支配型的男人（Sadalla, Kenrick, & Vershure, 1987）。在女性初次思考伴侣对象时，这种对支配型男性的偏好更强（Miller & Ostlund, 2006）。根据进化人格理论，支配型男人比强弱排名靠后的男人能更好地满足家庭所需的各种资源。这些发现是否意味着，如果可以选择，女人喜欢那些爱高声喊叫的、粗鲁的男人？换句话说，在爱情竞赛中，好好先生总是落在最后吗？更多的研究证明，情况不一定如此（Burger & Cosby, 1999; Graziano, Jensen-Campbell, Todd, & Finch, 1997）。与一个支配型的男性结婚有好处，但如果他不愿为了子女的幸福提供资源或投资，这种好处就不存在了。换句话说，支配性本身可能并不是有吸引力的特质。有一项研究支持了这一推理，研究者让大学女生观察并评价男人之间的关系，她们说，无论对长期关系还是短期关系来说，乐于助人的、慷慨的男人都比单纯支配型的男人更有吸引力（Jensen-Campbell, Graziano & West, 1995）。

总之，研究发现的异性吸引模式支持了进化理论关于女人认为何种男人更有吸引力的假设。但我们要再问一次，这些研究是否只限于美国样本？来自上文提到的 36 个样本的跨文化研究数据表明，全世界的女性都有类似的偏好（Buss, 1989）。各种文化的女性都比男性更希望配偶有良好的经济前景。只有在西班牙，这一差异没有达到统计显著水平。当男性和女性评价他们认为配偶应该具备的像抱负、勤奋等特点的重要性时，也得出了同样的结果。简言之，女人喜欢能为她们提供经济来源的男性，这是一个几乎普适天下的趋势。

（三）结论与局限性

对男性和女性选择什么样的爱情伴侣的研究发现，与进化人格心理学的预测基本一致。全世界的男人都喜欢年轻、有魅力的女性。女人则寻找能为抚养孩子提供物质条件的男性。虽然这些发现既合乎直觉又非常一致，但是，仍有一些理由使人们对其持保留态度。

正如前面章节所述，检验这些假设的研究者要对因果关系做出有力的验证，必然存在能力上的局限性。由于无法操纵性别、身体吸引力等变量，研究者无法排除对这些结果的其他解释 (Wood & Eagly, 2002)。比如，男女结婚年龄的差异可能只是与成熟水平有关，而女性在生理和情感上都比男性成熟得更早。

其次，研究也并不是总能得到与进化人格理论预测一致的结果 (Costa, Terracciano & McCrae, 2001; Eastwick & Finkel, 2008)。例如，进化人格心理学者声称，当男人发现配偶在性方面不忠贞时，会比女人更不安，而女人则更担心失去配偶感情方面的忠贞。这些预言来源于，男人在理论上需要确保他们抚养的子女是自己的，也来源于女人希望丈夫在她们生育后继续支持她们和子女。然而，研究往往不支持这些预言 (Berman & Frazier, 2005; DeSteno, Bartlett, Braverman & Salovey, 2002; Harris, 2003)。

再次，下面的情形是完全有可能的，在寻找爱情伴侣方面，人们习得的偏好已经胜过从祖先那里继承来的本能。野生动物的基本需求与现代社会的男人和女人的需求非常不同。大概许多女性喜欢一个肯花时间陪伴自己的伴侣，而不是一个雄心勃勃、沿着公司的阶梯向上爬的伴侣。这并不是说，从祖先那里继承的倾向不再影响我们的选择。研究表明，它们还在起作用。但是，我们对有身体吸引力的女人或富有的男人的偏好在这一过程中可能只起较小的作用。在一项研究中，男性和女性都把相互之间的爱情评定为选择伴侣时最重要的因素 (Ben Hamida et al., 1998)。

常识告诉我们，还有许多不合规则的例外。无疑，许多女性喜欢更敏感的而不是更支配的男性。许多男性喜欢稍年长的女性胜过喜欢不太成熟的伴侣。进化人格心理学也只局限于异性间的配偶选择。而基于亲代投资的这一关于配偶选择的预言，对男女同性恋的选择很少或根本没有提及。对于已过生育年龄的女性和只想建立亲密关系而对生儿育女不感兴趣的老年男性来说，这一分析也不适用。

四、小结

（1）研究表明，遗传和环境对成人的人格发展都有影响。心理学者采用多种方法来判定遗传影响人格的程度，其中双生子方法最值得注意。然而，在解释这些研究，特别是涉及研究的基本假设时还存在一些问题。但是无论如何，已积累的证据仍有力地证明了成人人格中有显著的遗传成分。

（2）外向—内向性是在艾森克人格理论中得到最广泛研究的一个问题。有证据表明，这一人格变量中有很大的遗传成分。与艾森克的理论相一致，研究者发现，外向者寻求富于刺激的环境而且在这种环境中比内向者表现得更好。研究还发现，外向者通常比内向者更快乐。

（3）进化人格理论预言，在选择伴侣时，男性和女性看重不同特征。与这一看法相一致，研究显示，在寻找恋爱对象或配偶时，男性更关注身体吸引力，而且更喜欢年轻伴侣。研究还显示，女性喜欢拥有供养家庭所需资源的男性。跨文化研究证明，这种偏好是普适全球的。

关键术语

双生子研究法　twin-study method (p.252)

第十一章

人本主义流派：
理论、应用与评价

- 一、人本主义心理学的起源
- 二、人本主义流派的基本要素
- 三、卡尔·罗杰斯
- 四、亚伯拉罕·马斯洛
- 五、最佳体验的心理
- 六、应用：以人为中心的治疗和工作满意度
- 七、评价：Q 分类技术
- 八、人本主义流派的优势与批评
- 九、小结

我曾参加过一次关于 20 世纪 60 年代"大门乐队"主唱吉姆·莫里森 (Jim Morrison) 的讨论。有几年时间,他是代表反主流文化思潮的传奇式摇滚歌星。但是他沉溺于毒品和酒精,在 27 岁时死于突发心脏病。在这次讨论中,一位男士把莫里森的自我毁灭行为和猝死归咎于社会。他辩称,来自莫里森父母的疏远、警察的纠缠和音乐制作人的压力,把这位歌手推向了悲剧式的死亡。一位女士不同意他的说法。她辩称,没有人强迫吉姆·莫里森吸食大剂量的危险毒品,天天饮酒狂欢。也没有一个人强留他做商业性音乐。如果觉得困难,他可以轻松退出。

你觉得这两种观点哪一个更符合"人本主义"?你会不无惊讶地发现,把莫里森的问题归于他自己的那位女士的观点,比那位把责任归于社会和莫里森面临的纠缠的男士的观点,更接近人本主义心理学的思想。这并不是说,人本主义心理学家对社会带给我们的困难冷酷无情和麻木不仁。但是,当面临困难时我们应该怎样做,在这一问题上如果不能承担个人责任,却是和人本主义关于人格与心理健康的理论相悖的。

回顾人本主义观点的产生背景,就很容易理解这一观点。在 20 世纪中期,心理学领域出现了两种主要的关于人性的理论。一种是弗洛伊德的观点。根据他的理论,我们都是始终影响我们行为的无意识的性本能和攻击本能的牺牲品。另一种观点来自行为主义者(第十三章),他们很极端地把人看作较大、较复杂的老鼠。就像老鼠对实验室的刺激做出条件反应一样,人也对生活环境中的刺激做出反应,在这一过程中,人对自己的反应不加控制。我们会有怎样的行为,只因当前或曾经处于什么情境,而不是因为个人选择或指向。

很多心理学者难以接受这两种对人性的描述。尤其是弗洛伊德和行为主义的描述都忽视了人性中的一些重要方面,例如,自由意志和人的尊严。行为被说成是受控于本我冲动或学习经历,而不是个人选择。出于对这些关切的反应,所谓"第三势力"应运而生。人本主义流派(有时被不确切地说成是*存在主义心理学*或*现象学的心理学*)为人类描述了一幅完全不同的图景。

人本主义与其他人格理论的一个主要区别是,它主张,人应该对其行为负主要责任。虽然我们有时会对一些事件自动做出反应,有时也会受无意识冲动的驱使,但是几乎在任何指定的时刻,我们都有能力决定自己的命运,并决定自己的行动。我们有自由意志。吉姆·莫里森可能已经察觉到自己处在巨大的压力和困难中,但如何面对这种情况是他自己的选择。如果莫里森去见人本主义治疗师,他就会被鼓励去承担责任,选择适合于他的个性与个人需要的生活方式。

美国心理学中的第三势力迅速吸引了一大批心理治疗师和人格理论家。20世纪60年代（以吉姆·莫里森为代表的反主流文化运动崛起的年代）强调个性及个人表达的时代背景为人本主义心理学的成长提供了肥沃土壤。1967年，人本主义心理学的代表人物亚伯拉罕·马斯洛当选美国心理学协会主席，这标志着人本主义理论作为另一种正统理论被接受。在对这种不同以往的观点进行深入分析之前，我们先来回顾人本主义流派的起源。

一、人本主义心理学的起源

人本主义心理学有多个来源，其中主要的是两个领域：在欧洲影响广泛的存在主义哲学，及美国心理学家，特别是卡尔·罗杰斯和亚伯拉罕·马斯洛的研究。

存在主义哲学提出的许多问题，后来都成为人本主义理论的基础。这些问题包括人的存在的意义、自由意志的作用和人的唯一性等。一些主要来自欧洲的心理学家与存在主义哲学家的观点非常一致，被冠以存在主义心理学家的称号。这些心理学家在很大程度上依赖于著名的存在主义哲学家弗里德里希·尼采、索伦·克尔恺郭尔和让—保罗·萨特的学说，形成了自己的人格理论。这些存在主义心理学先驱包括鲁德维格·宾斯万格 (Ludwig Binswanger)、梅达尔·博斯 (Medard Boss)、维克多·弗兰克尔 (Viktor Frankl)、罗纳德·戴维·劳恩 (Ronald David Laing) 和罗洛·梅 (Rollo May)。存在主义心理治疗往往聚焦于存在的焦虑，这是因感觉个人生活失去意义而产生的恐惧和惊慌感。治疗往往强调自由选择，建立一种可以减轻空虚、焦虑和烦恼的生活方式。

大约在同一时间，存在主义哲学开始以它的方式进入美国一些心理学家的讨论中，两位美国心理学家著书回顾了自己从传统心理学理论向人本主义观点的转变。卡尔·罗杰斯早期做心理治疗师的失败经历使他怀疑自己是否有能力替来访者决定他们的问题是什么以及如何去解决。多年后罗杰斯反思道，"我开始意识到，除非我需要显露我的聪明才智……否则依照来访者指出的方向我会做得更好。(Rogers, 1967, p. 59)"

亚伯拉罕·马斯洛的转折点发生于他在第二次世界大战时观看的一次阅兵。阅兵本应激励美国人的爱国热情，为战争付出努力，但是它却让马斯洛质疑心理学对理解人类行为有多大作用。他决心"证明人类有能力做比战争、偏见和憎恨更好的事情"(as cited in Hall, 1968, p55)。

推进他们关于人的行为的新思想，成了罗杰斯和马斯洛毕生的工作。他们的思想在心理学者当中找到了乐于倾听的听众，他们也因看到其他流派中的局限和不足而困扰。我们先介绍人本主义流派的一些基本要素，然后概述这两个人的理论。

二、人本主义流派的基本要素

描述人本主义心理学是困难的，因为在目前还没有一个被普遍认可的构成人本主义人格理论的定义。这种现象在 20 世纪六七十年代初期尤为突出，当时，借着这一流派大受欢迎的势头，似乎人人都把自己说成是"人本主义"的。结果，人们有时会把人本心理学与风行一时的几种治疗方法联系起来，这些治疗法承诺，只需付出一本平装书的价钱，就能解决问题，得到一把通往幸福之门的钥匙。随着公众对人本主义心理学不再痴迷，创建人本主义协会的努力也逐渐削弱。但还是有不少心理学者，特别是心理治疗师，仍然坚持这一观点。虽然没有明确标准来判别一种心理治疗方法是否属于人本主义范畴，但是可以保险地说，以下四个要素是所谓"人本主义"的一般观点的核心：① 强调个人责任；② 强调"此时此地"；③ 对个体的现象学的关注；④ 强调个人成长。

（一）个人责任

虽然我们会尝试拒绝，但我们最终要对发生在自己身上的事情负责。从存在主义哲学借用的这一思想是人本主义人格理论的核心，我们常说的"我必须这样做"这句话就能说明这一点。我们说，"我必须去上课"，"我必须去见朋友"，"我必须照料我的孩子"等。其实，我们不是必须干这些事。在一定程度上，没有什么事情是我们必须做的。人本主义心理学家声称，人的行为是人在特定时间想要做什么的个人选择。人们选择维持人际关系，但他们并不必须这样做。人们选择被动地行动，但也可以决定坚决地行动。人们选择去上班、给朋友打电话、脱离一个党派、送圣诞礼物。人们并不是必须做这些事情。人们为这些选择付出的代价可能是不合理的，但人们终究还是这样选择了。

弗洛伊德和行为主义认为，人受到自己无法掌控的力量的摆布，人本主义心理学家与此不同，他们把人看作自己生活的积极塑造者，可以自由地改变那些只是因为身体约束而被局限的东西。人本主义心理治疗的主要目标，就是使来访者接受这一理念，他们有能力做自己想做的事情，做一个自己想做的人。当然，对很多人来说，这种自由是可怕的。

（二）此时此地

想一想你以前去上课或赴约的经历。也许你会想起上周末做的事情，或者想起一件令人尴尬的事情。也许你会预想和某人谈些什么话，或者设想怎样精彩地度过这个周末。但一个人本主义心理学家会说，你做的事使你浪费了10分钟。你没有充分享用生活给你的这10分钟。你本应享受新鲜空气，欣赏蓝天，或者从观察及与人的谈话中长些见识。

根据人本主义观点，只有按生活本来面貌去学会生活，我们才能成为充分发挥功能的人。对过去和将来的反思虽然有益，但是很多人花费过多的时间思考已经发生的事情，或者计划将要发生的事情。花在这些事情上的时间就浪费了，只有生活在此时此地，你才能充分享受生活。

一句流行的广告语提醒我们："今天是你余生的第一天。"这句话和人本主义心理学非常契合。人本主义的观点认为，我们无须成为过去的牺牲品。过去的经验自然会改变和影响"我是谁"以及我们该怎样行动。但是这些经验并不能指出我们会变成什么样。人不能因为他们"过去一直就那样"而继续害羞或缺乏自信。你也不要因为不知道还能做什么，就被迫维持不愉快的人际关系。你的过去已经引领你走到今天，但它不是最后决定你命运的一棒。

（三）个体的现象学

没有人比你更了解自己。这一观点是人本主义心理学的基石。人本主义心理学者认为，治疗师听完患者诉说，确定他们的问题是什么，然后强迫他们接受治疗师所说的，应该做哪些改变，应该怎么改变，这种做法是荒谬的。相反，人本主义治疗师要努力理解患者"从何而来"，然后指导患者认识他们需要什么来帮助自己。

最初，一些人对这种治疗方法感到困惑。人们为什么不能了解他们自己的问题？如果答案很简单，患者自己就能治疗，何必去看心理医生呢？答案是这样的，人们此时不明白自己问题的根源，治疗师也不掌握这些信息。但在治疗过程中，患者会逐渐了解自己，想出适当的办法来解决自己的问题。你在处理个人问题时可能有过类似的经历。朋友给你提了建议，但是按照别人的意见决定你怎样做最好可能并不令人满意，甚至没有效果。如果你像许多人一样，权衡别人的建议后自己做出决定，你就能把问题解决。

（四）个人成长

> 无论称之为成长趋势、对自我实现的驱动，还是前行的方向，它都是生活的主要动力。
> —— 卡尔·罗杰斯

根据人本主义心理学的观点，让所有的当前需要得到满足并不是生活的全部。假如明天你继承了几百万美元的财产，和一个敬你爱你的人一起平安地过日子，而且承诺你会健康长寿，那么你觉得幸福吗？这份幸福可以持续多久？人本主义理论家相信，当人们的当前需要得到满足后，他们就不再感到满意。此时，他们就产生了积极寻求发展的动力。哪怕是独自一人，只要不被生活中的困难所累，我们终将朝着某种令人满足的个人状态前进。卡尔·罗杰斯把进入这种状态的人称为充分发挥功能的人。亚伯拉罕·马斯洛 (Maslow, 1970) 用**自我实现**这个词来描述这种人：当我们变成"一个更独特的人，成为能够按预想做每件事的人"的时候，就成了自我实现的人 (p. 46)。

这一成长过程被认为是人的发展的自然方式。就是说，除非有困难阻碍我们这样做，否则我们就会朝着这种满意状态前进。当这些困难阻碍我们成长的时候，人本主义心理治疗可以提供帮助。然而，治疗师不能把来访者推到正确轨道上。只有来访者才能这样做。治疗师让来访者自己克服困难，继续成长。罗杰斯把这种始终通过自我获得的发展称为"成长过程"。

三、卡尔·罗杰斯

人本主义心理学很难找到像卡尔·罗杰斯那样一生充分享受生活的榜样。罗杰斯是人本主义心理治疗的开创者，也是推广"以人为中心"疗法的第一位治疗师 (Rogers, 1951)。后来，他在促进互助小组治疗方法中是一位重要人物 (Rogers, 1970)，并且把自己在心理治疗中学到的东西扩展到一般人格理论中 (Rogers, 1961)。在职业生涯后期，罗杰斯把人本主义理论扩展到社会问题上，如教育和世界和平问题 (Rogers, 1969, 1977, 1982)。对很多人来说，罗杰斯对人性的乐观态度以及相信每个人都有充分发挥功能并获得幸福的潜力，为一直以来的人格探索提供了不同的方法。

（一）充分发挥功能的人

罗杰斯说："理想的人生是一个过程，而不是一种生活状态。它是一个方向，而不是一个终点。(1961, p. 186)"像其他人本主义理论家一样，罗杰斯认为，我们会很自然地争取获得生活的最佳满足感。他把实现这一目标的人称为**充分发挥功能的人**。

卡尔·罗杰斯
1902—1987

正如卡尔·罗杰斯(Carl R. Rogers)主张的，人必须展现真实的自我，他对科学的兴趣和对人的关切，使他从一个美国中西部的农家子弟成长为心理学人本主义运动的领袖。卡尔成长在伊里诺伊州，他曾是一个害羞但聪明的孩子。他特别喜欢科学，13岁就被誉为当地的生物学和农业专家。

具有讽刺意味的是，罗杰斯的家什么都不缺，只缺温暖和热情。公开表达情感后来在罗杰斯的治疗中是一个重要特征，但这在他家里是不允许的。结果，和他的两个兄妹一样，卡尔在15岁时得了溃疡病。

罗杰斯1919年进入他父母的母校威斯康星大学学习农业。他原想以农业为职，但不久就发现农业缺乏挑战性。他在一个夏天选修了心理学函授课程，但是又觉得乏味。最后他决定从事宗教研究。1924年，他和新婚妻子海伦离开威斯康星，来到纽约联合神学院，准备从事牧师职业。

在纽约，有两件事改变了他的生活方向。第一，随着对神学的大量学习，他对自己的宗教信仰产生了怀疑。他发现，"宗教可以满足各种人五花八门的心理需要。重要的不是宗教，而是人。（引自 Kirschenbaum, 1979, p. 45)"第二，他对心理学有了新的认识。在神学院，罗杰斯和几个同学一起去马路对面的哥伦比亚大学旁听心理学课。这些同学包括德奥多尔·纽康普(Theodore Newcomb)和欧内斯特·希尔加德(Ernest Hilgard)，他们后来也成为著名心理学家。

神学院的职业使罗杰斯有机会帮助别人，他的信心却慢慢减弱。他回忆说，"为了保住这份工作而被迫宣称一套信仰真是件可怕的事情。我希望找到一个领域，使我能够保证自己的思想自由不受限制。(as cited in Kirschenbaum, 1979, pp. 51-52)"虽然让父母很沮丧，但他还是来到哥伦比亚大学做了心理学研究生。

毕业后，罗杰斯在纽约罗切斯特的一个儿童辅导诊所工作。后来，他曾在俄亥俄州立大学和芝加哥大学任教，1957年回到威斯康星大学。在此期间，罗杰斯一直与心理治疗中的弗洛伊德流派及在学术界占统治地位的行为主义做斗争。他在这些斗争中取得了多次胜利。美国心理学协会在1956年第一次颁发年度特别科学贡献奖的时候，卡尔·罗杰斯成了该奖的得主。

1963年，罗杰斯来到加利福尼亚的拉约拉，建立了"人的研究中心"。对人的真正关切是贯穿他整个职业生涯的主线。他的一位同事回忆说，"罗杰斯看上去很普通，他不是一个火花四溅的健谈者，[但]他一定会以发自内心的兴趣听你谈话。(Gendlin, 1988, p. 127)"罗杰斯的最后15年致力研究社会冲突和世界和平问题。甚至在80岁时，他还在苏联和南非等地主持研讨会和交流小组的工作。直到1987年2月逝世，罗杰斯一直从事着内容广泛的写作，影响着心理科学。

充分发挥功能的人是什么样子？罗杰斯确定了几个特征：第一，充分发挥功能的人对自己的经历持开放态度。他们不喜欢陷入熟悉的生活方式中，而要看生活能给他们带来什么。与此相联，充分发挥功能的人试图迎接生活的每时每刻。这个意思是去寻求新体验，而不是消极度日。

第二，充分发挥功能的人相信自己的感觉。只要觉得对的事情，他们就去做。他们对别人的需要不会漠不关心，但不会过分担忧社会给他们制订的行为标准。如果一个充分发挥功能的女士打算去剪发或辞职，她不会因为别人的异议而停止行动。充分发挥功能的人不太屈从于社会期待的角色要求。这并不意味着充分发挥功能的人桀骜不驯。他们也会走过上大学、工作、结婚成家的传统道路，但是这些选择都是符合他们自己的兴趣、价值观和需要的。

第三，充分发挥功能的人比其他人更深刻而强烈地体验他们的情感，无论是积极情感还是消极情感。充分发挥功能的人接受并表达他们的愤怒。否则他们与自己情感之间的联系就会被切断。因为这种敏感性，这些人在生活中体验到的东西更加丰富多彩。

（二）焦虑和防御

如果每个人都有潜力成为充分发挥功能的人，成为建设性的社会成员，世界上为什么还有那么多的不幸？为什么人们不能最大限度地享受生活？罗杰斯意识到，人们经常不快乐，也很难成为充分发挥功能的人。当我们感到焦虑，并以不同的心理防御做出反应时，问题就来了。在罗杰斯看来，我们之所以焦虑，是因为我们接触到跟自己对自己的看法不一致的信息。你认为，你是一个不错的网球手、善良的人、好学生或是一个令人愉快的谈伴，但你偶然听到了与这种自我概念相矛盾的说法。例如，你认为自己是一个大家都喜欢的人，但是某一天听见有人说，他认为你是一个性情古怪的人，你会做出怎样的反应？

我们来看看充分发挥功能的人怎样做出反应。如果你是一个充分发挥功能的人，你会接受这个信息。也就是，有人不喜欢你。你会考虑这个新信息，然后把它纳入自我概念中。你可能意识到，虽说你是个好人，但不是每个人都认为你讨人喜欢和完美无缺。遗憾的是，多数人不能做出这种适应良好的反应。更普遍的是，这一信息带来了焦虑。你相信人人都喜欢你，但现在有了并非人人都喜欢你的证据。

如果这个信息严重威胁到你的自我概念，焦虑将很难克服。在这一点上，罗杰斯和弗洛伊德的观点有点类似。罗杰斯认为，我们是在意识之下的某一水平接收这一威胁性信息的。罗杰斯称这一过程为**潜知觉**，而不是**知觉**。如果这个信息没有威胁，它就容易流入意识。但是，它若跟自我概念相抵触，我们将防御它，不让它进入意识，以此来对付焦虑。

最普遍的防御是扭曲 (distortion)。回到前面的例子，你可能认为，说你性情古怪的那个人心情不好，或者是一个粗鲁的人。在更极端的情况下，你可能会利用断然的否定。不，你对自己深信不疑，他其实不是说我，而是说一个名字听起来像我的人。对罗杰斯理论的一个有趣的变式是，当听到一条正面信息与我们的自我概念不一致时，我们也会焦虑。例如，那些认为自己在社交方面不受欢迎的人听说有人被他们吸引的时候，就可能转向防御。他们会自言自语地说，这些赞赏者只是出于礼貌，或者企图从自己身上捞点什么。

有时，我们的自我防御来自我们对自己做出的危险性观察。每个人偶尔都会以不符合个人标准的方式行事。也许你会骗朋友的钱，对喜欢的人说伤人话，或说谎话利用熟人。即使是充分发挥功能的人有时也会对自己失望。在多数情况下，这些人承认他们的短处并试图从错误中吸取教训。人们常常会歪曲信息（"她真不应该因为我说的话而不安"）或否定事实（"我不知道这些钱是他的"）。

扭曲和否定可以暂时减轻焦虑。但这种缓解是有代价的。每一次扭曲都使我们离充分地感受生活越来越远。严重时，人们会把现实与幻想相混淆。一个人可能认为，他是世界上最令人满意的单身男士，但实际上没有任何客观证据可以支持这一结论。一个成绩很差的女生可能认为，她是个天才，只是因为她的思维太复杂，她的老师无法理解而已。有时候，自我概念与现实之间的沟壑太深，即使是防御也不起作用。此时，人们会体验到罗杰斯所说的混乱 (disorganization) 状态。抵御威胁性信息的防护墙彻底崩溃，结果是更加焦虑。

（三）有条件的赞赏和无条件积极关注

为什么人们很难接受某些信息并将其纳入自我概念呢？罗杰斯的回答是，多数人都是在**有条件积极关注**的环境中长大的。小时候，父母和养育者给我们爱和支持。然而，他们不大会无条件地这样做。就是说，多数父母只在孩子符合他们期望的时候才爱孩子。如果父母对孩子的行为不满，他们就隐蔽对孩子的爱。孩子们得到的提示是，只有做了父母想让他们做的事情，才能得到爱。儿童需要并希望得到的积极关注是以他们的行为为条件的。

这种有条件积极关注的结果是，儿童学会放弃真实情感和愿望，只接受他们身上被父母赞许的那部分。简言之，他们拒绝自己的弱点和错误，变得越来越不了解自己。遗憾的是，作为成人，我们仍在延续这一过程。我们只是把那些能赢得生活中重要人物赞许的方面纳入自我概念。我们不是接受和表达别人不喜欢的情感，而是否认或扭曲它们。结果，我们就失去了与自己情感的联系，变成不能充分发挥功能的人。

矫正这种弄巧成拙做法的良药，就是**无条件积极关注**。当我们被无条件积极关注时，我们知道，无论做什么，都会被接受和被爱。即使不满意孩子的某些行为，父母也应该和孩子交流，父母会一直爱孩子，接受孩子。在这种情况下，孩子不再需要拒绝可能导致积极关注被撤回的思想和情感。他们可以自由地感受身上的所有东西，自由地把错误和弱点都纳入自我概念中，自由地体验生活中的所有东西。

幸好，父母并不是无条件积极关注的唯一来源，生活在一个没有这种接纳的家庭中，也不会宣判一个人要过不完美的生活。与朋友和爱情伴侣建立的成人关系可以建立在无条件积极关注的基础上。同样，在心理治疗中，治疗师也可以创造这种无条件积极关注的氛围。罗杰斯认为，这样的氛围是有效治疗必需的。我们将在本章后面介绍罗杰斯有关这种治疗的思想。

孩子是个坏孩子，还是仅仅做了件坏事？罗杰斯认为，父母应该给孩子提供无条件的积极关注。即使孩子做了妈妈不喜欢的事，妈妈也一直爱他，珍视他。

四、亚伯拉罕·马斯洛

亚伯拉罕·马斯洛用职业生涯的大部分时间来填平他在其他人格流派中发现的沟壑。当时，该领域主要关注心理障碍问题，而令马斯洛觉得奇怪的是，心理学能为幸福和人格的健康方面做点什么。他指出："弗洛伊德向我们展示了心理当中悲观的一半，现在我们必须用健康的另一半来补充。(1968, p. 5)"马斯洛用一幅关于人类本性的乐观而令人振奋的图景取代了弗洛伊德悲观、阴郁的观点。此外，马斯洛还把他的注意力集中在人格的意识方面。

> 我是那种喜欢开垦荒地而不是从荒地边走开的人。我不断地挖掘。我喜欢发现胜过喜欢证明。
> ——亚伯拉罕·马斯洛

亚伯拉罕·马斯洛
1908—1970

亚伯拉罕·马斯洛(Abraham H. Maslow)个人和职业生涯的经历和他在著作中描述的许多东西相近。人们一般认为他是个热情、平易近人的人，但他的童年却是冰冷、孤独的。他回忆说："我是生活在非犹太人社区中的一个小男孩。我是孤独而不幸的。我在图书馆和图书中长大，没有朋友。(cited in Hall, 1968, p. 37)"

他迈入职业生涯的经历与他最终成为人本主义心理学创始人的经历相差甚远。他的父母是没受过多少教育的俄罗斯移民，他们曾让他读法律学校。在这种外力推动下，他来到纽约城市学院，但是觉得毫无兴趣，只读了一年就退学了。马斯洛来到康奈尔大学，以后又转到威斯康星大学学习心理学。具有讽刺意味的是，最初吸引他学心理学的是行为主义，特别是约翰·华生的研究。他说："华生的研究项目曾让我感到非常兴奋，我信心十足地感觉，这是一条通往解决一个又一个问题并改变世界的现实道路。(cited in Hall, 1968, p. 37)"后来，虽然马斯洛对行为主义的热情逐渐减退，但是用心理学方法解决世间问题的愿望一直没有泯灭。

马斯洛1934年在威斯康星大学获博士学位。在此期间，他仍是个忠实的行为主义者，在工作上与哈利·哈洛(Harry Harlow)密切合作，在后者的动物实验室工作。博士毕业后，马斯洛来到哥伦比亚大学与著名的学习理论家桑代克(E. L. Thorndike)一起工作。但是在他的大女儿出生的时候，马斯洛产生了一种神秘体验，很像他后来研究过的高峰体验。看着他新出生的孩子，马斯洛意识到，行为主义不能提供他此时需要的对人类行为的理解。"看着这个神秘的小东西，我觉得自己很愚蠢，我很震惊，因为神秘，因为一种并非真实的失控感……任何有孩子的人都不可能成为行为主义者。(cited in Hall, 1968, p. 56)"

在离开哥伦比亚大学之后，马斯洛来到布鲁克林学院并任教14年，在此期间他结识了卡伦·霍妮和阿尔弗雷德·阿德勒。更重要的，他遇到了格式塔心理学的创始人之一韦特海默(Max Wertheimer)和文化人类学家本尼迪克特(Ruth Benedict)。他希望深入了解这两位他所谓的"最卓越的人"，这使他开始了对自我实现的人的探索(Maslow, 1970)。马斯洛于1951年来到布兰代斯大学，直到1970年去世。他希望把心理学的新思想作为遗产留给后人。有一次他说道，"我愿意做接力赛中的第一棒，然后把它交给下一棒。(cited in Hall, 1968, p. 56)"

（一）动机和需要层次

我们先比较一下今天的美国中产阶级和 20 世纪 30 年代经济大萧条时期的蓝领阶层所关心的事情。当今，经济上有保证的就职者担忧的是他们的人际关系和社会地位。许多人关心他们的一生能做出什么贡献。有些人在社区服务项目或慈善机构的工作中找到了满足。另一些人看小说，参与社会问题的讨论，参加写作学习或艺术欣赏班。这种情况和 20 世纪 30 年代近 1/3 的人失业的情况大不相同。那时，养家糊口是美国人最关心的事情。找一份工作，不管什么工作，是第一要务。花时间思考人生方向，或者尝试通过不同的途径来展现自己的潜力，对整日为生计发愁的人来说未免过于奢侈。

把后来的中产阶级公民与大萧条时代的工人（悲观地说，当今世界上那些贫穷的人民仍然如此）加以对比，说明了马斯洛人格理论中的一个重要方面。马斯洛区分了两种动机。其中**匮乏动机**是因缺乏一些必需的东西而产生的。像饿和渴这类基本需要就属于这一范畴。一旦得到这些东西，匮乏动机就得到满足，在一段时间内，它所指向的行为就会停止。相形之下，在得到这些东西之后，**成长需要**就不会满足。相反，这方面的满足来自成长动机得以表现。成长需要包括无私地给予别人爱以及人的独特潜力的发展。成长需要的满足带来的永远是这种需要的增强，而不是满足感的增强。

马斯洛划分了包括匮乏需要和成长需要在内的五种需要类型，并把它们放在著名的**需要层次**模型中。如图 11.1 所示，五种需要处于一个高低显著的层次中。就是说，必须先满足某些需要，才能满足另一些需要。尽管有例外，但我们一般先满足低层次的需要，然后才关注高层次的需要。如果你很饿，那么你的注意力就会集中在获得食物上。在这个需要满足之前，你不会非常关心结交新朋友或者建立爱情关系。当然，低级需要得到满足之后，它可能会返回来，使你的注意力再次转向它。在一生中，大多数人是按照这个层次向上前进的，直到支配着我们行动的自我实现需要得到满足。让我们对这一层次进行逐步分析。

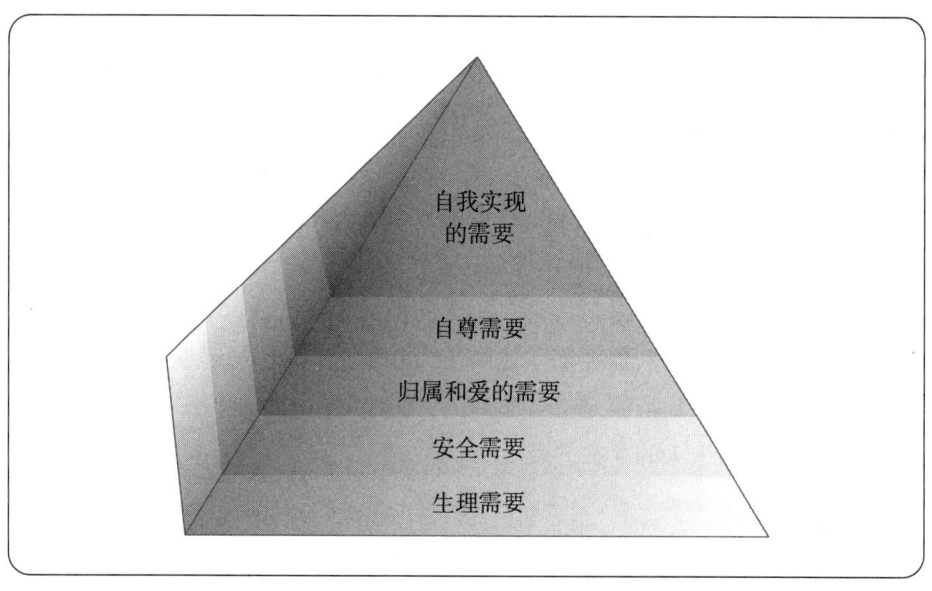

图 11.1 马斯洛的需要层次

1. 生理需要

生理需要包括饿、渴、空气和睡眠,这是我们转入较高层次需要前必须先满足的需要。在历史上,直到当今的很多地方,有亿万民众的生活聚焦于这些基本需要。对生存来说,获得充足的食物和水,比获得同伴尊重或形成做一个艺术家的能力都重要。

2. 安全需要

当生理需要得到满足时,我们就会更多地被安全需要所推动。这包括安全、稳定、被保护、组织、秩序以及回避恐惧或混乱。当未来不可预测,或政治稳定和社会秩序受到威胁的时候,这些需要就突显出来。觉得安全受到威胁的人,会开立多个存款账户,或满足于一个安全的工作,而不去寻找高收入高风险的工作。在个人发展中停留在安全需要中的人,可能会容忍一段不幸福的婚姻,只要这种容忍能带来稳定和安全感。

3. 归属和爱的需要

对大多数中产阶级的美国人而言,他们都已经完全满足了吃、喝、安全和稳定的需要。大多数人有工作,有家,饭桌上有吃的。但是这些较低层次需要的满足并不能保证幸福。对友谊和爱的需要很快就出现了。马斯洛指出,"此时,人会产生过去从未有过的强烈感觉,即他们缺少朋友,或情人,或妻子,或孩子。他渴望与人们建立感情联系……在群体或家庭中占有一个位置。(1970, p. 43)"虽然有些成年人仍在为安全需要苦干，把很多精力投入工作，但是多数人最终会发现，如果工作意味着牺牲与朋友和亲人相处的时间，那么工作是不能令人满足的。

马斯洛划分了两种类型的爱。D 型爱，如饥饿，是以匮乏为基础的。我们需要这种爱去满足缺少它们时体验的空虚。这是一种自私的爱，关注的是获得，而不是给予。但它却是形成第二阶段的爱的必经之路。B 型爱是一种非占有的、无私的爱，以成长需要而不是匮乏为基础。B 型爱永远不可能因为有了所爱的东西而满足。B 型爱是被体验到的、愉快的、和其他人一起成长的。它是一种"为了另一个人的存在的爱"。

4. 自尊需要

尽管一些诗人和作曲家可能不同意，但生活中的确有比爱更多的东西。归属和爱的需要的满足会把我们的注意转向自尊的需要。马斯洛把它分为两种基本类型：感觉自己有能力、有成就的需要，以及被赞赏、被尊重的需要。但是他提醒人们，这种尊重必须是实至名归的。我们不能靠谎言和自欺来得到荣誉和权威。即使有金钱、配偶和朋友，但如果无法满足自尊和被赞赏的需要，将导致自卑感和挫折感。

5. 自我实现需要

几乎每一种文化中都有这样的故事，某个人凭借魔灯或神的帮助，得到了他想得到的一切。但是毋庸讳言，财富、爱和权力等愿望的满足并不能带来幸福。正如马斯洛所说的，当我们所有的低级需要都得到满足之后，一种新的不满足感就会出现。我们会把注意转向自己，扪心自问：我还想从生活中得到什么？我的生活终点在哪里？我还想实现什么目标？当我们确认了真实的自我，并且充分挖掘自己的潜能时，自我实现的需要就得到了满足。马斯洛写道，"若想最终与自己和平相处，一个音乐家就必须创作音乐，一个画家就必须作画，一个诗人就必须写诗。一个人能够做到什么样，他就必须照那样去做。他必须真实地面对自己的本性。(1970, p. 46)"

（二）对马斯洛需要层次理论的误解

马斯洛后来承认，五种水平的层次使需要和行为之间的关系过于简单化。

虽然这一顺序对多数人有意义，但也有一些例外。有些人在建立爱情关系之前，必须先满足自尊和尊重的需要。一些艺术家会放弃一些基本需要和亲友关系，专心表现他们的创作欲望。我们都听说过为了理想而牺牲生命的一些烈士的故事。

乍看这个需要层次，人们有时会假定，在进入较高的需要之前，低一级的需要必须百分之百得到满足。但是马斯洛认为，在任何一个确定的时间，所有五个层次的需要都潜在地影响着人的行为。另外，对五个层次中任何一个层次的需要长期感到满足的情况也比较少见。马斯洛估计，在美国文化的一般人群中，85%的生理需要，70%的安全需要，50%的归属和爱的需要，40%的自尊需要和10%的自我实现需要得到了满足。

虽然马斯洛描述的需要层次在全世界普遍存在，但是他也承认，不同文化中满足每一种需要的手段有所不同。在美国社会，一个人可以通过做一名成功的商人或社会领导人而赢得他人尊重。在另一些文化中，这种尊重来自擅长捕猎或高超的农业技能。但是，马斯洛认为，各种需要所属的层次在各种文化中都相同，只是满足需要的方式略有不同。

对马斯洛理论的另一个过于简单化的理解是，一个行为只受一种需要驱动。马斯洛辩称，大多数行为是多种动机驱动的结果。他引用了性活动的例子。不难理解，性行为可使生理需要得到满足。但是，驱动性行为的，也可能是表达感情的愿望、对掌控感和能力感的需要、显示男子气或女子气的需要。人的性行为可能满足这些需要中的一种，也可能满足这几种需要的不同组合。

（三）对心理健康的人的研究

长期以来，心理学家一直关注有各种心理问题的人。但是马斯洛却从截然相反的角度切入研究。他问道，自我实现的人是什么样子？我们能从他们身上学习什么？为回答这些问题，马斯洛访谈了他认识的、认为自己满足了自我实现需要的人们。他还研究了看来拥有自我实现的生活的历史人物的纪实和档案材料。这些人物包括杰斐逊 (Thomas Jefferson)、爱因斯坦 (Albert Einstein)、罗斯福 (Eleanor Roosevelt) 和施韦泽 (Albert Schweitzer)[①] 等。马斯洛承认，他的方法从科学上来讲不够严谨。他没有采用统计分析，而是采用"整体分析"。他思考了收集到的关于这些人的所有信息，把它们归结为对这些人的总体印象。根据

[①] 20世纪著名的学者以及人道主义者，1952年诺贝尔和平奖得主。——译者注

这些印象，马斯洛列出了心理健康者具有的共同特征。

自我实现的人是什么样的？你可能注意到，看到这些人的名字，会觉得他们很像罗杰斯所说的充分发挥功能的人。首先，在"我是什么样的人"这一点上，他们能够接纳自己。他们承认自己的弱点，努力朝着他们能够成为的人前进。由于这种自我接纳，他们不会花功夫为自己做过的错事而忧愁或愧疚。他们不完美，但是他们尊重自己，对自己的现状感觉良好。

> 自我实现的人比普通人有更多的自由意志。
> ——亚伯拉罕·马斯洛

心理健康的人比一般人受文化规范和习俗的约束少。他们以适合自己的方式表达其思想和愿望，而无论社会是否赞同。当这种来自社会期望的自由以自我表现的方式出现时，尤其引人注目。自我实现的人往往在着装、生活方式和休闲方式等方面与一般人不同。这并不是说他们对社会规则与社会期望冷漠无知。相反，马斯洛认为他们是很敏锐的人。他们懂得自己"应该"怎样做。他们只是需要别太像一般人那样地规划自己的生活。

马斯洛惊讶地发现，他所研究的每一个心理健康的人都具有各种方式的、相当的创造性。但是，他们并不都是按照传统的写诗作画方式表现创造性的。他们展现的往往是他称为自我实现的创造性。自我实现的创造性是以人们完成各种日常任务的方式表现出来的。一位自我实现的教师能想出与学生进行思想交流的新方式，一位自我实现的商人能够想出聪明的手段促进销售。马斯洛把自我实现的创造性与儿童自发地接触周围环境的方式进行了比较。就像儿童以新奇、朴素的目光紧盯着令周围世界变得有趣的小东西一样，自我实现的人也以开放的眼光审视世界，以找到解决老问题的新方法。

马斯洛还发现了心理健康的人共有的其他几个特征。你可能不无惊讶地发现，这些人的朋友不多。但是，他们与别人的友谊却深厚而有益。自我实现的人都具有"富于哲理的、无敌意的"幽默感。他们嘲笑人类社会和他们自己，但他们的幽默很少针对特定的人或群体。就像下一章将要讨论的，这些人还有独处的强烈需要。

马斯洛在心理健康的人身上发现的最引人注意的特征，也许就是高峰体验。产生高峰体验时，时空被超越，焦虑和恐惧消失，取而代之的是人和宇宙的统一感，是片刻间的力量感和惊奇感。但是，高峰体验是因人而异的。马斯洛说自己像"一个到自己定义的天堂去的访客"。高峰体验是高于一切的成长体验。这些人通常会说，在产生高峰体验之前曾经困扰他们的问题似乎不那么重要了。原来的恐惧被一种顺其自然的感觉和对生活的强烈欣赏取代。

马斯洛后来发现，这种体验并非心理健康的人所独有。但是他认为，自我实现者比一般人的高峰体验更强、更频繁。马斯洛还发现，并非所有自我实现的人都有高峰体验，因此，他把自我实现的人分为"高峰体验者"和"非高峰体验者"两种。非高峰体验的自我实现者是"社会促进者、政治家、社会工作者、改革家、社会变革斗士"。他们脚踏实地，生活有明确方向。高峰体验者往往较少墨守成规而较多地关注抽象观念。他们"更可能去写诗，投身于音乐和哲学"(1970, p. 165)。

五、最佳体验的心理

什么给人们带来快乐？这一问题贯穿在许多人本主义人格理论著作中。马斯洛认为，人们不会因为没有压力重重的问题而满足。达到事先规定的、作为成功标志的目标，如一个好工作、一部好车、一个令人羡慕的家庭，等等，并不能给多数人希望的生活带来意义感和价值感。那么，人们到哪里去寻找快乐呢？心理学家米哈利·奇克森特米哈伊(Mihaly Csikszentmihalyi, 发音为 Chick-S*ent*-Me-High) 有一个建议。他认为，快乐的机会就在我们身边，在我们的日常活动中。

（一）最佳体验

人们能否以促进个人充实感和自我价值感的方式来设计自己生活中的各种事件？回答这一问题的一个简单方法，是请人们描述给他们带来快乐的活动。奇克森特米哈伊就是这样做的。你自己可以试一试，想出一段时间，你全身心投入一个活动，你做的事情不仅快乐，而且给你带来了无比的享受。奇克森特米哈伊请人们找出一次这样的经历，他得到了五花八门的答案(Csikszentmihalyi, 1990, 1999; Csikszentmihalyi & Csikszentmihalyi, 1988)。有人谈到爬山，有人谈到打网球，有人谈到做手术。但是，当请人们描述这次经历时，他发现人们使用的语言出奇地相似。

奇克森特米哈伊的受访者谈到，他们不顾一切地投入到正在做的事情中。爬山或做手术都要求集中注意。虽然每一步都自然地接着下一步，但是要完成的任务一直具有挑战性，必须全神贯注。达到目的可以带来掌控感，但是真正的快乐来自过程而不是成功之后。

奇克森特米哈伊把这一时刻称为**最佳体验**。因为人们的典型说法是，他们沉浸在一种自然的、几乎无须努力就从一个台阶迈向另一个台阶的感觉中。心理学者有时把这种体验称为涌流 (flow)。最佳体验是强烈的快感，但它不是休息、放松的时刻。相反，大多数的涌流体验要求都是相当高的。奇克森特米哈伊解释说，"这种绝妙的时刻通常发生在努力完成一些艰难而有价值的事情、身心都达到极限时。因此，最佳体验是我们创造快乐的东西。(1990, p. 3) "

有趣的是，各种文化中各种年龄的人几乎用相同的语言描述涌流体验。分析了数千人对最满足、最愉快时刻的描述后，奇克森特米哈伊归纳出涌流体验的 8 个特征，见表 11.1。这 8 个特征并不一定囊括所有的涌流体验，但是你能想到的任何涌流体验大概都会包括这些成分。当我沉浸在写作中的时候，涌流体验就会来到我心头。有时，我发现自己已经写了几个小时，对周围的事情毫无觉察。由于我全神贯注地埋头写作，以致错过了电话铃响或重要的会议。当我在三四个小时之后终于停下来的时候，似乎觉得我只工作了 10 分钟。

表 11.1　最佳体验的 8 个特征

1. **活动具有挑战性且需要技能。**
   任务具有很大挑战性，需要全神贯注，但尚未困难到无法完成。
2. **人的注意力完全被活动吸引。**
   人已经察觉不到自己和正在做的事情是分离的，而这是自发和自动的。
3. **活动有明确目标。**
   有指向工作的方向和逻辑要点。
4. **有明确的反馈。**
   知道自己是否已经达到目的，哪怕只是一种自我认定。
5. **人的注意力全部集中于正在干的工作上。**
   在产生涌流时，人会忘记生活中不愉快的事情。
6. **人获得一种个人控制感。**
   人在涌流中享受着令人激动的控制环境的体验。
7. **人失去了自我意识。**
   因注意力集中于活动和目标，已无暇考虑关于自己的事。
8. **人失去了时间感。**
   几小时往往像几分钟一样地过去，但是相反的情况也会发生。

（二）日常活动中的最佳体验和快乐

和其他人本主义理论家一样，奇克森特米哈伊意识到，许多人被生活无意义感所困扰。有的人通过获得物质财富来应对这种感觉。有的人去健身房或做整形手术使自己变年轻。但是奇克森特米哈伊 (1999) 认为，这些做法无一能带来永久的快乐。只有努力在每时每刻的体验中寻找生活的意义和乐趣，真正的快乐才会来临。也就是说，通过发现能使我们生气勃勃的东西（即最佳体验），然后去做，我们才能最充分地享受生活。

在一个完美的世界里，只要愿意，我们就可以做想做的事情，而且生活还会充满令人激动的涌流式的活动。但是现实却不允许大多数人如此奢侈。当今最普遍的悲哀是，我们要做的事情太多，几乎没有空闲时间。这就给我们提出了一个重要问题：人们什么时候才可能有涌流体验，在工作中还是在业余时间？多数人会马上答道，不工作的时候更快乐。生活中，人们经常把漫长的上班时间作为不快乐的理由。但是研究者发现，事实并非如此。尽管人们在体育运动或其他再创造活动中能产生类似涌流的体验 (Stein, Kimiecik, Daniels & Jackson, 1995)，但这些体验更多地发生在工作中而不是在业余时间 (Csikszentmihalyi & LeFevre, 1989)。一个充满挑战的工作比业余时间的轻松活动能提供更多产生最佳体验的机会 (Keller & Bless, 2008)。遗憾的是，多数人深信传统观念所说的，工作就是工作，玩就是玩。结果，我们意识不到，工作也能为我们提供掌控感、成就感和充实感。

幸好，并不是所有人都这样。我认识一位女作家，她把计算机放在床边，这样，早晨在喝第一杯咖啡之前就可以开始工作。朋友说，晚上不得不把她从写作中拖开。她不懂人们为什么这样小题大做，她热爱她为生活所做的事情。花在写作上的时间就是花在学习和成长上的时间。她每天的工作都会为个人发展带来更多的挑战和机会。电影制片人伍德·艾伦也是一例。朋友和同事都惊叹他为他的影片付出的精力和投入的关注。他说，"我喜欢工作。我每周工作7天。我不介意时间。说要解决一个问题，不管是早上5点还是晚上10点，我们都会马上出发。为此花几个小时或几天都无所谓" (cited in Lax, 1991, p. 337)。伍德·艾伦在他工作的时候显然体验到了涌流。他的影片带来的金钱和运气就退居其次了。

当然，不是每个人都能成为作家或电影制片人，每周把40个小时花在枯燥乏味的工作上的普通人应该怎么办呢？奇克森特米哈伊认为，只要方法得当，几乎任何工作都能带来涌流体验。只要我们把所做的工作看作具有挑战性的，可以为之骄傲并因为圆满地完成工作而满足，即使是除草或者做晚饭都可以成为快乐的源泉。如果不把这些工作看作我们必须做的或别人期望我们做的，我们可能一干这些日常工作，就会想方设法逃避。

这样的建议也适合于学生 (Schmidt, Shernoff & Csikszentmihalyi, 2007)。当面对困难作业的中学生凭借自己的能力完成了作业的时候,他们感到了最大的满足 (Moneta & Csikszentmihalyi, 1996)。在一项研究中,研究者找出了那些不是为了得到好成绩而是因为学习使他们着迷和满足的中学生 (Wong & Csikszentmihalyi, 1991)。有趣的是,这些学生的成绩并不特别好,但他们比那些成绩驱动的学生选修了更多的高级课程,这也许是因为他们想学习那些自己最感兴趣的科目。在另一项研究中,受内在动机激励的大学生比缺乏学习兴趣的学生更可能忘记时间并报告时间过得快 (Conti, 2001)。

总之,奇克森特米哈伊的快乐观包含了许多传统人本主义人格心理学的基本成分。涌流体验要求人们生活在当下,从此时此地的生活中得到快乐。到达目的并不是终点。路程中的奋斗和体验才能带来享受。快乐来源于控制自己的生活,而不是屈从于世俗标准或他人的要求。在涌流状态下,人们强烈地碰触到了自己及自己的体验。他们体验到掌控感,感到发现了自我。与马斯洛描述的高峰体验类似,涌流体验也是一种个人成长。

六、应用:以人为中心的治疗和工作满意度

你可能注意到,罗杰斯对人格的很多观察看起来与治疗情境有密切联系。这不是巧合。罗杰斯根据他的研究,提出了很多对来访者进行治疗的思想。他对该领域的最重要贡献,是一种心理咨询的新方法,这种方法让来访者承担主要责任。但是人本主义人格流派并不局限于心理治疗。我们将会看到,马斯洛的动机和需要层次理论已经被应用到创设工作环境和职业满意度等问题上。

(一)以人为中心的治疗

> 当我接受了现实的自己时,我就发生着变化。
> ——卡尔·罗杰斯

卡尔·罗杰斯的人格理论向人本主义心理治疗师提出了一个有趣的挑战。在罗杰斯看来,一个治疗师不可能像来访者了解他们自己那样地了解来访者。他还认为,是来访者,而不是治疗师,应该对变化中的自己负责。那么治疗师能为来求助的来访者做些什么呢?

罗杰斯的回答是,治疗师的工作不是要改变来访者,而是提供一种氛围,

使来访者能够自己帮助自己。他把这种治疗方法称为以人为中心的治疗。罗杰斯相信，每个人都能以一种积极的、自我实现的方式成长，除非这一过程受到阻挡。治疗师的工作就是使来访者回到他们自己积极成长的轨道上去。在成功的罗杰斯式治疗之后，来访者应该能更坦诚地面对个人经历，更能接受自我的所有方面；而且在听到威胁自我概念的信息时，能较少使用防御手段。一句话，他们能更充分地发挥功能，成为更快乐的人。

但是怎样才能做到这些呢？首先，治疗师必须与来访者建立恰当的关系。其中最重要的原则是公开和真诚。治疗师应该做自己，而不是扮演在研究生院学到的那种治疗师的角色。这意味着对来访者要诚恳，有时要非常坦率（但不是冷漠无情）。罗杰斯相信，来访者总能说出，治疗师什么时候对他们不真诚，而来自这种感觉的不信任可能会破坏医患关系。

恰当的医患关系还要求来自治疗师的无条件积极关注，很多来访者在其生活中都曾经不同程度地被拒绝。来访者在治疗中应该自如地表达和接受自己的全部思想和情感，而不害怕治疗师的拒绝。无条件积极关注并不意味着治疗师必须赞成来访者的一切所作所为，实际上，在治疗师提供的安全气氛中，来访者可能会暴露关于自己的令人不安的信息。但是因为治疗师以积极关注的态度接受他们，而无论他们有没有错误和缺点，所以来访者也学会了承认并最终改变他们身上的这些东西。

除了建立接纳关系，治疗师还可以通过一种反思过程帮助来访者更好地了解自己。与弗洛伊德式的治疗师不同，罗杰斯式的治疗不解释来访者的真实用意，而是让来访者倾听他们自己说了些什么。当给来访者机会，让他们把情感用语言表达出来的时候，这种情况就会在一定程度上发生。通过把含混的情感转化为清晰的语言，来访者开始理解自己的情感。来访者也许是第一次听自己说的话，审查自己的思想。治疗师可以采用一种推动这一过程的方法，即复述来访者的陈述。有些人错误地认为，这意味着治疗师只需简单地逐字逐句重复来访者的话。但是正如下面的摘录显示的，复述的目的是帮助来访者关注自己正在说的话，从而深究自己的思想和感情。在这个例子中，罗杰斯接待的是一位被个人同一性困扰的女性。

来访者：我觉得我想知道自己该做些什么，但是没人能给我答案。
医　生：你意识到，你大概正在寻找一些直接的答案，但是没人能给你。
来访者：我正是不知道这个。我不知道我在找什么。只是我想我是不是有时有点精神失常，我想我是疯了。

医　生：你担心自己离你认为的正常状态越来越远了。

来访者：对。告诉我别烦恼是很愚蠢的，因为我确实烦恼。这就是我的生活……这么说吧，我不知道怎样才能改变对自己的看法——因为这就是我的感觉。

医　生：你感到自己和别人很不相同，但是不知道怎样才能改变。

来访者：我当然意识到了，这在很久以前就开始了，因为每一件事情都有一个开始的地方。我并不是——在我这一路上的什么地方在这样那样的事情上失败了。我想我们可能必须找到它，从头做起，但是我觉得自己不可能完成这件事。

医　生：你认识到根源必须回溯到很久之前，而且你必须从某一个时间点开始从头做起，但是你不能保证自己能做到。

来访者：是的，我的意思是，顺着这条生活道路，我可以认识我自己，50岁、60岁、70岁——一直要考虑这些可怕的想法。这似乎是没有什么价值的——我的意思是，这是很可笑的。别人都在走他们的路，过他们的日子，我却好像站在旁边，在观望。这是不对的。

医　生：你按这种方法看这件事，将来似乎不太光明。

来访者：是的，我知道我缺乏勇气，那是我身上缺少的最重要东西。问题肯定在这儿，因为别人不容易这么摇摆不定……这些事真是很难说清楚。这就好像是——是真的，但是我却嘲笑它……这是一种很混乱的情感。

医　生：理性地说，你认识到自己缺乏勇气，但是在你内心的自我当中，却在嘲笑那些和自己并不是真正有关系的观念和情感。是吗？

来访者：就是这样的。我总是使自己与众不同。就是这样 (1947, pp. 138-140)。

治疗师从来不告诉来访者他们说的话真正意味着什么。相反，治疗师只是复述他们相信自己正在听的东西，但这些也只是暗示来访者表明同意或反对的态度。如果这一过程是有效的，来访者就会逐渐像其他人那样看待自己，并最终接受或改变他们所理解的东西。来访者就会逐渐了解自己扭曲或拒绝了某些经历。一个男人可能会意识到，他正在努力不辜负父亲提出的那些过高的、不可能实现的期望，或者，一位女士懂得了，她害怕投入各种关系中。在治疗师的无条件支持中形成的自由氛围里，来访者会抛弃防御，接受"他们是谁"的事实，并开始欣赏全部的生活经历。

当今，有大量心理治疗师把自己归为人本主义流派 (Mayne, Norcross, &

Sayette, 1994)，其他一些人则把以人为中心的治疗纳入他们的工作中 (Cain, & Seeman, 2002)。一篇研究综述指出，有很多证据表明人本主义心理治疗的有效性 (Elliott, 2002)。许多来访者不仅在以人为中心的治疗中获益，而且在疗程结束几个月后仍然有效果。

（二）工作满意度和需要层次

想一想你将来可能从事的两三种职业（你可能正在从事其中的一项）。问问自己，这几种工作分别有什么吸引你的地方？就是说，你希望从中得到什么其他工作不能给你的东西？现在，把你对后面一个问题的回答放在马斯洛的需要层次上。在需要的这五种水平中，哪一种符合你选择的职业？如果工作有吸引力是因为报酬高，或者可以提供不错的工作保险，那它大概就满足了你的安全需要。如果一个工作吸引你，是因为它能带来尊重和赞赏，或者可以让你富于艺术地表现自我，那么这样的工作对满足你的自尊或自我实现需要就大有帮助。

工作是被迫忍受一天 8 小时的烦琐事物，还是像这位男士一样，从工作中得到除了工资以外的东西？马斯洛认为，职业应该为个人成长和满足高层次需要提供机会。除了金钱，工作能够满足归属、自尊和被他人尊重的需要。

这个测查的要点在于，你的职业可以提供比收入更多的东西。除了睡觉，没有任何一种活动能比工作占据的成人的生活时间更多。马斯洛提出，一星期花40小时在一项待遇不错但不利于个人潜能发展的工作上，是一个不幸的浪费。他写道，"寻找职业有点像寻找配偶。如果工作不能使你快乐，你就失去了充实自我的最重要手段之一。(1971, p. 185)"马斯洛对那些仅根据待遇和职业市场需要指导年轻人的咨询师持批评态度。更好的方法是让职业与一个人的独特才能和潜力相匹配，以便使这些潜能得到表现和发展。

马斯洛创立了他称为心理健康发展管理 (Eupsychian management) 的方法，通过对组织的调整，帮助职员满足更高层次的需要。企业领导者可以对各种工作加以编排，使雇员在完成任务时感到骄傲，同时对他们为谋生所做的事情产生自我价值感。雇员也有机会对发现的问题提出创造性的解决办法。管理者可以尽量在雇员中培养归属感和主人翁感。总之，职业可以像付账单的手段那样，为个人成长提供一条大道。

七、评价：Q 分类技术

对各个流派的心理治疗师来说，一直存在的一个挑战是如何展现其治疗的有效性。卡尔·罗杰斯非常清楚这一挑战，并积极促进了以人为中心的心理疗法有效性的研究。这种治疗常常被宣称大功告成，因为治疗师和来访者都认为有了进步。但是罗杰斯指出，如果没有治疗性变化的实证证据，心理学者就有自欺欺人的危险。

人本主义心理学者怎么能确定，经过几个月的治疗，来访者变得能更充分地发挥功能或更接近自我实现状态了呢？**Q 分类**是已被证明可用的一种工具。这项技术由斯特芬森创建 (Stephenson, 1953)。其基本程序已被应用于评价多种心理学概念，包括亲子依恋 (Tarabulsky et al., 2008)、防御机制 (Davidson & MacGregor, 1996)、气质 (Buckley, Klein, Durbin, Hayden & Moerk, 2002) 和恋爱关系强度 (Bengston & Grotevant, 1999)。罗杰斯也认为，这种方法非常适于研究人本主义的人格模型，并很快加以采用。

加利福尼亚 Q 分类法 (Block, 1978; 2008) 是很多人本主义治疗师使用的 Q 分类的一个好例子。这项测验的材料并不复杂。它是一套 100 张的卡片。每张卡片上印着一句自我描述的话，例如"我是一个健谈的人"，"我从别人那里寻求支持","我有很高的自我抱负"。

如果你是一个来访者，准备与罗杰斯式的治疗师开始一系列的治疗程序，他会先指导你阅读这些卡片，然后把它们分类。第一步，他请你根据卡片内容与自己的符合程度把所有卡片分为9类。这9类表示正态分布中的不同的点（见图11.2），在两个极端的类别代表最符合你（第九类）和最不符合你（第一类）的特征。

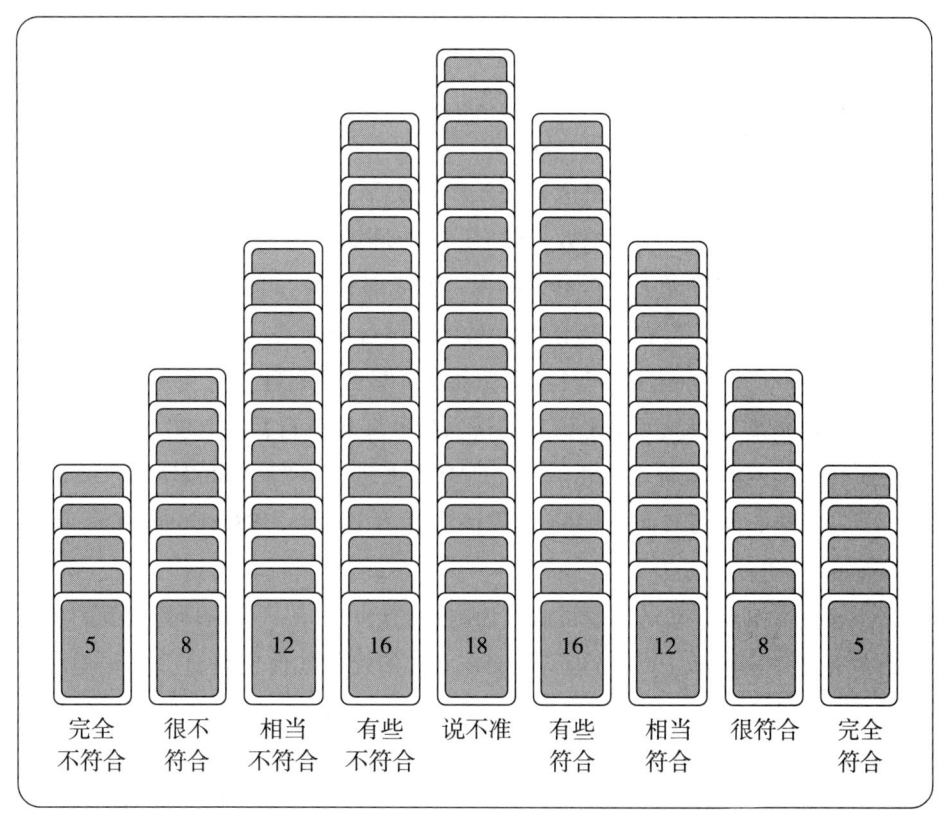

▶ 图 11.2 对布洛克 Q 分类卡片的描述

假设第一张卡片上写着"我是一个健谈者"，而这个叙述非常符合你的情况，就把这张卡片放在第9类或者第8类。如果这张卡片有点符合，就将其放在第6类。如果你认为自己是一个非常沉默的人，就把这张卡片放在第1类或第2类。每一类中的卡片数量是有限制的，因此参加测试的人必须选择那些最符合自己的卡片。用这种方法，你就向治疗师和你自己提供了你的自我概念的轮廓。

对各张卡片被分类的位置进行记录之后，让你把卡片重新洗牌，再做一遍。但是，这一次你要根据"理想的"自我对卡片分类。如果"我是一个健谈的人"并不符合你的实际情况,但是你希望变得健谈些,那么,为了评价你的"理想自我",就把这张卡片放在比第一次分类高一些的类别中。在完成了对"现实的"自我和"理想的"自我分类之后,你和治疗师就可以比较二者的概况了。

Q分类技术之所以非常适用于罗杰斯的理论有几个原因。和罗杰斯关于来访者最了解自己的假设相一致,Q分类法让来访者按照自己的意愿描述自己。当然,治疗师并不总是同意来访者对Q分类卡片的放置。一个来访者可能把自己描述成懂社交、有礼貌、对他人需要敏感的人,但是眼光敏锐的治疗师察觉到,缺乏敏感性可能正是她的问题所在。在这种情况下,人本主义治疗师的任务就是要帮助来访者看到真实的自己。

把所有卡片从第1类到第9类进行分类之后,我们可以计算来访者的真实自我和理想自我之间的相关系数。对于一个心理健康的人来说,二者应该非常相似。如果在两种情况下分类的值相同,就能得到1.0的最大相关,但是很难想象,一个人的真实自我在所有方面都与理想自我相同。相关离1.0越远,人就越不接纳自己,也越不能充分发挥功能。真实自我和理想自我完全不一样的来访者会得到零相关。如果来访者的现实自我和理想自我在许多描述上相反,就是负相关。与罗杰斯说的相一致,研究者发现,真实自我和理想自我的高相关与良好的心理健康有关 (Gough, Fioravanti, & Lazzari, 1983; Gough, Lazzari, & Fioravanti, 1978)。

一些研究发现,来访者经过以人为中心的治疗,其真实—理想自我的相关系数有所提高 (Butler, 1968)。为了说明在心理治疗中如何使用Q分类法追踪治疗的进展,我们来看一位罗杰斯的来访者 (Rogers, 1961)。一位40岁的女士来见罗杰斯,她的问题是婚姻不幸,而且对女儿的心理问题感到内疚。这位女士在5个半月的时间里进行了40次治疗,几个月以后又来参加了几次追加治疗。在治疗最初和治疗中的不同阶段,她完成了真实自我和理想自我的Q分类测验。在治疗后的第7个月和第12个月,又完成了两次Q分类测验。不同的Q分类卡片测验的相关见图11.3。

通过治疗,这位女士评价现实自我和理想自我的方式发生了几个重要变化。在治疗过程中,她的理想自我和真实自我间的相似性显著提高,并在停止治疗后继续提高。起先,她的现实自我和理想自我相当不一致,相关只有0.21。换句话说,当她初次来到卡尔·罗杰斯的诊室的时候,她根本不能把自己看成自己想成为的那种人。但是随着治疗的深入,这两类描述越来越相似。尤其是,我们可以从她在治疗之初对自己的描述和治疗结束时的描述之间的低相关

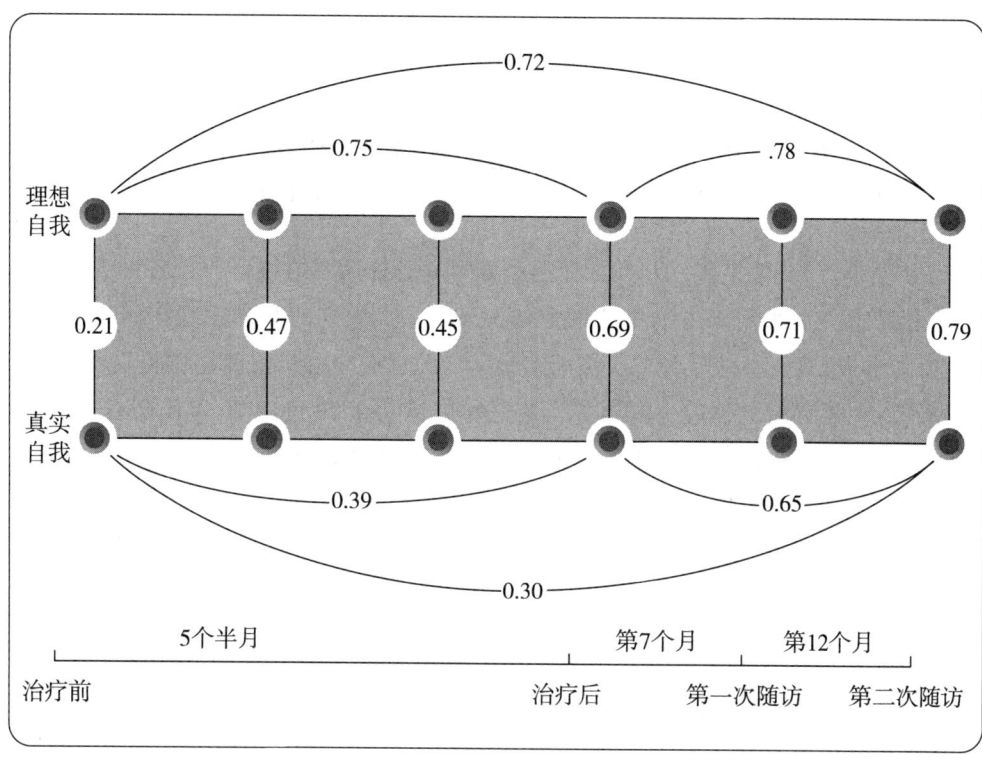

图 11.3 一位 40 岁的女来访者真实自我与理想自我的变化

来源：Rogers, C., *International Journal of Social Psychiatry*, June 1955; vol. 1: pp. 31–41, Copyright © 1955. Translated and reprinted by Permission of SAGE.

(0.30)中看出，这个来访者改变了看待自己的方式。通过在以人为中心的治疗中对自己情感的探索，她开始用一种完全不同的、更准确的方式看自己。

在这位女士对理想自我的描述中也有一些值得注意的、并非戏剧性的变化。通过治疗，她认识到，自己给自己提出的目标过于理想化。对于来访者来说，这种情况很普遍，他们带着对自己近乎完美的期待进入治疗，但当他们认识到不可能达到这样的目标时，就承认自己是失败的。从这个例子中可以看到，罗杰斯的治疗成功地使来访者的现实自我和理想自我更接近。毫无疑问，和治疗前相比，她将像一个充分发挥功能的人那样更好地体验生活。

八、人本主义流派的优势与批评

20世纪60年代，人本主义运动像风暴一样席卷心理学。持各种观点的治疗师都转而采用以人为中心的疗法。人本主义倾向的互助小组和研讨班在各地不断涌现。心理学者把罗杰斯和马斯洛的观点应用到教育界和职业领域。然而，几乎和它的崛起一样迅速，第三势力运动在20世纪70年代又衰落下去。许多转向者不再对它着迷，一些人本主义取向的项目宣告失败，关于这项运动的普及性平装书籍也逐渐减少。但是，像一场风暴一样，人本主义人格理论还是留下了其存在的印迹。如今，大量的开业心理治疗师仍认为自己具有某些人本主义倾向 (Mayne et al., 1994)，另一些人在实际工作中使用罗杰斯的技术。人本主义心理学者很乐于参加美国心理学协会的这个活跃分支的活动，并出版了自己的刊物。虽然这一运动从来没有取代根深蒂固的精神分析和行为主义理论，但是它为心理学者提供了另一种看待人性的视角。从这一思潮的沉浮中，可以看出人本主义理论和其他人格理论一样，都是既有贡献也有缺陷的。

（一）优势

由于人格理论家往往强调心理障碍问题，人本主义的积极理论提供了一种受欢迎的转变。罗杰斯和马斯洛的著作在每一届大学新生中都很受欢迎。这两位理论家还吸引了不少人格研究者对人格健康方面的注意。近期，我们看到人们对所谓积极心理学表现出浓厚兴趣 (Seligman, Steen, Park & Peterson, 2005; Lopez, 2009)。越来越多的研究者把注意力转向创造性、快乐及幸福感等问题上。

毫不奇怪，人本主义心理学对探索治疗方法的心理学工作者和咨询师产生了重大影响。许多治疗师认为自己是"人本主义的"。更重要的是，人本主义疗法的几个方面被持其他理论观点的治疗师接受或修正 (Cain & Seeman, 2002)。一些治疗师遵循罗杰斯的建议，把来访者作为治疗的中心。另外，不少治疗师在工作中采用罗杰斯的各种方法，如治疗师共情、对来访者积极关注、让来访者对自己的变化负责，以及来访者和治疗师的自我表露等。此外，在20世纪60年代，人本主义理论还推动了互助小组的兴起。如今，互助小组的各种变式仍然以团体治疗和其他自我促进与个人成长治疗等形式存在着。

人本主义心理学的影响不仅限于心理学和心理治疗。教育、传播学和工商管理专业的学生通常要学习罗杰斯和马斯洛的理论。企业领导和组织管理心理学者通过关心员工的高层次需要来提高工作满意度。许多教师和家长在教育和儿童养育中采用或修改了罗杰斯的一些建议。因为他们关注的是我们在生活中致力于解决的问题，如发挥个人潜能、生活在此时此地、寻找快乐和生活意义等。因此马斯洛、罗杰斯及其他人本主义心理学家的著作至今仍然能在畅销书店中找到。

（二）批评

和其他有影响的人格理论一样，人本主义心理学也受到批评。争论的一个方面是，人本主义心理学用自由意志概念解释人的行为。一些心理学家指出，这种依据使人本主义心理学与科学研究不相适应。科学依据的是一些事件由另一些事件决定的概念。所以，行为科学依据这样的假设：行为是由各种因素决定的和可预测的。然而，如果我们接受行为由自由意志决定的观点，就不符合决定论法则，这些假设就会崩溃。我们怎样才能从科学上检验自由意志是否存在？我们可以把任何行为说成是"自由意志"导致的，但是没有研究就无法支持这种解释。自由意志的定义也不能在任何可观察或可预测的因素控制下得出。这样说并不意味着自由意志不存在，它只是不能采用科学方法来探索。在说到这一问题时，马斯洛指出，除了科学方法，还有很多途径可以了解人格。

对人本主义理论的另一种批评意见是，该理论的许多重要概念难以界定。例如，什么是"自我实现"、"充分发挥功能"、"生成"？我们怎么知道自己感受到的是"高峰体验"还是一种特殊的愉快时光？马斯洛辩称，我们并没有充分了解自我实现和个人成长，并提供明确定义。但是这种辩护远不能令多数研究者满意。这种含混的东西阻碍了心理学者充分地考察人本主义的许多概念。如果我们不能确定，什么人达到了自我实现，什么人没达到，那怎么去研究呢？由于大多数心理学者接受的都是研究者的训练，无法接受人本主义概念，因此导致对该理论是否有用的诸多质疑。

许多人本主义心理学家提供了支持其观点的研究结果。然而，一些心理学者质疑这些研究依据的资料。虽然有评论说，罗杰斯曾经致力于评价以人为中心治疗的有效性，但他过分依仗他的直觉，以满足一些讲究实际的研究者。同样，马斯洛在为他的"自我实现"的人的名单选择人物时，根据的是他自己的主观印象。由于这种缺乏说服力的资料，人本主义理论家说的很多东西被看作信仰之类的东西，而非科学事实。还有一种更大的可能，一些心理学者和普通读者之所以相信人本主义理论，是因为该理论符合他们自己的观察和价值观，而不是因为他们被证据说服。

另一些心理学者指出，人本主义治疗方法的适用性有限。这些批评者认为，人本主义心理治疗局限于范围狭窄的一些问题。创设恰当的人的成长氛围，对罗杰斯的许多来访者可能是有价值的，但是对那些有严重心理障碍的人帮助不大。同样，对自己的价值观和人生方向的反思，对一个受过良好教育、中产阶级的来访者可能有益。但是，这些问题对来自不同背景的人们可能就不切题。以人为中心的治疗对解决某些适应问题可能有效，但是对导致人们前来治疗的各种严重心理障碍则力不从心。

人本主义心理学者还因对人性做出过于天真的假设而受到批评。例如，很多人本主义理论家假设，所有人都是善良的。尽管这更多的是一个神学问题，而不是一个实证问题，但许多人认为，这种说法是很难接受的。另一个令人难以接受的假设是，每个人都有实现一些隐藏的潜能的愿望。马斯洛对自我实现的描述指出，每个人都能以某种方法成为画家、诗人或木匠。在马斯洛看来，关键在于这些装在瓶子里等待开发的真实自我哪一个被发现。这种先验论语调似乎和人本主义理论强调的自由意志自相矛盾。

九、小结

（1）20世纪五六十年代，人本主义人格流派因不满精神分析和行为主义对人性的描述应运而生。人本主义心理学的源头是欧洲存在主义哲学和几位美国心理学家，尤其是卡尔·罗杰斯和亚伯拉罕·马斯洛的研究。

（2）虽然很多心理治疗方法被说成是人本主义的，但是有四个标准可以区分一个理论是否属于人本主义：强调个人责任，强调此时此地，关注人的现象学特征，强调个人成长。

（3）卡尔·罗杰斯提出了充分发挥功能的人的概念。根据他的理论，人人都能朝着满足和快乐的状态前进，除非被生活障碍阻挡。人们发现与自我概念相矛盾的迹象时，往往用拒绝或扭曲来避免由此造成的焦虑。在有条件的积极关注家庭中成长的人会拒绝自我的某些方面。罗杰斯提倡父母和治疗师用无条件积极关注帮助孩子或来访者克服这种拒绝。

（4）亚伯拉罕·马斯洛提出了人的需要层次说。根据这一概念，当低级需要满足之后，人们就会向较高层次迈进。马斯洛还考察了心理健康的人。他发现，自我实现者具有一些典型特征，比如经常产生高峰体验。

（5）人本主义人格流派的新进展是由米哈利·奇克森特米哈伊完成的。他发现，人们用涌流体验来描述生活中最快乐和最有价值的时刻。奇克森特米哈伊认为，让人的生活处于被他称为最佳体验的各种具有挑战性且吸引人的任务中，是得到快乐和满足的关键。

（6）以人为中心的心理治疗法是罗杰斯对心理学的一大贡献。罗杰斯认为，治疗师的工作就是为来访者的成长创设恰当的氛围。要实现这一点，治疗师应该与来访者建立真诚的关系，提供无条件的积极关注，帮助来访者听他们自己说的话等。马斯洛的需要层次可用于解决工作满意度问题。他认为职业为个人成长提供了机会，企业领导者应该通过安排工作环境，更好地适应员工的高层次需要。

（7）许多以人为中心的治疗师使用Q分类评价法。这种方法帮助治疗师和来访者查明来访者的自我形象和他们希望成为的人之间的差距。治疗师可以在治疗的不同时间点使用Q分类卡片测验，从而测量治疗效果。当来访者填平了真实自我与理想自我之间的鸿沟时，治疗就取得了进展。

（8）人本主义人格理论的优势在于它关注人格的积极方面，它对心理治疗和职业满意度产生了影响。对它的批评包括：非科学地依据自由意志来解释行为；人本主义理论家使用的许多理论建构难以界定。一些治疗师质疑以人为中心的疗法对不同类型的来访者及各种心理问题的有效性。人本主义理论还因为对人性做出许多天真假设而招致批评。

关键术语

有条件积极关注　conditional positive regard (p.279)
匮乏动机　deficiency motives (p.282)
充分发挥功能的人　fully functioning person (p.277)
成长需要　growth need (p.282)
需要层次　hierarchy of need (p.282)

最佳体验　optimal experience (p.287)
Q分类　Q-Sort (p.294)
自我实现　self-actualization (p.276)
潜知觉　subception (p.279)
无条件积极关注　unconditional positive regard (p.280)

第十二章

人本主义流派：
相关研究

一、自我表露

二、孤独

三、自尊

四、独处

五、小结

几十年前人本主义心理学的快速发展，部分是为了反对在美国各大学心理学占主导地位的研究取向的各个流派。人本主义心理学家认为，不能把人还原为一系列的数字。在一套人格测验上的得分不能反映一个人内在的优势、情感和性格。最重要的是，找到一个人在一个特质连续体上的位置，就抹杀了那个人的独特性和个性。正如心理学第三势力这一名称暗含的，它提出了对在咀嚼数字流派中失去的"人"的因素的关注。

具有讽刺意味的是，这个优点也被认为是人本主义心理学的缺点。有批评指出，该流派是"软"心理学。能对一个人的独特性格做出华丽的描述虽然好，但要把这些描述转换为可检验的假设却很难。临床观察和直觉感受也许能对探讨人格和治疗过程提供启发，但它们不能代替可靠的评价程序。这并不等于说，人本主义心理学家没有做研究。相反，罗杰斯一直在评估以人为中心的治疗的有效性，这也是其他很多人本主义治疗师在做的 (Cain & Seeman, 2002)。但是，总的来说，和本书介绍的其他流派的心理学家相比，人本主义观点的倡导者所做的实证研究更少。

> 事实总是友善的。人在任何方面每获得一点证据，都会使人更接近真实。
> ——卡尔·罗杰斯

不管怎样，罗杰斯、马斯洛及其他人本主义心理学家提出了许多有趣的假设和概念，它们引发了大量的实证研究。对这些课题的初始研究虽然由人本主义心理学家发起，但在多数情况下，质量较高的实证研究却是由人本主义圈外的研究者所为。这方面较突出的一个例子是对自我表露的研究，这是本章要探讨的第一个话题。罗杰斯和其他治疗师认为，展示个人信息的行为有重要的心理学意义。这种观点激发了数十年的研究。这些研究大多是由那些不愿被贴上"人本主义"标签的心理学者所做的。但是，这些人的研究发现对人本主义理论和治疗却有重要影响。

同样，本章将要讨论的其他三个问题——孤独、自尊和独处的相关研究也是在一定程度上受人本主义理论家启发，主要由实证倾向的学院派心理学者完成。这种情形多少有些讽刺意味。曾几何时，被各种类型的人本主义学者拒绝的冷酷而实证的对人格的解释，又成为人本主义理论的核心概念，并受到广泛欢迎。

一、自我表露

设想你和一个不太熟悉、但看起来讨人喜欢的人在一起。你们俩都有时间来消磨，于是你们开始了谈话。谈话从随便谈论课程开始。不一会儿，那个人就开始提及她与父母相处中的一些困难。结果你也谈了自己的一些相似经历。谈话结束前，你知道了不少关于这个人的烦恼，包括她与父母的关系、约会及自信心等。你也流露出自己在亲友关系方面的困扰。你也许告诉这个人，你有过一次尴尬的约会。到谈话结束时，你感觉这个人不错，甚至自我感觉也不错。

大部分人都有过这类的谈话。如果你想想自己的经历，可能回忆起，谈话开始时涉及的不是个人话题，然后逐渐转向比较私密的信息。很可能，不管谈什么都不是单方面的。你和另一个人会轮流分享你们的信息。而且，如果新同伴在谈话中给你留下好印象，那么，你也可能给他/她留下好印象。这或许是一段长期友谊关系的第一步。此外，这次邂逅可能让你心情愉快，使你在那一天精神爽快。研究者发现，两人一起分享个人信息时的上述经验是很有代表性的。

当人们把有关自己的私密信息展示给另一个人时，他们就在进行**自我表露**。表露者要考虑信息的隐秘程度，而且还要慎重选择把谁作为表露对象。许多人本主义心理学者认为，自我表露对个人成长和快乐非常重要。罗杰斯 (1961) 提出，在一个值得信任的关系背景中公开地自我表露，是理解自我的必要一步。

然而，自我表露与心理健康间的因果关系是双向的 (Jourard, 1971)。能自如地向别人表露自己信息的人，心理是健康的；而我们心理健康的改善又因为我们能对朋友、亲人表露个人信息。当然，这远不是大多数人的做法。我们通常会尽力避免让别人知道我们身上的坏习惯和不讨人喜欢的性格特点。我们害怕自己陷入难堪，或失去自己喜欢和钦佩的人的尊重。但是罗杰斯认为，所有这些欺瞒的结果是，我们更担心、更害怕真实的自己会被揭露。更重要的是，人只有通过自我表露才能真正认识自己。通过把感情转换成话语，我们才能理解那些仅凭思考无法理解的情感。如果我们没有意识到自我的所有方面，就无法成长为充分自我实现的人。

自我表露在心理治疗中也起着重要作用。许多人本主义心理学家认为，如果来访者能够开诚布公地投入与咨询师的思想和情感交流，他们的受益更多。当来访者感到他们能自由地挖掘自己的真实情感时，他们就更接近于理解并形成真实的自我。当前，许多不同取向的咨询师都认同，自我表露在心理治疗中起着重要作用 (Farber, 2006)。

但是，治疗关系不是单向的。罗杰斯认为，治疗师的恰当自我表露对治疗也很有益。善于表露的治疗师可以营造出信任气氛,从而引发来访者更多的自我表露。与此观点一致,一些研究发现了治疗师的自我表露与来访者的进步之间有正相关 (Hill & Knox, 2001)。一个研究小组指导治疗师在治疗阶段增加或减少他们表露给来访者的信息量 (Barrett & Berman, 2001)。四周后,增加表露组的来访者比减少表露组报告的痛苦症状更少。但是,治疗师的自我表露仍是一个有争论的问题 (Farber, 2006; Zur, Williams, Lehavot & Knapp, 2009)。很多心理学者担心治疗师谈论自己的事情对治疗进程有潜在损害 (Bridges, 2001)。虽然很多治疗师只在有选择的话题上暴露自己的信息 (Jeffrey & Austin, 2007),但是治疗师自我表露的适当程度仍然是人们还在讨论的问题。

(一)表露的相互性

你们和我一样,都曾有过一些令人遗憾的经历,比如乘飞机或公交车时挨着一个想把他/她生活中的一些事情告诉你的陌生人。在一次飞机旅途中,身边一位女士给我讲了她和丈夫的关系,养育孩子的问题,她对致瘾物、性教育和堕胎的看法——所有这些都不是别人让她说的,也不因为我做出了相应的自我表露。

这种"公交车上的陌生人"现象值得注意的是,它违反了使社交互动得以发展的社会规则。像许多社交行为一样,我们暴露自己信息的方式是受到一些约定俗成的规则制约的。有时候,父母会直接教给我们这些规则(不要盯着别人看);但更多的时候,我们说不清,在与别人的交往中,我们是怎样知道哪些是人们期望的,哪些是不恰当的。这些社会规则中有一条是人所共知的表露的相互性。根据这一规则,人们在一次彼此结识的交谈中,会在大体相同的程度上暴露自己的私密信息:我跟你说多少我的私密信息,你也跟我说多少你的私密信息。

研究者已在实验室研究中证实了这种表露的相互性规则 (Davis, 1977; Taylor & Belgrave, 1986)。在一项实验中,把大学本科生随机地与一名同性别、不认识的学生配对 (Davis, 1976)。为了互相结识,学生们轮流地、自愿地说出自己的信息。给他们一张单子,单子上有 72 个讨论话题,这些话题预先按私密程度排好次序,从日常小事到十分私密的事。抛硬币的胜者先用一分钟时间讲其中一个话题。对方接着用一分钟时间讲剩余的任一个话题。以此类推,直到两人都讲了 12 次为止。如图 12.1 所示,随着互动的深入,学生们选择的隐秘话题逐渐增多。他们一般从一些比较安全的话题开始说起,如喜欢的电影或食物。但很快就转入个人范围，如与父母关系的麻烦，或自己身上的一些不足。而且，被试倾向于配合同伴的私密水平。也就是说，如果一个人选择了一个隐秘话题，同伴也会选择一个相似程度的隐秘话题。换句话说，参加实验的大学生遵循着自我表露的相互性规则。另一些研究表明，年仅 8 岁的儿童似乎已理解并遵循这一相互性规则 (Cohn & Strassberg, 1983)。

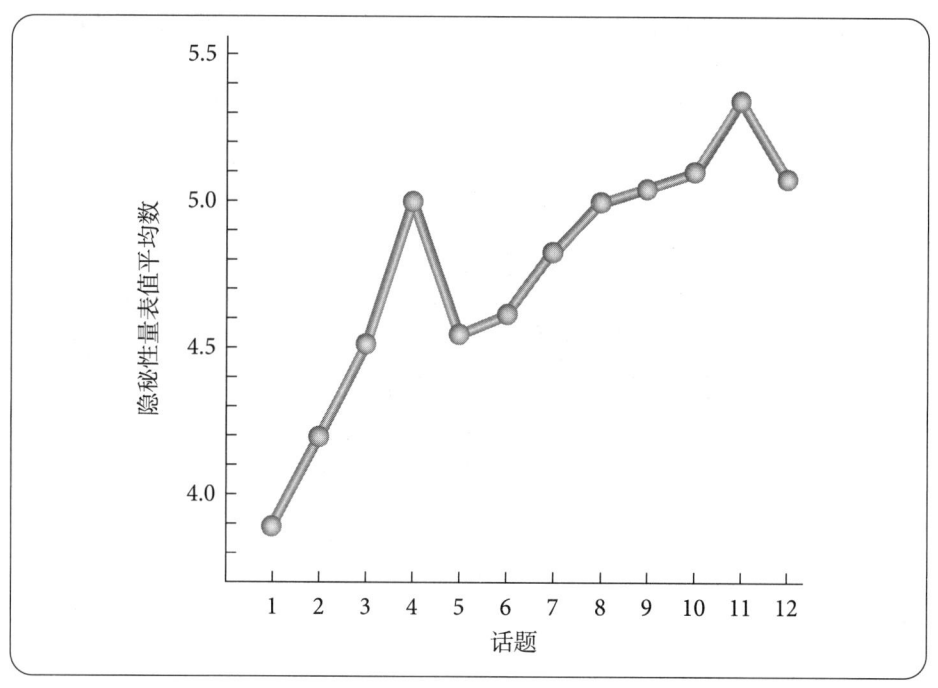

图 12.1 在一对一谈话中隐秘性的进展

来源："Self-disclosure in an acquaintance exercise: Responsibility for level of intimacy," by J. D. Davis, *Journal of Personality and Social Psychology*, 1976, 33, 787–792.

我们为什么要互惠式地表露私密？一个原因是，自我表露会带来吸引和信任感 (Derlega, Winstead & Greene, 2008)。当别人把信息表露给我们的时候，我们就被他们吸引，并产生信任感。我们也用表露个人信息来回应，因此形成了相互性效应。与这种解释相一致，研究发现，我们会向喜欢的人表露，同时也喜欢向我们表露的人 (Collins & Miller, 1994)。但是，单向表露不会导致亲密和喜欢。亲朋关系也需要一个回应性的同伴 (Laurenceau, Feldman Barrett & Pietromonaco, 1998; Reis & Patrick, 1996)。当同伴以关心或表露自己的情感对个人表露做出回应时，亲密程度就会增强。不能做出恰当的反应则会失去发展关系的机会。

自我表露在人际关系发展中扮演着重要角色。然而,研究者发现它很少是单方面进行的。相反,人际关系的发展是随着每个人都在大致相同的水平上表露自己的隐秘信息而发展的。

(二)朋友和恋人间的自我表露

如果你把表露相互性规则用到最近你和朋友们的谈话中,你可能发现它并非总是可行的。这很可能是因为,你们中的一个主要在说,另一个主要在听。当一个朋友打来电话说"我想跟你聊聊"时,我们通常不会用自己的私事来打断他。研究者发现,相互性规则并不总是适用于好朋友。当朋友关系达到一定程度时,我们就能轻松地向朋友表露,而不需要相互表露了 (Altman & Taylor, 1973; Derlega, Wilson & Chaikin, 1976)。一位研究者发现,最高水平的表露相互性常发生在彼此有点认识、但关系仍在发展中的人们中间 (Won-Doornink, 1985)。显而易见,这些人努力地互相了解,但了解不深,如果没有一些肯定的迹象,不敢断定已达到相互信任。

然而,这些发现并不意味着陌生人比朋友之间表露得更多。相反,朋友间更可能谈及人际关系、自我概念和性经历等隐秘话题 (Bauminger, Finzi-Dottan,

Chason & Har-Even, 2008)。这种差异的一个证据来自研究者（经允许）记录的女大学生的电话交谈 (Hornstein & Truesdell, 1988)。这些学生和朋友交谈时提及的私密信息显著多于被她们确定为一般熟人的人。好朋友间的谈话也包括许多明显的亲密迹象，这正是在和陌生人的交谈中没有的 (Hornstein, 1985)。这些迹象包括使用熟悉的词语，同时大声笑，知道什么时候该说，什么时候该结束谈话。

自我表露的意愿和一个人能否轻松地结交朋友也有关系。一组研究者询问刚入学的大学生，是否愿意向别人透露消极情绪，如焦虑、恐惧和悲伤 (Graham, Huang, Clark & Helgeson, 2008)。愿意向别人表露情绪的大学生和不愿透露这些信息的大学生相比，在第一学期建立起越来越多的亲密社交关系。

对有长期爱情关系的夫妻的研究也发现了相似的模式。婚姻中自我表露的总量，是婚姻满意度的一个强有力的指标 (Farber & Sohn, 2007; Harvey & Omarzu, 1997; Sprecher & Hendrick, 2004)。夫妻间彼此越多地谈到个人的、对自己重要的事情，彼此对婚姻的感觉就越好。当然，夫妻间表露多，也可能因为彼此感觉好。但是，表露很多的人在恋爱中不一定更成功。研究发现，关系良好的夫妻通常是有选择地彼此表露，而不是泛泛地高表露 (Prager, 1986)。而且，像好朋友一样，已婚夫妇也不需要在每次谈话中，对等地向伴侣做出表露 (Morton, 1978)。

（三）自我表露的性别差异

不久前，我妻子对我的一位男性朋友做了有趣的观察，她说："他像女人一样和别人交往。"我马上明白了她的意思。我朋友的声音深沉而有阳刚气，也不用女性化的手势。但他的谈话充斥着对自己思想和感情的表露。我妻子接着说，如果我的朋友是一位女性，这种行为还算恰当。但一位男士的高度自我表露使她感到怪异。

与这些观察相一致，研究者发现，女性的表露一般比男性更亲密，表露对象也比男性多 (Dindia & Allen, 1992)。一些心理学家认为，男性在成长过程中会逐渐限制其个人表露 (Jourard, 1971)。他们因为害怕嘲笑或拒绝而避免说出自己的真实情感。一项研究让被试看一个高表露者或一个不爱表露者的个人问题 (Derlega & Chaikin, 1976)。一半被试认为，他们读的是关于一个男性的事情，另一半认为读的是关于女性的事情。认为材料中的主角是女性的被试评价说，她在进行表露时适应较好。而当他们认为这位表露者是男性时，他的表露则被看作心理适应不良的信号。

其他研究提示，这一规则至少有几个例外。崇尚自由的女性感到表露可能受到所谈话题的性质的局限。在一项研究中，高表露的女性会更多地谈及父母或她们的性态度。但是，在表露中涉及个人攻击性的女性则较少 (Kleinke & Kahn, 1980)。与此相似，自我表露的男人，如果其表露的是男人气的话题，通常被认为其适应良好 (Cunningham, Strassberg, & Hann, 1986)。换句话说，男性和女性只有在适合自己的性别角色范围内，其表露才被接受。对于男性，这意味着隐藏信息；对于女性，则意味着在社会认为恰当的话题上开放地表露。这一结果对人们的自我表达是个不无遗憾的限制。美国男人懂得对人友好但避免亲密。美国女人能轻松而有节制地向朋友表露自己。或许随着传统性别角色的逐渐弱化，男性与女性都能在他们选择的亲密程度上轻松地和朋友交流。

（四）表露创伤经历

一项实验要求参与的大学生匿名写出自己的痛苦或创伤经历，有些事情他们可能隐藏多年，从未告诉过任何人 (Pennebaker & Beall, 1986)。这项实验和类似的其他研究的一个有趣结论是，几乎每个参与者都能说出一个秘密的创伤 (Pennebaker, 1989, 1990)。他们写出了个人的失败和羞辱、违法活动、吸毒及酗酒问题，以及被性虐待的经历。很多人表达了对令其懊悔的行为的羞愧，以及对个人丧失的极大悲伤。大约 25% 的参与者哭了。参加本研究的学生在 11 月用了连续 4 个晚上，每次花 15 分钟写自己的创伤经历。另一些控制组的学生被安排在同样的时间写一些无关紧要的日常话题（如描述他们的起居室）。

这样的书写练习对大学生有何影响？血压测试和自我心境报告证明，写出创伤经历会让被试在表露之后即刻产生更大压力和更消极的心境。次年 5 月份，也就是这些学生写出创伤经历的 6 个月后，研究者再次找到他们，询问他们在这段时间内的健康状况和因为生病而请假的天数。还记录了每个学生到学校医院就诊的次数。

这两组之间的一些差异见图 12.2。日常话题组的学生因病休息的天数和去学校医院就诊的次数显著增加。但写出创伤秘密的学生则不是这样。同样，自我表露组的学生的生病次数有所下降，但日常话题组的学生则不然。也就是说，虽然写出自己的问题在短期内导致轻微的不适，但是这种表露行为，即使是研究中使用的相对温和的方式，也能进一步促进本来就很健康的大学生的身心健康。

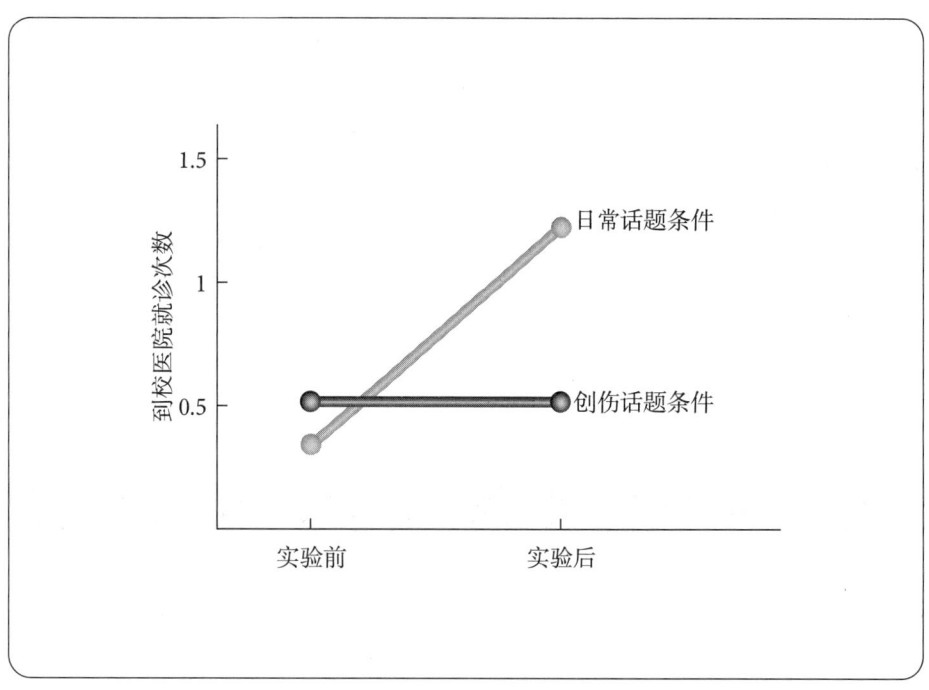

图 12.2 实验前后到学校医院就诊的次数

来源：Pennebaker and Beall (1986).

采用相同方法、对不同类型的研究对象进行的后续研究，也发现表露创伤经历对健康有好处 (Frattaroli, 2006; Frisina, Borod & Lepore, 2004; Kelly & McKillop, 1996)。把隐藏多年的事情写成文字，带来了身体健康的改善。而且无论是书面表露还是口头表露，都有这样的好处 (Frattaroli, 206; Harrist, Carlozzi, McGovern & Harrist, 2007)。研究被试即使不表露像个人创伤那样情绪紧张度很高的事情，也是有好处的。一个研究组让大学新生写出离家后遇到的问题和情绪状况，以及对大学的适应情况 (Pennebaker, Colder & Sharp, 1990)。用连续三个晚上写出这些思想和情感的大学生，和写出日常话题的大学生相比，在之后几个月里到校医院就诊的次数更少。

另一些研究也发现了自我表露与健康之间的关系，这些研究考察了特殊创伤受害者怎样对其经历做出反应。一组研究者访问了配偶意外死亡或自杀死亡的人们 (Pennebaker & O'Heeron, 1984)。研究者询问被试，是否经常和朋友讨论自己的感受以及配偶死后他们的健康情况。结果发现，这些人们越多地谈论自己的悲剧，健康方面出现的问题就越少。另一项研究发现，在第二次世界大战的大屠杀幸存者中，那些公开谈论自己受过的折磨的人，身体健康好于那些不愿表露这些经历的人 (Finkelstein & Levy, 2006)。

表露的价值还不仅限于身体健康方面。写出过去从未表露过的经历还能让人在以后的几个月中有更好的情绪状况和心理上的幸福感 (Fratteroli, 2006)。即使把日常压力带来的感受写成文字,也会使人更轻松地应对这些担忧。在一项研究中,写出对即将到来的研究生入学考试的担忧感受的大学生在谈起考试时,烦躁情绪较轻 (Lepore, 1997)。在另一项研究中,写出自己第一学期在学校适应中面临的困难的大学新生,比写出日常话题的新生在第一学期取得了更好的学习成绩 (Cameron & Nicholls, 1998)。研究还发现,把不愉快的个人信息深藏于心的人,和那些坦荡开放的人相比,幸福感较低 (Kahn & Hessling, 2001; Larson & Chastain, 1990)。

新闻摘录　坚守的秘密

表面上看,汤姆·帕西欧里克 (Tom Paciorek) 的生活几乎令人人羡慕。帕西欧里克曾经是棒球全明星外场手,在棒球职业大联盟赛场驰骋了 18 年。他身高 1 米 93,曾被评为棒球界第二英俊先生。退役后,他成为一名电视节目主持人。他与妻子生活多年并养育了 6 个健康的孩子。

但是,55 岁时的帕西欧里克并不是一个愉快的人。其实,他的大半生都在隐藏一个阴暗的、耻辱的秘密。帕西欧里克小时候在底特律长大,有好几年,他都反复遭到中学一个老师的性骚扰。后来这个老师做了牧师。像许多遭到性虐待的孩子一样,帕西欧里克没有把这事告诉过任何人。直到他上大学离开底特律,才摆脱了这种虐待,但是性虐待造成的情感伤害一直跟随着他,从未消失。

帕西欧里克说:"你可以尽力否认发生的一切,把它深埋于心底,但是你却生活在恐惧、自尊心丧失和对他人的不信任感中。(引自 Berkow, 2002)"

如同很多研究者在大量研究中揭示的那样,帕西欧里克遭受的这类创伤经历会使人在情绪和身体上付出代价。这些记忆在帕西欧里克的整个成年生活中反复出现。他用"混乱"来形容自己的生活。在受虐待的事情过去 20 多年后,帕西欧里克开始接受心理治疗。在 15 年中,他和治疗师共同努力,克服情感上的伤痛。但是,当帕西欧里克得知对他性侵的牧师还在教学生时,他知道,是说出这一秘密的时候了。2002 年,帕西欧里克加入了在性虐待丑闻被曝光后数百名挺身而出的受害者行列。当时他 55 岁,他坚守这一秘密将近 40 年。

在他的经历即将刊登在《底特律自由报》(*Detroit Free Press*) 上的前一天,帕西欧里克彻夜难眠。但是,像其他创伤事件受害者一样,他很快发现,说出秘密比将其深藏于内心要好得多。帕西欧里克收到了潮水般的支持电话和电子邮件。他庄重地表露了自己的秘密,从而获得了自由。那一天,他跑步时听见媒体正在报道他的新闻,他满脑子充斥着多年前发生的那些事情。当播音员说到"结束了,整整 40 年,但是它永远结束了"这句话时,帕西欧里克顿时泪流满面 (Whitley, 2002)。

为什么即使是匿名写出来的表露都能带来更好的身心健康?一个原因是,积极地抑制对创伤经历的想法和感受,需要大量的生理和心理努力 (Pennebaker, 1989)。压力的影响是即时的又是长期的。一项研究发现,当被试写下自己的创伤经历后，免疫力会立即增强 (Petrie, Booth & Pennebaker, 1998)。另一项研究发现，被试在表露之后的日子里，睡眠状况有所改善 (Mosher & Danoff-Burg, 2006)。随着时间推移，内心秘密的积累效应将使人付出代价，它会增加患病风险，导致其他与压力相关的问题。

表达出对创伤事件的思想和情感还会给表露者带来原本没意识到的启发，让人看待自己的情感，这种启发使人轻松地超越创伤体验，向前迈进一步 (Kelly, Klusas, Von Weiss, & Kenny, 2001; King, 2001; King & Miner, 2000; Langens & Schuler, 2007; Smyth, True & Souto, 2001)。正如罗杰斯和其他人本主义理论家所说的，把情感写成语句能使我们"看见"自己的情感，从而更有效地应对它们。在一项研究中，让大学生在 3 个长度为 20 分钟的时间段写出他们的创伤经历 (Hemenover, 2003)。3 个月后，这些学生在控制感、个人成长和自我接纳测量中的得分高于那些只写出日常话题的大学生。换句话说，写出这些经历改变了这些被试看待自己的方式。

自我表露之好处的例子在我们周围随处可见。当人们遇到麻烦时常常去找朋友、去酒吧或找神职人员倾诉。一些人坚持写日记，另一些人给从未写过信的人写了信。越来越多的人在网络上以匿名的方式表露自己的各种类型的缺点和遭遇的磨难。在心理治疗中也可以看到表露个人隐私的益处 (Cepeda-Benito & Short, 1998; Kelly, 1998; Kelly & Archer, 1995)。说出或写出令人烦恼的体验可能是战胜创伤的重要一步 (Janoff-Bulman, 1992)。给来访者创造机会坦然地讨论自己的情绪，把模糊不清的情感意象纳入连贯的思维中，这也许是心理治疗能对某些人发挥作用的原因之一 (Donnely & Murray, 1991; Murray, Lamnin & Carver, 1989; Segal & Murray, 1993)。

二、孤独

几年前，美国的一项全国性调查询问人们会和谁讨论"对你来说很重要的事情"(McPherson, Smith-Lovin & Brashears, 2006)？研究者特别感兴趣的是选择"知心朋友"这一项的人数。在 1985 年此项调查第一次提出这个问题时，美国成年人报告说，其朋友和家人中的"知心朋友"平均为 2.94 人。但 2004 年，这个数字下降到 2.08。在 20 年中，普通美国人从有三个亲密朋友减少到只有两个。在同一时间内，说自己没有人可以讨论重要事情的美国人从 10% 增加到

24.6%。简单来说，现在人们比几十年前更加孤独。

随着时间流逝，我们都在感受孤独的痛楚。每个人都经历过一段孤独的时光，在这段日子里，要么没有一个人可以交谈，要么别人都有伴而自己却形单影只，要么和别人的关系都很肤浅。令人费解的是，孤独在大学校园中也开始流行。虽然看起来到处是人，但在一所规模很大的大学里进行的调查发现，在开学两周时找到的一年级新生里，75%的人说他们从开学就一直感到孤独，超过40%的人说，他们的孤独感达到了中等或严重程度 (Cutrona, 1982)。

因为许多原因，人本主义心理学家开始关注孤独。一些人指出，20世纪60年代人本主义心理学的崛起，正是疏离感和孤独感在许多美国人的生活中蔓延所致 (Buhler & Allen, 1972)。面对越来越非人性化的、机械化的社会，人们欢迎人本主义者对具有独特潜能的个体的强调。一些心理学家认为，孤独感反映了现实存在的焦虑和寻求生活意义的需要 (Sadler & Johnson, 1980)。人本主义治疗师经常帮助来访者参加有意义的互助小组来克服孤独 (Monstakas, 1968)。在这一领域最显著的发展也许是20世纪60年代晚期到70年代早期的"互助小组"。在小组的安全圈子里，人本主义治疗师可帮助小组成员发现与其他成员进行亲密交往的益处，进而了解自己身上的一些东西 (Rogers, 1970)。

孤独在大学校园里是一个普遍存在的问题，但是一些人比另一些人更容易感受到孤独。

（一）对孤独的界定和测量

孤独与孤立不同。有些孤独的人一天的大部分时间身边总是有人的。确切地说，孤独涉及我们对社会交流的多少和交往质量的知觉。一组研究者这样解释："当一个人的社交圈子比预期的更小或更不满意时，孤独就会出现。(Peplau, Russell, & Heim, 1979, p.55)"你可能很少与人来往，但只要你对这种交往感到满意，你就不会觉得孤独。相反，你可能有很多朋友，但你仍然感到需要更多、更深的友谊，如此一来，你就会觉得孤独。

从一个人对社交关系的满意度来看孤独，可以解释为什么一些实质上在隔离状态中生活的人能够享受独处，而一些被众人包围的人却感到孤独。我经常听到大学生抱怨，虽然他们身边有很多熟人和半生半熟的人，但没有几个真正的朋友。对这些学生来说，以亲密真诚的方式与特殊的人交往的需要未得到满足，可能导致强烈的孤独感。

孤独往往是人所处的环境造成的，如搬到一个新城市，转到一所新学校等。而且，在我们过渡到新的生活周期时，我们所希望的社交关系类型会发生变化 (Green, Richardson, Lago & Schatten-Jones, 2001; Pinquart & Sorensen, 2001)。年轻人一般需要较多的朋友来避免孤独，而年长者喜欢交少数几个非常亲密的朋友。孤独的起因和结果也因文化功能而存在差异 (Anderson, 1999)。在西方社会，朋友或爱情伴侣不在身边通常会导致孤独。在个体主义文化中的人们眼里，说起孤独，他们往往会想到那些单身者或没有恋人的人。但是，在那些强调与家人和社区联系的亚洲文化中，这种孤独的原因并不普遍 (Rokach, 1998)。因为集体主义文化强调一个人在更大的社会网络中的位置，所以在这种文化下，孤独感更容易降低个人的幸福感 (Goodwin, Cook & Yung, 2001)。

虽然孤独感会随着环境变化而产生或消失，但是研究者还发现，孤独可以被看作一种相当稳定的人格特质。也就是说，虽然人人都会偶尔孤独，但是一些人很容易产生孤独感，而且因为没有足够多的亲密朋友而长期孤独。另一些人则对这些体验相对具有免疫力。研究者已经编制出评价孤独感倾向的个体差异的几种人格调查表 (Cramer, Ofosu & Barry, 2000; Rubenstein & Shaver, 1980; Russell, Peplau & Cutrona, 1980; Schmidt & Sermat, 1983)。像其他人格变量一样，孤独的易感性也有跨时间的相对稳定性 (Segrin, 1999; Weeks, Michela, Peplau & Bragg, 1980)。

（二）长期孤独的人

对孤独与其他人格变量之间的相关性的研究显示了孤独者单调而沉闷的境况 (Ernst & Cacioppo, 1999)。孤独量表的高分与社交焦虑、自我意识的高分以及自尊和果断性的低分相关 (Bruch, Kaflowitz, & Peal, 1988; Jones, Freedom, & Goswick, 1981; Solano & Koester, 1989)。孤独者更可能性格内向、焦虑，对拒绝敏感 (Russell et al., 1980)，更可能出现抑郁 (Joiner, Catanzaro, Rudd & Rajab, 1999; Wei, Russell & Zakalik, 2005)。孤独的高分数还和悲观及消极情绪相关 (Cacioppo et al., 2006)。

毫不奇怪，孤独者有较多的社交困难 (Heinrich & Gullone, 2006)。他们很难信任他人 (Rotenberg, 1994)，在别人对他们敞开心扉时感到不自在 (Rotenberg, 1997)。与非孤独者相比，孤独者和朋友共度的时间少，约会次数少，参加聚会少，亲密朋友也较少 (Archibald, Bartholomew & Marx, 1995)。他们很难发起社交活动和加入群体 (Horowitz & de Sales French, 1979)。孤独者的熟人肯定了这些评价的准确性。大学生说，他们与孤独者的关系明显不如与非孤独者那样亲密 (Williams & Solano, 1983)。

越来越多的研究发现，孤独感除了令人在情感和社交上付出代价，还会给健康带来危险 (Cacioppo & Patrick, 2008; Hawkley, Crawford et al., 2002; Cohen & Janicki-Devers, 2009; Uchino, Cacioppo & Kiecolt-Glaser, 1996)。与社交来往很少的人相比，拥有较大的、多种多样社交圈子的人们的癌症复发 (Helgeson, Cohen & Fritz, 1998)、中风 (Rutledge et al., 2008) 和患心脏病 (Kop et al., 2005) 的风险都更低。拥有较大社交圈子的人寿命较长 (Berkman, 1995)。在一项研究中，健康的成年人被故意暴露于一种感冒病毒之下（在得到许可的情况下）(Cohen, Doyle, Turner, Alper & Skoner, 2003)。结果发现，被试的社交性越高，患感冒的可能性就越小。在另一项研究中，孤独的学生相对不孤独的学生而言，在注射流感疫苗后表现出了较差的抗体反应 (Pressman, Cohen, Miller, Barkin, Rabin & Treanor, 2005)。

为什么孤独会影响健康？如表 12.1 所示，研究者查明了五条可能的路径 (Hawkley & Cacioppo, 2007)。第一，孤独者的健康习惯比非孤独者少。其中最明显的是，他们的身体活动较少 (Hawkley, Thisted & Cacioppo, 2009)。当不孤独者与朋友一起外出远足、跳舞、打高尔夫时，孤独者却待在家里看电视。缺乏锻炼加上不良饮食使孤独者比不孤独者更容易发胖 (Lauder, Mummery, Jones &

Caperchione, 2006)。第二，孤独者的压力来源比不孤独者多。长期孤独的人一般会比非孤独者在生活的更多方面（如经济、社交、失业）感受到压力 (Hawkley, Burleson, Berntson & Cacioppo, 2003)。第三，孤独者不能像非孤独者那样好地应对这些压力。遇到困难时从朋友那里寻求情感支持是一种有效的应对策略。但是，当感觉困难和无助时，孤独者不具备可以求助的朋友圈子。同时，他们在感到压力时可能比多数人采用的回避策略更少 (Cacioppo et al., 2000)。第四，孤独者感受到的大量压力导致其身体状况的变化，并最终影响到他们的健康。尤其需要指出的是，孤独与高血压有关联 (Hawkley, Masi, Berry & Cacioppo, 2006)。第五，孤独会妨碍机体的某些自然恢复过程。最明显的是，孤独者的睡眠比非孤独者差 (Cacioppo, Hakley, Berntson et al., 2002)。总之，长期孤独的生活会损害人的健康。

表 12.1　孤独与健康之间的路径

健康行为	孤独者的健康习惯较差
面临的压力	孤独者感受到较多的长期压力
应对方式	孤独者在处置压力时采用无效的应对策略
压力的生理反应	孤独者体验到不健康的生理变化
复原	孤独者不善于依赖各种自然复原方法

来源：Adapted from Hawkley and Cacioppo (2007).

（三）孤独的原因

孤独者对有意义的社会交往的需要为什么会不断地遇到挫折呢？研究者查明了可能导致长期孤独的两个特征：消极预期和社交技能差。

孤独者常常带着消极预期进入社交环境：这次交往和以前多次交往一样，不会有好结果 (Goswick & Jones, 1981; Hanley-Dunn, Maxwell & Santos, 1985; Jones et al., 1981; Jones, Sansone & Helm, 1983; Levin & Stokes, 1986)。一项研究安排孤独和不孤独的大学生与另外 3 个学生一起参加一系列的小组活动 (Christensen & Kashy, 1998)。学生们用 30 分钟的时间一起讨论和解决问题。讨论之后分别让每个学生从智力、友善等方面评价小组其他成员。被试还要在相同的项目上评价自己，并猜测其他成员怎样评价自己。研究者发现，孤独者对自己的评价不如对小组中的其他人的评价那么好。不孤独的学生就不是这样。此外，孤独的学生预期，小组中的其他三个成员对他的评价也较差。但他们是错的。尽管孤独的学生对其他学生怎样看自己抱着较低的期望，但他们得到的评价与别人没有什么差异——仅有一个例外。实际上，孤独的学生被认为比小组中的其他学生更友善。一句话，孤独的学生认为自己不讨人喜欢，而结果证明他们错了。

低预期会损害孤独者试图建立的友谊和恋爱关系。孤独者怀疑新结识的人是否会喜欢与他们谈话，是否会在谈话过后觉得他们很无聊或很愚蠢。结果，孤独者对了解别人没有什么兴趣，他们会很快结束谈话，去干别的事情。这种消极预期还会导致孤独者把一点儿小小的迹象都看作拒绝。在一项实验中，让被试和一位陌生人交谈5分钟(Frankel & Prentice-Dunn, 1990)。接着让被试看这个谈话伙伴评价他们的录像带。录像带包括积极和消极评论。不出所料，孤独者比非孤独者更注意并能更清楚地回忆那些消极反馈。因为他们认为，他们的互动可能更差，所以孤独者比非孤独者更不可能跟遇见的人发展友谊或找别人一起做事。

由于孤独者这样消极地对待社交互动，他们很难交上朋友就一点也不令人奇怪了。这项研究还可以解释，为什么在拥挤的大学校园里，孤独会成为很多学生的困扰。因为周围有那么多可以交朋友的人，所以没有理由挑出那些看上去不友好的人来建立友谊。

长期孤独的人往往社交技能形成得较差。你可能是那种能很轻松地跟别人聊天的幸运的人。你很乐意与人们会面，能毫不费力地了解他们，并偶尔谈到自己。如果你是这样的，就可能不太理解那些很难与他人互动的人。即使是对于那些不害羞的人和愿意结交新朋友的人来说，进行一次比较长的、正式的谈话都会是件困难的事，就更不用说原本就长期孤独的人了。这些人所缺乏的可能是基本社交技能，不知道怎样进行一次让双方都觉得有价值的、愉快的谈话。

几项研究考察了这种社交技能的缺乏，它使一些人在长期孤独中陷入困境(Segrin, 1999; Segrin & Flora, 2000; Vitkus & Horowitz, 1987)。学习谈话艺术的最好办法就是与他人交谈。但是缺乏社交技能的人较难与人发展关系，这使他们很少有机会掌握这些技能。他们从来没学会怎样发起一次互动，或怎样让谈话更活跃，所以他们维持友谊很困难。

来看一组研究者在考察孤独者及非孤独者的交谈时发现的互动风格(Jones, Hobbs, & Hockenbury, 1982)。孤独的被试对谈伴的兴趣显得比较淡漠。他们问的问题较少，常常不能对另一人说的话做出评论，也很少提及谈伴。相反，这些孤独者更多地谈论自己,并转入一个与谈伴的兴趣无关的话题。另一研究发现,孤独者更可能给陌生人提建议,并且很少认同别人说的话 (Sloan & Solano, 1984)。不用奇怪,我们往往不喜欢跟孤独者谈话。这并不是说孤独者故意粗鲁无理,而是他们不明白,他们的交往风格怎样使那些可能成为朋友的人远离了他们。幸好,对孤独者进行社交技能训练的一些努力已被证实是有用的 (Rook & Peplau, 1982; Young, 1982)。

还有研究者考察了孤独者和非孤独者自我表露的方式。研究发现,孤独者的自我表露通常比他们的谈伴少 (Berg & Peplau, 1982; Sloan & Solano, 1984)。在一项研究中,初次结识时,孤独者会选择一些不大私密的话题 (Solano, Batten & Parish, 1982)。当然,孤独被试的谈伴也会投桃报李地说一些不私密的话题。其他研究还发现,孤独者常常不懂得该何时表露和表露多少的社会规则 (Chelune, Sultan, & Williams, 1980; Solano & Koester, 1989; Wittenberg & Reis, 1986)。当对方希望他们表露时,他们可能表露得过多或过少。其结果是,别人不是觉得他们有些怪异,就觉得他们很冷漠,并做出相应的反应。

三、自尊

如果说有一个概念始终贯穿人本主义心理学家的著作,那它就是人对自己的感觉。罗杰斯式心理治疗的核心目的,就是让来访者接受并欣赏真实的自己。马斯洛曾经论述自尊需要,以及对自我概念和"在生活中我能做些什么"的满足感需要。可以说,人本主义人格理论是关于个体自尊的理论。

很多研究者把自尊和自我概念加以区分。**自我概念** (self-concept) 是一个人心目中自己所有特征的总和,也就是说,他认为自己是一个什么类型的人。**自尊**则是一个人对其自我概念的评价。其实质是,你是否喜欢你自己?虽然人们在日常谈话中常常提及自尊,但研究者在试图界定和测量这一概念时却面临几个难题。

一个难题是,人们对自己的感受在不同情境中会变化。多数人在做了自己明知不该做的事时,会对自己有些不满意;而当别人对自己做的事赞不绝口时,又忍不住要自鸣得意 (Heatherton & Polivy, 1991)。但是,这些感觉的波动不应该与自尊相混淆。心理学家把这种上下波动称为自我价值感 (Brow & Dutton, 1995)。相形之下,自尊与相对稳定的自我评价有关。像其他人格变量一样,研究者发现，一些人比另一些人更容易积极评价自己。这些人可能也有不快乐的日子并偶尔对自己失望，但总体上，他们喜欢自己并对自己是什么人及自己的所作所为感觉良好。同样，我们也能找出那些经常体验到消极自我评价的人。虽然这些低自尊的人也有快乐的日子，对自己的一些所作所为感觉良好，但与其他人相比，他们缺乏基本的自信和自我欣赏。

（一）自尊与对失败的反应

评价是我们生活中不可回避的事情。入小学没几年，多数学生就习惯了老师对自己的学习成绩打分。评价在工商界处处可见，即使不是以年终总结的形式表现出来的，也能从加薪多少看出来。从体育比赛、下棋到经营自家园艺，在任何形式的竞争中，当我们把自己的能力、业绩与别人比较时，都会带来胜与败两种可能。所有这些评价意味着每个人都要经历成功与失败。

但是，并非所有人都以同样的方式对这些评价做出反应。一些实验室研究考察了当被告知测验成绩时，高自尊和低自尊的人面对成绩的优劣会怎样做出反应 (Brockner, 1979; Brown & Dutton, 1995; Kernis, Brockner & Frankel, 1989; Stake, Huff & Zand, 1995; Tafarodi & Vu, 1997)。这些研究中的被试通常要参加一个测验，测验声称要测查其能力倾向，或者测查完成某一任务所需的一些特殊能力。然后，研究者给被试一个假反馈，告诉他们做得很好或很差。研究者特别关注的是，人们会对失败做出怎样的反应。当告诉他们做得很差时，低自尊者一般不再努力尝试，他们的成绩会更差，并且更可能会放弃接下来的测验。相反，不管得知自己在第一次测验中的表现是怎样的，高自尊者在第二次测验中都会像原来一样努力。

这些发现在学习中的重要性是显而易见的。一项研究考察了大学生对期中考试成绩的反应 (Brockner, Derr & Laing, 1987)。开学五周后，学生们参加了第一次考试，一周后公布了成绩。研究者发现，高自尊和低自尊学生的期中考试成绩几乎相同。然后，研究者把学生按照好成绩（得 A 或者 B）和坏成绩（得 C 及以下）分开。如图 12.3 所示，像在实验室得到错误反馈的被试一样，在第一次测验中得高分的低自尊学生，会继续取得好成绩。但是，在第一次考试中成绩差的低自尊学生，在第二次考试中的成绩显著变差了。

另一项研究发现，低自尊的人并不需要真正经历失败，他们只要想象自己的失败，就会产生这些消极影响 (Campbell & Fairey, 1985)。在这一研究中，让被试想象他们在一个包括 25 条字谜的测验中的完成得好或不好。想象失败情

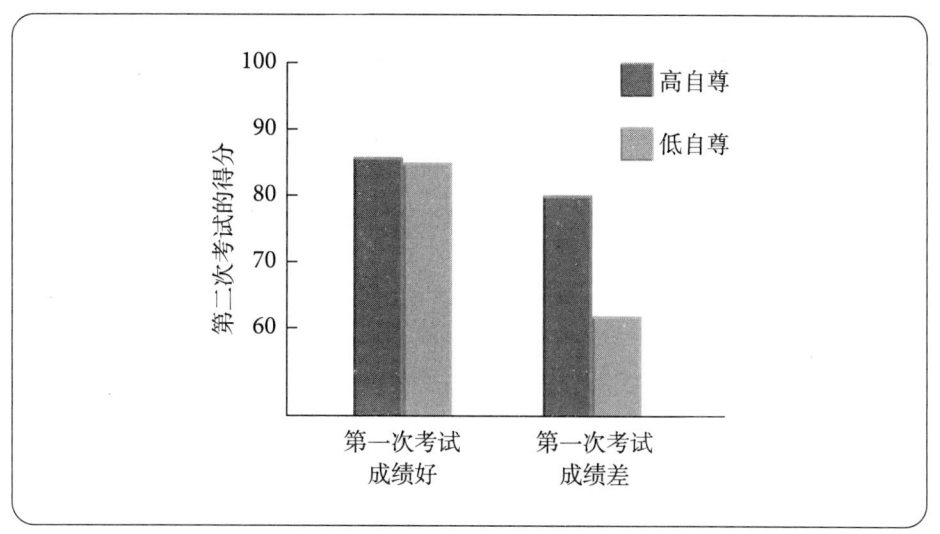

图 12.3 自尊与第一次的考试成绩对第二次的考试成绩的作用

来源：Adapted from Brockner et al. (1987).

境的低自尊被试说，他们预期自己在接下来的测验中会表现得很差，而且实际上，比起那些第一次想象成功情境的低自尊被试，他们的表现确实较差。

应该怎样对这些反应进行解释？一种可能是，人们更愿意收到与自我概念相一致的反馈 (Story, 1998; Wood, Heimpel, Manwell & Whittington, 2009; Wood, Heimpel, Newby-Clark & Ross, 2005)。低自尊者也许更容易接受他们比别人失败的事实。因此，比起那些不符合自己预期的信息，低自尊者更容易相信符合其消极自我形象的反馈。对这一问题的另一种说法是，消极反馈使低自尊者想起他们对自己的低评价 (Dutton & Brown, 1997; Tafarodi & Vu, 1997)。消极反馈引发了对相关的其他消极想法的联想，让低自尊者想起自己的其他错误和缺点。这一解释可以帮助我们理解，为什么低自尊者仅仅想象一下失败，任务完成得就更差。

但是，我们也可以反过来问这个问题。高自尊者在失败后是怎样防止气馁的？当考试失败或工作表现变差时，他们为什么不放弃？答案在于，高自尊者靠一种个人策略来减弱消极反馈的影响 (Heimpel, Wood, Marshall & Brown, 2002)。这一策略是，通过关注自己的优点而不是所犯的错误，对失败做出反应。负面反馈会使低自尊者想到他们的错误与失败，而相同的反馈却使高自尊者想到他们的能力和成就。

一些研究证明了这种可减弱失败影响的高自尊策略 (Brown & Gallagher, 1992; Dodgson & Wood, 1998; Greve & Wentura, 2003; Schlenker, Weigold & Hallam,

1990)。在一项研究中，被试收到他们在一项成就测验中表现好坏的反馈 (Brown & Smart, 1991)。然后，让被试用一些形容词来描述自己。一些词与成就情境有关（如有能力、聪明），一些词与社交情境有关（如诚挚、善良）。如图 12.4 所示，得知自己在成就测验中失败之后，低自尊者对其社交技能做出了较低的评价。而高自尊者在得知失败后，对自己的社交品质做出了更高的评价。

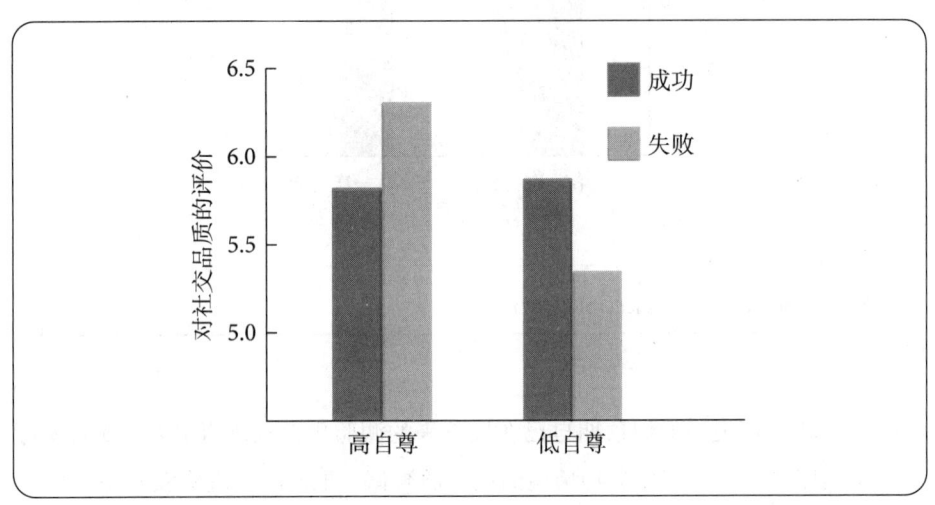

▶ 图 12.4 成功和失败后对社交品质的评价

来源：Adapted from Brown & Smart (1991).

这些结果显示了高自尊者在面对负面反馈时保持高自我价值感的一个策略。当告诉他们在一项任务上做得不好时，他们会提醒自己在别的方面做得不错。另一项研究发现，一旦给高自尊者做自己擅长的事情的机会，他们会立刻放弃当前遇到困难的任务 (Di Paula & Campell, 2002)。这并不是说高自尊者认为自己完美，他们只是不愿停留在失败中。如果在工作中陷入困境，高自尊者可能会提醒自己"我有很多朋友"。如果他们在手球比赛中输了，他们会想，自己象棋下得不错。这一策略使高自尊者即使在面临生活中不可避免的低落期时，也能保持良好的自我感觉。

（二）自我价值组合

下面，我们关注研究者所谓的整体自尊，即我们对自己的完整评价。只有极少数人感觉自己是完全好或完全不好的。即使对自己最满意的人，也能找出自己的缺点和不足，以及相对于别人不够自信的方面。因此，研究者发现，在特定领域考察自尊比较有益。例如，研究者也许会问被试，在学习、品德或外貌等方面，他们对自己的感觉如何。这种研究方法带来了一些有趣的问题。整体自尊是人的各个特定领域自我感觉的简单相加吗？高自尊就是在多数领域（如果不是所有领域）都自我感觉良好吗？换言之，在我们对自己感觉良好之前，必须在很多不同领域感到自己有能力、有才华吗？

幸好，对上述问题的答案都是"否"。研究者发现，整体自尊是一个二阶段过程的结果 (Crocker, Brook, Niiya & Villacorta, 2006; Crocker & Park, 2003; Crocker & Wolfe, 2001)。第一阶段，人们先确定对他们来说很重要、或者说可决定其自我价值的领域。对一个人来说，这些领域可能是学习成绩和道德行为。对另一个人来说，外貌、家人朋友的接纳可能最重要。研究者把人们用来评价自己的多个领域称为**自我价值组合**。第二阶段，人们根据自己在所选领域的表现对自己做出评价，形成整体自尊。根据学习成绩建立自尊的一个女生，当她在课堂上表现出色时就会自我感觉良好。自我价值组合包括身体外貌的一个男生，在听到相貌出众、引人注目的反馈时会感受到高自尊。

从自我价值组合角度看自尊，可以帮助我们理解，为什么人们明明有不足和缺点，但还可以自我感觉良好。你也许在体育或数学方面有欠缺，但只要你不把自我价值感建立在这些方面，它们就不会影响你的整体自尊。几位研究者确定了大学生常用的自我价值组合的七个领域 (Crocker, Luhtanen, Cooper & Bouvrette, 2003)。如表 12.2 所示，这些组合的范围，从一些很显著的领域（如胜任力、外貌）到人们想不到的领域。

表 12.2 大学生的自我价值组合

组合的领域	描述
胜任力	在多个领域的能力和执行力，对大学生尤指学习能力
竞争力	在各种竞技情境下优于他人
多数人的赞同	来自他人的赞同和接纳
家庭支持	从最亲密的人，尤其是家人那里得到赞同与温情
外貌	我们认为别人怎样看我们的身体外貌
美德	坚持个人道德标准，认为自己是个善良而有道德的人

来源：Adapted from Crocker, Luhtanen, et al. (2003).

自我价值组合是怎样产生的？为什么一个人把自尊建立在胜任力上，一个人把自尊建立在其他方面上？起初，人们愿意把自己擅长的领域纳入其组合领域。一个运动员把自尊建立在体育运动成绩上，而一个好学生则凭借他的学习成绩建立自尊。但这只是问题的一部分。我们知道，有人选择的是难以实现的自我价值组合。有时候，父母和同伴会影响这种选择，比如一个父亲说，他爱他的小女儿，因为她很漂亮，喜欢儿子是因为儿子的体育技能。文化也发挥着一定作用，因为文化以不同的价值观看待不同的个人特点。举例来说，西方社会以多种方式传达着很多与性别有关的标准 (Fredickson & Robert, 1997; Strahan et al., 2008)。女孩常常从同伴和媒体信息中得到提示：她们的价值依赖于她们的外貌。男孩则被告知，在各种竞争中击败他人是自我价值的体现。

使用自我价值组合来确定自尊既有优点也有缺点。优点是，我们要自我感觉良好，并不一定在各方面都具有胜任力。在课堂上轻松取胜的学生和努力挣扎的学生都可能拥有高自尊。同样，体育明星和笨手笨脚的人都可能自我感觉良好。用人本主义人格理论来看，用什么标准做出评价，完全取决于自己。在缺点方面，人们有时候会选择很难实现的组合。一个被家人和朋友喜爱和赞赏的年轻姑娘可能对自己的感觉却不好，她因为学习不如同伴而感到自卑。

用价值组合来看待自尊，还能帮助我们理解为什么有些人的自我价值感比较稳定，而另一些人在喜欢和不喜欢自己之间大幅摆动。其原因是，一些组合使我们摆脱了别人和一些不可控力量的支配。我们不能在任何时候都控制自己是否被别人接纳、保持美貌或在竞争中取胜。因此，把自尊与不可控力相联系的人，可能更容易陷入焦虑和抑郁中 (Crocker & Park, 2004)。自我价值主要基于学习成绩的本科大学生，在得到不良成绩 (Crocker, Karpinski, Quinn & Chase, 2003; Park, Crocker & Kiefer, 2007) 或收到一封研究生院的拒绝信时 (Crocker, Sommers & Luhtanen, 2002)，会感受到抑郁和自尊降低。在一项研究中，把学习成绩作为自我价值组合的主要方面的大学生，比依靠其他领域作为组合的人，感受到更大压力且没有得到更好的成绩 (Crocker & Luhtanen, 2003)。

另一项调查发现，把外貌或他人赞同作为自我价值组合，可能导致情绪剧烈动荡。一句恭维话或一次情投意合的谈话就可能带来自豪感和自我悦纳，一句粗话或一次不愉快的约会又可能引发自我怀疑。把恋爱关系状况作为自我价值组合领域的人，在恋爱关系出现波折时，会出现强烈的情绪反应 (Knee, Canevello, Bush & Cook, 2008)。在一项研究中，把自尊建立在外貌基础上的被试，当意识到其外貌出现瑕疵时，感受到孤独和被拒绝 (Park, 2007)。另一些研究发现，把自我价值建立在外貌基础上的大学新生饮酒的可能性更高，也许因为他们的自尊在一些饮酒场合（如聚会或社交活动）受到了威胁 (Luhtanen & Crocker, 2005)。

总之，依赖不可控的自我价值组合的人，其幸福感可能诉诸日常生活。把自尊建立在可控领域（如美德）的人，比那些更多地依赖外控组合的人，会较少感受到抑郁和焦虑 (Sargent, Crocker & Luhtanen, 2006)。

（三）自尊与文化

在西方文化中长大的人通常认为，每个人都希望优秀，在人群中引人注目，个人成就得到认可。教师和父母则通过确认儿童的独特长处，帮助他们在擅长的领域充分发展，获得优异表现，从而培养儿童的自尊心。说自己在某一方面"不如别人"的青少年，很容易被认为是适应不良的。来自劣势环境的青少年被鼓励相信自己会心想事成。总之，在西方社会，高自尊的秘诀就是让一个人对"我是谁"和"做个与众不同的自己"感觉良好。

但是，有些研究者对这种观念的普遍性提出质疑 (Heine, 2001; Kitayama & Markus, 1994; Markus & Kitayama, 1991, 1994; Triandis, 1989, 2001)。第一章中曾提到，关于自我的概念并非在所有文化中都相同。集体主义文化中的人们更关心相互依存而不是独立性。在像美国这样的个体主义文化中，人们强调个体的独特性，而集体主义国家中的人们把自己看成是更大文化群体中的一员。

这些不同的观念提示我们，当我们和来自不同文化的人们共处时，也许要重新思考我们形成自尊概念的方式。主要为美国被试编制的自尊量表，常常询问答题者的胜任感如何、怎样评价自己的独特性。对那些用归属与合作衡量自己价值的人，这些题目几乎没有意义。有时，研究者会对照这些文化中相对应的表达方式，来比较美国这样的个体主义国家和日本这样的集体主义国家间的差异。美国人常说，"车轮吱吱响，必得去膏油"，意思是说，一个人必须站出来，挺身而出。日本人常说，"出头的钉子要钉下去"，意思是说，出风头的人被人看不起而且没有好结果。

关于自我的这些不同观点说明，不同文化的人，其自我满足和感觉良好的原因是不同的 (Kang, Shaver, Sue, Min, & jing, 2003; Tafarodi, Marshall, & Katsura, 2004)。个体主义文化中的人，一般在想到他们的独特价值和个人成就时自我感觉良好。反之，对集体主义文化中的人来说，自我满足感来自其心目中与他人的关系如何。集体主义文化中的人们在产生归属感、找到自己的恰当位置时，会感觉良好。融入社会，承担义务是集体主义文化中骄傲的源泉。个体主义文化则看重个人成就和独立性。

与这些观察相一致，对美国大学生的一项研究发现，美国大学生大多把自己看得比客观数据所显示的更好。让美国大学生把自己的各种技能和能力倾向与同伴比较，他们总是报告说，自己比周围人更占优势 (Taylor, 1989)。在美国，似乎每个人都比别人强。但是，研究者把相同的问题说给来自集体主义文化的学生听，却没有发现这种偏差 (Heine & Hamamura, 2007)。集体主义文化下的一般公民不认为自己比别人强。在美国，这种平庸感可能被看作低自尊。但是在其他国家，这样的自我评价被认为是很健康的。在集体主义文化中，高傲自大的人会担心自己这颗钉子要被锤子钉下去。不用说，对于从一种文化进入另一种文化的人，这种文化差异是冲突的来源。一向喜欢提高自我价值感的美国棒球手在日本的俱乐部里打球时常常感到很困难，因为那里强调团队胜过强调个人 (Whiting, 1989)。

一项有趣的研究证实了文化与自尊的关系，几位研究者比较了生活在北美文化中的亚洲人的平均自尊分数 (Heine, Lehman, Markus, & Kitayama, 1999)。要知道，自尊量表的设计体现的是看重个人成就和为个人成功而自豪的理念。如图 12.5 所示，被调查者的自尊分数随着其接触个体主义文化的程度而变化。被调查者的家庭在移民加拿大三代以后，这些亚裔加拿大人的自尊分数与欧裔加拿大人已无大差别。

文化还影响人们用来判断是否满意自己生活的标准 (Kuppens, Realo & Diener, 2008; Oishi, Diener, Choi, Kim-Prieto & Choi, 2007; Steger, Kawabata, Shimai & Otake, 2008)。多数美国人认为快乐是对生活满意的关键。也就是说，我对自己的生活是否满意，取决于我的自我感觉是否良好，我是否体验到快乐这样的积极情绪。研究表明，这种情况确实符合个体主义文化 (Diener & Diener, 1995; Oishi & Diener, 2001; Suh, Diener, Oishi, & Triandis, 1998)。但是，通往生活满意度的这条路径并不能应用于集体主义文化。在集体主义文化中，人们对文化确定的适当行为标准的遵从，可以预测其生活满意度。因此，在个体主义文化中，良好的自我感觉是生活幸福的关键，而在集体主义文化中，做符合社会规定的角色才是关键。

总之，本章所阐述的关于自尊的理论和研究，可能只适用于生活在个体主义文化中的人们。但是我们不能就此认为，集体主义文化中的人们没有自尊。相反，应该意识到，像自我和自尊这样的概念，在不同文化中有不同意义。人格研究者正在认识到这些差异，并就这些问题积极开展研究。

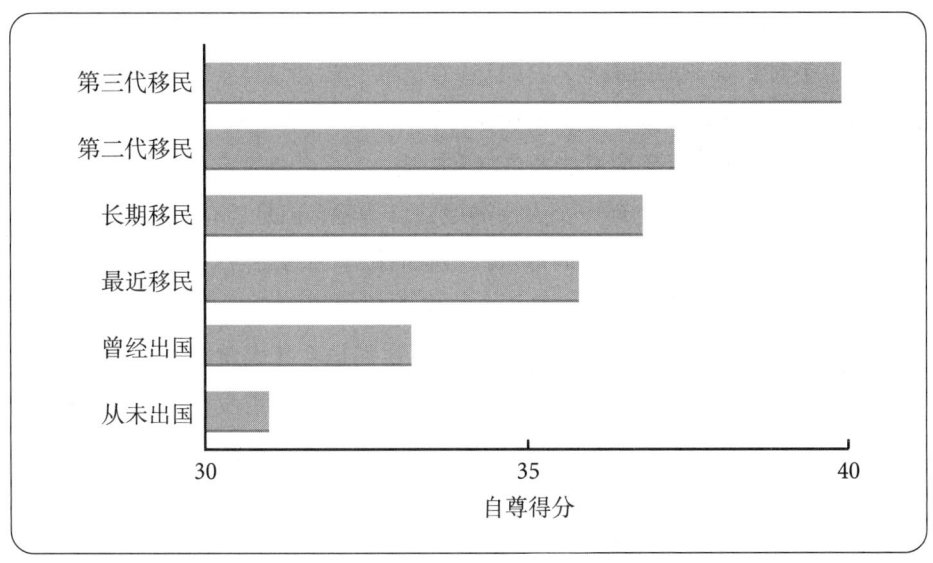

▷ 图 12.5 接触西方文化对亚洲人和亚裔加拿大人平均自尊分数的影响

来源：Adapted from "Is there a universal need for positive self-regard?," by S. J. Heine et al., *Psychological Review*, 1999, 106, 766-794. Copyright © 1999 by the American Psychological Association. Adapted by permission of the American Psychological Association.

四、独处

娜奥米有许多地方与众不同。虽然娜奥米能在公司的自助餐厅轻松地与同事们一起就餐，但她还是常常选择独进午餐。她会在附近的公园里吃一个三明治，或有时在午餐时间独自在附近散步。如果朋友邀请她周末去做客或下班后跟她们在一起，即使没有什么别的事情，她也常常会婉言谢绝。令人奇怪的是，认识娜奥米的人大多说她是个热情、有魅力的人。而且，娜奥米很喜欢她的朋友和同事。不过与大多数人相比，内奥米的大部分时间是自己度过的。

人格心理学家对娜奥米会说些什么？研究表明，我们的人际关系是快乐的最重要来源（Diener & Seligman, 2002; Myers, 1992）。那么，为什么有人经常放弃社交机会呢？在本书前面各章可以找到几种可能的解释。也许娜奥米是个内向的人（第十章）。她并不像外向者那样，觉得社交活动有吸引力。也许娜奥米躲避人群是由于她有社交焦虑（第八章）。也许她害怕别人对自己做出消极评价，因此尽可能回避社交互动以减轻焦虑。再或者，娜奥米的行为在某些方面像卡

> 渴望有意义的独处并不意味着神经症；相反，不能建设性地独处，则是神经症的信号。
> ——卡伦·霍妮

伦·霍妮所称的"脱离人群"的神经类型（第五章）。根据这样的分析，娜奥米可能在童年时期就采用回避方式，使自己免受焦虑。但是另一种可能性是，娜奥米遭受着孤独之苦。如本章前面所说，她缺乏一些基本社交技能，由于很难与人交往和发展关系，因此只能独自打发时光。

虽然这些都能解释为何一个人会渴望独自待着，但是还有一种解释，它从另一角度来看待娜奥米对独处的追求。当亚伯拉罕·马斯洛对心理健康的人进行研究时，发现他所选择的这一类人有一种奇特的相似性。虽然这些自我实现的人拥有使他们成为最热情朋友的特征，但他们也会花大量时间独处。"我所有的研究对象都善于独处，这对他们来说既没有伤害，也没有不适。"马斯洛这样说，"而且可以肯定，几乎是他们中的所有人都在很大程度上发自内心地喜欢独处和隐居"(Maslow, 1970, p. 160)。

这样，马斯洛的发现就为娜奥米的独处偏好提供了另一种解释。她可能不是一个内向者、社交焦虑者或孤独的人。或许娜奥米对自己消磨时光的渴望是发自内心的。她的独处偏好既反映了也促进了她的成长和发展。马斯洛接着指出，心理健康的人也会表现出对别人的热情，并且与最亲密的朋友有特别亲密的关系。渴望独处的人不一定要逃避人际关系。相反，花大量时间独处，是因为他们认为独处有好处。

（一）独处时间

我们大多生活在社交环境中，但我们也确实会花不少时间独处。为了查明人们独处的时间，研究者采用一种叫作"经验取样法"(Experience Sampling Method) 的程序 (Larson & Csikszentmihalyi, 1980; Larson, Csikzentmihalyi & Graef, 1982; Larson & Richards, 1991; Larson, Zuzanek & Mannell, 1985)。在这些研究中，被试要在一周中，每天24小时随身佩戴寻呼机。在每天的随机间隔时间点，研究人员向被试发出信号，于是被试就要填写一张快速调查表，报告他们当时正在做什么，当时的感觉如何。研究结果如图12.6所示，它证实了美国人有相当多的清醒时间是独处的。而且，研究者还发现，随着年龄增长，独处成了一种越来越普遍的体验。

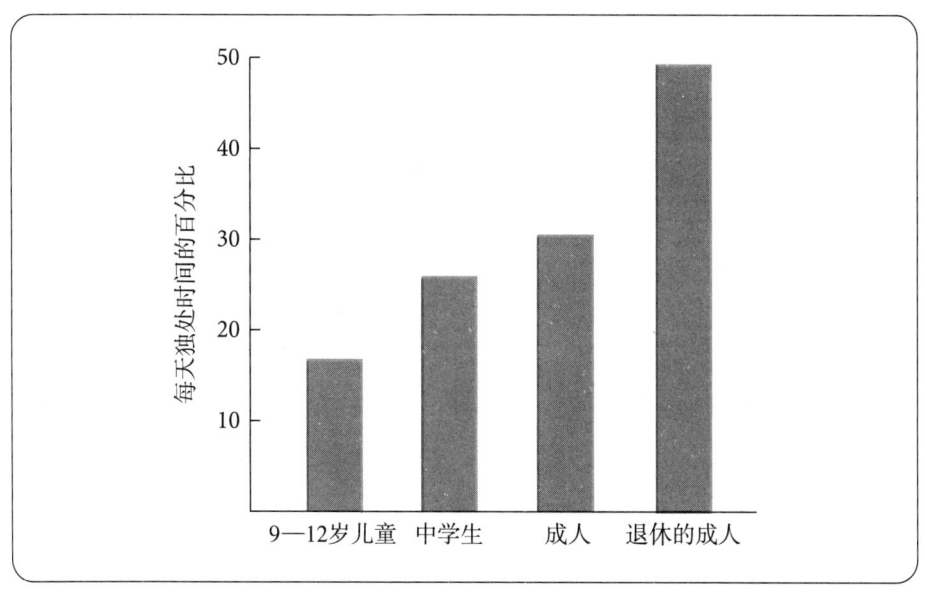

图 12.6 不同年龄者每天独处时间的百分比

来源：Adapted from Larson (1990).

人们对独处时间的反应如何？像习俗观念那样，多数人认为独处不如跟别人在一起愉快 (Larson, 1990)。人们一般会抱怨独自一人时既孤独又无聊。多数人在独处较长时间后都会寻求社会交往 (O'Connor & Rosenblood, 1996)。在身边没有人时，情绪问题通常也会加重。抑郁的人独处时常常体验到消极情绪。一项研究发现，贪食症患者对独处有特别消极的反应 (Larson & Johnson, 1985)。研究者推测，贪食症患者独处时体验到的孤独和混乱可能会导致进食障碍。

显然，对许多人来说，独处是不愉快、不令人满意的。但是，根据一项全美国的调查 (Crossen, 1996)，只有 6% 的美国成年人希望自己独处的时间减少一些。相反，31% 的人希望生活中独处的时间再多些。这些数据与那些认为独处有好处的研究者的观察一致 (Buchholz & Helbraun, 1999; Burger, 1995; Larson, 1990; Long & Averill, 2003; Storr, 1988)。为了更好地理解独处的益处，研究者把独处划分成三种体验类型 (Burger, 1998)。我们可以用分钟来计时，观察一天内短时间独处的影响；也可以用小时来计时，考察个人较长时间独处的效果；还可以用天来计时，考察更长的独处时间的影响。这几种独处都可能增进我们的幸福感。

在一天中只要有短时间独处的机会就能使糟糕的一天过得好些。有时我们只需让连续不断的社交活动中断一下，清理清理思绪，为下面的活动做心理准备。有些学者把这称作"自我恢复"，在这一过程中，我们可以把在别人面前表现出来的"社交"自我剥离,重建自我感觉 (Altman, 1975)。也有些心理学者把独处时间说成是一种情绪更新。例如,在寻呼机研究中的成人和青少年说,经过短时间独处,他们感到自己更愉快、更有精神 (Larson, et al., 1982)。感觉有压力的人一般都会抱怨没时间独处 (Webb, 1978),这也没什么好奇怪的。

但有时人们需要的不仅是短短几分钟的独处。我们偶尔需要更长的独处时间来考虑个人问题,做出重要决定。与人商量固然管用,但很多时候人们需要较长时间自己思考问题。对青少年来说,沉思的时间尤为重要,因为他们要解决价值观、自我同一性和生活目标等问题。为了检验这种假设,一项研究采用经验取样法,对青少年跟踪了一周,考察他们有多少时间独处 (Larson, 1997)。研究者发现,独处时间占课余时间 25%~45% 的青少年,和独处时间很少或太多的青少年相比,适应得更好而抑郁情绪也较少。这些独处时间适中的青少年的学习成绩也比别的学生好。这些结果说明,花一些时间独处会带来好处,但较多的独处不一定有好处。离开别人、独处时间过长的青少年可能得不到社会交往带来的好处。

一些人独处时感到孤独而痛苦;但对另一些人而言,独处的时间却很宝贵。

有些人会在长期的离群索居中受益。长期独处——几天甚至几周的独居——能为精神、智力和创造力的发展提供机会。一位心理学者找到了几位名人的例子,他们的贡献可以追溯到他们的长期隐居和内省 (Storr, 1988)。像碧雅翠丝·波特 (Beatrix Potter)[①] 和鲁德亚德·吉卜林 (Rudyard Kipling)[②] 这样的著名作家，他们的作品就是长期隐居激发的灵感的产物。甚至也有心理学家从长期隐居中受益。第五章提及的荣格，就曾在 7 年中的大半时间有意地与世隔绝，反省自己的无意识。与人隔绝还可用于心理治疗 (Suedfeld, 1980, 1982)。经历过长期社交剥夺和感觉限制的志愿者说，这一体验是愉快和有益的。

（二）独处偏好的个体差异

花点时间独处看来既有好处又有坏处。独处可能乏味而寂寞，但它也能带来领悟和恢复感。人们是否喜欢独处，可能和独处偏好 (preference for solitude) 有关。研究者发现，和其他人格变量一样，人们在寻求和享受独处时间的程度上表现出相对稳定的类型 (Burger, 1995; Cramer & Lake, 1998; Haans, Kaiser & de Kort, 2007; Larson & Lee, 1996; Pedersen, 1999)。在这一个体差异维度的一端，是那些尽可能回避独处、若被迫独处几个小时便会被孤独沮丧吞噬的人。在这一维度的另一端，则可能是马斯洛所说的自我实现的人。他们领悟到独处的好处，安排好时间，使自己至少有一点独处的时间来整理思绪，反思他们关心的事情。

在证实这些个体差异的一项研究中，研究者让大学生连续七天、每天填写一份关于他们活动的报告 (Burger, 1995)。学生填写的 24 小时报告单须说明他们在一天中的每一小时都做了什么，是在独处还是跟别人在一起，是否感觉快乐。研究者还测量了学生的独处偏好。减掉上课、工作和睡觉的时间后，研究者比较了偏好独处和不偏好独处的学生度过业余时间的情况。如表 12.3 所示，几乎所有学生的大部分课余时间都是与别人一起度过的。因此，说喜欢独处的人就是回避与人接触的隐士，是不对的。但是，独处偏好较强的学生确实比一般的学生更会想方设法地寻找更多的独处时间。另外，几乎所有的学生都说与别人共处的时间是愉快的，但高独处偏好的学生更可能说他们独处时很快乐。

总之，独处偏好强的人并不逃避社会交往，他们也很喜欢跟别人待在一起的时间。喜欢独处的人并不是简单地逃避社交焦虑 (Leary, Herbst & McCrary, 2003)。这些人从独处中找到了某些积极的东西。这些积极特征是什么？一项研究中，大学本科生根据自己独处时的体验，对独处的 7 个积极方面的重要性做

[①] 英国童书作家与插画家，代表作品是《小兔彼得的故事》等。——译者注
[②] 英国小说家、诗人，代表作品有《丛林之书》《老虎！老虎！》等。——译者注

出了评价 (Long, Seburn, Averill & More, 2003)。表 12.4 列出了从问题解决到精神体验的 7 点好处。这些发现与马斯洛对于心理健康者的观察一致。独处偏好不仅能与心理健康共容,而且它们是在携手前进。

表 12.3　高独处偏好与低独处偏好学生的自由时间分配

	独处偏好	
	高	低
独处时间百分比	19.80	11.00
被评价为愉快的独处时间百分比	74.50	55.80
被评价为愉快的与他人共处时间百分比	87.30	92.90

来源:Burger (1995).

表 12.4　独处的 7 个积极方面

问题解决	面临特殊问题或决策时提供了思考的机会
内心平静	感觉冷静和放松,摆脱了日常生活压力
自我发现	获得对基本价值观和目标的启发,认识到自己独特的优缺点
创造性	激发了表现自己的新想法和新方式的动机
隐秘性	在此期间以自己喜欢的任何方式行动,不用担心社会约束和别人怎样看你
亲密性	虽然独自一人,却感觉和你关心的某人特别亲近
灵性	一种超越日常关切、变成比个人更宽广的世界的一部分的感觉

来源:Long et al. (2003).

五、小结

(1) 虽然人本主义心理学家有时回避实证研究,但是,对这些心理学家提出或促进的课题进行的研究,已经为理解人本主义人格理论的一些重要方面提供了启发。

(2) 对自我表露的研究发现,人们会遵从社会规则,决定何时及怎样透露个人信息。其中最重要的是表露的相互性规则。人们在初次结识的情境中，常把谈话的私密程度与谈话伙伴相匹配。但是对已经可以互相分享信息的朋友，则不一定需要采取这种方式。研究发现，男性和女性会根据社会认可的适宜程度来约束自我表露的内容。内心一直保守创伤性秘密可能对人的健康造成损害。

（3）孤独与孤立不同。研究者认为，孤独是人所期望的社会交往数量和质量与实际数量和质量之间的差异所致。孤独虽然受社会情境影响，但人们感受孤独的程度相当稳定。对长期孤独者的研究表明，他们常带着消极预期进入谈话，而且缺乏一些基本的社交技能。由于这一倾向，他们无意中遏止了社会互动并阻止了潜在的朋友。

（4）高自尊者和低自尊者对失败的反应不同。低自尊者在得到负面反馈时会止步不前，动机减弱；而高自尊者会使用各种策略来减弱失败的影响。研究显示，人的自尊取决于在自己选择的几个领域表现如何。人们往往会将自己表现出色的领域纳入其自我价值组合，但也有人把自己很难感觉良好的一些领域纳入其自我价值组合。研究发现，来自个体主义文化的有关自我与自尊的结论可能不适于集体主义文化。

（5）马斯洛发现，他所研究的几乎所有心理健康的人都有高独处偏好。后续研究发现，多数人把相当多的时间用来独处。一些人感觉独处时不愉快，另一些人则寻求并享受独处的时间。研究者发现，人们对独处的偏好程度不同。有高独处偏好的人享受其独处时间，也享受与别人共处的时间。

关键术语

自我价值组合　contingencies of self-worth (p.323)　　　自尊　self-esteem (p.319)
自我表露　self-disclosure (p.305)

第十三章

行为主义/社会学习流派：
理论、应用与评价

- 一、行为主义
- 二、条件反射的基本原理
- 三、社会学习理论
- 四、社会认知理论
- 五、应用：行为矫正和自我效能感疗法
- 六、评价：行为观察法
- 七、行为主义/社会学习流派的优势与批评
- 八、小结

在日常生活中有没有这样的事？一位住院的抑郁症患者早晨起来整理好自己的床铺，穿上衣服，准时吃早饭。她完成这三个行为后，医护人员给了她三张奖券。一个中年人为了克服对蛇的恐惧来参加一个工作坊。他看着另一个中年人毫无恐惧地拿起了一条蛇。一个大学生拒绝了朋友的聚会邀请。她知道人们在那里会抽烟，而且想打破她的习惯。

在上述每个场景中，人都试图应用基本的学习原理来改变行为。心理学家研究人和动物怎样学习的时间几乎和心理学诞生至今的时间一样长。从行为主义角度考察过的问题包括：态度的改变、语言的习得、心理治疗、师生互动、问题求解、性别角色、职业满意度，等等。自然，这个在理解人的行为方面涉猎广泛的流派还提供了用来解释人为什么形成稳定行为方式的模型，即人格的模型。

行为主义对人格的解释虽然进展缓慢，但却在多年中稳步发生变化。早期行为主义者把他们的描述局限在可观察的行为上。后期，社会学习理论家扩展了这一流派的范围，加进了不可观察的东西，如思维、价值观、期望和个体知觉。社会学习心理学家还意识到，人只需通过观察甚至听说别人怎样做就能学习。后来，许多行为主义心理学家对行为采用了更多的认知解释。因此，如今人格的行为主义流派和认知流派之间的界限已有些模糊不清。现在，称自己为"认知—行为"治疗师的已不少见。本章将要讲到的传统行为主义人格流派和后面几章将要讲到的认知人格流派，将告诉我们很多有关人格产生原因和行为变化途径的信息。

一、行为主义

1913 年，一位年轻而激进的心理学者约翰·B. 华生发表了一篇题为《行为主义者眼中的心理学》（*Psychology as the Behaviorist Views It*）的文章。这篇文章标志着一场新的行为主义风潮开始在心理学中兴起。1924 年，华生出版《行为主义》（*Behaviorism*）一书，这是他在致力于重新界定这一学科上的重大进展。他指出，如果心理学要成为一门科学，心理学者就必须停止考察心理状态。那些专注于意识、精神和思维的研究者并没有投身于正统的科学研究。只有可观察到的东西才是合理的科学研究对象。由于我们的主观感受不能以公认、准确的方式被观察或测量，所以在客观的科学中是没有地位的。华生认为，心理学越快地放弃这些话题，就能越快地成为科学界受尊重的一员。

那么，对心理学来说，恰当的研究对象是什么？华生的回答是外显行为，即那些可观察、可预测、可以被科学工作者控制的行为。我们应该理解的是华生在这一质疑中打算抛弃心理学的多少东西。情绪、思维、期望、价值观、推理、顿悟、无意识，如此种种，只有当它们能够按照可观察的行为来界定，行为主义者才会感兴趣。因此在华生看来，思维只是言语行为的一种变体，一种"无声言语"，是用伴随着无声言语的轻微声带振动来证明的。

与此同时，其他研究者开始考察条件反射或学习的基本过程。华生赞同，这些原理是理解人类行为的关键。像华生一样，这些学者把他们的工作集中在

约翰·华生
1878——1958

生长在美国南卡罗来纳州格林维尔的约翰·布罗杜斯·华生（John Broadus Watson）还是个孩子时，就显露出了日后影响其职业生涯的两个特点：他既是个好斗者，又是个建筑师。他曾回忆说，他小学时最喜欢干的事就是跟同学打架，"直到有一个人流血"。但是12岁时，他已成为一个手艺不错的木匠。后来，在他成为心理学教授的最初几年，他几乎自己盖起了他那座有十个房间的别墅。

华生对他所生活时代的处世哲学缺乏热情，这一点很早就显现出来了。上小学时，"我很懒惰，有些反叛，在我记忆中，考试从没及格过。"他还说，"我对大学生活几乎没有兴趣……我不擅社交，没几个亲密朋友。(1936, p.271)"华生夸口说，在弗尔曼大学上四年级时，他可能是唯一通过了希腊语考试的学生。他的秘密是在考试前一天凭着一罐可口可乐的能量死记硬背了一整天。他在几年后说，"如今，让我写出希腊字母表或动词变格法，就和要我的命差不多。(1936, p. 272)"

华生在芝加哥大学哲学系攻读了博士学位（部分原因是普林斯顿大学要求阅读希腊文的能力）。他很快转到心理系，在那里，他跟同班同学不一样，他更喜欢用老鼠而不是用人来做研究。他说："难道我不能通过观察老鼠来发现其他同学试图发现的所有东西吗？(1936, p. 276)"

1908年，华生到约翰·霍普金斯大学心理系任职，在那里，他开始探索用新的行为主义方法来取代当时的心理学。他的观点获得了很多同行和学术界的意想不到的热烈欢迎，1912年，他应邀在哥伦比亚大学就他的理论做了一系列演讲。1913年，他发表了影响巨大的论文《行为主义者眼中的心理学》。1914年，他出版了第一部著作。几年之内，行为主义就风行心理学界。华生在1915年当选美国心理学协会主席。好斗者华生与当时的心理学交手并取得了胜利；建筑师华生则构建了一种理解人类行为的、将在其后几十年改变心理学学科的流派。

但是他的学术生涯在1920年中断了。华生突然与其结发17年的妻子离婚并与其"小阿尔波特"实验助理罗莎丽·雷纳结婚。有关这些事情的丑闻迫使华生离开了不能容忍他的约翰·霍普金斯大学。他进入商界，在广告业继续其成功的职业生涯。在撰写了几篇科普文章并于1925年出版一部著作后，华生在不到五十岁时就完全离开了心理学。但在其后的几十年里，由他创立的人格的行为主义流派的基础仍然矗立着。

对外显行为的预测上,而不用内在心理状态解释他们的发现。著名的俄国生理学家伊凡·巴甫洛夫发现,通过让刺激与准备引起反应的事件配对呈现,动物就能对环境中的刺激做出反应。这一过程就是著名的经典条件作用。同时,另一些心理学家考察了如今众所周知的操作性条件作用。例如,爱德华·桑代克发现,和未受到惩罚相比,若动物的一个行为得到了消极结果,那么该行为重复出现的次数就减少了。

这些工作使华生确信,几个关键的条件反射原理就足以解释人类几乎所有的行为。在他看来,人格就是"我们的习惯系统的最终产物"。换句话说,在人的生活历程中,我们都在以多少可以预测的方式对一定的刺激做出条件式的反应。你可能通过父母和教师条件式地、越来越努力地对各种挑战做出反应。另一些人可能学会了放弃或去尝试新的事物。由于每个人都有独特的经历,使人对刺激做出独特反应,所以,每个成年人都有明显不同的人格。

华生对条件作用的威力有极大的信心。他最夸张的、甚至连他自己都承认"超出了我的真实想法"的论调是,如果能对环境进行足够的控制,心理学者可以把一个孩子塑造为成人希望的任意一种人。他曾写道,"给我十几个发育正常的婴儿,在我自己的特殊世界里把他们养大,我保证能把随机挑选出的任何一个孩子训练成为任何一种我选择的专家——医生、律师、艺术家、富商——还有,甚至乞丐和小偷的首领。(1924/1970, p. 104)"他对此承诺说,无论这个孩子遗传了什么样的能力、智力或血统。尽管这样来控制人的行为的主张多少有些恐怖,但这种思维方式在美国却很有市场,他们信奉的传统是,英雄不问来路,人人都机会平等。

华生的遗产在一位著名心理学家—— B. F. 斯金纳——的职业生涯中得到了扩展。斯金纳把他的行为主义的一个特殊分支定义为激进行为主义,它对华生提出的极端观点做了一小步的偏离。斯金纳不否认思维和内心体验的存在。但他质疑,我们能在多大程度上观察到那些可以解释自己行为的内在原因。假设你在社交活动中常常感到不自在。一天晚上,当你在准备参加一个聚会时,你就开始感到紧张。你将要参加一个大型聚会,你觉得自己不会在那儿认识多少人。在最后一刻,你的焦虑加剧,决定待在家里。为什么你放弃这次聚会?多数人会回答说他们回避聚会是因为他们感到焦虑。但是,斯金纳 (Skinner, 1974) 认为,行为不会因为你感到焦虑而改变。在这个例子中,放弃聚会的决定和焦虑都是对该情境的条件反应。

换句话说,当我们用一个内在原因,比如焦虑,来解释自己的行为时,我们可能认为自己已经知道引起这一行为的原因,但是我们错了。当你说你是因为饿而吃东西时，你只是给你的行为贴了一个标签。你并没有解释你为什么要吃。同样，说某人是因为友善或好斗或内向而表现出相应行为时，也没有说清楚这些行为来自何处。虽然斯金纳与弗洛伊德的观点在很多方面根本不同，但在一点上很相似。两人都认为，人们常常以为知道自己行为的原因，其实并不知道。

很自然地，斯金纳的理论及来自该理论的一些论断引起了激烈的争论。斯金纳说快乐是"操作性强化的副产品"。带来快乐的是那些能给我们强化的东西。在斯金纳最富争议的一本书——《超越自由与尊严》(Beyond Freedom and

> 如果我关于人类行为的观点是对的，那么个体就是让一个物种和一种文化生成更多物种和文化的唯一途径。
>
> ——B. F. 斯金纳

斯金纳
1904——1990

1904年，布尔赫斯·弗雷德里克·斯金纳（Burrhus Frederick Skinner）在美国宾夕法尼亚州的索斯克汉纳出生了。当时，他的律师父亲在当地报纸上把他的出生宣布为"小镇上有一家新法律事务所问世：威廉·斯金纳父子公司。"但是，他父亲把儿子塑造成法律工作者的计划落空了。在"温暖而稳定"的家庭中长大后，斯金纳来到汉密尔顿学院学习英语语言文学。他对职业生涯做的计划是做职业作家而不是律师。这一志向在他大学四年级前的那个夏天得以强化，斯金纳的一位老师把他引荐给诗人罗伯特·弗罗斯特（Robert Frost）。弗罗斯特要看看斯金纳的作品。斯金纳交出了三个短篇小说，几个月后他接到弗罗斯特的信，鼓励他继续写作。

斯金纳在毕业后的两年内一直从事写作，起初是在家里，后来在纽约的格林威治村。在这段时间的最后日子里，他意识到，自己什么也写不出来，不大可能成为一个伟大的小说家。他后来回忆道，"我对人的行为怀有兴趣，但是文学方法令我失望，我将转向科学。相关的科学显然是心理学，尽管我只对这一学科到底是什么只有很模糊的想法。(Skinner, 1967, p. 395)"

于是斯金纳来到哈佛大学学习心理学。他沉浸在学习中，每天早上六点就开始看书。在明尼苏达大学和印第安纳大学任教之后，斯金纳于1948年回到哈佛大学，在那里度过了余下的职业生涯。文学上的损失带来心理学上的收获。在斯金纳逝世前后，几位心理学史专家经调查把他列为当代所有心理学家中最有影响的一人(Korn, Davis & Davis, 1991)。

尽管斯金纳的心理学研究为他赢得了无数的职业奖励和赞誉，但他从未放弃对文学的兴趣。在20世纪40年代，他曾回到文坛，创作了小说《沃尔登第二》（Walden Two，也译《桃源二村》），描述了根据他在实验室中发现的强化原理而虚拟的一个理想化社会。斯金纳写道，"它显然是自我治疗的一次冒险，我一直为调和以布里斯和弗雷泽（小说中的两个人物）为代表的我自己行为中的两面而斗争。(1967, p. 403)"这段话听起来更像是精神分析而不是行为主义。

不管怎样，斯金纳一直是环境力量的坚定信仰者，并最终成为对那些用不可观察的概念解释人类行为的人的毫不动摇的批评家。"我不认为，我的一生显示出弗洛伊德式的人格类型，或荣格式的原型模式，或埃里克森式的发展时间表。"斯金纳在80岁诞辰后不久写道，"不变的主题只有几个，但它们的源头都可追溯到环境，而不是性格特质。它们是我生命中的一部分，因为我生活在它们中间；它们不是从一开始就能确定其路线的。(1983, p. 401)"

Dignity, Skinner, 1971）中，他声称，是超越一种幻觉的时候了，凭借这种幻觉，我们用所谓的个人自由和尊严给自己的行为以自我奖励。我们不能自由地根据内心的道德决定做什么事。我们因为一个人的高尚行为而赋予他尊严，但是，由于行为是在外部偶发的强化事件的控制之下的，所以这种尊严只是幻觉。如果你冲进一座着火的大楼去救人，并不因为你英勇或愚蠢，而是因为你有在相似情况下曾被强化和偶发强化过。

二、条件反射的基本原理

传统行为主义者用学习经验或条件作用来解释行为的原因。他们不否认遗传影响，但相对于条件作用的力量，他们不看重遗传的重要性。在行为主义者看来，若想了解人格的形成，或设计一种方法纠正问题行为，必须了解条件反射的基本原理。条件反射有两种类型：一是经典（或称巴甫洛夫）条件反射，二是操作性（或称工具性）条件反射。

（一）经典条件反射

经典条件反射始于刺激—反应（S-R）的联结。例如，当看见一只蜘蛛（刺激）时，有些人会跳起来（反应）。虽然你没意识到，但你的行为中包含着许多这样的刺激—反应联结。你看到血时可能会惧怕，闻到巧克力的味道时会想吃，当你发现自己离开地面几米时你会感到紧张。

巴甫洛夫使用食物与唾液的刺激—反应联结证明了条件反射的存在。他给实验室里饥饿的狗呈现肉末（刺激），狗总是会流口水（反应）。由于这一刺激—反应联结未经巴甫洛夫的任何条件作用就存在，所以我们称肉末为非条件刺激，称流唾液为非条件反射。巴甫洛夫再把旧的非条件刺激与新的条件刺激配对。每当他给狗呈现肉末时，就同时响起铃声。肉末与铃声同时出现几次后，巴甫洛夫只响铃而不给肉末。结果怎样？几乎每个心理学专业的学生都知道，虽然没有肉末出现，但狗听到铃声就开始流口水了。这时，流口水成了条件反射，并成为狗的行为中一个新的刺激—反应联结（铃声与唾液）的一部分。

经典条件反射过程如图13.1所示。新的刺激—反应联结一旦建立，就可以作为条件来建立其他的刺激—反应联结。如果你把绿灯和巴甫洛夫的铃声配对，过一会儿，狗看见绿灯就会流口水。这种在一个条件性的刺激—反应联结上建立另一个刺激—反应联结的过程叫作次级条件反射。

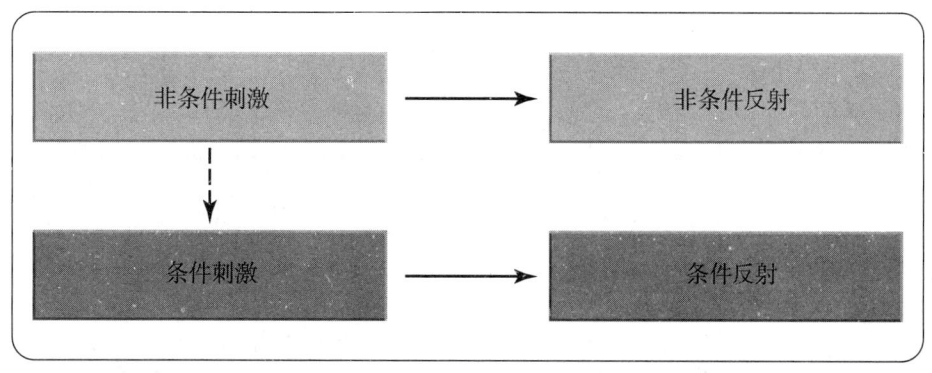

图 13.1 经典条件反射图解

由于你受到的刺激常常与环境中的其他东西偶然地相配对，所以你可能没有意识到影响你行为的许多刺激—反应联结。研究表明，我们对食物、衣服甚至朋友的喜好都可能是由这一过程决定的。我的一个朋友推测，他喜欢乡村音乐和西部音乐是因为他父亲从前常在星期六弹奏这些音乐，而星期六是一周中他最喜欢的一天。在一项研究中，让一位焦虑者与一个陌生人一起坐在等候室 (Riordan & Tedeschi, 1983)。两人之间虽然没有交流，但被试报告了对陌生人的不愉快印象。研究者推断，焦虑与陌生人的偶然配对，构成了与陌生人的消极联结。

但是，研究者也发现了经典条件反射的一些局限性。要让一个新的刺激—反应联结持久存在，就要把非条件刺激和条件刺激时时配对呈现，或加以强化。若巴甫洛夫只给已形成条件反射的狗听铃声，狗流的唾液就越来越少；到最后，即使听到铃声，狗也根本不流唾液了。条件性的刺激—反应联结的这种逐渐消失称为消退。而且，两个事件同时呈现并不一定能形成联结 (Rescorla, 1988)。某些刺激容易形成联结，但某些刺激—反应联结很难通过经典条件反射创建。

（二）操作性条件反射

当巴甫洛夫在俄国证明经典条件反射时，美国心理学者在研究通过联结来学习的另一种类型。爱德华·桑代克把一些流浪猫关进"迷笼"。能逃出迷笼的猫能得到一片鱼，饥饿的猫不得不进行各种行为组合。不久，这些猫就学会了怎样做才能得到奖励。这些观察使桑代克 (Thorndike, 1911) 总结出效果率：导致满意结果的行为更可能重复出现，而导致不满意结果的行为不大可能重复出现。桑代克的猫重复了被要求的行为，因为它们得到了逃出盒子并得到食物的满意结果。

我们所知道的许多条件反射的基本原理都是在实验室动物身上首先被证明的。研究者会用操作性条件反射教老鼠压踏板。只要老鼠压踏板，它就会得到正强化（一粒食物）。

> 快乐是……操作性强化的一种副产品。使我们快乐的东西就是那些给我们强化的东西。
> ——B. F. 斯金纳

乍一看，很难说桑代克的观察能给人什么启发。哪个父母不是偶尔地奖励或惩罚孩子以塑造其行为呢？教师、法官和雇主都会用行为与结果的联系来塑造行为。但是，模糊地感觉到有这样的联结，与理解这种学习怎样形成、怎样做才最有效以及怎样以最佳的方式利用它是不同的。如果问家长，教育问题儿童的最好办法是什么，你就会发现，在怎样运用奖惩问题上，非科学工作者的意见有多么不一致。

条件反射的力量如此强大，而对这种基本学习原理的理解如此之差，这是令人遗憾的。尤其令人悲观的是，几十年的研究已经使心理学者充分了解到，怎样通过强化和惩罚来塑造和控制行为。经典条件反射是从已经存在的刺激—反应联结开始的，与之不同的是，操作性条件反射是从有机体（人类或低等动物）自发的行为开始的。当一只老鼠被放进一个新笼子时，我们就能观察到这些操作行为。这只老鼠会胡乱地跑、挖、闻、抓，这些反应都没有被强化或惩罚。但是，如果其中一个行为总是跟随着一粒食物，它的出现频率就会增加。

操作性条件反射关注某种类型的结果对行为出现频率的影响。使先前一个行为出现频率增加的结果称作强化；使行为减少的结果称作惩罚。一种后果是强化还是惩罚取决于人和情境。如果你饿了，草莓冰激凌大概就是强化。但是如果你不喜欢草莓冰激凌，或者你特别冷，草莓冰激凌就是惩罚。

心理学者发现了两种增加行为频率的基本强化法（见表13.1）。正强化使行为频率增加，因为这一行为后面跟随着奖励。饥饿的老鼠每次压到踏板都会得到一粒食物，于是它就不断地压踏板。学生在努力学习之后得了高分，他们就会在以后的考试前努力复习。我们还可以用负强化来增加行为的频率，这就要在行为出现时撤销或减少不愉快的刺激。如果老鼠拉动绳子能回避电击，它们就能很快地学会拉动绳子。人们在休息几分钟之后头疼减轻，于是人们学会了休息。

表 13.1　操作性条件反射程序

程 序	目 的	应 用
正强化	增加行为	行为之后给予奖励
负强化	增加行为	行为之后撤销厌恶刺激
消弱	减少行为	对行为不施加奖励
惩罚	减少行为	行为之后给予厌恶刺激或撤销正面刺激

操作性条件反射的另一面，是能减少我们不希望出现的行为。跟增加合乎期望的行为任务一样，操作性条件反射也有两种减少不合乎希望的行为的方法。最有效的方法就是停止强化，让这一行为慢慢消失。这一方法虽然简单，但人们还是会无意地强化问题行为。教师可能当着全班同学的面批评在课堂上调皮捣蛋的学生，但教师可能没想到，这个孩子得到了其他同学以嘲笑方式呈现的注意，于是，教室情境使本来的惩罚变成了强化。明智的教师会为了维持纪律把捣乱的孩子带到走廊里，这样就把强化物移除了。

反过来，我们也可以用惩罚来减少不合乎希望的行为。从理论上讲，如果行为之后跟随着厌恶刺激（如电击），或积极刺激的移除（如把玩具拿走），行为发生率就会减少。惩罚的效果在实验室动物身上可以得到证明，心理治疗师在特殊个案中也已成功地运用了这一方法。但是研究表明，由于以下一些原因，惩罚的有效性是有限的。

第一，惩罚不能教给人恰当的行为，它只是减少了不合乎希望的行为的发生率。简单地惩罚爱打人的孩子，还不如教他用别的方法应对挫折情境。第二，为了使惩罚有效，惩罚必须及时并前后一致。对一个问题行为，父母应该尽快地惩罚，而不是"等你爸爸回来"。惩罚还必须有相当的力度，并且在每一次不合希望的行为出现时都给予惩罚。孩子说脏话时，父母有时容忍，有时惩罚，这大概不能改变孩子说脏话的习惯。第三，惩罚可能有消极影响。父母或心理治疗师的本意是消弱某一行为，但孩子可能会把其他行为与惩罚联系起来。一个孩子因为用玩具敲打窗户而受到惩罚，他可能不再玩别的玩具。另外，根据经典条件反射原理，伴随着惩罚的厌恶感可能会与惩罚者相联系。挨父母打的孩子可能认为，只要你比别人身强力壮，身体攻击就没错。惩罚还会带来消极情绪，如恐惧和焦虑，强烈的消极情绪会阻碍孩子学习恰当行为。这些因素使惩罚成为行为治疗师试图改变问题行为时最不愿选择的办法之一。治疗师顶多在开始强化一个合乎期望的行为之前，用惩罚暂时抑制一个不合希望的行为，这已足够了。

1. 塑造

假设你受聘于一家精神病医院去照顾患者。你的工作是让那些不愿活动的患者多参加医院组织的活动。你开始对一个从不参加医院活动的患者做工作，目标是让他参与每天的艺术治疗课。正强化看来是正确的手段。每当这个患者自愿来参加艺术课时，你就奖给他可在自由时间到医院商店使用的优惠券。第一天，这个患者没有参与艺术治疗，所以没有奖励。之后的一个星期他都放弃了艺术治疗，仍然没有奖励。你等了两个月，这个患者还是一次也没有参加过活动。此时，使用操作性条件反射的一个问题就摆在你面前：一种行为只有在它出现之后才能给予强化。

这是否意味着，操作性条件反射在这种情况下不管用？答案是否定的。行为治疗师在应对这种不情愿的患者时，会使用一种叫作塑造的方法，利用强化使行为向合乎期望的行为步步趋近。例如，一个退缩的患者只要离开自己的床，坐在别的患者中间，你就给他奖励。等到这个行为稳定了，当他只是接近或进入艺术治疗室时，就给予强化。从这时起，再要取得奖励可能就需要他在上课时能在治疗室里待一段时间。之后，要等他听一段时间的课，或加入其中一段时间再给奖励。在教一个复杂行为时，塑造特别有用。如果每前进一步都跟随着强化，儿童就会喜欢阅读。假如学习字母表、字母发音和短单词都是既困难又不愉快的，儿童就不会喜欢读句子和故事了。

2. 泛化与分化

如果在每个不同情境都要学习一种新反应，操作性条件反射就很有局限性了。幸好，因为有**泛化**，所以情况并非如此。被训练去啄大红圈而得到食物的鸽子也会去啄橘黄色的小圈，尽管这种情况并不频率发生。这一过程称作刺激的泛化，有助于解释为什么人格特点会有跨情境的泛化。一个孩子由于对亲戚的礼貌行为而被夸奖，大概对新的陌生人也会有礼貌。礼貌行为从亲戚的刺激泛化到新的、陌生人的刺激。当礼貌行为在各种情境中稳定发生时，我们就说，这种行为方式是这个孩子人格的一部分。

若泛化反应得到强化，这一行为就会继续下去。但是，如果鸽子啄橘黄色圈没有得到奖励，它很快就能学会把有奖励的刺激和无奖励的刺激加以**分化**，只去啄红圈。同样，有礼貌的孩子可能会遇到一些严肃地惩罚他友好行为的成人。很快这个孩子就能学会把友好的人和不友好的人加以分化。一个好的网球手和一个网球巨星之间的差别，一个二流棒球手和一个棒球明星之间的差别，可能就在于良好的分化能力，也就是能否把可带来强化的行为（如打出制胜分或全垒打）与不能带来强化的行为（如摔网球拍和犯规被罚出场）加以区分。

三、社会学习理论

要想高估传统行为主义对心理学乃至人格领域的影响是很困难的。华生及其追随者提供了对人类行为的科学而容易测量的解释，它增强了美国大学心理学对实证研究的重视。学习的基本原理如此流行，它们在低等动物身上就能得到验证。在人们心目中，穿着实验服、手拿铅笔、观察老鼠在迷宫中奔跑的心理学家的形象就来自这一时期。但是大约在20世纪五六十年代，人们对传统行为主义的热情开始减退。心理学者对这种断言提出质疑：人类的所有学习都是经典或操作性条件反射的结果吗？一位心理学家指出："如果人只能从尝试与错误的结果中学习，如果不教孩子们学游泳，不教青少年开汽车，医学院新生凭着自己从成功和失败的结果中发现必需的技能，借此来做手术，那么人类生存的前景将是黯淡的。(Bandura, 1986, p. 20)"心理学者还开始质疑，行为主义研究对象的范围是否局限性太大。像思维和态度这样的"内部"过程为何不能像外显行为那样被条件化？例如，相信恶魔缠身的偏执狂可能因为这些观念在过去曾经被强化。由此，从传统行为主义向由几个小流派组合而成的社会学习理论的转变开始了。

在社会学习理论提出的概念中，一个是行为—环境—行为相互作用的概念 (Staats, 1996)。也就是说，不仅环境会影响人的行为，行为也将决定人所处的环境类型，这一环境又会影响行为，如此循环反复。别人对待你的方式（环境）部分取决于你怎样做（行为）。当然，你怎样做也部分取决于别人怎样对你。另一些社会学习理论家指出，人们经常给自己提供强化物。按照你的内部标准去做，去实现个人目标，即使无人知晓，也是有益的。

社会学习心理学家还在其理论中加入许多曾被华生看作非科学的概念，搭建了一座从传统行为主义通向人格认知流派（第十五章）的桥梁。朱利安·罗特 (Rotter, 1954, 1982; Rotter, Chace & Phares, 1972) 是最有影响的社会学习理论家之一。他强调，人类行为的原因远比低等动物复杂。他提出了一些"不可观察的"概念来解释人类的行为和人格。

为了理解罗特的观点，可以设想在一次聚会上有人侮辱了你。你会怎样反应？有几种做法可以选择。你可以用机智幽默的言辞来占据上风。你可能平静地说他的行为有些过分，并要求他道歉。你可能很生气，说同样粗鲁冒犯的话，或者你只需离开现场。预测你的反应的关键在于罗特所说的每种选择的行为潜能。行为潜能是某行为在特定场合出现的可能性。对这种侮辱，每一种可能的反应都有不同的行为潜能。如果你因为受到侮辱而尖叫，意味着这一反应的行为潜能强于其他反应。但是，行为潜能的强度是什么决定的？根据罗特的理论，有两个变量须考虑：期望与强化值（见图13.2）。

▶ 图 13.2　罗特的预测行为的基本公式

在你决心为准备一次考试开夜车之前，你也许会问问自己，这一夜能使你的考试成绩提高多少。同样，在商量是否要参加一次垒球比赛时，你会仔细想想它能否让你玩得开心。罗特把这样的估计称作期望。你是否开夜车复习或者打垒球，取决于你期望什么。显然，人的期望主要基于过去在相似情境中的情况如何。如果开夜车学习总能使你得到好成绩，你对开夜车能取得好成绩就会抱较高期望。如果你打垒球从未开心过，你对打垒球能开心的期望就很小。

当然，传统行为主义者也会对以上情境做出相同的预测。人们更可能表现出那些被强化的行为。但是罗特与行为主义者的不同之处在于如何解释这一行为。行为主义者认为，操作性条件反射联结，或称习惯，是被过去经验所加强的。罗特则认为，人们越是经常从某一特定行为中得到强化（比如，通宵复习然后得高分），这一行为在以后再被强化的期望就越强烈。反之，如果行为没有被强化（通宵复习得了低分），得到好结果的期望就降低。当然，期望也不一定是准确的。例如，你期望通过努力学习争取在学习能力倾向测验中得高分，但实际上，学习对学习能力倾向测验成绩的影响很小。在这种情况下，根据期望来预测你的行为，比根据真实的偶然事件预测结果更好。

但是当我们第一次遇到一种情境时该怎么办呢？在这种情况下，我们靠的是泛化的期望，它指人们关于自己的行动一般会导致怎样的强化和惩罚的想法。根据罗特的理论 (1966)，每个人都可以在被称为控制点的连续体上找到自己的位置。处于这一维度一端的人是极端的内控取向，他们相信，发生在他们身上的事情往往是自己的行为或特性的结果。另一端的人是极端外控取向，他

朱利安·罗特
1916——2014

朱利安·罗特 (Julian B. Rotter) 是在美国纽约布鲁克林的 J 大街图书馆里开始学习心理学的。小学和中学时代，他把许多时光消磨在那个图书馆里。一天，在图书馆读其他类别的书到筋疲力尽之后，他对哲学与心理学书架产生了好奇心。他看的第一批书有阿尔弗雷德·阿德勒的《理解人类本性》(*Understanding Human Nature*) 和西格蒙德·弗洛伊德的《日常生活的心理病理学》(*Psychopathology of Everyday life*)。从这一刻起，他就被迷住了。但是在当时，他对心理学的热爱不得不让位于现实生活。他在布鲁克林学院选择了化学专业，因为"我不知道学心理学能干什么，而且 1933 年正是大萧条最严重的时候，有一门学科专长就可以谋生"(1982, p. 343)。

但是，情况很快发生了变化。罗特读大学三年级时的一天，听说阿尔弗雷德·阿德勒在长岛医学院授课，于是罗特就去那里听课。后来，阿德勒邀请罗特参加在自己家举办的个体心理学会的每月例会。

遗憾的是，阿德勒第二年就去世了。尽管如此，罗特对心理学的热情促使他去读研究生。他选择了艾奥瓦大学，为的是跟随著名的格式塔流派心理学家柯特·勒温学习。后来，他到印第安纳大学攻读博士学位，因为那里是当时少有的可以授予临床心理学学位的学校。1941 年罗特毕业时，他本想做学术研究，但是没有机会。罗特在一家医院工作一年之后，去军队做了一名心理学工作者。在第二次世界大战期间，他在空军工作。

战后的环境再一次改变了罗特的职业道路。对临床心理学者的需求突然增加，但专业人员数量很少。罗特来到俄亥俄州立大学任职，最终实现了抱负，成为一名职业的学院派心理学家。他在那里工作到 1963 年，然后去了康涅狄格大学。

们认为，在他们身上发生的事情，很多是由他们自己不可控的外力决定的，如机会或有影响力的人物等。在下一章我们将会介绍，这一个维度对成就和健康等领域有重要意义。

　　罗特模型中的第二个成分是强化值，即我们偏好一种强化胜过其他强化的程度。很自然，我们赋予某种结果的强化值是随着情境的不同而变化的。当我们独自一人时，社会交往的强化值就高于不交往的强化值。不过，每个人还有一些自己看重的强化物，对它们的重视程度几乎总是胜过其他强化物。某些人一直努力工作，把工作置于家庭和娱乐之上。我们把这些人称为工作狂或有紧迫感。但是按照罗特的模型，其人格可以解释为，他们总是赋予成就以高价值。

四、社会认知理论

　　从传统行为主义人格观点向偏向认知的方向演进，阿尔波特·班杜拉的研究也许是最好的体现 (1977a, 1986, 2001, 2006)。班杜拉不同意行为主义者对人的如下描述：外界刺激无论以怎样的方式施加于人，人都是被动接受者。人当然会对环境中的事件做出反应，也会因为奖励或惩罚学会各种独特行为。但是，人还拥有人类独有的其他能力。极端的行为主义者把人发展变化的过程降低到老鼠学习压踏板的方式上，这就忽视了人类行为的一些最重要的原因。由于这些被忽视的东西一般都与思维和信息符号加工有关，所以班杜拉称自己的理论为社会认知理论。

（一）交互决定论

　　行为到底由内因决定，还是由外因决定，对此班杜拉提出一个新观点。他认为，行为由内因和外因共同决定，但是，行为既非由单一因素决定，也非由二者的简单结合决定。班杜拉提出了**交互决定论**概念。就是说，奖励和惩罚之类的外因和观念、思想和期望之类的内因是一个相互作用的影响系统中的一部分，它不仅影响行为，也影响系统中的其他部分。简单说，系统中的每一部分，行为、外因和内因，彼此互相影响。

　　举几个例子有助于理解这一概念。和罗特一样，班杜拉也认为，像期望这样的内因会影响人的行为。假如有一个你不喜欢的人请你一起打壁球。你能够

阿尔波特·班杜拉
1925——2021

1925年，阿尔波特·班杜拉(Albert Bandura)出生于加拿大阿尔伯塔省小麦产区的芒德雷小农场社区。他的父母在十几岁时从东欧移民来加拿大。他们自己没有正式读过书，但却告诉儿子，他们非常看重教育。他在当地一所小学和中学连读的学校上学，学校里只有20来个学生，两个老师。暑假，学生们要参加为育空高速公路平整路基的劳动。班杜拉在加拿大读到本科毕业，1949年在不列颠哥伦比亚大学获学士学位。他读的是生物学专业，但是因为他某个上午的前半段没有课，于是就听了一门心理学导论课。一个学期之后，他迷上了心理学。

班杜拉选择艾奥瓦大学攻读研究生，部分原因是该校在学习理论方面有良好传统。在艾奥瓦大学的教师中，对班杜拉有影响的是学习理论家肯尼斯·斯宾塞(Kenneth Spence)。艾奥瓦心理学院十分强调实证研究。这种训练使班杜拉坚信，心理学者应该"以经得起实验检验的方式把临床现象概念化"(cited in Evans, 1976, p.243)。班杜拉于1952年获博士学位。

班杜拉在威奇托做了一年临床实习医生之后，于1953年来到斯坦福大学，并在那里工作至今。在斯坦福大学，他继续在传统学习理论和认知人格理论之间、在临床心理学和人格研究的实证取向之间架设桥梁。班杜拉曾经获得许多荣誉，其中包括在1974年当选美国心理学协会主席。

想象和这个人待一下午有多么沉闷无趣。因此，你的内部期望可能使你拒绝邀请。但是，这个人答应，假若你和他一起打网球，他就给你买一副你心仪已久的、昂贵的新球拍，情况又会怎样？转眼间，外部诱因的强大力量就会决定你的行为，于是说："我们一起玩吧。"现在继续往下想，你有一副最喜欢的球拍。你和这个人挺投合，他还不时地开一些玩笑，使这个下午过得挺有趣。你真的会期待再次和他一起打球。在这种情况下，是行为改变了你的期望，它又影响你以后的行为，如此反复。

交互决定论过程如图13.3所示。注意，图中的箭头都是双向的，表明模型中的三个变量都可能影响其他变量。这与传统行为主义非常不同，后者只用一个二因素的、单向的、外因导致行为的模型来解释人类行为。

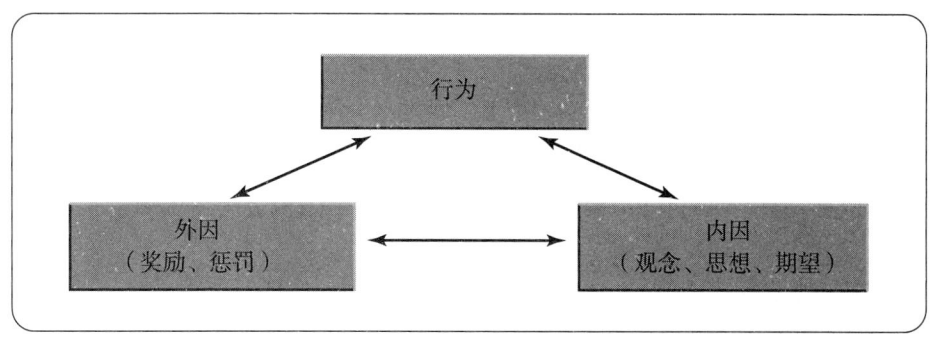

▶ 图13.3 班杜拉的交互决定论模型

我们怎样预测，交互决定论模型的三部分中是什么影响什么呢？这取决于每一变量的强度。有时环境力量最强，有时内因占支配地位。第七章里高自尊者和低自尊者对失火大楼的感受的例子说明，有时外因会战胜内因。虽然我们有时会改变环境以满足自己的需要，但另一些时候，我们面对的环境是无法控制的。我们经常为自己创造机会和失败，但机会和失败也可能是别人为我们创造的。

（二）想象与自我调节

班杜拉归纳出人类独有的几个特征，理解人格时必须考虑。与低等动物不同，人用符号和预见来指导未来的行为。当人面对新难题时，并非每次都遵照试误模式，通过对奖惩做出反应来解决问题，我们会想象可能的结果，估计可能性，设置目标并想出办法。所有这些都是在我们的头脑中进行的，而不是随机地行动，然后再看得到了奖励还是惩罚。当然，过去的强化或惩罚的经验会影响这些判断。但是，想一想你是怎么准备一次度假的。你可能有几种选择：到哪儿去，什么时候去，怎么去，跟谁去，带些什么，到那儿以后做什么，等等。只要想象一下，在不同的地方跟不同的人在一起，这个假期会怎么样，你就不必逐个尝试每种选择，再看是得到了强化还是惩罚。

班杜拉还认为，多数行为是在没有外部强化或惩罚的情况下发生的。我们的日常行为主要由班杜拉称作**自我调节**的机制所控制。虽然人们往往会争取得到外部奖励，但也会为获得内部奖励而努力实现自己制订的目标。业余长跑爱好者鼓励自己参加比赛，哪怕赢的希望很小。这时的奖励就来自因为达到了自己设定的个人纪录或仅仅是完成比赛而带来的完成感和自我价值感。当然，自我调节也包括自我惩罚。当我们没能坚持个人标准时，我们常会觉得丢脸或自我感觉很差。例如，就算没人在意，你也会因为对陌生人无礼或没有坚持节食而惩罚自己。

因为我们的很多行为是自我调节的结果，所以班杜拉对激进行为主义的下述断言提出质疑：只要对环境的偶发强化做出适当变换，人就能表现出任何行为。他指出，"任何人想把一个和平主义者变成一个侵略者，或者把一个虔诚的教徒变成一个无神论者，他马上会认识到行为控制的个人源头的存在。(Bandura, 1977a, pp. 128-129)"

（三）观察学习

社会认知理论对理解人类行为和人格的最重要贡献，莫过于创立了替代学习或称**观察学习**的概念。除了经典条件反射和操作性条件反射,我们也能通过对别人行为的观察、阅读甚至只是"道听途说"来学习。许多行为太复杂,不能通过强化和惩罚的缓慢进程来学习。我们不能让飞行员坐在座舱里,通过强化正确行为和惩罚错误行为来教他飞行。班杜拉认为,如果在学前期,儿童的每一个正确发音都必须得到强化,那么他们永远也学不会说话。相反,飞行员和学步儿要看别人如何飞行和说话,注意什么行为管用,什么不管用。

班杜拉对学习 (learning) 和表现 (performance) 做了重要区分。通过观察学到的行为并不需要表现出来。这一看法又与传统行为主义者相抵,后者认为,除非我们实际表现出某一行为,否则我们就学不到什么。但是,请你想出一些你从未表现出来、但只要愿意就能表现出来的行为。例如,你从未拿起手枪对别人射击,但当你多次在电影里看到这种行为后,它就成为你行为宝库中的一部分。你甚至知道要两脚分开站立,双手把枪举到与眼相齐的高度,像扮演警察的演员那样。幸好,我们多数人都从未表现过这种行为,但是,我们已经通过观察学会了。

为什么通过观察学会的行为,有些我们表现出来了,另一些却没有?答案在于我们对结果的预期。也就是说,你相信一个行为会带来奖励还是惩罚?拿举枪对别人射击来说,大部分人会预期,这一行为将受到惩罚:即使不是出于法制观念,也是以内疚感和低价值感形式出现的自我惩罚。

但是,如果从未表现过某行为,我们对结果的预期又从何而来呢?同样,也是来自对别人的观察。尤其要看你的模仿对象因为这个行为得到了惩罚还是奖励。例如,一个中学男生观察年长的朋友怎样找某人约会。他密切注意朋友在交谈中怎样开始约会,说了些什么,等等。如果朋友的行为得到了奖励(约会成功),这个男孩就相信,如果他照朋友的样子去做,也会成功。于是,他可能很快就会鼓起勇气,邀请关注多时的某人约会。但是如果那个年长朋友失败了呢?这个男生就不大可能去模仿这个受到惩罚的行为了。在两种情况下,这个男孩都通过密切注意来学习朋友是怎样请人约会的。但他是否会表现这一行为,取决于他认为结果会如何。

在一项具有重要社会意义的经典实验中,班杜拉 (Bandura, 1965) 证实了学习与表现的差别。他让幼儿园儿童观看一段电视节目,节目中一个成年模仿对象对一个成人大小的塑料充气人表现出四种攻击行为:

> 首先,模仿对象把充气人放倒,坐在它身上,打它的鼻子,边打边说,"啪,正好打在鼻子上,嘣,嘣。"然后,模仿对象把充气人拉

起来，用一根木棍连续打它的头。每个动作都伴随着言语，"好样的……顶住啊。"用木棍打完，模仿对象把充气人在房间里踢来踢去，这些动作还时不时地搭着话语："飞起来。"最后，模仿对象用一个橡皮球砸向充气人，每砸一下都叫一声"砰"。(p. 590-591)

孩子们看到三种结局：第一组孩子看到，第二个成年人用饮料、糖果和赞扬的话奖励了这位攻击型的模仿对象；第二组孩子看到，模仿对象被第二个成人用卷起来的杂志打，并且被警告，不许再有攻击行为；对第三组孩子，不提供有关攻击行为的任何信息。接着，每个孩子被单独留在房间里自由游戏 10 分钟。在房间里的许多玩具中，有一个充气娃娃，还有他们在看过的攻击行为中所需要的所有东西。一个实验者则要通过单向窗看儿童会自发地表现出四个攻击行为中的几个。然后，对每个孩子，只要他/她能够表现出实验中四个攻击行为中的一个，就送一杯果汁和一个小玩具。最后这一步是为了考察儿童是否能够表现出那些行为，也就是说，他们是不是已经通过观察模仿对象，学会了这些行为。

实验结果如图 13.4 所示。只要要求孩子们做，三个组中几乎所有的孩子都能表现出那些攻击行为。但是，当他们单独留下时是否会表现出攻击行为，则取决于他们预期的结果。尽管所有孩子都学会了攻击动作，但那些看到模仿对象被奖励的孩子明显比看到模仿对象被惩罚的孩子表现出更多的攻击行为。

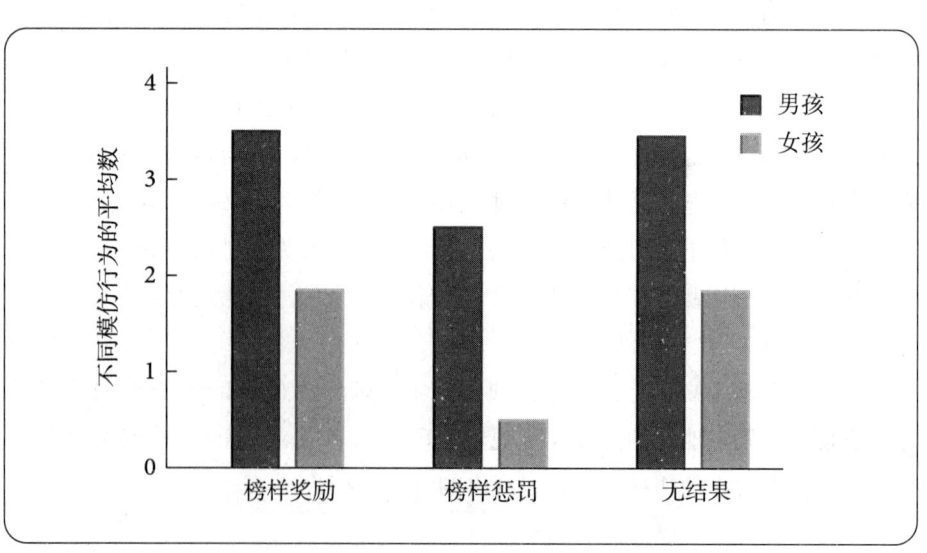

▶ 图 13.4 三组儿童表现出的攻击行为平均数

来源："Influence of models' reinforcement contingencies on the acquisition of imitative responses," by A. Bandura, *Journal of Personality and Social Psychology*, 1965, 1, 589–595.

五、应用：行为矫正和自我效能感疗法

传统行为主义的一个长处是，它呈现了一种关于人性的简单而理性的模型。从行为主义者的眼光看世界，样样事情都说得通。如果强化得当，雇员就会努力工作。如果攻击行为被惩罚，合作行为被强化，孩子们就不再打架。但是，我们在有心理障碍的人身上看到的不合理行为又是怎么回事呢？基本条件反射原理怎么解释害怕楼梯或觉得别人跟你过不去呢？下面就要讲到，行为主义不仅能解释这些行为，而且，许多心理治疗技术也是以条件反射原理为依据的。

（一）对心理障碍的解释

约翰·B. 华生首次证明了，看上去"异常"的行为是怎么通过正常的条件反射步骤形成的。华生用经典条件反射方法制造了 11 个月大的婴儿小阿尔伯特对白鼠的恐惧 (Watson, Rayner, 1920)。如图 13.5 所示，华生先在巨大的响声和多数婴儿会出现的恐惧之间建立刺激—反应联结。就是说，每当华生弄出巨大的响声，阿尔波特就会哭并有其他恐惧表现。接着，华生每次给阿尔波特看一只白鼠时都伴随着大的响声。很快，阿尔伯特就像听到大的响声而害怕一样，对白鼠也产生了同样的恐惧反应（哭，爬开），甚至没听到响声也会这样。华生由此证明，只要知道婴儿过去的条件反射经验，就可以解释婴儿为什么对白鼠产生异常的恐惧。

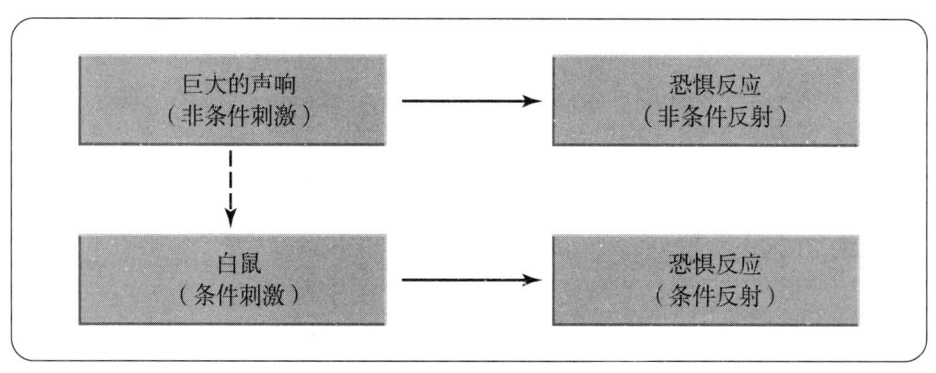

▶ 图 13.5 小阿尔伯特的经典条件反射图解

行为主义者声称，人的许多看似不合理的恐惧就是这样形成的。我们可能记不清什么时候一座桥或一条蛇曾与恐惧联系在一起，其实这些联结可能发生在很久以前，甚至是我们没意识到的。不过，这一解释存在一个问题。巴甫洛夫曾经发现，一旦配对的刺激被移除，通过经典条件反射形成的新联结就会消退。那么，恐怖症为什么在没有心理干预的情况下没有消退呢？一种答案是，操作性条件反射可能起了作用。假设一个3岁的女孩从高高的滑梯上滑下来，她感受到的痛苦和恐惧与滑梯成对出现，下一次她接近操场时，这些感觉就会重现。她离滑梯越近，焦虑就越强烈。她很可能想跑开，以后再去试着滑滑梯，这样就减轻了焦虑。在这种情况下，躲避滑梯的行为就通过负强化得到了增强。跑开则减轻了恐惧和焦虑等厌恶刺激。如果这种躲避行为再被强化几次，这个女孩就会形成对滑梯的强烈恐惧，并且会泛化到对所有高的东西的恐惧。若干年后，这个女人可能会为因这种令人头痛的恐惧症而寻求心理治疗。

心理学家还运用条件反射原理来解释，为什么有些人在创伤经历之后会产生恐惧，而另一些人却不会 (Mineka & Zinbarg, 2006)。一方面，先前的学习能够帮助我们避免罹患恐惧症。如果一个男孩与狗在一起曾有很多快乐体验，那么，当一只没经过训练的狗对着男孩叫并且咬了他一口时，他还是不大会害怕狗。一项研究发现，曾经多次看牙医、把看牙当作平常事的儿童，在一次痛苦的治牙之后，仍比第一次看牙医的儿童较少产生恐惧 (Kent, 1997)。另一方面，只需经历几次轻微的恐惧经验，就能使人在经历一次深刻创伤后，更容易患恐惧症 (Mineka & Zinbarg, 2006)。曾经几次被泳池中大叫着并互相泼水的孩子们吓着的一个女孩，在一次差点被淹死的经历之后，更容易产生对水的恐惧。

行为主义者把另一些问题行为看作对错误行为加以强化的结果。一个有社交焦虑的女孩可能觉得，逃避家人的指责和嘲笑的唯一办法，就是尽可能回避与家人的接触（消极强化），这一行为后来又泛化到对其他人上。一个有被害妄想的人相信，他整天待在家里可以使绑架他的计划无法实现，于是这一行为就得到了奖励。行为主义理论家还把缺乏适当行为解释为强化太少。例如，一个有社交焦虑的女人虽然努力与别人发起谈话，但从未获得奖励，久而久之她可能就不再去尝试了。

（二）行为矫正

如果我们同意，问题行为是由不同寻常的条件反射经验造成的，那就该有另一种行为主义原理：问题行为可以通过适当的条件反射经验来改变。根据行为主义的理论和研究，人们创建了几种治疗法，可以归类为**行为矫正**。这些方法与传统治疗法有几点不同。和传统治疗法可能耗时几年相比，这些方法通常只需几星期。该疗法的焦点是要改变若干已经确定的行为，而不是改变患者的整个人格。行为治疗师往往不去追寻问题行为的根源。他们的目标只是把问题行为移除，或用恰当的行为取代问题行为。这些特点使行为矫正技术在不同理论取向的治疗师中被普遍采用。

1. 经典条件反射的应用

把一个刺激与另一个刺激配对，是生成新的刺激—反应联结的有效方法。治疗师经常运用经典条件反射来消除或取代给患者造成问题的刺激—反应联结。这些技术传统上使用的是物品与反应的联结，但心理学者发现，心理映像也可用于经典条件作用（Dadds, Bovbjerg, Redd & Cutmore, 1997）。因此，在行为治疗诊室的安全环境中，患者可以想象自己面对恐惧情境，而不必亲自经历。

治疗恐惧症的一种方法是，把恐惧物的映像与放松反应配对。通过系统脱敏，用恐惧刺激与放松之间的新联结，取代原来的恐惧刺激与恐惧反应间的联结。患者与治疗师开始治疗前，先列出一些想象的场景，从平和的激发到引发高度焦虑。一个有恐高症的人按他列出的单子，先想象自己站在一个 0.6 米高的凳子上。下一个场景可能是走上一段楼梯，接着是站在一个 2.4 米高的梯子上。最后是可能引发高焦虑的情境，比如从一座摩天楼的顶层俯瞰四周，或乘坐一架小型飞机。

患者完成了放松训练之后，他们要在做放松练习的同时想象这些情境。每次只做一步，按单子上列的顺序慢慢来，直到能在想象那些场景时不再焦虑。从理论上讲，恐惧将被一个新的、不相容的反应——放松——来代替。如果这种治疗有效果，那么，曾经在想象自己站在一个 0.6 米高的凳子上都有轻微焦虑的患者，就能毫无恐惧地想象（最终表现出）自己从一座高楼顶层俯瞰四周。

厌恶疗法是用经典条件反射来矫正问题行为的另一例。治疗师把令人厌恶的映像与患者的问题行为相配对，使患者摆脱不合期望的行为。例如，对一个想戒烟的人，烟的形象可以和令人作呕的形象相配对。

2. 操作性条件反射的应用

有时候，行为治疗像强化期望行为、惩罚不期望行为那样简单。但是，听起来容易，做起来难。行为矫正治疗师在开始治疗之前，须查明目标行为，并用特殊的操作术语对其做出界定。例如，一个孩子的问题是"行为不成熟"，那么，你要强化或惩罚的是什么？行为治疗师可能会访谈孩子的父母和老师，查明他们希望减少孩子的哪些具体的不成熟行为。接着，治疗师要给行为发生率划定一个基线。如果不知道某行为发生的频率，怎能知道这一行为的发生率是否减小了呢？通过观察或访谈，治疗师可能发现，一个孩子平均每周要发 2.5 次脾气。

知道了在目前的奖罚方法下该行为发生的频率是多少，我们就可以改变对偶发行为的强化。对符合期望的行为，应改变环境，使患者因这一行为而得到奖励。对不合期望的行为，应施加惩罚或减少强化。理想情形是，恰当的反应得到了强化，同时，不恰当的行为逐渐消退或受到惩罚。以小孩发脾气为例，告诉父母，停止用注意和关心来奖励这一行为。另外，也可以使用惩罚，比如在发脾气后的一天不许孩子看电视。如果孩子以恰当的方式（如寻求帮助）来应对受挫情境，就应该受到强化。在整个治疗期间，要对目标行为的出现频率进行监控。几星期之后，治疗师要检查治疗是否起了作用，是否需要做一些调整。如果孩子发脾气的次数降到每周一次，那么治疗可能还需持续几周。如果发脾气行为还是每周 2.5 次，那就要制订新的治疗计划。

如果治疗师想同时帮助多人改变多个行为，他就要使用基于操作性条件反射的另一种治疗方法，称为代币法。身处某些机构中的人们，如精神病医院的病房、科别等，都有机会挣得具有不同价值点数的代币（如纸牌）。他们可以用这些代币换取实际奖励，如快餐食品或特殊权利。精神病院的患者如能早上整理好床铺奖 2 个代币，准时参加治疗活动奖 5 个代币，做好分配的工作奖 10 个代币，等等。当患者表现出不恰当的行为时，他们会受到没收一定量代币的惩罚。

生物反馈法是应用操作性条件反射治疗心理问题的另一种方法。生物反馈法需用一种可测量肌肉活动的特殊设备。一位焦虑的女士可以用这样的设备来提醒自己面部和背部肌肉何时紧张，何时放松，否则她就不知道这些肌肉的情况。几次肌肉放松课之后，机器可提供即时反馈，她就能学会自己降低肌肉的紧张度，并克服焦虑。用操作性条件反射的术语来说，这位女士因为表现出降低肌肉紧张度的反应并由设备所证明，所以她得到了强化。加上另一些被强化的行为，很快她就学会做出放松反应了。

生物反馈治疗的最常见病症是紧张性头痛。为了减轻这种头痛，心理学者使用肌电描记仪告诉患者其肌肉收缩程度，否则人自己无法知道。对使用这一方法进行的研究综述发现，它对减轻紧张性头痛的频率、紧张度和时间非常有效 (Nestoriuc, Rief & Martin, 2008)。此外，这种方法比较快捷便利。参与者平均只需接受不到 11 次生物反馈课程，15 个月后的追踪评价说明治疗仍有促进作用。其他身体指标，包括血压、心率和脑电波等，也可以通过生物反馈法加以控制。

（三）自我效能感

美国每年都有数百万人为了戒烟或减肥而寻求专业人员的帮助。在这些人中，虽然有许多人能做到几星期不吸烟，或减轻了几磅体重，但只有一小部分人永久戒掉了吸烟或保持了减肥成果。什么原因使这些少数成功者与其他人不同呢？答案可能在于班杜拉所说的**自我效能感**。人只有确信自己能做到，才会戒烟和减肥。很多吸烟者常抱怨他们曾多次尝试戒烟，可就是戒不了。从社会认知角度来看，吸烟者不能戒烟的一个原因恰恰是他们认为自己戒不掉烟。

在班杜拉看来 (1977b, 1997)，人们只有做出明确的决定并付出必要的、加倍的努力，才能改变自己的行为。班杜拉指出了结果期望和效能期望的不同。结果期望是指人认为他的行为会导致一定结果的程度。效能期望是指人认为自己能够带来特定结果的程度。简单说，相信某事会发生和相信你能让它发生，二者是不同的。如果你每天晚上花几个小时学习并放弃周末的社交活动，你可能抱有结果期望，希望这学期取得好成绩。但是，你也可能有一个效能期望，即你没有能力为学习如此投入和做出牺牲。

班杜拉认为，效能期望比结果期望能更好地预测行为。如果学生认为自己不可能得到好成绩，他们就不大可能努力学习。来治疗的患者如果认为自己没有能力戒烟、减肥或克服对乘飞机的恐惧，他们就不大可能做到这些。

效能期望源于哪里？治疗师怎样才能改变患者的这些期望？班杜拉提出了四个来源。其中最重要的一个就是亲身掌握经验。即过去成功地获得某结果的经验。在跳伞前突然感到恐惧的跳伞者可能会对自己说，他以前跳过多次都没出事故，再跳一次没问题。但是，失败的经历可能导致低效能期望。从未能爬上梯子、也没能克服焦虑的恐高者可能会想，他们干不了这件事。

替代经验也会改变效能期望，尽管它不像实际表现那样强有力。看到别人表现出一个行为，又没带来什么坏结果，会使我们相信，自己也能做这件事。在公共演说课上，害怕在众人面前讲话的学生，看到别的同学都发表了演讲而且没有砸锅，其效能期望可能会从"我讲不了"转变为"我可能能行"。当你对自己说"她行，我也行"时，你就通过替代经验改变了自己的效能期望。

言语说服对改变效能期望是一种不太奏效的方式。一个人不愿去跟老板抗争，对他说"你能行"，也许能激励这个人去争取自己的权利。但是，假如这种实际表现没有带来预期结果，期望很容易就会减弱。

生理与情绪状态也是效能期望的一个来源。一个怕接近男生的女生，在拿起电话要邀请一个男生约会时，她可能会心跳加速，手心出汗。如果她把这些生理反应看作焦虑的信号，她可能会认定，自己太紧张，做不好这件事。但是，如果她注意到自己在拨号之前有多么镇静，她就会断定，她比想象中的自己更勇敢。

成功心理治疗的关键在于采用上述一种或几种方法来改变患者的效能期望。在一项研究中，治疗师为了帮助害怕蛇的人克服对蛇的恐惧，让他们完成一系列的行为：从摸蛇到拿起蛇（亲身掌握经验），或看别人怎样做（替代经验）。在几种情况下，人们是否相信自己能接近并触摸蛇，都是他们在真实情况下能否这样做的最好的预测指标 (Bandura, Adams & Beyer, 1977)。

然而，如果成功的经验是改变患者效能期望的最有效方法，这又带来一个小问题。假设恐高症患者害怕离开楼房的一层，治疗师怎样才能让他获得克服恐惧的亲身体验呢？一个回答是，采用有指导的掌握法 (Bandura, 1997)。治疗师在使用这种方法时，先把情境进行编排，确保患者能获得成功的经验。治疗过程被划分成一些小步骤，患者只需稍加努力就可以完成。让害怕开车的来访者先在僻静的街道上驾驶一小段路程 (Bandura, 1997)。然后在人车较多的街道上逐步延长驾驶距离。随着一次一次的成功经验，来访者增强了信心，相信自己是有能力开车的。你可能发现，这种方法与系统脱敏很相似。其实，在很多情况下，这两种治疗方法的区别仅仅在于人们对其做何解释：行为矫正治疗师把成功的系统脱敏解释为，用新的刺激—反应联结取代旧的联结；社会认知取向的治疗师则认为，是掌握经验改变了效能期望，从而导致行为改变。

这一过程的另一面是，它不能明显增强来访者的自我效能感，使治疗的努力流于失败。如果酒精和药物滥用者怀疑他们克服这些困难的能力，往往不能在治疗中取得成功 (Ilgen, McKellar & Tiet, 2005)。同样，研究者发现，对戒烟缺乏信心的人，在治疗结束后的几周内更可能重拾旧习 (Gwaltney, Shiffman, Balabanis & Paty, 2005; Shiffman et al., 2000)。

不过，自我效能感的效力远远超过对消弱的恐惧和坏习惯的力量。研究发现，自我效能信念在克服各种心理问题时都有作用，包括儿童抑郁 (Bandura, Pastorelli, Babaranelli & Caprara, 1999)、创伤后应激障碍 (Solomon, Weisenberg, Schwarzwald & Mikulincer, 1988)、考试焦虑 (Smith, 1989)、恐怖症 (Williams, 1995)

和丧亲哀痛 (Bauer & Bonanno, 2001)。效能期望还会影响职业表现 (Stajkovic & Luthans, 1998)、学习成绩 (Bandura, Barbaranelli, Caprara & Pastorelli 1996)、减肥 (Linde, Rothman, Baldwin & Jeffery, 2006) 以及爱情关系 (Lent & Lopez, 2002)。相信自己能有效地参与康复治疗的心脏病患者，比对自己的健康护理抱低效能期望的心脏病患者，心血管功能更好，死亡率更低 (Burns & Evon, 2007; Sarkar, Ali & Whooley, 2009)。总之，相信自己能够做出改变和取得进步是应对生活道路上的挑战和困难的重要因素。

六、评价：行为观察法

你身上可能有这样那样的坏习惯，例如咬指甲、吃垃圾食品、发脾气，说刻薄话、吸烟、爱唠叨，等等。现在，设想你要找一个行为治疗师帮你解决这个问题。治疗师问了你一个简单问题：你的这一行为多久会出现一次？如果你一直有记录，可能会准确说出你每天吸多少支烟，或每星期咬多少次指甲。但是你可能说得很不准确。行为治疗师不能告诉你一种有效的治疗方法，除非他们知道在治疗前你的这一行为发生的频率。然而患者常常用"一会儿一次"、"不太经常"或"总是"来描述该不良行为表现。

与其他流派的治疗师不同，行为治疗师一般不花太多时间寻找患者问题的起因。他们关注的是所治疗的可观察行为。其他治疗师可能把行为看成是某个潜在冲突的信号，而在行为治疗师看来，这一行为就是问题。因此，对行为的客观而可靠的评价很重要。行为治疗师采用的评价方法往往出于不同目的。显然，他们想确定问题行为发生的多少。但他们也想了解与这一行为相关的因素。患者是独自吸烟还是和别人一起吸？发脾气是在一天中的特定时间发生的，还是出现于某种体验之后，如遭到责骂？这些情况对设计治疗方案很有帮助。治疗师可能还想监控治疗的进程，并对其成效做出判断。

那么，行为治疗师怎样得到关于目标行为出现频率的准确信息呢？一个研究组调查了行为治疗机构的医生，他们发现治疗师采用的方法有多种，比如对患者进行访谈、直接观察、患者自我监控、行为评价量表、对患者的重要他人进行访谈、来自其他专业人员的信息以及角色扮演 (Elliott, Miltenberger, Kaster-Bundgaard, & Lumley, 1996)。让我们对其中几种做一些深入介绍。

（一）直接观察

查明行为发生频率的最显而易见的办法就是对人进行直接观察。治疗师虽然不能整天观察患者，但可以观察患者行为的代表性样本。如果你想知道一个女孩与同伴交往的时间，可以在几个课间休息时间在操场上观察她。但是，治疗师不能如影随形。当一个有社交恐怖的人去参加求职面试或一对已婚夫妇闹矛盾时，治疗师不可能总在身边。此时，心理学者可能采用模拟行为观察 (Haynes, 2001)。就是说，治疗师创设一个像真实生活场面的情境，问题行为可能在其中出现。例如，治疗师给极端害羞的患者办个舞会，或让一对夫妇讨论最近引起他们争吵的话题。行为治疗师有时还会让患者做角色扮演。如果想帮助一位男士变得更果断，治疗师会让他想象，排队时，有一个人要在他前面插队。然后，患者做出在这种情况下他会做的行为。此时，患者在角色扮演练习中的行为，可能与他在真实生活情境中的行为相似。

但是，有效的行为评价不能仅靠观察。首先，对所观察的行为要做出尽量准确的界定。说出抽烟的次数很简单，但是如果目标行为是"恰当的课堂行为"，该怎么定义？对此，治疗师可能会把恰当的行为界定为与课堂上正在讨论的主题相关的行为，或想发言先举手的行为。但是即使做了这样的界定，还是给观察者的解释留下很大空间。好的定义要包括可计数的行为样本和处理临界个案的规则。

让两个或更多的观察者独立地对同一行为进行编码，可以提高行为观察的准确度。例如，两个观察者在同样的课间时间观察同一个孩子。如果两人对目标行为的计数一致，就可以肯定，这一计数相当准确。但是，如果一个编码者看到的行为很少，第二个编码者看到的很多，我们就无从知道目标行为实际出现的次数。一种解决办法是对行为进行录像，以便让多个编码者使用，意见不一致时可以重放录像。行为治疗师还必须考虑偏差问题。有时候，观察者会无意地寻找他们想看到的和他们预期能看到的东西。为防止发生这一问题，治疗师应该以最少的主观判断对行为做出界定。如有可能，治疗师可以请不了解治疗预期的观察者来做观察。

（二）自我监控

虽然直接观察可以提供关于行为频率的相对准确的评价，但它实施起来既耗时又费力。另一种办法是自我监控——患者观察他们自己。但是，仅仅询问患者他们某行为多长时间出现一次可能无济于事。患者常常曲解"多长时间出现一次"的含义。另外，了解行为发生的背景环境很重要。患者是否会在特定的场所吸烟，比如和朋友一起或在聚会上？吸烟与一天的某一时间、某种活动或某种心境是否有关？

遗憾的是，很少有患者能够凭记忆提供有关这些情况的准确信息。因此，治疗师常常请患者记录自己在何时何地表现出了某些行为。患者有时会对自己的发现感到惊讶。例如，记录自己体重的人可能发现，他们在独自一人时、看电视时或喝酒之后吃得比较多。自我监控法的一个有趣的好处是，观察自己的行为本身就有治疗作用。被迫去关注自己吃东西或吸烟行为的患者有时甚至在治疗还没开始之前，就能显示出改善 (Mahoney & Arnkoff, 1979)。自我监控还可用来评价整个治疗期的进步。采用自我监控法有时会出现一个问题，即患者的诚实性。患者可能不想承认他们的吸烟量增多了，或一周发了好几次脾气。怀疑这一问题的治疗师可以采用其他评价法，比如下面讨论的这一种。

（三）他人观察

有些患者不愿意或者根本不能提供自己的准确信息。例如，自我监控不适于儿童或有严重心理障碍的人。在这种情况下，可以采用他人观察。父母和教师往往可以记录儿童问题行为的出现频次。可以请教师记录一个儿童每次因攻击行为而受到的惩罚。护士和助手也可记录患者做出的某一行为。虽然这一过程可能出现偏差，但往往能对患者的行为做出最准确的评价。

许多心理学工作者用这些报告来补充用其他方法获得的资料。例如，儿童在治疗师在场时行为与在家里不同。一个患者在角色扮演中对假装的老板能表现出恰当行为，但在工作中面对真正的老板时又会很怯懦。让家人参与治疗过程还有别的好处，比如让他们意识到患者的问题以及自己的反应对患者行为有何影响。

七、行为主义/社会学习流派的优势与批评

在 20 世纪 20 年代，行为主义登上了心理学舞台并控制了这一学科，在其后的几十年里一直没有失去其统治地位。如今，行为主义的影响虽不如前，但仍以各种形式保持着活力。从行为主义演化而来的对行为的解释，如社会认知理论，仍然广受欢迎。显而易见，如果没有独特的优势，人格的行为主义/社会学习流派就经不起时间的检验。当然，也没有一种如此影响巨大的理论会逃得过批评。

（一）优势

行为主义/社会学习理论能如此持久，原因之一是其坚实的实证研究基础。这与其他人格流派，尤其是基于直觉或靠偏取样收集数据的流派形成鲜明对比。本章涉及的大部分理论家都是凭借实证资料发展和完善其理论的。弗洛伊德的俄狄浦斯情结是否存在的问题常常会受到挑战，但是，要想否认证据如山的操作性条件反射与经典条件反射可以改变行为的事实就很困难。

行为主义/社会学习理论的另一个优势是，它创建了一些实用的心理治疗方法。研究发现，这些方法在处理大量心理问题时非常有效，尤其是与认知疗法配合运用时 (Christensen, Atkins, Yi, Baucom & George, 2006; Mitte, 2005; Shadish & Baldwin, 2005)。此外，行为疗法至今仍然受到欢迎。一项调查询问了婚姻与家庭治疗师，对来访者进行治疗时，首选什么方法 (Northey, 2002)。结果，把"认知—行为疗法"选为最常用方法的占很大比例。

行为矫正法和其他治疗方法相比，有几个优势。第一，他们用基线数据和客观标准来判定治疗成败。其他方法则不是在开始治疗前先确定问题的程度，只要治疗师或患者认为有进步，就宣布治疗成功了。第二，行为矫正对某些人群可能是最有效的方法，比如儿童或有严重情绪紊乱的患者。与这些人讨论抽象的精神分析概念，或让他们理解人本主义治疗师提出的那些存在主义的问题是很困难的。第三，行为矫正的实施相对快捷简便。其疗程通常只有几个星期，而其他方法则需要几个月或几年。其基本方法可以教给父母、教师和医护人员，他们可以在治疗师不在的时候开展治疗。这意味着，与多数心理治疗相

比，更多的人能够以低成本从行为矫正法中受益。

社会学习理论和班杜拉的社会认知理论在行为主义理论中加入了认知变量，这就扩大了行为主义解释的现象范围。这些理论填补了心理学者在传统行为主义中看到的一些沟壑。人格的社会学习模型使我们能够在同一个理论框架内，用基本的条件反射原理来理解思维、期望、价值观等。这些模型还帮助人们在传统行为主义人格理论与认知人格流派之间搭建了一座桥梁。

（二）批评

对行为主义/社会学习流派一贯的批评是，它对人格的描述过于狭窄。虽然这一流派触及人类经验的几个主要方面，如思维、情绪和意识水平，但很多心理学家认为，对这些东西，不能用如此有局限性的方法进行考察。批评特别涉及行为主义的斯金纳主义分支，因其拒绝承认探讨内在感受和直觉的用处。另一些人批评行为主义/社会学习流派忽视遗传的作用。此外，研究还指出了条件反射法的一些局限性。例如，要形成动物对食物的恐惧，把食物与电击配对，比将食物与厌恶配对更困难 (Garcia & Koelling, 1966; Seligman & Hager, 1972)。

另一种批评主要针对传统行为主义，因为人比行为研究实验室里的动物复杂得多。正如班杜拉等社会学习理论家认识到的，对一个情境，人能想出随机应变的行为路径，能对各种可能性和不同的强化值做出权衡，能够看到长远目标，等等。这些批评者不否认，人能以自动化的方式对刺激做出反应，或人的某些行为是条件性的。但他们认为，这些都是最不重要、最不令人感兴趣的行为。用动物研究数据无法推及人类行为，这已在外部强化物对内在动机驱动行为的影响的研究中被证实。虽然这是个尚有争议的领域 (Eisenberger & Cameron, 1996; Sansone & Harackiewicz, 1998)，但研究者发现，给人付报酬，让他们投入原来喜欢的活动，会降低该行为的出现频率。人们似乎是把这一行为重新定义为工作而不再是自娱（"我弹钢琴，因为人家给了我钱"），并因此在无报酬时对其失去兴趣。

虽然行为疗法能有效地矫正很多问题行为，但一些批评者认为，这些治疗师有时一边减少了各种可观察的行为，一边扭曲了真正的治疗。例如，一个人抱怨他的生活没意义，于是治疗师让他把这个抽象问题界定为可测量的行为。然后，治疗师计算着他参加有趣活动的次数，并为他制订治疗方案，奖励他参加聚会，与朋友交谈，读好书，等等。这些活动会使这个人感觉好了一些。但是批评者指出，这样的治疗并没有解决真正的问题，只是使他的注意力从导致他来治疗时的关切暂时转移到其他地方而已。

八、小结

（1）行为主义是由约翰·B.华生在20世纪20年代创立的。行为主义以其最极端的方式，把心理学限定在对可观察行为的研究上。行为主义者用经典条件反射和操作性条件反射来解释行为的发展与保持。人格被说成是一个人的条件反射经历的最后结果。B. F. 斯金纳后来成为激进行为主义的代言人。他拒绝使用像焦虑这样的内部状态来解释行为，主张研究可观察的外部事件。

（2）传统行为主义界定了两种基本条件反射：当一个新异刺激与已存在的一个刺激—反应联结配对出现时，就产生了经典条件反射。当行为之后跟随着强化或惩罚时，就出现了操作性条件反射。

（3）后来的社会学习理论家扩展了行为主义的基本观点。罗特认为，由于人的期望的变化，在奖励与惩罚之后，人表现出某行为的可能性也发生了变化。他用人的期望和强化值来预测人在许多可选择的行为中会选择哪一个。

（4）班杜拉提出，内部状态、环境和行为三者彼此相互影响。他认为，人们往往会调节自己的行为，而且人能表现出有目的、定向于未来的思维。班杜拉在经典条件反射和操作性条件反射中加入了以下概念：人可以通过观察别人来学习，人是否表现出学到的行为取决于对奖励或惩罚的期望。

（5）行为矫正治疗师应用条件反射原理为患者进行治疗。这些治疗法包括基于经典条件反射的系统脱敏法，基于操作性条件反射的代币法。班杜拉证实，患者的自我效能信念对心理治疗取得进展很重要。患者是否期望治疗成功，是治疗能否成功的决定因素。这些期望有各种来源，包括过去成功的行为表现和替代学习。

（6）行为评价方法包括直接观察、自我监控、他人观察等。这些方法可以为确定基线频次、目标行为出现的条件以及治疗是否成功，提供有用的资料。

（7）行为主义/社会学习流派既有优势，也受到批评。优势在于其实证基础和它所衍生的行之有效的心理治疗方法。批评包括它忽视了行为的一些重要原因，如遗传。人们还批评了行为治疗师把问题解释为可观察行为的方式。

关键术语

行为矫正　behavior modification (p.355)
经典条件反射　classical conditioning (p.340)
分化　discrimination (p.345)
泛化　generalization (p.345)
观察学习　observational learning (p.351)

操作性条件反射　operant conditioning (p.343)
交互决定论　reciprocal determinism (p.348)
自我效能感　self-efficacy (p.357)
自我调节　self-regulation (p.350)

第十四章

行为主义/社会学习流派：相关研究

一、性别角色行为的个体差异

二、攻击性的观察学习

三、习得性无助

四、控制点

五、小结

行为主义者常常被描绘成冷漠的、数据取向的科学工作者，他们关心老鼠压踏板的次数超过关心生活中的人。的确，这些研究者通常会去记录实验细节，解决理论问题，这些对外行人有些过于神秘，但如果说他们忽视人的因素和改进人类条件的目标，未免有些不公平。即使斯金纳所做的大多数研究是针对老鼠的，但他撰写的著作却广泛地涉及我们怎样才能利用从动物实验中得到的信息，来克服当今社会面临的诸多困难。这种思想可以从本章对四个研究课题的回顾中看出来。每个问题都谈到了一些社会问题或个人生活方式问题。

第一，过去几十年，社会对男性和女性的期望经历了大量的重新评价和变化。越来越多的女性放弃了传统的性别角色，在商界和政府部门承担重要职位。一些男人也在尝试非传统的男性角色，例如承担起抚养孩子的责任。要想理解我们为什么做出某些与性别有关的选择，就需要考察操作性条件反射和观察学习怎样影响了这些选择。我们将了解这些过程，以及男性化和女性化的个体差异。

第二，由于美国社会至今存在的暴力问题，很多心理学者关注攻击模仿对象对攻击行为的影响。班杜拉的观察学习模型有助于解释这一过程。我们将了解相关研究，以及媒体暴力是怎样影响受众行为的。

第三，把动物研究结果用于人类，是行为主义人格理论的典型特点。习得性无助是这类应用中尤其富有成效的例子。对狗在经典条件反射实验中的一些令人惊讶的观察，使研究者建立了有关成年人的抑郁和适应的意义的理论。

第四，我们将了解罗特的社会学习理论中的一个问题。控制点的个体差异已成为大量人格研究的焦点。这些研究的一些发现告诉我们，人的期望与幸福感和身体健康之间有何关系。

一、性别角色行为的个体差异

我想描述一下我的两位朋友。第一位非常关心人且富有爱心。这位朋友从未忘记过我的生日，对我的需求和心境很敏感，是我想聊天时第一个要找的人。这位朋友相信我，不怕跟我分享私密情感。我的另一位朋友正走在成为商界领袖的路上。这位朋友知道，怎样在必要的时候更果断，怎样直言不讳地表达意见，怎样让别人去做公司需要的事情。和我描述的第一个人不同，此人有时难以与他人建立亲密关系或分享情感。我从未见这位朋友哭过。

你一定会想象，前者是位女性，后者是位男性，虽然我并没有指明二人的性别。如果真是这样，也并不意味着你容易受骗或是性别歧视者。它反而表明，你意识到我们社会影响两性行为的性别成见。传统的性别成见把男人描绘成攻击性的、独立的、不易动感情的人，而女人是被动、依赖和柔情的人。近来有许多人撰文指出了这种性别角色的变化，男人们被告知，男人表露情绪完全没问题，女人则被鼓励做果断和理性的人。近年来某些性别限制虽有所放松，但性别角色仍是我们文化的一部分。

为什么女人有女人的行为方式，男人有男人的行为方式？两性之间的生物差异自然起作用，但行为主义者和社会学习理论家却指出了持续终生的性别角色社会化过程。儿童和成人主要是通过操作性条件反射和观察学习，才获得并保持了符合性别的行为。你可以看到，当幼儿出现不符合性别的行为时，操作性条件反射的作用。男孩们常常对哭、玩娃娃或者喜欢烹调和缝纫等行为互相嘲笑。同样，小朋友们会取笑那种像假小子似的女孩。男孩会因为玩橄榄球、在别人想把他们推倒时站稳脚跟，而受到同伴的钦佩和父母的赞许。女孩则因为喜欢照顾婴儿和打扮得漂亮而受到夸奖。

当你意识到，这种操作性条件反射开始得有多早，你就会理解，改变这些行为方式有多难。甚至在儿童会说话之前，父母跟女儿说话与游戏的方式已经跟对待儿子不同 (Clearfield & Nelson, 2006)。几位研究者在头生儿子和女儿出生24小时后，访谈了孩子的父母 (Rubin, Provenzano & Luria, 1974)。父母们对女儿的评价是，比男孩更温柔、好看、娇小，但不如男孩专注。女儿还被描述为漂亮、可爱、聪明伶俐。其实，新生儿在体重、身长和一般健康测量上没有差别。

几位研究者考察了父母给年龄小于25个月的男孩和女孩选择的玩具 (Pomerleau, Bolduc, Malcuit & Cossette, 1990)。女孩比男孩更可能得到娃娃和玩具家具，男孩更可能得到运动器械、工具和汽车或卡车玩具。不出所料，女孩更多地穿粉红色衣服，男孩则是蓝色衣服。在另一项研究中，研究者在圣诞节前，询问小学生希望得到什么，并在圣诞节后询问他们实际得到了什么 (Etaugh & Liss, 1992)。多数儿童想要的是传统上与他们的性别相符的玩具，他们大多也得到了这些玩具。但是，很少数儿童向父母要了与性别不符的玩具。这些男孩和女孩得到他们想要的玩具的可能性要小得多。许多父母不给女儿买橄榄球，而不管女儿多想要橄榄球。

多数小女孩都会偶尔玩"化妆"游戏。女孩在分清了什么是女人而不是男人该做的事之后，会穿上妈妈的衣服，戴上首饰并且化妆。我们别指望小男孩会模仿这种行为。

出生后用不了几年，关于男孩和女孩应该以不同方式行动的信息就会传递给儿童。儿童进入幼儿园时就已知道了社会的性别角色期望 (O'Brien et al., 2000; Vogel, Lake, Evans & Karraker, 1991)。一项研究考察了幼儿园的男孩和女孩在自由游戏时对传统"男孩"玩具（工具）和"女孩"玩具（碟子）的选择 (Raag & Rackliff, 1998)。多数儿童不但选择了传统上与其性别相符合的玩具，而且多数男孩说，他们的爸爸不让他们玩女孩的玩具。在另一项研究中，研究者告诉幼儿，另一性别的儿童"真的喜欢"某个玩具 (Martin, Eisenbud & Rose, 1995)。在得到这个新玩具后，男孩和女孩都说他们不喜欢这个玩具。总之，儿童周围的父母和同伴随时会奖励他们的符合性别的行为，惩罚不符合性别的行为。

性别角色行为还可以通过观察学习获得。通过观察父母、邻居、姐妹、玩伴和电视人物，儿童学会了哪些行为是被期望的男性行为，哪些是被期望的女性行为。在儿童很小的时候，父母是最有影响力的模仿对象，这可以解释为什么人们的性别角色行为与他们的母亲或父亲相似 (Jackson, Ialago & Stollak, 1986)。以后，儿童更可能从朋友那儿得到关于恰当和不恰当行为的提示。

然而，情况并非是男孩仅模仿男性模仿对象，女孩只模仿女性模仿对象。

相反，儿童必然先注意到，某个行为更多地表现在某一性别而不是另一性别的人身上 (Bandura & Bussey, 2004; Bussey & Bandura, 1999)。儿童可能意识到，干技术工作的大多是男人，而女人很少。需要修理家电设备时，爸爸会放在心上。所有的汽车修理工好像都是男人；电视节目里如果有人使用改锥、扳手，几乎总是男人。儿童可能会得出结论：男人因为修理汽车而得到奖赏，女人则不会。因此，男孩去摆弄机械类的东西，以期待奖励，女孩则干别的事情。这时，操作性条件反射就进入了儿童的游戏，如父亲看到儿子对汽车感兴趣，会赞赏他，但是当女儿请爸爸帮忙给汽车换机油时，爸爸会大笑起来。

（一）男性化—女性化

人的一生都通过操作性条件反射和观察学习而社会化，在此之后，我们就不奇怪，为什么多数成年男人和女人会以符合性别的方式行动。但是，假如你用几个小时对你遇到的人进行有目的的观察，将会证实人的行为的男性化和女性化程度存在着巨大的个体差异。虽说男人通常比女人更具攻击性和独立性，但也有不少例外。同样，要寻找不符合性别固有印象所说的柔情、情绪化、敏感等特质的女人也不困难。

像研究其他个体差异一样，人格心理学者对查明、测量并描述人们典型的性别角色行为方式很感兴趣。很遗憾，研究者在这些特质的名称上意见并不一致。最初，心理学者使用了术语**男性化**和**女性化**。以符合男性传统角色期望方式行事的男人，就被归为男性化的人，而以符合女性的传统角色期望方式行事的人，就是女性化的人。一些心理学者辩称，我们应该用更专业而非情绪性地贴标签的术语来代替这两个词。特别应该指出，有些研究者喜欢用能动性 (agency) 和共享性 (communion) 这两个术语 (Helgeson, 1994; Spence, 1993)。能动性指独立、果断和控制，与男性化大体相同。共享性指依恋、合作和人际联系，与女性化类似。但是，因为很多研究者还在继续使用男性化和女性化这两个术语，因此本书也将使用这两个词。

早期编制的用于测量性别角色行为个体差异的量表基于两个假设。第一，男性化和女性化特征表示一个连续体的两个极端位置。如表14.1所示，男性化和女性化是对立的。一个人越趋向某一端，就越远离另一端。每个人都处在这一连续体上，非常男性化和非常女性化的人位于两个极端，两种特征都有但每种特征都不太多的人处于中间位置。

第二个假设是，人们的性别角色行为越符合其性别的固有印象，其心理就越健康。男性化的男人和女性化的女人被认为适应良好。但是，如果一个男人有很多行为是社会上所说的女人方式，或一个女人有很多行为符合男性固有印象，就被认为有适应问题。明尼苏达多相人格调查表的基本分量表中，有一个就是男性化—女性化分量表。最初，研究者认为，对某种性别来说，在这个量表上的错误端得分过高，是心理失调的指标。

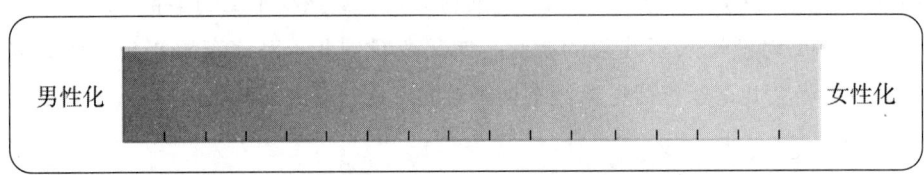

▶ 图 14.1 传统的男性化—女性化模型

（二）双性化

研究者很快发现了男性化—女性化模型存在的几个问题 (Constantinople, 1973)。作为回应，这些心理学者提出了一些测量和确定性别角色行为的新方法。其中最有影响的方法被称为**双性化**模型 (Bem, 1974, 1977)。近年来，随着社会越来越关注女性问题，双性化模型引发了对性别角色问题的探索。这一模型首先反对男性化和女性化是同一连续体两端的观点。相反，男性化和女性化被看作两个独立的特质。人们可能在两个特质上都得高分，或仅在一个特质上得高分，或两个特质得分都不高。由于这两个特质是独立的，因此在男性化上得分高不能说明此人的女性化如何。

大量研究支持了把男性化和女性化看作独立概念的观点。例如，研究者发现，女人在过渡到中年期时，其男性化和女性化程度都会增强 (Kasen, Chen, Sneed, Crawford & Cohen, 2006; Strough, Leszcznski, Neely, Flinn & Margrett, 2007)。如果男性化和女性化是同一维度的对立两极，就不可能出现这种情况。

双性化模型还向一种假设提出了挑战，即一个人的性别应该和他/她的性别角色类型相匹配。该模型的提出者认为，适应最好的人是同时具备男性化和女性化的人，即双性化的人。根据这一观点，仅仅男性化或仅仅女性化的人缺乏表现出适应行为的能力。在要求做出男性化反应的情境，如维护人的权利或承担群体领导者时，男性化的人做得很好。但在需要以传统女性行为方式行事，如表现出同情或敏感性时，他们就难如人意。一个适应良好的人必须具有一定的灵活性，当情境要求男性化时就表现出男性行为，适当的时候又要表现出女性行为。

于是，心理学者编制出可分别测量男性化和女性化的量表 (Bem, 1974; Lenney, 1991; Spence, Helmreich & Stapp, 1974)。把每个量表的中数当作分界点，研究者可以把人们归于四种性别类型之一，如图 14.2 所示。男性化和女性化得分都高的人被划分为双性化的人。在一个量表上得分高但在另一量表上得分低的人分别属于男性化或女性化两种类型。在两个量表上得分都低的人则被归为无差别型。

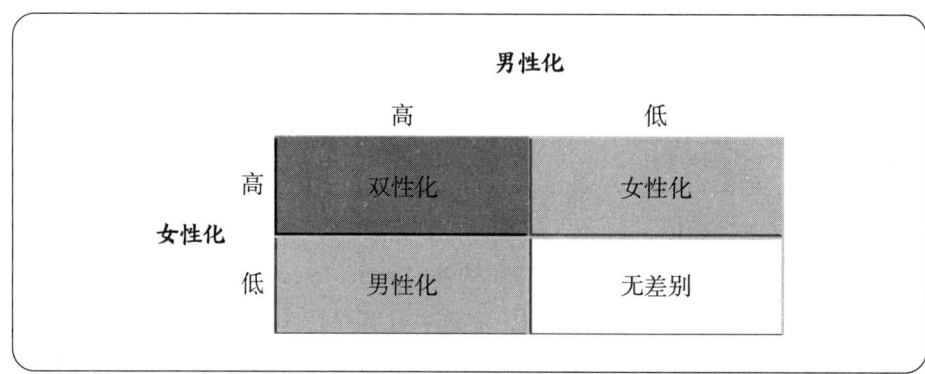

▶ 图 14.2 双性化模型

（三）性别类型与心理健康

双性化模型来源于一种观念，即同时拥有男性化和女性化特征，对心理健康很重要。但是，这种假设是怎样得到研究检验的呢？除了双性化模型，研究者还提出并检验了另外几种对性别类型和心理健康之间关系的解释。

第一种解释是传统的一致性模型 (congruence model)。按照这种解释，典型男性化的男性和典型女性化的女性适应得最好。虽然这种观点反映的是保守态度，甚至有性别歧视之嫌，但这种情况确实存在。请想想，在要求男人和女人表现出与性别相符的行为方面，社会加在他们身上的压力有多大。对那些从这样的社会化走出来，但没有形成社会要求的性别类型的人，我们能下什么结论？也许他们只是摆脱了社会加给他们的束缚。但是不要忘记，对适合性别行为的奖励与惩罚，从儿童期就已开始并持续到成年期。在生活当中，社会自然而然地给男性化的男人和女性化的女人以赞赏，但是男性化的女人和女性化的男人则面临拒绝甚至嘲笑。因此，我们可以预期，性别一致性高的人是快乐和满足的。虽然这种推理有些道理，但是研究者很少得到对一致性模型的支持 (Taylor & Hall, 1982; Whitley, 1983)。

第二种解释是**男性化模型** (masculinity model)，它认为，男性化是心理健康的关键。在拒绝这种宣扬男性化的观点之前，来看看我们的社会一直以各种方式推崇和赞赏传统上符合男性和男性化的特质吧。按照传统观点，男人独立，女人依赖。男人是领导者，女人是被领导者。既然如此，符合男性角色的人比不符合男性角色的人更有作为，自我感觉更良好，就顺理成章了。女性没必要放弃自己的女性特征，到传统上由男人把持的商界去出人头地，但她们可能需要一些传统的男性化特征来取得成功。

一些研究支持了男性化模型 (Cheng, 1999; Marsh, Antill & Cunningham, 1987; O'Heron & Orlofsky, 1990; Orlofsky & O'Heron, 1987; Roos & Cohen, 1987)。由于男性化的人更可能采用直接的问题中心策略，跟男性化程度低的人相比，他们能更好地应对压力 (Helgeson & Lepore, 1997)。在一项研究中，男性化的男人与其他鳏夫相比，能更好地应对妻子去世和随后的生活变化 (Bowers, 1999)。具有男性特质的女人，在影响别人、获得她们想得到的东西方面做得更好，而且她们比多数女人更不容易产生无助感和抑郁 (Sayers, Baucom & Tierney, 1993)。在考察性别类型与自尊之间的关系时，发现了对男性化模型的最强支持 (Whitley, 1983)。具备传统男性化特征（如追求成就、体格健壮、强有力）的人们往往自我感觉良好。

第三种解释基于双性化模型 (androgyny model)。根据这种观点，在其行为宝库中缺少男性化或女性化行为的人，往往不能自如地应对他们所遇到的各种情况。无论男性还是女性，只要缺少像决断力和果断性这样的男性特征，都不容易在成就情境中取胜。同时，不善表达情感的人，则难以建立良好的人际关系。只有双性化的人才能在事业进步的同时，与朋友、家人和睦相处，共享闲暇时光。

几项研究支持了这个双性化理论模型 (Bem, 1975; Bem & Lenney, 1976; Bem, Martyna & Watson, 1976; Cheng, 2005; Lefkowitz & Zeldow 2006; Shaw, 1982; Stake, 2000)。在照料婴儿时，女性化和双性化的人会比男性化的人表现出更恰当的抚育行为。女性化的人容易因为别人观点而动摇，但男性化和双性化的人则能更好地顶住从众的压力。只具有男性化或女性化特征的人，在面对压力情境、采取行动和向他人寻求安慰都有好处时，往往做得较差。

但是从总体上看，对双性化模型的支持是不一致的。很多研究显示，双性化的人具有出众的适应能力，但另一些研究则未发现这一点 (Taylor & Hall, 1982; Woodhill & Samuels, 2004)。虽然双性化的人可以准备充分地应付各种情境，但不能总是把这理解成心理健康和高自尊的意思。

我们由此能得到什么结论？第一，几乎没有研究支持一致性模型。第二，有些不一致的结果可能由测量男性化和女性化的方法所致。例如，在这些研究中被广泛使用的贝姆性别角色调查表 (Bem Sex Role Inventory)，让人们用 20 个男性化形容词和 20 个女性化形容词来描述自己。遗憾的是，量表中的男性化形容词比女性化形容词更符合社会赞许 (Pedhazur & Tetenbaum, 1979)。这使那些用更令人赞赏、更积极的男性化形容词（如自立、雄心勃勃）描述自己的人，比那些用女性化形容词（如轻信、害羞）描述自己的人有更强的自尊。第三，健康人格的某些方面，如应对压力和追求成就，似乎与男性化有关；而在另一些方面，如建立良好的人际关系，则与男性化无关 (Marsh & Byrne, 1991)。性别角色行为的个体差异显然在某些方面与心理健康有关。但二者究竟有何联系，仍有待进一步研究。

（四）性别类型与人际关系

如果你想找个人谈谈自己的个人问题，你会找什么人，是男性化的、女性化的、双性化的人，还是一个未分化的人？你喜欢什么样的朋友？什么样的情侣？广告和电视通常把男性化的男人和女性化的女人描绘成最理想的爱情伴侣。为了让自己显得更女性化或更男性化，美国人把大笔钱花在化妆品和健身器材上。但这是通向完美关系的道路吗？一些研究表明，情况并非如此。

要考察人们对不同性别类型做何反应，一个简单方法就是问被试，怎样评价对假想的男性化、女性化、双性化和性别未分化等角色的描述。总体来说，研究者用这种方法发现，双性化角色比其他三种更受喜爱 (Brooks-Gunn & Fisch, 1980; Gilbert, Deutsch & Strahan, 1978; Jackson, 1983; Korabik, 1982; Kulick & Harackiewicz, 1979; Slavkin & Stright, 2000)。在一项研究中，大学生们说，双性化的人比使用男性化、女性化及未分化的形容词描述的角色更受欢迎、更有趣、适应更好、更有能力、更聪明、更成功 (Major, Carnevale & Deaux, 1981)。当研究者让大学生说出自己希望的假想情侣的长处，结果男生、女生都偏爱双性化的人 (Green & Kenrick, 1994)。

但是，对假设人物的这些印象可以直接转化成实际行为吗？为了回答这个问题，几位研究者设计了四种类型的男女配对：一个男性化男人和一个女性化女人、一个双性化女人和一个男性化男人、一个女性化女人和一个双性化男人、两个双性化的人 (Ickes & Barnes, 1978)。研究前男女双方互不相识，让他们两个人留在房间一起待 5 分钟。被试可以自由交谈，或默默地坐着等待。他们的行为用隐藏的摄像机录制下来，用于以后的评价。然后，让被试评价他们是否喜欢双方的互动。如图 14.3 所示，男性化男人—女性化女人配对组最不喜欢他们的互动。录像分析表明，这些男女配对较少互相交谈，较少互相看对方，很少使用身体语言，微笑和大笑也少于其他三个组。

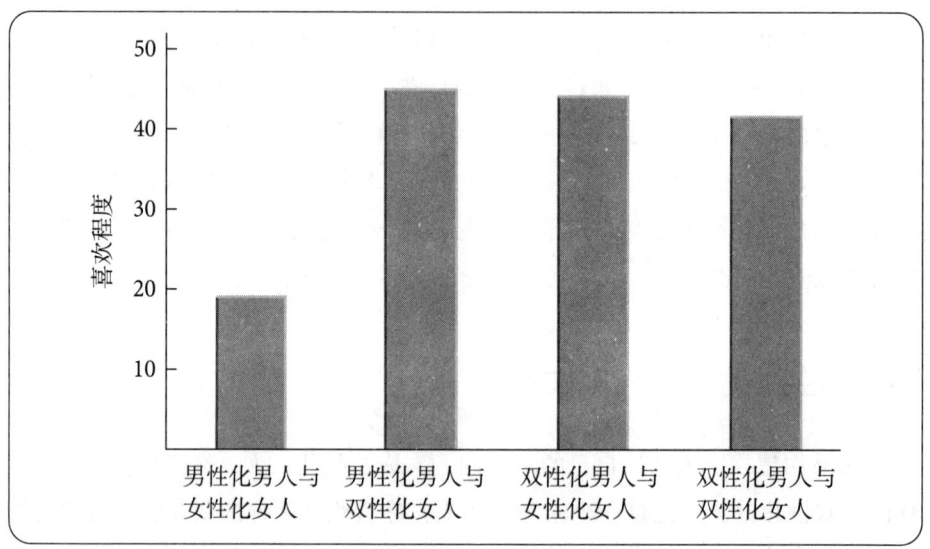

▶ 图 14.3 在 5 分钟互动中各种组合的男女平均喜欢程度得分。

来源："Boys and girls together—and alienated: On enacting stereotyped sex roles in mixed-sex dyads," by W. Ickes and R. D. Barnes, *Journal of Personality and Social Psychology*, 1978, 36, 669–683.

这些结果否定了男性化男人与女性化女人是理想的夫妻组合的观点。我们只需看看男性化和女性化的人的人际交往方式，以上发现的一些原因就清楚了。男性化风格强调控制、自我监控和自制，而女性化则表现为人际温情和主动表达情感。毫不奇怪，在相关的实验中，这样的组合没有良好的互动 (Ickes, 1993; Ickes, Schermer & Steeno, 1979; Lamke & Bell, 1982)。

但是长期关系的情况如何？也许在最初的尴尬之后，一个男性化男人和一个女性化女人经过相互了解，情况就会好转。但没有证据支持这种观点。研究发现，与具有女性化特征的人结婚的人们，其关系满意度最高 (Antill, 1983)。就是说，拥有女性化或双性化配偶的人，会对夫妻关系感到满意。和一个缺乏女性特征的人（男性化的或未分化型的伴侣）结婚，是不幸福婚姻的指标。在异性同居者、男性同性恋和女性同性恋伴侣中也发现了与此相同的模式 (Kurdek & Schmitt, 1986)。

为什么女性化和双性化的人是人们偏爱的伴侣？研究发现，原因至少有三个。第一，我们看看构成女性化特质的特征。在女性化量表上得分高的人是柔情、有同情心、对他人需要敏感的人。女性化的人善于表达自己的情感，也善于理解别人的情感。当我们想找人谈话时，理所当然地会找这样的人。第二，双性化的人更善于察觉并表达爱情 (Coleman & Ganong 1985)。他们既具有亲密关系所需的敏感性和理解力，又具有做成一件事所需的果断性和敢冒险品质。与表达能力强、敏感性强的人结婚的人们报告了对婚姻关系的最高水平的满意度 (Bradbury, Campbell & Fincham, 1995; Zammichieli, Gilroy & Sherman, 1988)。因此，双性化的人可能是最好的恋人。第三，由于女性化和双性化的人善于沟通，因此他们更善于解决问题，避免不必要的争执 (Voelz, 1985)。他们对伴侣的情感和需要更敏感，更善于表达自己的情感，所以，和缺乏这些品质的人相比，他们的生活可能更和谐 (Aube, Norcliffe, Craig & Koestner, 1995)。

（五）过度共享

当以关照和爱的方式与他人互动时，女性化的人显然具有优势。但是，如果我们把这种特征发挥到极致，会怎样呢？想象有一位女士，她不仅对别人的困难很敏感，而且让她自己的需要服从于周围人的需要。有没有这种可能，因为过分关心别人，而无法关心自己了呢？

这些问题使一些研究者把共享 (communion) 与**过度共享**加以区分 (Helgeson, 1994)。共享——以同情、关心的方式与别人互动——是一种积极的特征。而在过度共享上得高分的人，对别人的关心到了牺牲自己需要和兴趣的地步。一个高过度共享的女人可能把自己的受教育与职业抱负放在一边，全心全意地关注丈夫、子女和朋友的需要。与过度共享相关的，还有以下特征：很难建立自信，害怕表达出可能导致冲突的情感，容易被人利用等。

忽略个人需求可能要付出沉重代价。过度共享得高分的人往往在心理健康和自尊上得低分 (Aube, 2008; Fritz & Helgeson, 1998; Helgeson & Fritz, 1999; Saragovi, Koestner, Di Dio & Aube, 1997)。这些人根据别人看待他们的方式看待自己的个人价值 (Fritz & Helgeson, 1998)。因此，像第十二章讨论的那样，他们的自我价值感很脆弱，容易受到自己无法控制事件的伤害。毫不奇怪，研究者发现，过度共享与抑郁测量得高分相关 (Helgeson & Fritz, 1999)。一位研究者选择了一组过度共享的男人和女人，在他们 31 岁时进行了测量 (Aube, 2008)。等到这些被试 41 岁时，再次找到他们，并对他们的抑郁水平做了评估。无论男性还是女性，在过度共享上的高分都可以预测 10 年后较高水平的抑郁。由于女性比男性更可能陷入过度共享,所以这些结果提示了女性抑郁得分较高的一个原因。

当面临健康问题时,与过度共享有关的问题显得尤其明显 (Helgeson & Fritz, 2000)。过度共享得高分的人,在需要自我关注时,可能会忽视自己的需要。对改进他们健康所需的休息、正常进餐、参加康复课程和其他事情可能因为照顾家人而退居次要地位。在一项研究中,被诊断患乳腺癌的女性其过度共享与较差的心理与身体健康相关 (Helgeson, 2003)。另一项调查发现,患风湿性关节炎且过度共享得高分的女性,和病情相同的其他患者相比,心理上更痛苦 (Danof-Burg, Revenson, Trudeau & Paget, 2004)。一个研究组考察了被诊断为糖尿病的青少年对疾病的反应,这种病要求良好的自我监控和治疗 (Helgeson, Escobar, Siminerio & Becker, 2007)。这些青少年高水平的过度共享可以预测确诊一年后较高的抑郁和焦虑。总之,富于同情心,善于照顾别人是好的,但是有时候,人们需要多多少少照顾一下自己。

二、攻击性的观察学习

2009 年 5 月 25 日,一名 17 岁的男孩在曼哈顿星巴克咖啡店外引爆了一颗炸弹。这个男孩被捕几周后交代,他打算进行一系列的袭击。他在辩词中说,他只是模仿他喜欢的布拉德·皮特在影片《搏击俱乐部》(Fight Club) 中饰演的角色。这只是与暴力影片相关的长长的暴力犯罪链条中一个较新的事件。要给这种事件列清单,须回到很多年前。在这个清单上,导致了悲剧的模仿对象有很多。1997 年 12 月,一名 14 岁的男孩携带 5 支枪进入他所在的肯塔基中学。他朝正在参加祈祷会的同学开枪,3 名学生被打死。事后,这个男孩说,他是在模仿电影《篮球日记》(The Basketball Diaries) 中的一个场景。1991 年 7 月,动作片《恶棍波依兹》(Boyz 'n the Hood) 在全美上映。尽管影院规定要保持安静,但有些电影院成了真实暴力事件的现场,其中包括几起枪击事件。影片上映的第一天有 35 人受伤,在芝加哥有一名男子被杀。1981 年五月,约翰·辛克利企图暗杀罗纳德·里根总统。调查者后来得知,辛克利在刺杀总统之前曾几次观看动作片《的士司机》(Taxi Driver)。影片描写了一个男子的生活经历,他爱上了由朱迪·福斯特扮演的一个年轻妓女,他后来曾经想枪杀一位总统候选人。调查表明,辛克利也被朱迪·福斯特强烈地吸引住了。

这些事件都是班杜拉的社会学习理论广泛研究的一个问题的惨痛例子，即模仿对象的攻击与模仿者表现出来的攻击之间的关系。研究不仅证实了人们如何通过观察模仿对象学习到各种行为，而且对媒体暴力提出了严重质疑。

（一）班杜拉的四步骤模型

如你们所知，几十年的研究证明，看到过攻击性模仿对象的人有时会模仿攻击行为。在回顾这些研究之前，有一个观点要说。任何看过电视或者偶尔去看电影的人（像我们一样）无疑都看到过一些谋杀、斗殴、枪击之类的场面。但是，我们大多不会一离开电视机或走出影院就去寻找一个牺牲品。显然，仅仅看到攻击性模仿对象，不足以使我们成为喜欢暴力的人。那么，为什么人们有时会模仿攻击行为，而大多数时候不模仿呢？

研究表明，儿童通过模仿攻击性模仿对象学会攻击行为。儿童玩枪时表演的攻击行为，就是这一过程中的一个步骤。

班杜拉（1973，1986）对这一问题做出了回答。他的解释是，观察学习和行为表现由相互联系的四个过程组成。人们在接触使其做出攻击行为的攻击场面之前，必须走过四个步骤。人们必须注意攻击行为，记住攻击信息，把见到的行为表现出来，并预期奖励会随之而来。幸好，多数时候环境会防止人们走完这个完整过程。遗憾的是，有时候，有人走完了。我们来详细看看这一过程的四个步骤。

第一步，要进行观察学习，人必须注意模仿对象的明显特征。我们可以整天坐在电视机前看暴力节目，但是，除非我们关注那些攻击模仿对象，否则就很少或不会对我们造成影响。常看电视的儿童，会看到电视角色挥拳打向别人的脸或者枪击的很多场面，其中只有那些最生动、最惊人的动作才能抓住他们的注意力。一项研究中的儿童只模仿榜样的非常用力的动作 (Parton & Geshuri, 1971)；强度较小的动作显然不能抓住儿童的注意力。观看者的心理状态也可能使他们更注意攻击行为。在一项研究中，儿童在受挫时更可能去注意攻击性模仿对象 (Parker & Rogers, 1981)。这一发现再次证明了第六章讲到的挫折与攻击之间的关系。

第二步，在注意到攻击行为之后，人们还必须记住模仿对象行为的信息。你可能已经记不起几周前在电视上看到的任何一个攻击行为了，除非那个行为非常扣人心弦。如果你记不住攻击模仿对象的行为，就无法模仿这个榜样。遗憾的是，虽然我们见过的多数攻击行为会很快淡出记忆，但不是所有的都这样。练习和心理预演会使这些行为在我们心里保持鲜活清晰。对于玩枪和塑料打斗玩具的孩子，攻击角色的动作会长久地留在他们的记忆中。

一项研究以一、二年级儿童为被试，证明了这种回忆的重要性 (Slife & Rychalk, 1982)。研究者先问儿童，他们对录像片里每一个攻击动作的喜爱程度，然后询问儿童，在攻击模仿对象使用的玩具中，最喜欢哪一个。之后，像班杜拉的经典研究那样，观察儿童在一个房间里玩 5 分钟，里面放着模仿刚看过的攻击行为所需的所有材料。如图 14.4 所示，儿童最可能模仿他们喜欢的攻击动作，特别是用他们喜欢的玩具表现出来的攻击动作。研究者认为，这些都是儿童记住的动作。这一结论有助于解释，为什么研究中的男孩比女孩更具攻击性：他们喜欢并能回忆起更多的攻击行为。

第三步是表现。在观察学习过程中，人必须把看过的行为付诸表现。我们还记得，班杜拉曾把学习和表现加以区分。我们不把每个见过并记住的攻击行为付诸实施，原因之一是，我们没有这样做的能力。即使我们看过多部成龙主演的电影，也很少有人能够模仿一位武术冠军的行为。我们还必须有机会表现出这些动作。我可能还记得在电影里多次看到如何举枪、开火。但是因为我没有机会摸到枪，而且因为我希望自己永远不会面临一个使用枪支的情境，因此，举起一把手枪朝别人射击只是我学到的行为，但我可能永远不会表现出来。

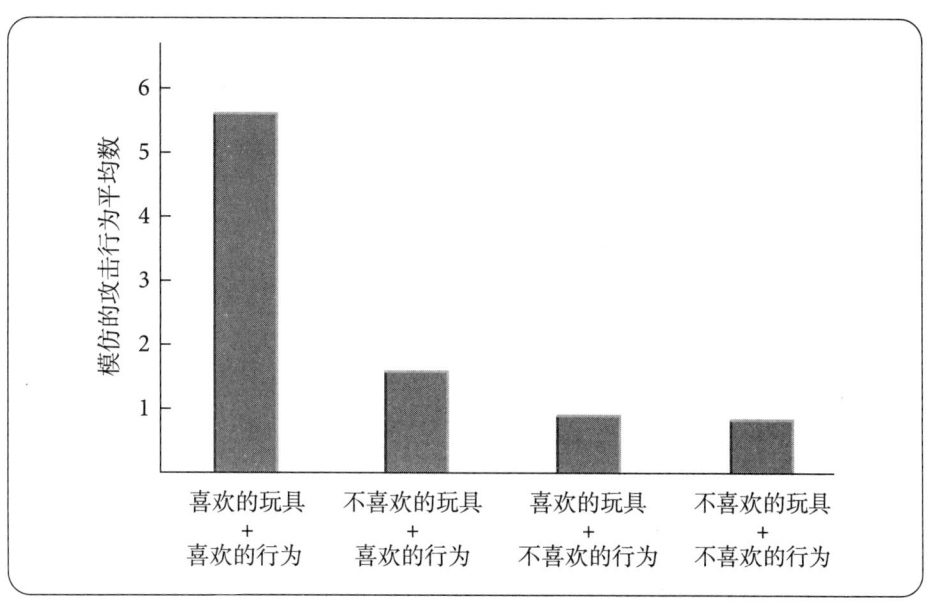

▶ 图 14.4 儿童模仿的攻击行为平均数

来源："Role of affective assessment in modeling aggressive behavior," by B. D. Slife and J. F. Rychlak, *Journal of Personality and Social Psychology*, 1982, 43, 861-868.

第四步，预期攻击行为将带来奖励，而不是惩罚。一项对小学生的研究发现，特别吸引攻击性男孩的，是他们看到的攻击带来的积极结果，比如，控制了其他儿童 (Boldizar, Perry & Perry, 1989)。这些男孩却不关心可能的消极结果，如可能导致或实际被同学拒绝。

攻击性儿童的这些预期从何而来呢？如前一章所述，我们不仅从模仿对象身上学到了怎么做，还学习到模仿之后在我们身上将发生什么事情。如果一个攻击性模仿对象被称为英雄并受到赞扬，我们也会期待自己因为相同行为而受到奖赏。如果模仿对象被逮捕或者被攻击性更强的人伤害，我们可能会预期受到惩罚。通过观察同年龄或稍年长儿童，攻击型儿童一般能知道预期的后果会怎样 (Huesmann, 1988; Huesmann & Guerra, 1997)。如果一个年长儿童通过推打别人而得到想要的玩具或先击球的权利，这些行为就有了被模仿的好机会。相同道理，如果父母因为孩子打架就体罚孩子，就等于告诉孩子，更大更强壮的人可以为所欲为，这就是为什么与体罚相关的是儿童攻击行为的增多，而不是减少 (Gershoff, 2002)。

人们更可能模仿被认为有正当理由的攻击行为 (Paik & Comstock, 1994)。儿童更可能模仿一个为民除害的超级英雄，而不是残暴自私的超级恶人。儿童看到恶人遭到了惩罚，但是也看到了好人的攻击行为受到赞赏。遗憾的是，在多数场合，人们都相信，冲突中的自己一方是对的、正义的。所以，像超级英雄一样，暴力似乎是解决问题的好办法 (Smith & Donnerstein, 1998)。这个结论引出了下面的话题：媒体暴力的影响。

（二）媒体暴力与攻击行为

哪怕你看一小段电视，都会发现，普通美国人几乎每天都要看到大量的攻击行为。几十年来，心理学者和其他专业人士一直担心，长期接触刺杀、枪杀、打斗等场面，对观看者，尤其是儿童会造成怎样的影响。虽然现在这种行为可能是超级英雄用激光电流杀死太空怪兽，而不是银行盗贼被警长持枪射出的子弹击倒，但是有人估计，美国儿童在小学毕业前将会看到大约 8000 次谋杀和超过 10 万次其他暴力行为 (Smith & Donnerstein, 1998)。而且情况一直没有好转。研究显示，当前在电视黄金时段出现的暴力甚至比过去更多 (Bauder, 2005)。

像本节开头引用的例子一样，一些令人信服的真实事件表明，看过媒体暴力的人此后会模仿这样的行为。但是，我们不能根据这些例子下结论说，观看攻击行为真的会导致观看者的攻击行为。约翰·辛克利如果没有看影片《的士司机》，可能表现出其他暴力行为，这是可能的。毕竟数以百万的人看过这些影片，但没有表现出攻击行为。虽然很多人认为，在这些例子中，难以否认观看攻击行为与表现攻击行为之间的关系，但这些例子只能为二者之间的关系提供微弱的证据。

幸好，我们不需要依靠这些不重要的证据。研究者已经为我们提供了丰富的涉及观察攻击行为影响表现攻击行为的实验数据。这些研究大多发现，这种因果关系是无可争议的：观看攻击行为增加了表现出攻击行为的可能性，尤其是在短时间内 (Anderson & Bushman, 2002b; Bushman & Huesmann, 2001; Rriedrich-Cofer & Huston, 1986; Geen, 1988; Paik & Comstock, 1994; Smith & Donnerstein, 1998; Wood, Wong & Chachere, 1991)。这些资料多数来自有控制的实验室实验。一般情况下，是让被试观看暴力节目片段，或者观看振奋人心但非暴力的节目或影片。然后给他们提供攻击别人的机会。通常是使他们相信可以伤害别人的实施电击或给以大声噪音。几乎在所有实验中，观看暴力节目的被试都比观看非暴力节目的人表现出更多的攻击行为。

这些研究虽然给人留下了深刻印象，但还是有一些局限性。观看的影响一般是短时间的，而且由主试者提供的伤害他人的机会也是独一无二的。因此有理由怀疑，这些研究能在攻击性影片和电视节目对真实生活情境的影响的问题上，告诉我们多少东西。

为了回答这一问题，几位研究者开展了长期的现场研究，考察在实验室外接触暴力和攻击行为的影响 (Eron, 1987; McCarthy, Langner, Gersten, Eisenberg & Orzeck, 1975; Singer & Singer, 1981)。在每项研究中，研究者都用儿童在生活过程中的某一时间点观看的电视节目数量和种类，来预测以后某一时间的攻击性。像实验室研究一样，这些研究也发现了重要的证据表明，在儿童和成年人中，观看大量的攻击性电视节目会导致较多的攻击行为。

一组研究者在开始研究时，先考察了一组 8 岁儿童看电视的数量 (Eron, 1987; Huesmann, Eron, Dubow & Seebauer, 1987; Lefkowitz, Eron, Walder & Huesmann, 1977)。然后，他们等了 22 年，当这些儿童长到 30 岁时，测查了他们的攻击行为。研究者发现，儿童时期看电视的数量和 30 岁时可能会被定罪的犯罪行为之间存在显著相关。如图 14.5 所示，犯罪行为的严重性和所看电视的数量有直接关系。8 岁时看电视越多，成年时犯罪越严重。

新闻摘录　电视暴力

1951 年，电视还处于"婴儿期"，参议员埃斯特斯·科弗威尔 (Estes Kefauver) 就提出问题，这种新媒体对易受影响的儿童可能产生什么影响。从那时起，关于什么是电视节目的恰当主题的辩论一直持续至今。这场辩论的核心是暴力问题。心理学者已有充分证据显示，观看暴力场面和主题会增大观众暴力行为的可能性。随着电视在美国家庭的普及，儿童很容易看到，因此电视暴力成了一个特殊的难题。

虽然对暴力电视的异议已持续了几十年，但是近年来这个问题吸引了人们越来越多的注意。美国全国有线电视协会进行的长达 3 年的研究确证了人们对电视暴力的担忧 (Brown, 1998; Murray, 1998)。这项花费 350 万美元的研究发现，61% 的电视节目中包含着某种形式的暴力内容。心理学者也感到困扰，因为近 40% 的暴力行为是由"好人"角色干的，70% 以上的攻击者没有因他们的行为而懊悔。因此，观众经常看到这类很可能被模仿的暴力行为——由正面角色榜样表现出来并且会带来好结果的暴力行为。

专业团体、电视行业和政治领导人都参加了仍在进行的讨论。在其他专业团体中，美国儿科研究院呼吁娱乐界减少儿童能接触到的暴力场面的数量。美国国会已通过一项法令，要求所有的新电视机加装一个电子屏蔽装置，称为 V—芯片（V 表示暴力）。该装置可以让父母屏蔽掉已被识别为不适于年幼观众的过于暴力的节目。一个评估系统已经开始投入运营，它可以预先提醒父母，某节目中有不适合儿童的内容。美国卫生与公众服务部长发布的一份报告宣称，暴力电视节目是儿童攻击行为的一个重要原因。但是，近年来，电视上暴力节目的数量仍然在增加 (Bauder, 2005)。

尽管人们已达成广泛的一致意见，认为电视中的暴力过多，但是，在应该怎么办这一问题上，仍然众说纷纭。即使是最激烈的批评也不愿意干涉新闻工作者的言论自由。电视界的人士辩称，父母应负起责任，规范其子女应该看什么。另一些人担心，评价系统会导致生动的暴力行为更多地出现在被认定为少儿不宜的节目中，就像动画片制作业中所发生的。看来，现在可以肯定的是，关于电视暴力的争论将一直持续下去。

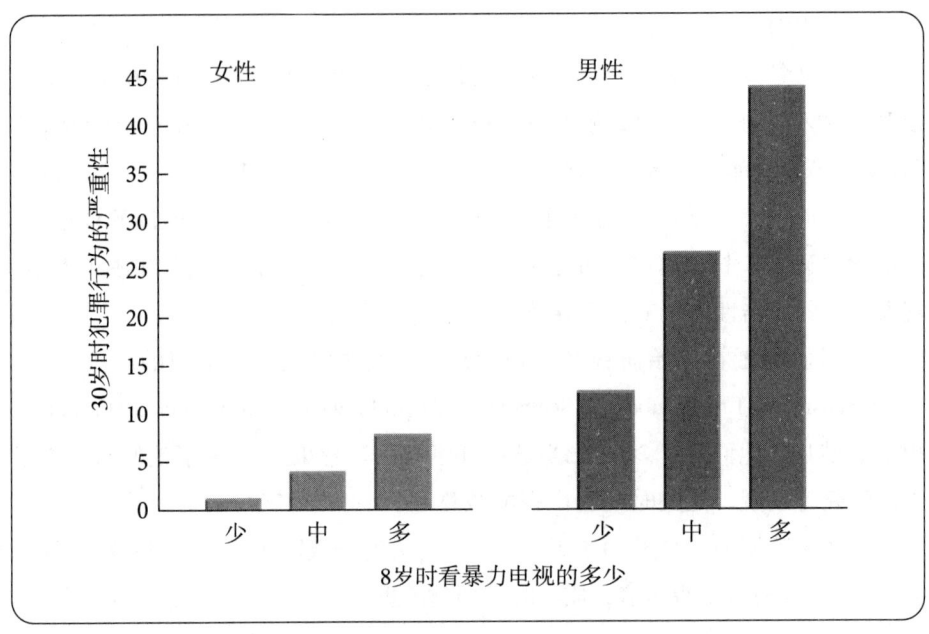

▶ 图 14.5 8 岁看电视的数量对 30 岁时犯罪行为的严重性的影响

来源：Eron (1987).

另一项研究测量了男孩和女孩在 14 岁时看电视的时间长短和后来 8 年中的攻击行为发生率 (Johnson, Cohen, Smailes, Kasen & Brook, 2002)。如图 14.6 所示，男女被试表现出了某些攻击行为（殴打、斗殴致人伤害、抢劫、携带武器犯罪）的百分比随着看电视时间的增多而显著增大。

解释这项研究有一个潜在的问题，即儿童看电视是因为他们具有攻击性，而不是出于其他原因。毫不奇怪，研究显示，攻击型的人爱看攻击性的电视节目 (Bushman, 1995)。但是，研究者用统计方法控制了儿童最初的攻击性水平，结果仍然表明，看电视会导致以后的攻击行为。另外，当研究者考虑了其他可能影响攻击行为的因素，如邻居中的暴力、儿童期被忽视和家庭收入等，仍能发现看电视与攻击行为之间的关系 (Johnson et al., 2002)。

简言之，经常看到电视上的攻击性模仿对象，显然会在短期及多年后使攻击行为增多。这种关系可以用班杜拉的观察学习模型来解释。但是，对这一模型的进一步考察显示，模仿只能解释这幅画面的一部分。许多研究发现，被试表现出来的攻击动作和被试模仿的影片中模仿对象的动作是不同的 (Geen & Thomas, 1986)。就是说，看到攻击性的动作片会增加攻击动作，但不一定是影片中表演的动作。为什么会这样呢？第十六章将谈到，从人格的认知流派借用来的一些概念，将会帮助我们把这幅画面补全。那些研究用很好的例子说明，心理学者怎样把行为流派提出的一些问题与认知流派的观点相结合，从而得到

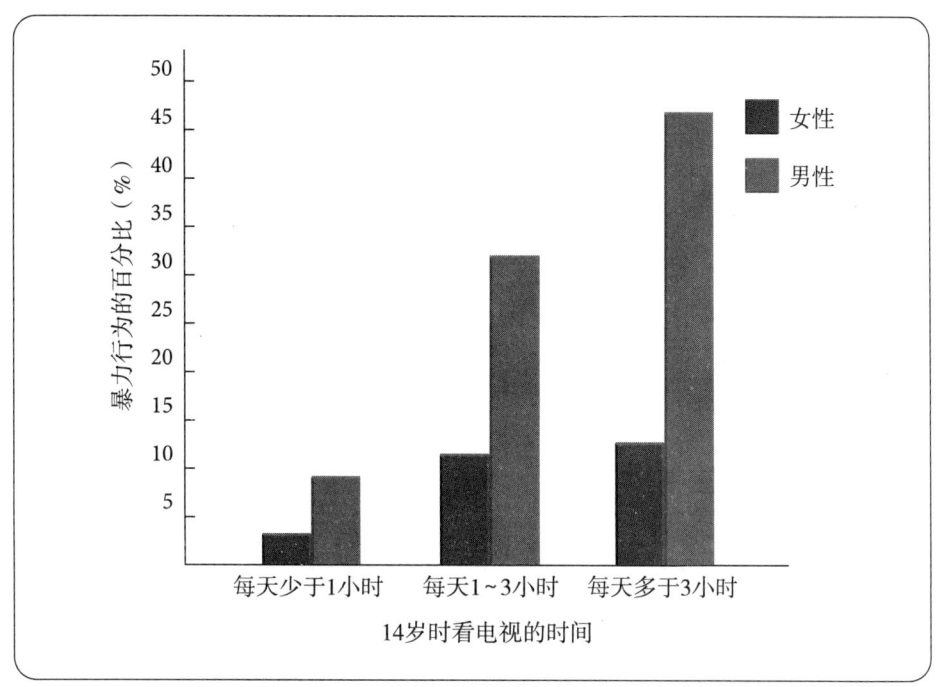

▶ 图 14.6 看电视对暴力行为的影响

来源：Adapted from Johnson et al. (2002).

对复杂问题的更深刻理解。

（三）暴力视频游戏

在过去 30 年间，视频游戏从餐馆和饭店走廊上的几台投币式游戏机，发展成为上百亿美元的产业。在此过程中，这种游戏的本质也发生了变化：变得越来越暴力，有时可以说非常暴力。暴力视频游戏的玩家杀死警察、妓女和无辜旁观者都会得到奖励。其中使用的武器有汽车、枪支、火焰喷射器和铁链，等等。在有的游戏中，玩家甚至承担着暴力大凶杀中的罪犯角色。

鉴于已知的暴力影片和电视的影响，心理学者和其他专业人员开始担忧，接触这些容易模仿的视频暴力，会有什么影响。视频游戏的两个特点导致了人们特别的担心。首先，游戏玩家不仅看到暴力行为，他们还以高度的注意力，积极投入到实际的暴力行为中。其次，所有的暴力视频游戏在设计时都是奖励暴力行为的。你杀死的暴徒、巨兽、妓女和警察越多，得到的分数就越高。这样，班杜拉发现的模仿攻击行为的必需要素——对行为的注意，通过表演得到促进的回忆，以及看到行为被奖励——都出现在暴力视频游戏中。

关于暴力视频游戏的影响，已有不少研究予以了揭示。像媒体暴力一样，这些研究得出一致结论：玩暴力视频游戏会增加游戏者的暴力行为 (Anderson, 2004; Anderson & Bushman, 2001; Anderson, Carnagey, Flanagan, Benjamin, Eubanks & Valentine, 2004)。玩暴力视频游戏的被试和玩非暴力视频游戏的被试相比，其后的即时攻击行为更多 (Anderson & Dill, 2000; Bartholow, Bushman & Sestir, 2006)。

在一项研究中，男女大学生玩赛车视频游戏 (Carnagey & Anderson, 2005)。在第一种条件下，玩家杀死行人和对手会获得分数奖励。在第二种条件下，玩家撞到其他汽车或行人会失分。在第三种条件下，所有行人都从屏幕上消失了，玩家只需要通过关卡就能得分。稍后，被试有机会以释放吵闹的噪音伤害侮辱过他的人。如图 14.7 所示，与惩罚组和非暴力游戏组的被试相比，在暴力视频游戏中获得奖励的被试释放的噪音声音更大，时间更长。

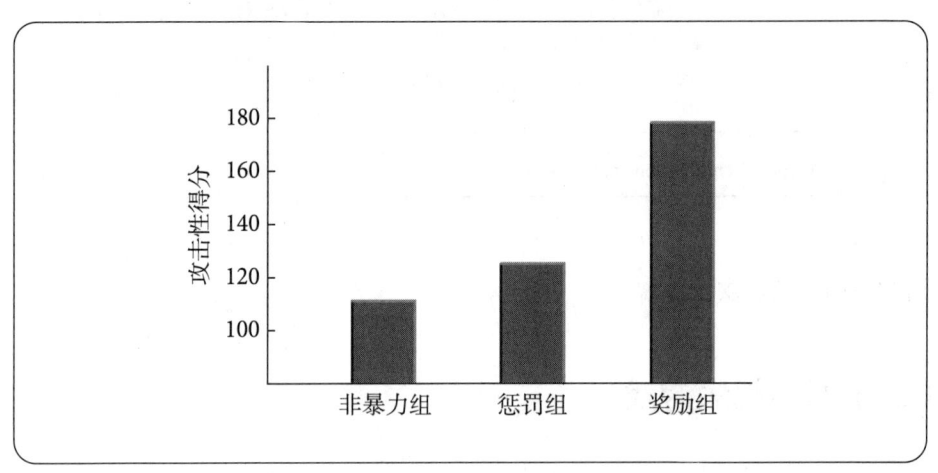

▶ 图 14.7 暴力视频游戏对攻击性的影响

来源：Adapted from Carnagey and Anderson (2005).

玩暴力视频游戏使攻击性增加，其效果一般会持续几分钟 (Barlett, Branch, Rodeheffer & Harris, 2009)。此外，游戏中的暴力越逼真，其影响就越强 (Barlett & Rodeheffer, 2009)。与班杜拉的理论一致，游戏者积极投入模仿的暴力行为，这一事实使这些游戏更令人担忧。研究证明，玩暴力视频游戏的人，比只是看别人玩的人，在游戏之后会表现出更多的攻击行为 (Polman, de Castro & van Aken, 2008)。

心理学者还考察了玩暴力视频游戏的长期影响。一项研究发现，玩大量暴力视频游戏的青少年更可能与教师争辩，斗殴行为更多 (Gentile, Lynch, Linder & Walsh, 2004)。同样，经常玩这种游戏的大学生，比起从不玩这种游戏的人，在一年后更可能表现出暴力行为，如损坏财物、打人、威胁要伤害别人 (Anderson

& Dill, 2000)。一个研究组测量了平均年龄为 13 岁的少年玩暴力视频游戏的多少，以及 30 个月后他们表现出的暴力行为 (Moller & Krahe, 2009)。研究者发现，玩很多暴力视频游戏的少年，在两年半后表现出了更多的暴力行为（打人、威胁要打人、揪头发）。总之，与班杜拉的理论以及对媒体暴力的研究结果一致，暴力视频游戏对攻击行为也有影响。

三、习得性无助

来看以下三个个案。一名妇女被解雇了，因为老板认为她的能力达不到工作的要求。经过几个星期的求职，她不断遭受挫败，最后决定干脆待在家里。她不再和朋友们出门，完全停止了她曾经喜欢的活动——跳舞、看电影、跑步。她越来越抑郁，自尊越来越低，不相信自己有能力再找一份工作。一位老人住进了一个专供老人居住的社区，护理人员告诉他，过去他必须自己做的家务琐事现在都会有专人来做。他不用再给自己做饭，打扫房间或去购物。搬进去不久，他就变得有些慵懒。他说话变少，不如以前开心，健康状况也每况愈下。一个四年级男孩的数学考试考砸了。他对以后的几次数学作业感到挫折和沮丧，最后甚至不愿尝试。他开始把精力转移到别的科目上，但是很快就对整个学校生活失去了兴趣。

这三个假设人物的共同点是：他们都是研究者称作**习得性无助**的例子。心理学对习得性无助的兴趣最初来自经典条件反射中一些狗的令人奇怪的行为，但是它很快就成为被广泛应用的概念。

（一）学习到的无助

像来自行为主义传统的许多课题一样，习得性无助的研究也开始于实验室对动物的研究。在最初的习得性无助实验中，狗被套上锁链，接受一系列的电击，但又无法躲避 (Overmier & Seligman, 1967; Seligman & Maier, 1967)。经历了几次无法逃脱电击的预实验之后，狗被放在一个逃避学习情境中。信号声一响，狗可以跳到穿梭箱的另一边位置，以躲避电击（见图 14.8）。很自然，那些没有经历过较早的电击实验的狗，在受到电击时会疯狂地乱跑，并很快就学会，只要听到信号就越过障碍，跳到安全地带。但是让研究者吃惊的是，那些有过无法逃脱电击经验的狗，在电击开始后的几秒钟里还四处跑跑，然后，它们就不跑了。一位研究者这样描述："令人吃惊的是，它躺下来低声呜咽，一分钟后，我们停止了电击；这只狗已经不能跳过障碍，也不躲避电击了。(Seligman, 1975, p. 22)"

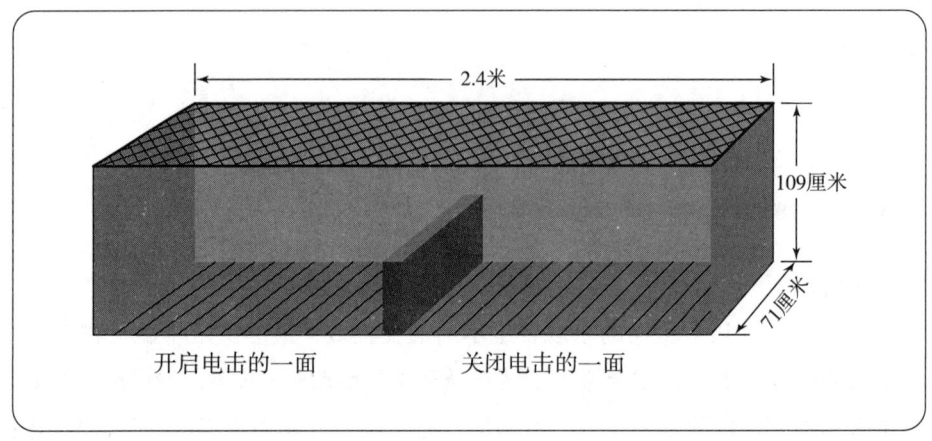

➤ 图 14.8 习得性无助实验中的穿梭箱

这些狗怎么了？研究者认为，狗已经明白它们是无助的。在无法逃脱的电击预实验中，这些狗曾经到处跑，以躲避电击，但都未得到奖励。最后这些狗学会了，它们无论做什么都不能使电击停止，只得诉诸无助感。当然，这种反应并不奇怪。它也许是对无法逃避的电击的最合理反应。当狗经受穿梭箱情境的电击，即它们能够逃避电击，问题就清楚了。用行为主义的术语来说，这些狗把它们在第一个情境中学习的东西不恰当地泛化到第二个情境中。虽然这些狗在穿梭箱里可以很容易地躲避电击，但它们却以先前学习到的无助做出反应。事实上，要让这些狗学会这种简单的反应，研究者必须动手把它们移到穿梭箱的另一边，向它们显示，电击是可以逃避的。

（二）人类的习得性无助

在证实了动物的习得性无助之后，心理学者很想知道，在人类身上是否也能发现习得性无助。从伦理上说，我们不能给人类志愿者套上绳索，对他们施加无法逃避的电击。但可以对基本的实验步骤稍做改动，研究者想出了一种方法，来检验人类是否也会受到这种影响 (Hiroto, 1974; Hiroto & Seligman, 1975)。研究者用令人烦恼但无痛苦的噪声来代替不可逃避的电击。告诉被试，他们可以通过解决问题关掉噪声（例如，按正确的次序按一些按钮）。一些被试可以很快地解决十几个这样的问题，通过想出答案使噪声关闭。但是，给另一些被试出的是无法解决的问题。和以前对狗做的研究一样，这些人很快就认识到，自己没有办法逃避这些令人讨厌的刺激。

这些人会把这种无助感泛化到别的情境中吗？研究者让被试离开噪声情境，解决另一个不同类型的问题。原来遇到的是可解决的问题的人们，在解决新问题时很少觉得困难。他们不比那些未给予噪声的对照组被试做得差。但是，对关闭噪声感到无助的被试，在解决第二套问题时明显表现较差。像穿梭箱中的狗一样，他们显然把一个情境中的无助的知觉不恰当地泛化到了一个新的、可控的情境中。

对这一实验的多个重复研究证实，人和实验室中的动物一样，容易形成习得性无助 (Peterson, Maier & Seligman, 1993)。人们在最初的不可控情境中认识到自己无助，于是就不能切断它与后面情境的联系。有时候，人们只需看到其他无助的人，就会学习到无助 (Brown & Inouye, 1978; De Vellis, De Vellis & McCauley, 1978)。想象一下，如果看到几个能力和你相似的人努力尝试但总是通不过一项重要的测验，你会做何反应？你可能下结论说，你也通不过这项测验，虽然你并没有尝试过（"试也没用；没人能通过"）。这种无助感会被推及新情境，这样你就在没有亲身经历过失败的情况下，学习到了无助感。

（三）习得性无助的应用

自从人类的习得性无助被首次证实以来，对其已有成百上千的研究，并用来解释人类的各种问题。我们来看看其中的两个问题：老年人的心理健康和心理障碍。

1. 老年人的习得性无助

我们通常认为，在西方社会，老年人辛苦一生，应该得到休息。退休制度就是为减轻老年人的日常担忧和责任而制定的。退休者社区的建立，就是要照顾老人的饮食起居，安排其日常活动。但这种方法对于退休者真的最有利吗？如果用习得性无助来分析这种情境，我们会发现，这种生活环境也许剥夺了老年人对他们日常生活的控制。对于过去曾经能控制身边很多事情的活跃的人来说，现在生活在这样的条件下，可能和研究中的被试遇到不可控噪音时的感受很相似。而且和那些被试一样，老年人会把这种不可控的知觉推及生活的其他方面。简言之，很多退休者缺乏动机与活力，也许就是高度泛化的习得性无助的一种形式。

住在老年公寓里的老人，其日常事务（如做饭和清洗等）由护理人员来照料。但是一项对习得性无助的分析表明，个人掌控力的减少会导致老年人的健康和适应问题。

在一项经典研究中，一个研究组考察了一所退休者公寓两个楼层的居住者，检验了这种可能性 (Langer & Rodin, 1976)。在管理人员的配合下，他们改变了对其中一组老年人的日常照料方式。研究者采取措施，增加了这组老年人的责任和由他们掌控的事情的数量。管理人员给老人们做了一次动员，鼓励他们掌控自己的生活。下面是这次动员中的一段话：

> 你们有责任照顾自己，有责任决定是否要把这里变成你能为之骄傲的、幸福的家。你们应该决定自己希望怎样布置房间——你们是否想让护理人员帮你们重新摆设家具。你们应该决定想怎样度过你们的

时间，例如，是否想去看望朋友，想不想看电视、听收音机、写东西、阅读或参加社交活动。换句话说，这是你们的生活，你们可以把它变成自己希望的那样 (Langer & Rodin, 1976, p. 194)。

此外，每个责任引导组老人会收到一小盆花作为礼物。他们可以决定，是否想要一盆花，想要什么花，并且告诉他们，他们有责任养好这盆花。另一楼层的住户是比较组。他们听到的发言是，让护理人员照料他们的生活。他们也得到了一盆花（由护理人员挑选）并告诉他们，服务员会帮他们养这盆花。

两个楼层的差异很快就显现出来了。在几个星期里，责任引导组的老人们报告的幸福感更强。护理人员注意到，他们出门走访多了，闲坐的时间少了。不知道这里正在进行一项研究的护士报告说，在责任引导组的老人中，有 93% 的人适应状况有改进。而比较组中只有 21% 的人有改进。但是，这种实验处理的效果并没有停留于此。18 个月后，研究者再次回到这里，发现在幸福感和积极性方面的差异仍然存在 (Rodin & Langer, 1977)。最有戏剧性的是，在这 18 个月里，责任引导组的老人中只有 15% 的人去世，而比较组有 30% 的人已逝去。

后续的几项研究发现了让老年人保持对自己生活的掌控感的相似优势 (Chipperfield & Perry, 2006; Schulz & Heckhausen, 1999; Wrosch, Schulz & Heckhausen, 2002)。一组研究者调查了英格兰诺福克社区在 5 年时间里，20323 名中年人和老年人因所有原因造成的死亡率 (Surtees, Wainwright, Luben, Khaw & Day, 2006)。与表现出总体无助感的居民相比，经前期心理测验显示对个人生活具有掌控感的居民，其寿命明显更长。这些结果并不意味着，我们应当放弃那些确实需要帮助的人，但有时让人们照顾好自己，这是符合所有人最大利益的。

2. 习得性无助与心理障碍

在证明了人类的习得性无助之后，心理学者很快注意到，这些研究被试与身处抑郁的人们有惊人的相似之处 (Seligman, 1976)。临床心理学者的长期观察发现，抑郁症患者在需要掌控发生在自己身上的事情时，往往感到无助 (Beck, 1972)。严重抑郁的病人甚至早晨不想起床。他们对任何事情都不感兴趣，认为自己什么事情都做不好。像那只躺在穿梭箱里呜咽的狗一样，他们看来丢掉了凭自己能力解决任何问题的信心。

这些观察使一些心理学者提出，抑郁的形成方式往往和研究中的被试形成习得性无助的方式很相似 (Seligman, 1975)。就是说，这些人感到，对自己生活的一个重要部分缺乏控制感，并且不恰当地把这种知觉泛化到其他情境。一个大学生可能在某一门课上感到吃力。无论怎样努力,她都无法提高考试分数。起初,她会更努力地学习,听取同学的建议,但仍旧无济于事。如果学习成绩好对她很重要,那么她可能还会为提高成绩而继续努力。但是,在某个时间点,她得出结论,无论怎么做都无法避免到学期末得到差成绩。换句话说,她认识到自己在这门课上是无助的。结果,她会慢慢地陷入轻度抑郁中。

除非有其他信息出现来克服这些情感,否则这个学生可能很快就会得出结论:在其他课程上或在生活的其他方面,例如在体育活动、交友或保持容貌等方面,再努力也没意义。她会认为自己不能掌控人生的结果,并最终失去尝试的动力。用习得性无助的术语,她把在一个无法掌控的情境中的无助感不恰当地泛化到其他的、她能够掌控的情境中。

和这种对抑郁的解释相一致,那些认为自己不能掌控简单的实验室任务(如躲避可恶噪音)的人,其抑郁情感都明显地增强了 (Bodner & Mikulincer, 1998; Burger & Arkin, 1980)。对习得性无助与抑郁的联系的另一个支持证据,来自对动物的研究。研究发现,动物面临不可逃避的电击时,其神经递质和受体的变化,与抑郁者的神经递质和受体的变化很相似 (Dwivedi, Mondal, Payappagoudar & Rizavi, 2005; Ferguson, Brodkin, Lloyd & Menzaghi, 2000; Joca, Zanelati & Guimaraes, 2006; Kram, Kramer, Steciuk, Ronan & Petty, 2000; Maier & Watkins, 2005)。特别是,神经递质中的5-羟色胺对习得性无助和抑郁发生起作用。

多个不同来源的资料显示,面对不可控事件可能是抑郁的一个原因。但是,对实验室诱导习得性无助与真实抑郁之间的差别须加以说明。实验室中动物的习得性无助持续时间很短,在大鼠和狗身上一般只持续几天 (Maier, 2001)。但临床的抑郁持续时间往往很长,有时能持续几年。对这种差异的一种解释是:抑郁是由多种不同原因导致的,习得性无助只是原因之一。另一种可能是,在某种意义上,长期抑郁的人会重新体验到最初的无助感诱导。抑郁症患者会经常反思自己抑郁的原因 (Nolen-Hoeksema, 2000)。通过不断地思考使自己抑郁的事情,人们可能重新体验诱发无助感的事件。对自己处于一个不可控情境的回忆,甚至想象,都足以产生习得性无助感。对最初导致无助的事件的偶然提醒也可能引发抑郁。在一项研究中,当大鼠被周期性地放在最初产生习得性无助的地方时,研究者发现,大鼠的习得性无助在很长一段时间里都没有减弱 (Maier, 2001)。

总之,习得性无助已成为理解某些类型的抑郁的一个重要模型。对不可控的烦恼事件的体验,可能是跌入无助感漩涡的开端。幸好,研究还提出了治疗建议。在掌控结果方面有成功体验的人能很快地克服无助感 (Klein & Seligman, 1976)。所以，一直遭遇失败的学生可能需要在另一门她喜欢的科目上得到一个好分数，以证明她仍然有能力在学习上取得成功，有能力交朋友，也有能力掌控自己的生活。除此以外，正如十六章要讲的，人们是否会陷入习得性无助，还可能取决于他们对自己缺乏控制力怎样做出解释。

四、控制点

如果你身体很好，这是因为你能照顾好自己，还是因为你幸运？孤独的人没有朋友，是因为他们不去和别人见面，还是因为他们没有机会？你赢了一场体育比赛，是因为你尽了最大努力，还是因为好运气？这些是研究者考察**控制点**的个体差异时提出的问题。关键并不在于你的身体健康是否确实要归功于你的健康习惯，而在于你是否相信这是真的。

第十三章已经讲过，对控制点的研究来自朱利安·罗特的泛化的预期概念。在一个新情境中，我们没有信息对可能发生什么做出预期。罗特认为，在这种情况下，我们依靠的是关于自己影响事件能力的通常想法。如果你回答说，身体好是因为你能照顾好自己，孤独是因为不去尝试，赢了体育比赛是努力的结果，你可能就具有内控倾向。你的泛化预期是，人可以影响发生在他们身上的事情，而且，好的和坏的体验一般都是自己造成的。但是，如果你觉得健康是一种运气，孤独是由于人们所生活的环境造成的，赢了比赛是因为交了好运，那么在控制点维度上，你可能就落入了外控一端。跟多数人相比，你更相信在你和别人身上发生的事情是不受你控制的。由于控制点是一套泛化的观念，所以，它在你生活的各个方面都会潜在地起作用。这一节我们将介绍控制点的个体差异对人们的心理和身体健康有何影响。

（一）控制点与幸福感

什么人更快乐？是认为自己可以掌控多数事情的内控者，还是认为自己无法左右外力的外控者？哪种人更有创造性，更受人喜欢，适应得更好？可以从两方面看这个问题。一方面，我们可以说，内控的人工作更努力，成就更多，因为他们认为自己可以控制结果。外控者遇到挫折容易放弃，并轻易下结论说，自己无力改变困局，因此不大可能在充满障碍与挑战的世界上走得更远。另一方面，仅仅因为人们相信自己有控制力，并不意味着他们真正能够控制。高度内控的人会付出无效的努力去追逐彩虹，或制订脱离现实的计划。外控者也许明白自己的能力有限，所以他们努力达到的只是那些合理的目标。

当然，快乐由许多因素决定，在控制点维度上的任意一点，我们都能找出快乐的人和不快乐的人。但是，研究者发现，除少数例外，内控者通常比外控者更快乐 (DeNeve & Cooper, 1998; Ng, Sorensen & Eby, 2006)。为了更好地理解这一结论，让我们看看控制点和幸福感的几个标志物：心理障碍、成就和心理治疗结果之间的关系。

1. 心理障碍

有心理障碍的人一般比无心理障碍者更外控 (Lefcourt, 1982; Phares, 1976; Strickland, 1978)。研究者特别感兴趣的是，控制点和抑郁之间的关系。外控者常常觉得自己的处境很像那些习得性无助的被试，无力控制重要结果。来看一项研究的发现，研究中测查了前不久被诊断为癌症病人的抑郁水平 (Marks, Richardson, Graham & Levine, 1986)，对外控病人来说，诊断结果越严重，他们就变得越抑郁。然而，疾病的严重程度对内控患者感受到的抑郁没有影响。这些患者相信，他们仍然可以控制病情，这种信念可以防止他们放弃治疗并因自己的处境而抑郁。一篇综述发现，控制点分数与抑郁测量之间的平均相关为 0.31，因为外控和高水平抑郁相关 (Benassi, Sweeney & Dufour, 1988)。正如第七章所述，这是一个令人印象深刻的显著相关。

一项对自杀病人的研究提供了一个颇具戏剧性的例子，说明了控制点和抑郁有怎样的联系 (Melges & Weisz, 1971)。研究者让最近想自杀的病人重新体验直接导致自杀念头的事情。让病人单独地对着一台磁带录音机，以现在时来描述那一时刻自己身上发生了什么。对录音的分析揭示出，随着患者的自杀念头变得强烈，他们对自己描述中的外控词语也更多。还有研究发现，企图自杀的人在尝试自杀之前，往往体验到很多他们无法控制的事件 (Slater & Depue, 1981)，此外，外控型的青少年和大学生报告的自杀念头比内控者更多 (Burger, 1984; Evans, Owens & Marsh, 2005)。

虽然研究表明，控制点和抑郁有关，但在解释这些研究结果时，我们需要谨慎地注意两个问题：第一，在控制点量表上处于外控一端的大多数人生活得较快乐，而且适应良好；第二，由于二者是相关关系，很难做出肯定的结论说外控的控制点会导致心理障碍。外控者可能容易抑郁，但是也可能是抑郁的人变得更外控了。

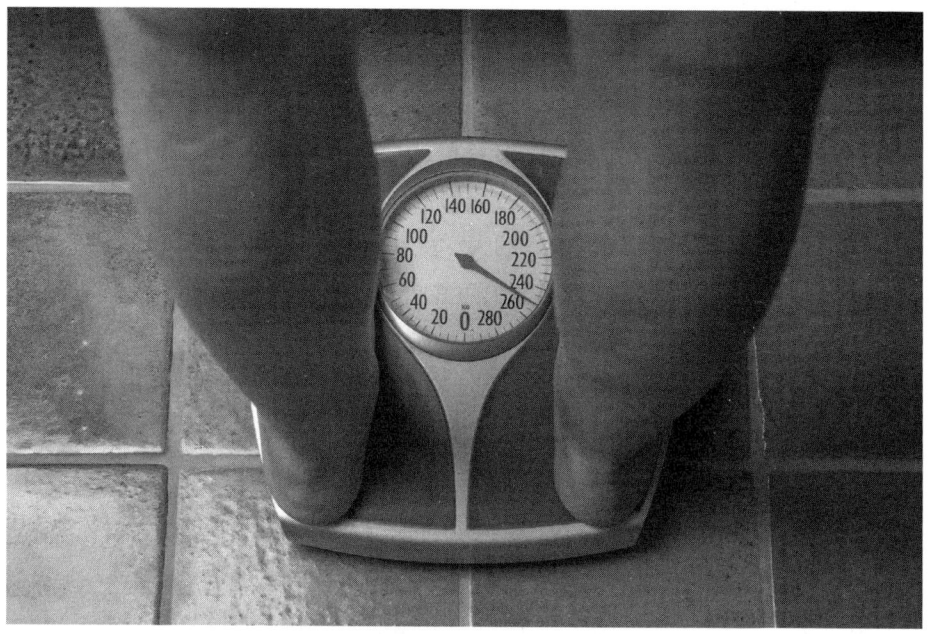

在每年数百万的减肥者中,只有一小部分人成功地减了体重并得以保持。可能影响节食成败的一个变量是,节食者在多大程度上相信自己能够减轻体重。

2. 成就

在西方社会,幸福感的标志之一是在学校和工作上取得了多少成就。虽然高成就者并不一定远离心理问题,但我们通常认为,学习与工作表现差是令人担忧的原因。同样,在学校和工作中的表现得到改进,则往往被看作接受治疗的来访者正在好转的标志。当研究者用控制点分数预测成就时,他们一致发现,内控的学生取得的成绩更好,教师评价更高 (Cappella & Weinstein, 2001; Findly & Cooper, 1983; Kalechstein & Nowicki, 1997)。这一发现在小学生、中学生和大学生中都得到了证实,在青少年中尤其明显。

为什么内控者在学校表现更好?一个原因是,他们认为自己应当对自己的成绩负责。内控的学生相信,考试是对努力学习的回报,外控的学生则很少想到他们的努力会影响自己的成绩。内控者和外控者对反馈的反应也不同 (Martinez, 1994)。内控的学生更可能把好成绩归于他们的能力或努力学习,而外控的学生如果考得好,可能会说他们运气不错,或试题比较容易。内控者能根据反馈,适当地调整自己的期望值,这表明他们已想好,怎样准备下次考试。外控者在得到坏成绩之后,更可能为自己寻找借口 (Basgall & Snyder, 1988)。一个认定老师打分不公平的外控的学生,可能不会为下次考试而努力复习。因为他们相信,学习成绩取决于老师,而内控的学生还会关注那些有助于他们达到自己目标的信息。一位研究者发现,内控的大学生比外控的大学生更清楚考试日期、打分规则及有助于他们学好各门课程的相关信息 (Dollinger, 2000)。内控的学生还比外控的学生更有抱负。因为他们把结果看成是自己可控的,因此更可能为达到目的努力学习。内控的大学生比外控的大学生更可能按时取得学位 (Hall, Smith & Chia, 2008)。他们还更可能去报考研究生院 (Nordstrom & Segrist, 2009)。

内控者的高成就不局限在课堂上。职业背景下的研究也发现,内控员工的表现好于外控员工 (Judge & Bono, 2001; Ng et al., 2006)。认为做好销售、激励员工、按时完成任务主要取决于自己的人,比认识不到自己在成就工作目标中的角色的员工,更可能实现他们的目标 (Judge, Erez & Bono, 1998)。内控的员工往往会寻求能给他们提供自己喜欢的机会和奖励的职位 (Spector, 1982)。毫不奇怪,研究者发现,内控者在工作满意度上的得分高于外控者 (Judge & Bono, 2001; Ng et al., 2006)。

知觉到控制感与成就之间的相关可能普遍存在。一组研究者考察了 24 个国家和地区的大公司管理人员的控制点与工作满意度 (Spector et al., 2001)。在不同文化中,感到自己能自如地控制其工作环境的管理人员一致报告了较高的工作满意度,而感觉不能控制者则满意度较低。

3. 心理治疗

作为一条一般规律,来访者通过成功的心理治疗,会变得更内控 (Strickland, 1978)。来看以色列士兵的案例,在经历激烈战斗后,他们产生了创伤后应激障碍 (Solomon, Mikulincer & Avitzur, 1988)。这些男人往往会在感受到深刻的压力体验后出现各种症状。战斗结束后不久,这些士兵在控制点测验中的外控分数相当高。但是,随着他们在以后三年里从创伤中恢复,他们变得越来越内控。这些士兵认识到,他们可以学会控制自己生活的很多方面,这使他们向着康复迈出了重要一步。

这是否意味着,治疗师应该让患者更多地控制治疗过程?答案是,并不一定。虽然内控者在对治疗加以一定控制时表现得不错,但外控者在治疗始终由治疗师掌控时表现较好。一组研究者考察了风湿性关节炎患者的抑郁水平 (Reich & Zautra, 1997)。当外控患者的配偶给予他们大量支持和帮助时,他们的抑郁会减轻。但内控患者的配偶提供同样的帮助时，他们的抑郁反而会增强。研究者推测，外控者把配偶的照料看作帮助，而内控者则把它看作依赖性的指标。

（二）控制点与健康

保健医生面临的一个最令人烦恼的问题是缺乏患者的合作。许多患者会断断续续地接受治疗，或者干脆停止吃药。另一些患者则方方面面都做得很好，如控制饮食、吃药、接受治疗、坚持去门诊。这些观察使一些心理学者提出建议，控制点可能对健康行为也起一定作用 (Strickland, 1989; Wallston, 2005)。相信自己的健康主要掌握在自己手里的人，将会为使自己更健康而努力。把身体差归于坏基因和命运的人，则不太可能把努力看作其中的原因。

研究支持了这一分析。一项研究用了 8 年半的时间追踪了 5114 名中年男性和女性 (Sturmer & Hasselbach, 2006)。研究开始时测得的控制点分数可以有力地预测被试在研究结束时患心脏病和癌症的可能性。正如预测，内控者比外控者较少出现这些健康问题。另一项研究测量了一组 10 岁儿童的控制点 (Gale, Batty & Deary, 2008)。20 年后，当研究者再次找到这些人时，发现 20 年前被确定为内控者的人，明显比被确定为外控者的人更健康。

心理学者解释这些效应的根据是内控者和外控者对待他们身体健康的方式。对自己的健康持外控取向的人相信，他们对于改善身体状况或预防疾病无能为力。是否生病是他们自己无法掌控的，当疾病袭来时，他们全靠医护人员的帮助来恢复健康。相反，具有内部取向的人则相信，自己对于保持身体健康起着重要作用。因为他们认识到自己的所作所为与自己的感受之间的关系，所以内控者比外控者更注意饮食，更多地参加有益健康的锻炼，如有氧运动或慢跑。

与上面的描述相一致，几项研究发现，内控者比外控者养成了更好的健康习惯，而且总体来说更健康 (Johansson et al., 2001; Klonowicz, 2001; Ng et al., 2006; O'Hea, Grothe, Bodenlos, Boudreaux, White & Brantley, 2005; Perrig-Chiello, Perrig & Staehelin, 1999; Simoni & Ng, 2002)。一项研究发现，对自己的健康具有外控倾向的大学生，比内控者更可能吸烟、喝酒、不吃早饭、吃高脂肪食品、较少吃水果和纤维食品 (Steptoe & Wardle, 2001)。内控者对自己控制压力情境的能力更自信，因此他们不太可能因为压力而影响健康 (Weinstein & Quigley, 2006)。对处于高压力下的公司高级管理人员的研究发现，内控者比外控者生病的可能性更小

(Kobasa, 1979)。

与外控者相比，内控者还会更多地寻找有关健康问题的信息 (Wallston Maides, & Wallston, 1976)。但是，随着心理治疗的成功，控制点和健康信息的匹配可能是最有效的方法。一项研究考察了鼓励中年女性拍乳房 X 光照片活动的有效性 (Williams-Piehota, Schneider, Pizarro, Mowad & Salovey, 2004)。一半的女性接到了针对内控者的宣传册和电话。手册的标题是"你能为你的健康所做的最好的事情"，包含的信息如"你掌握着你的健康的钥匙"。另一半人接到了针对外控者的信息。手册的标题是"医学为你的健康必须做的最好的事情"，包含的信息如"保健人员掌握着你的健康的钥匙"。如图 14.9 所示，当内控的女性收到内控措辞的信息时，更有可能在 6 个月内去拍乳房 X 光照片。相形之下，外控的女性在收到外控取向的信息时，更有可能去拍乳房 X 光照片。

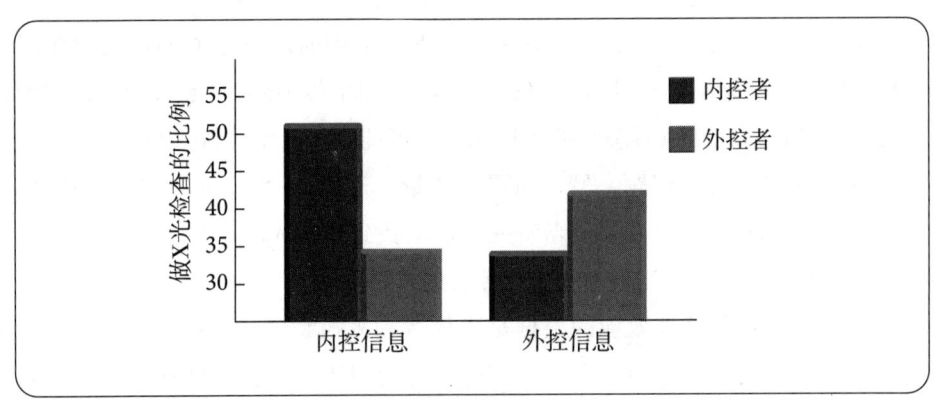

▶ 图 14.9 做 X 光检查的女性的比例

来源：Adapted from Williams-Piehota et al. (2004).

研究者虽然常常发现控制点和健康之间的关系，但情况并不总是如此。一些研究没有发现内控者和外控者健康的差异，或者发现只有微弱影响 (Bettencourt, Talley, Molix, Schlegel & Westgate, 2008; Norman & Bennett, 1996)。为什么会有这样的结果呢？为了回答这一问题，我们需要重温罗特的理论。罗特曾经说，行为是期望和强化值的函数。也就是说，我可能期望，好好复习就能取得好成绩。然而，如果我不看重成绩，我仍然不大可能付出努力。

心理学者把罗特的理论模型用于健康行为时，也做出了相似的预测 (Wallston, 1992; Wallston & Smith, 1994)。就是说，仅相信你的行为会影响健康还不够，你还需要赋予身体健康以很大价值。当然，每个人都希望身体好。但是如果看看你认识的一些人，或许就能区分出哪些人把身体健康放在所有事情的首位，哪些人不是。根据上述理论，赋予健康高价值并且相信自己能为掌控自己的健康有所作为的人，就会注意饮食，经常锻炼，定期体检。你可能相信，每天锻炼会使你感觉良好，精力充沛。但是，如果你并不看重这些影响（特别是，如果你更看重不疲劳的活动），可能就不会参加健身活动。

几项研究为这种推理找到了证据 (Norman & Bennett, 1996; Wallston & Smith, 1994)。在一项研究中，内控而且赋予健康高价值的被试，与外控者或内控但不看重身体健康的被试相比，吃的水果和蔬菜较多，吃的高脂肪食物和快餐较少 (Bennett, Moore, Smith, Murphy & Smith, 1994)。发现相似结果的，还有对胸部自我检查的研究 (Lau, Hartman & Ware, 1986) 和戒烟的研究 (Kaplan & Cowles, 1978)。总之，医务人员在试图让患者更好地照顾自己时面临两个任务：患者必须把健康放在他们所看重事物的前列；他们必须相信，自己能对自己健康与否产生影响。

五、小结

（1）人从出生之日起，就面临着巨大的社会化压力，以承担符合社会认可的性别角色。通过操作性条件反射和观察学习，男孩倾向于像其他男孩那样行动，女孩则像其他女孩那样行动。性别角色行为的个体差异研究最初曾被一个模型统治，它把男性化和女性化看作对立的两极。双性化模型把男性化和女性化看作两种独立特质，认为适应最好的人是双性化的人，即男性化和女性化程度都高的人。

（2）研究者一致认为，观察攻击性模仿对象会增加一个人攻击行为出现的可能性。班杜拉的四步骤模型有助于解释为什么人们有时会模仿他们看到的攻击行为，有时又不会。模仿攻击行为之前，必须注意这种行为，回忆该行为，有机会表现出这种行为，而且相信攻击行为会带来奖励。实验室研究和长期的现场研究证明，观看媒体暴力可使攻击行为增多。

（3）像许多行为研究一样，习得性无助的研究开始于实验室动物实验。研究者观察到，狗在一种实验情境中习得了对逃避电击的无助感，然后不恰当地把这种无助感泛化到新情境中。后续研究发现，人类也容易受这一影响。如果老年人能保持对生活环境的一些掌控，他们在退休者社区就会适应得更好。当人们知觉到自己缺乏对重要事件的掌控力，并不恰当地把这种知觉泛化到生活的其他方面时，抑郁就会产生。

（4）在罗特的社会学习理论中，得到最广泛研究的一个问题是泛化的期望或控制点的个体差异。控制点维度的一端是内控者，他们相信自己可以控制自己的事情。另一端是外控者，他们认为，发生在自己身上的事情由外力控制。对幸福感和健康的测量证实，内控者的状况比外控者好。

▢ 关键术语

双性化　androgyny (p.372)

习得性无助　learned helplessness (p.387)

控制点　locus of control (p.393)

男性化—女性化　masculinity-femininity (p.371)

过度共享　unmitigated communion (p.377)

第十五章

认知流派：
理论、应用与评价

一、个人建构论

二、认知人格变量

三、自我的认知表征

四、应用：认知（行为）心理治疗

五、评价：轮流呈现网格法

六、认知流派的优势与批评

七、小结

最近我和一位朋友一起参加了一次社交聚会。在那儿，我们与老朋友聊天，见到了一些生人。整个聚会中混杂着客套的交谈、音乐、食物和饮料。离开聚会，我们照例要交流彼此的感受。"你有没有注意到有些人穿得太随便了？"朋友问我。其实，我没有注意到。我问他怎么看一位与我俩都见了面的男士。"他是个非常傲慢的人吧？"我问他。我朋友却没看出一点儿如此的迹象。随着我们继续交流彼此的印象，我不禁怀疑朋友是否在同一个聚会上和我遇到的同一些人交流过。我难以相信，他没有留意那些音乐有多么怪异，也没看出女主人有多么拘束不安。我的朋友则想不通，我竟然没注意到房子的建筑风格，甚至没注意我坐的那把椅子。我说："我觉得我们有一个教训，我再也不会到他家参加聚会了。"我朋友却以难以置信的目光看着我说："你在开玩笑吧？"他说："我倒是很开心。"

两个人经历了同样的情境，为什么事后却有完全不同的印象？人格认知流派的答案是：我的朋友和我加工信息的方式有很大差异。我注意并加工的信息是有关那些古怪的音乐和那个傲慢的客人，而我朋友参加聚会想注意的是服装款式和家具。因为我们注意到的是晚会的不同特征，所以我们对它就有迥异的知觉和感受。这些不同的知觉毫无疑问会影响到我们当晚的行为和对以后邀请的反应。

人格理论把人格差异解释为人们信息加工方式的差异。因为我已形成了在社交背景下比较稳定的加工信息方式，所以，我在多数时候会以相似的方式对聚会和其他社交活动做出反应。其他人与我的反应不同，是因为他们对某些事物的看法一向与我不同。

人格的认知模型在近些年逐渐流行，但它并不完全是新东西。在库尔特·勒温的行为场论 (Lewin, 1938) 中，就可以发现它的早期形式。勒温描述了我们对生活中的重要因素形成的心理表征，以及我们怎样把这些认知因素组织到我们的"生活空间"。后来，乔治·凯利提出了对本书编写意图来说很重要的认知人格理论。自从他的《个人建构心理学》(*The Psychology of Personal Constructs*) 一书于 1955 年出版以来，凯利的理论就成为人格研究者和心理治疗师丰富的思想源泉 (Fransella, 2003, 2005)。有趣的是，凯利并不认为自己是认知心理学家。他曾经写道，"我为自己的理论早期被说成是认知理论感到困惑。所以，几年前，我着手写了另一本篇幅不长的书，想说明我并不想染指认知理论。(1969, p. 216)"尽管凯利反对，但他的著作在现在已经被我们认定为"认知"人格各种取向的出发点。

一、个人建构论

乔治·凯利对人格的探讨开始于对人类的一个独特概念，他称之为科学人（man-the-scientist）观点。人像科学家一样，不断地提出并检验关于他们的世界的假设。如同科学家试图预测并控制他们所研究的东西一样，人们也想预测并控制生活中的事件。不理解事情为什么发生或周围人会怎么做，就会令人不安。所以，为了满足我们对事物可预测性的需要，我们就会投入一个被凯利比喻为模板匹配的过程中。也就是说，我们对周围事物的看法好似一些透明描图板。我们把这些模板盖在所遇到的事件上。如果它们相匹配，我们就保留这些模板。如果不匹配，我们就为下次更好地预测对其做出修改。例如，以过去的观察为基础，你可能对你的老师做出几个假设。其中一个假设是，这是个古板、傲慢的人。无论你什么时候见到这位老师，你都会收集更多信息，并且把

乔治·凯利
1905—1967

乔治·亚历山大·凯利（George Alexander Kelly），1905年出生在美国堪萨斯州威奇托附近的一个农庄。在1926年从密苏里州的帕克学院毕业之前，他曾在威奇托的教友大学求学三年。在这些年里，他是校际辩论队的活跃成员，练就了挑战不同观点和传统观念的高超能力。这些技能最终成为他的优势，但也曾使他离开心理学领域多年。凯利把他的第一门心理学课程描述为枯燥和缺乏说服力的课程。教师花费大量时间讲述学习理论，但是凯利并没有被打动。他曾经写道，"我能理解的最多是：为了解释一个反应，你必须先有一个刺激，而反应被放在那儿，刺激才能解释点什么。我从来没有明白那个箭头说明了什么。(1969, pp. 46-47)"他刚开始读弗洛伊德的著作时，也持怀疑态度。他回忆，"我不记得当时读的是弗洛伊德的哪一部著作了，但是我记得当时那种越来越怀疑的感觉，任何人都可以写出那些无用的话，只是很少有人发表罢了。(1969, p. 47)"

凯利在获得物理学和数学学位后，来到堪萨斯大学学习教育社会学。之后，他做过一些短期工作，包括教口语和航空工程师。1929年，他到爱丁堡大学学习教育学。在那里，他对心理学的兴趣逐渐浓厚起来，几年后在艾奥瓦大学获心理学博士学位。

随后10年，凯利在海斯堡的堪萨斯州立大学工作。在此期间，他创办了一个临床治疗网络，为穷人和20世纪30年代沙尘暴灾民提供心理服务。他回忆说，"我倾听人们的烦恼，试图帮助他们寻找克服困难的办法。(1969, p. 50)"他很快就发现，这些人最需要的是怎样解释发生在自己身上的事情，以及对将来还会发生什么的预测能力。个人建构理论就是受这种启发形成的。第二次世界大战期间，凯利曾在海军服役，战后他在马里兰大学工作了一年，然后在俄亥俄州立大学工作了20年。1965年他来到布兰迪斯大学，两年后在那里逝世。

新资料与你的假设相比较。如果它被证实（这位老师的举止和古板的人一样），你就会继续使用之。如果没有（他在课下是个热情、有魅力的人），你就会放弃这一假设，用一个新的假设取代它。这一过程很像科学家在实证发现基础上保留或拒绝假设的过程。

凯利把这种用来解释和预测事件的认知结构称作**个人建构**。没有任何两个人会使用相同的个人建构，也没有两个人会以相同的方式组成其建构。那么这些建构是什么样子呢？凯利认为它们是两极的。就是说，我们把有关的对象在我们的建构中以"不是……就是……"的形式加以区分。当我第一次见某人时，会用诸如友好—不友好、高—矮、聪明—愚笨、男性化—女性化等个人建构来建立对此人的形象。我会判断此人是友好、高个子、聪明和女性化的人。但这并不意味着我们看待世界的方式是非黑即白的，没有中间的灰色。在使用最初的建构以后，我们往往还会用其他的两极建构来确定黑与白的程度。例如，在确定一个刚认识的人是聪明人之后，我们还会用学业智力—常识智力建构来获取关于此人的更清晰的认识。

怎样用个人建构来解释人格呢？凯利认为，人格差异主要来自人们解释世界的不同方式。假设你和我都与雅各布交往，我可能用友好—不友好、有趣—无聊、外向—害羞等建构来形成我的印象。但你可能用有教养—粗俗、敏感—不敏感、聪明—不聪明等建构来看他。我们两人与雅各布交谈了一会儿，我对待他像在对待一个友好、有趣、外向的人。你对他的反应像是在对待一个粗俗、不敏感、愚笨的人。我们两人处在相同的情境中，但由于我们对情境的解释很不同，所以我们做出的反应也很不同。另外，当我遇到其他人时，我仍然喜欢用这些同样的建构，因此，我与人交往的方式是独特的，与你不同的。换句话说，我们相对稳定的行为模式来自我们相对稳定的解释世界的方式。

（一）个人建构系统

要想对你自己的个人建构有个大致了解，可以问问自己，当你第一次遇到别人时你会注意什么。你心里最先出现的几种想法可能就是你习惯用来看待他人及其行为的建构。即使两个人使用相同的建构，他们对周围事物的解释也可能不同。就是说，我认为某人聪明，你却认为他不聪明。而且，两个人的建构还可能在某一极相似，在另一极却不相似。我可能用外向—保守建构，你用的是外向—忧郁建构。如果是这样，我认为的保守行为在你的眼里就成了伤感行为。

> 我不把自己从事的心理学职业看作一种"呼唤"。如果我们选择倾听，我们周围的一切都在"呼唤"。那就是我让自己投入其中并始终追求的东西。
>
> ——乔治·凯利

你和我反应相异的一个原因是，我们使用的建构不同，另一个原因是，我们对建构的组成方式不同。在我确定一个新认识的人是友好的人之后，我可能想知道，这个人是外向的还是文静的人。我们可以用图来说明我的各个建构间的关系：

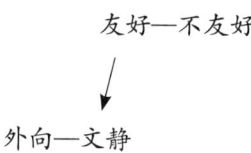

注意，在这个建构系统中，我不能把一个不友好的人看作外向或文静的人，而只是不友好的人。另外，你可能用同样的建构，但以这样的方式进行编排：

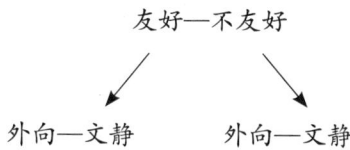

因此，无论你判断一个人友好还是不友好，你都要进一步判断此人是外向的还是文静的。当然，也可以这样编排这两个建构：

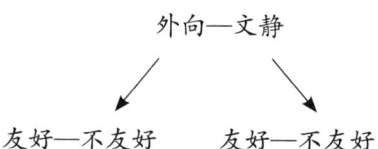

在这种情况下，当你判断某人是个文静的人之后，可能想知道她是一个文静—友好的人，还是文静—不友好的人。总之，我们不仅用数目无限的建构来理解周围世界，而且编排和运用这些建构的方式也是无穷尽的。

（二）心理问题

凯利和很多人格理论家一样，也是位临床心理治疗师，他把自己对人格的想法用在对心理问题的治疗上。但是，和许多理论家不同，凯利不接受认为心理障碍由过去的创伤经历所导致的观点。他声称，人们出现心理问题，是由于建构系统有缺陷。父母缺少爱心或悲惨事件等过去的经历，可以说明一个人为什么那样解释世界，但它们不是这个人问题的原因。

凯利认为，焦虑是大多数心理问题的核心。当我们的个人建构不能说清楚生活事件时，我们就会焦虑。每个人偶尔都会有这样的体验。如果你要去参加一次面试，却不知道面试者是谁，也不知道会问什么问题，就会使你很焦虑。同样，当你不明白某人为什么那样对待你，或你不知道在某些特殊情况下该怎样做时，你就会感到疑虑、迷惑和焦虑。在人际关系上，当你不知道事情为什么不顺畅，也不知道怎样使它重回正轨时，人际关系困局会尤其令人不安。

一个问题是，建构系统从来不是完美的。由于种种原因，我们的建构有时会使自己失败。多数时候，我们只需形成一个新的建构，来取代原来不恰当的建构。假如你预计你和安娜的谈话将会枯燥无味，但是后来发现谈话挺有趣，你就会改变你对下次和安娜见面的预期。不能意识到这一新信息，就会减弱你的预测能力，使你不能预计下次和安娜互动会怎样。你可能经受过这种挫折，当时你曾向某人说"我真是一点儿也不了解你"。

二、认知人格变量

在行为主义盛行的早期（见第十三章），行为主义者曾经用"黑匣子"比喻刺激与反应之间的关系。在这个模型中，环境特征（如巨大的噪音）会导致行为（如避开）。但是从刺激到反应，机体内发生的事情是不知道和不可知的，也就是说，它是个黑匣子。准确地说，刺激与反应之间的东西，正是认知人格心理学家最感兴趣的。近年来，这些心理学家使用了很多认知变量来解释个体差异（Mischel & Shoda, 1995, 2008; Shoda, Tiernan & Mischel, 2002）。这些认知变量有时被称为认知—情感单元（见表15.1）。

这些认知变量是一个复杂系统的组成部分，该系统与我们的行为所处的情境互相联系着。图15.1是对这一过程的非常简略的说明。我们对环境特征怎样做出反应，甚至我们是否注意到了这些特征，取决于我们的认知结构。一旦期望、价值观和目标等心理表征被领悟到，它们就会彼此相互作用，以确定我们怎样对情境做出反应。还须注意，像社会学习模型所说的那样，我们的行为也会影响情境。

怎样用这个认知框架来解释个体差异？答案是，每个人都有一套与众不同的心理表征。而且，能否轻易地提取贮存在记忆中的某类信息，是因人而异

表 15.1　认知—情感单元

编码	对有关自我、他人、事件和情境等信息进行编码的类别（建构）
预期和信念	对某种情境中会发生什么、对某行为的后果、对某人的个人效能的预期
情感	情感、情绪和情绪反应
目标与价值观	个人的目标、价值观和人生计划
能力与自我调节计划	用于改变和保持人的行为与内部状态的领会能力、计划和策略

来源：Kelly, George, A. *A Theory of Personality: The Psychology of Personal Constructs*. Copyright © 1955, 1963 by George A. Kelly, renewed 1983, 1991 by Gladys Kelly. Translated and used by permission of W. W. Norton & Company, Inc.

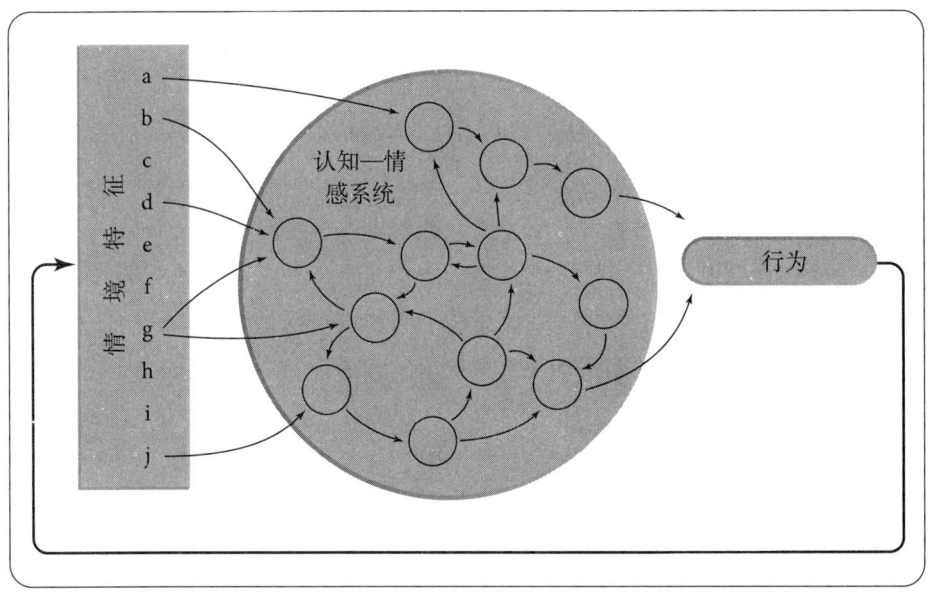

▶ 图 15.1　人格的认知模型

来源："A Cognitive-Affective System Theory of Personality: Reconceptualizing Situations, Disposition, Dynamics, and Invariance in Personality Structure," by W. Mischel and Y. Shoda, *Psychological Review*, 1995, 102, 246–248. Copyright © 1995 American Psychological Association.

的。结果，两个人常常对相同情境做出不同反应。被一个人听成是机智反驳的话，在另一个人听来可能是辱骂。一棵圣诞树让一个人想起家庭和假期的欢乐，让另一个人想起童年的悲伤记忆。

图式

现在回到本章开头的场景——我的朋友和我带着完全不同的印象离开了一个聚会。虽然经历了相同的人和事，我们的感受却截然不同。对我们不同反应的一个解释是，我的朋友和我使用的图式不同。

图式是假设的认知结构，它帮助人们知觉、组织、加工和利用信息。在多数情况下，由于要注意的刺激太多，人们需要想办法让周围大量混乱的东西变得有用。可以想象，一个婴儿眼中的世界就像心理学家威廉·詹姆斯所说的那样，是"嘈杂而无比混乱的"。婴儿还不知道，面对这些混乱的事物，应该注意什么和忽略什么。当然，如此大量的刺激不会离去。想象一下所有的声与光同时向你的感官袭来的情境。幸好，我们已经形成了用于区分并注意重要事物、忽略其余事物的系统。

图式的重要作用之一，是帮助我们知觉周围环境的特征。自然，当一些极其重要的事情发生，或某人具有引人注目的特征时，每个人都会注意到。一个 2.1 米高的人来参加聚会，可能每个人都会注意到他的高度。但是环境中那些不太显著的特征，就可能被忽略，除非我们进入情境时已准备要加工这些信息了。实际上，我很少注意别人的高矮。而我的一位朋友却很注意别人的身材（她比较矮）。从图式的角度看，她注意身高的原因是她拥有加工这一信息的良好图式。由于我用不同的图式加工有关他人的信息，所以她和我对人们的印象往往不同。

除了帮助我们知觉周围环境中的某种特征外，图式还为我们提供了组织和加工信息的结构。例如，我可以把一条有关我母亲的新信息并入有关她的原有认识中，因为我有一个定义明确的母亲图式。我可以对我母亲做一个有条有理的描述，因为这些信息已经被纳入一个完整的认知结构，而不是各个毫无关系的图式的信息碎片。比起一个我不认识的女人，我应该能更轻而易举地加工有关我母亲的信息。如果问我母亲是不是一个开朗的人，我能马上做出回答，比回答英国女王是否开朗这类问题快得多。因为没有关于女王的明确图式，我就要花更长时间来加工我所知道的有关她的信息。最后，因为我的母亲图式为我提供了一个加工并组织信息的框架，我就能轻而易举地利用这些信息。我也应该能更轻松地回忆起关于我母亲的信息，胜过回忆在我记忆中储存的那些松散信息。

三. 自我的认知表征

以所有组织并储存于你记忆中的认知结构来说，最重要的心理表征也许是关于独一无二的你的。每个人从很小时候起，就在形成关于自己的心理表征。心理学家称这种表征为自我概念。研究者发现，自我概念像其他人格建构一样，在时间上是相对稳定的 (Markus & Kunda, 1986)。此外，研究还证明，自我的认知表征在我们加工信息的方式及如何与周围世界互动中起着核心作用。

（一）自我图式

调查显示，大多数美国人相信，锻炼有益于他们的身心健康。很多成年人定期慢跑、游泳、跳有氧舞蹈或参加别的锻炼。然而，许多人很少锻炼。那些开始一项新锻炼项目的人，大约有一半会在第一年内退出。为什么有些人成功地使锻炼成了生活的一部分，而另一些人却不能呢？一种解释是，想锻炼者是否把锻炼纳入了其自我图式。

自我图式是关于自我的认知表征，我们用它来组织和加工与自我有关的信息 (Markus, 1977, 1983)。你的自我图式是由你最重要的行为和特征组成的。因为你生活的每部分并非同等重要，因此，不是你做的每件事都能成为你自我图式的一部分。如果你和我都偶尔打排球或写诗，我们不能假定，这两种活动在我们的自我图式中起着同等重要的作用。排球也许是我怎样看自己的重要部分，但诗歌不是，而对你来说，也许恰恰相反。

如果你能看到你的自我图式，它是什么样子？一个例子如图 15.2 所示。有关你的基本信息组成了你的自我图式的核心。这包括你的姓名，关于你外貌的信息，关于你和重要他人（如配偶、父母）的关系的信息。虽然每个人的自我图式各不相同，但这些基本元素几乎可以在每个人的自我图式中找到。人格心理学家更感兴趣的是自我图式中的独特特征 (Markus & Sentis, 1982; Markus & Smith, 1981)。回到体育锻炼问题上，有些人把身体强健或健身纳入他们的自我图式。换种说法，这些人把健身看作其自我概念的一部分。研究者发现，把这种同一性纳入自我图式的人，比没有这样做的人更可能坚持有规律的锻炼 (Kendziersky, 1988, 1990)。当锻炼成为你自我概念的一部分时，你就不太可能放弃锻炼,而无论天气是否糟糕,或自己是否有些小痛小病。

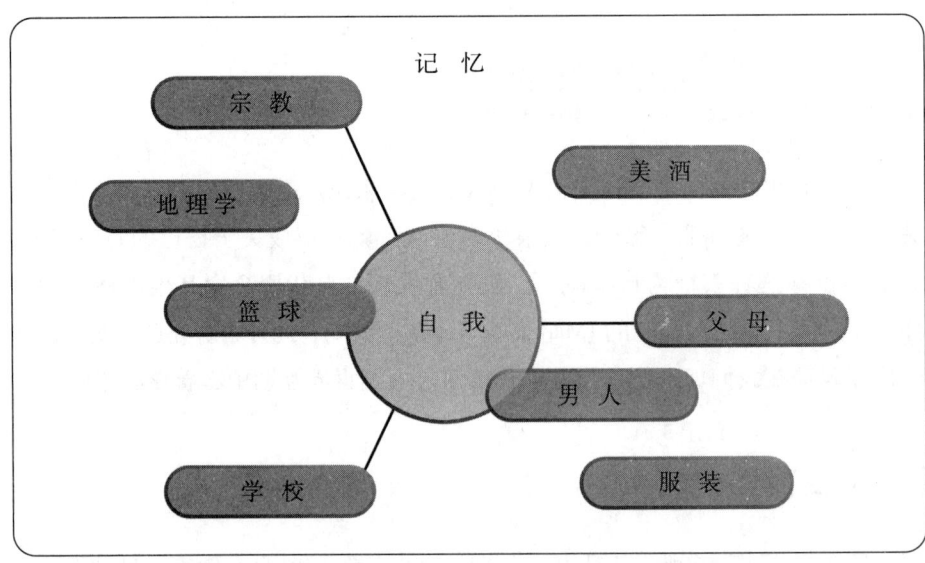

▶ 图 15.2 自我图式的图解举例

像独立或友好这样的特质概念,也可以成为你自我图式的一部分。就是说,你可能认为自己是一个友好的人。如果是这样,你在评价自己行为时就会问自己:"做那样的事情算友好吗?"然而,用是否友好来评价自己的行为,这种事从不会在我身上发生。在此例中,友好是你的自我图式的一个特征,但我不是。由于每个人建构自我图式的元素各不相同,所以我们加工自我信息的方式也不同。而且,因为自我图式的这些个体差异,我们的行为也不同。一项研究表明,把亲善性纳入自己图式的小学生,比自我图式中不包括亲善性的学生,更有可能把有价值的代币送给别人 (Froming, Nasby & McManus, 1998)。在另一项研究中,自我图式中包括性感的男人和女人,比自我图式中不包括性感的人,报告出较高的性欲和更强烈的爱情依恋 (Andersen, Cyranowski & Espindle, 1999; Cyranowski & Andersen, 2000)。一组研究者发现,拉丁裔美国人比美国白人更可能把和谐(强调好客和亲切感的人际交往风格)纳入其自我图式 (Holloway, Waldrip & Ickes, 2009)。研究发现,自我图式中包括和谐的被试,会以更热情、更殷勤的方式与人交往。

你也许会问,心理学家怎样判定一个人的自我图式呢?虽然考察自我图式这样抽象的东西难度较大,但是认知人格研究者已设计出一些创造性的方法来验证他们的假设。从本质上,这些心理学家着眼于人们怎样知觉和利用所呈现的信息。例如,用是或否回答下面的问题:你是一个爱竞争的人吗?在人格问卷上遇到这样的问题,有些人回答得既快又肯定,有些人可能会停顿一下,想想竞争是什么意思,他们是否具有这种品质。当你在做这本书中的各种人格测验时，你会发现，有些题目很容易回答，有些题目却让你不知如何回答。根据对自我图式的分析，容易回答的题是你在该问题上已经有了定义明确的图式。当被问及是否爱竞争时，立即回答"是"的人有很强的竞争图式并已成为他们自我图式的一部分。这个图式使他们能理解问题并立即做出反应。而没有明确的竞争图式的人就不能快速加工这一信息。

有关自我图式的早期研究，很多都是建立在这种推理的基础上。在一项研究中，被试被分成三组：有明确独立图式的，有明确依赖图式的，或无图式的 (Markus, 1977)。然后用电脑向被试呈现一系列形容词。他们的任务是按下"是我"和"不是我"的按钮，表明这个词是否可以描述自己。在这些形容词中，有 15 个是与独立有关的（例如，个人主义的、坦率的），有 15 个是与依赖有关的（例如，遵从的、顺从的）。如图 15.3 所示，有明确独立图式的人对与独立有关的形容词做出"是我"的反应很快，而对依赖形容词做出反应较慢。具有明确依赖图式的被试以相反方式做出反应。无图式的人对这些词做出的判断都无差别。研究者在其他人格维度上对被试进行的分组研究也得到了类似结果 (Shah & Higgins, 2001)。

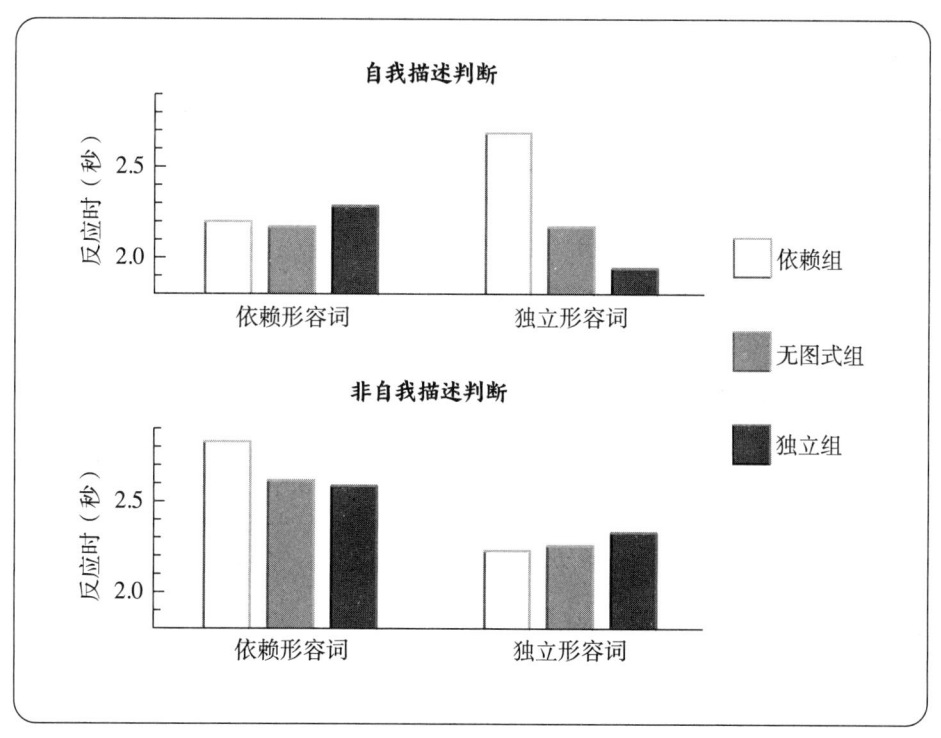

图 15.3 对形容词的平均反应时

来源："Self-schemata and processing information about the self," by H. Markus, *Journal of Personality and Social Psychology*, 1977, 35, 63-78. Reprinted by permission of the American Psychological Association.

此外，为了能快速加工与图式有关的信息，自我图式提供了一个组织和储存相关信息的框架。这样，我们就可以预期，当人们在某一主题上拥有明确图式时，就更容易从记忆中提取相关信息，而胜过那些未经组织的信息。为了验证这个假设，研究者在电脑上向大学生呈现 40 个问题 (Rogers, Kuiper & Kirker, 1977)。被试须尽快地按"是"或"否"按钮对每题做出回答。题目中有 30 题不需要借助自我图式加工信息就可以轻松做出回答。对这些问题，被试只需回答某个词是否为大写字母，或者是否与另一个词押韵，或者是否与某个词同义。然而，对其余 10 个问题，被试必须判断，这个词是否描述了自己。也就是说，他们必须用自我图式来加工这一信息。

研究未事先告诉被试，一会儿他们还要尽可能多地回忆这 40 个词。如图 15.4 所示，当被试回答有关自己的问题时，更可能记住该信息，而胜过以其他方式加工信息的问题。研究者认为，这一发现正是自我图式的证据。当问被试，某个词是否在描述自己时，被试要通过自我图式对这个问题进行加工。因为自我图式中的信息更容易获取，所以，自我指向的词更容易被记住，而不通过自我图式加工的词则不然。但这一发现是否有其他解释？是不是自我指向的问题只是比其他问题更难，从而导致被试要多想想？显然不是。当问被试某个词是否可以描述一位名人时，他们对这些词的回忆结果，就不如关于自己的词 (Lord, 1980)。

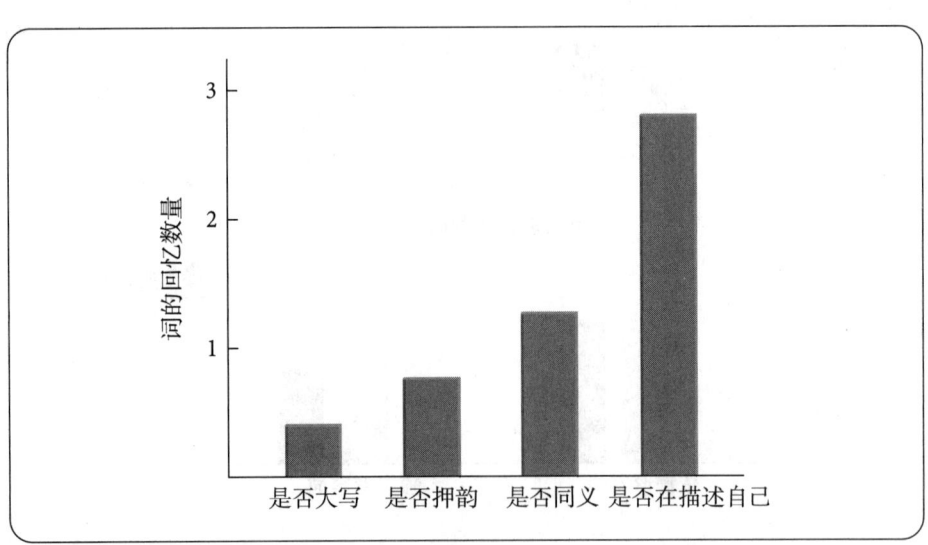

▶ 图 15.4 问题情境对词的回忆的影响

来源：From Rogers, et al. (1977). Self-reference and the encoding of personal information. *Journal of Personality and Social Psychology*, 35, 677–688. Reprinted by permission of the American Psychological Association.

（二）可能的自我

假设有两名大学生，丹尼斯和卡洛斯，他们在演绎逻辑和论证这一课程中得到了同样差的成绩。两人都因成绩差而不愉快，但是丹尼斯很快就从这个糟糕的学期中解脱出来了，卡洛斯却为这个分数烦恼了好几个星期。丹尼斯把她的注意力转向了下一学期，卡洛斯则把期末试题看了好几遍，并考虑在这一领域选择另一门课程。对这两个大学生的不同反应可以有多种解释，但一条重要的信息是，卡洛斯想读法学院，将来做一名审判庭律师，但丹尼斯不这样想。在演绎逻辑和论证技能上获得负面评价，对卡洛斯和丹尼斯意味着很不一样的东西。

人的行为不仅受到此时我们怎样看自己这一认知表征的指引，还受到"我会成为怎样的人"的表征的指引。你可能在想到未来的自我时，会把这个自我和拥有很多朋友、医学学位或身体强健相联系。心理学家把这种想象称为可能的自我 (Markus & Nurius, 1986; Ruvolo & Markus, 1992; Vignoles, Manzi, Regalia, Jemmolo & Scabini, 2008)。**可能的自我**是对我们将来会成为哪一种人的认知表征。可能的自我包括我们渴望的角色或职业，比如警察或社会领袖，也包括我们害怕的角色，比如酗酒者或离婚的父母。可能的自我还包括人们希望将来具有的品质，比如做一个热情、有爱心的人，一个忘我工作、不图回报的员工，一个对社会有贡献的人。在某种意义上，可能的自我表达了人们的梦想和抱负，也表达了人们的恐惧和焦虑。像其他人格建构一样，可能的自我是跨越时间相对稳定的 (Frazier, Hooker, Johnson & Kaus, 2000; Morfei, Hooker, Fiese & Cordeiro, 2001)。

可能的自我有两个重要功能 (Markus & Nurius, 1986)。第一，它能激励将来的行为。当我们做决定时，会问自己一个选择是让我们接近还是远离将来的自我？一位女士可能参加了工商管理硕士班课程，因为这个决定可以让她更接近优秀的公司执行官这一可能自我。一个男人可能会断绝与几个老朋友的联系，因为他觉得，这种关系会使他接近他害怕成为的罪犯的自我。

可能的自我的第二个功能，是帮助我们解释自己的行为和周围事件的意义。对于一个具有职业棒球投手的可能自我的人来说，手臂受伤对他的意义和没有这种想法的人是完全不同的。一个具有癌症患者的可能自我的女性，对身体健康的微小变化做出的反应将不同于没有这种认知表征的人。换言之，对那些与可能自我相关的事件，我们会更注意，并做出更强的情绪反应。

由于可能的自我指导着我们的很多选择和反应，因此它在预测未来的行为时很有用。研究者已经运用对可能的自我的测量，考察了很多行为，例如酗酒 (Quinlan, Jaccard & Blanton, 2006)、学业表现 (Oyserman et al., 2006)、减肥 (Granberg, 2006)，以及坚持锻炼身体 (Ouellette, Hessling, Gibbons, Reisbergan & Gerrard, 2005)。其他研究把可能的自我和问题行为联系起来。一组研究者研究了青少年罪犯的可能自我 (Oyserman & Markus, 1990; Oyserman & Saltz, 1993)。显然，超过 1/3 的青少年罪犯形成了罪犯的可能的自我。另外，这些青少年罪犯几乎没有人拥有符合传统目标的可能的自我，比如找一份工作。因为可能的自我是人的目标、恐惧和抱负的象征，所以在这些青少年罪犯中，假如有很多人在成年期变成罪犯，就不足为奇了。

研究者还发现了年轻男女的可能自我之间的性别差异。特别是，与男生相比，中学和大学女生更不可能认为自己将来会承担传统的男性化角色。女大学生比男生更少拥有包括从事数学、理科和工商管理职业的可能自我 (Lip, 2004)。男生和女生相比，更少认为自己会从事与艺术、文化和传播有关的职业。但是，研究也指出了这些性别差异的解决办法。如果女中学生拥有对理科感兴趣的女朋友，并且得到同伴的鼓励，就更可能形成科学家的可能自我 (Stake & Nickens, 2005)。同性别的角色榜样也有帮助。了解女科学家和女商界领袖的女中学生，更可能把这些职业纳入她们的可能自我。当人们认识的人已经处在自己渴望职业的位置时，他们对实现其职业目标会更乐观 (Robinson, Davis & Meara, 2003)。

（三）自我不一致

在阅读上面一小节内容时，你可能会奇怪，可能的自我和卡尔·罗杰斯说的真实自我与理想自我有些相似（第十一章）。罗杰斯描述了人们在面临以下情境时的困难，即一个人的现状与他希望成为的人相距甚远。认知人格心理学家也探索了不同的自我概念间的关系。一种称为自我不一致理论 (self-discrepancy theory) 的观点提出了三种不同的自我认知表征 (Higgins, 1987, 1989)。第一，每个人都有一个实际自我。实际自我包括你所掌握的关于自己是（或相信自己是）何种人的全部信息。这与其他人格心理学家所说的自我概念相似。第二，你还有一个理想自我，即你对自己希望成为的人的心理表征。理想自我包括你的梦想、抱负和你为自己设立的人生目标。第三，还有一个应该的自我。这是你认为你应该成为的自我，即能够履行各方面（如父母）给你确定的责任和义务的那种人。你的应该的自我可能是做一个爱父母的人、一个爱国公民、一个积极参加社会活动的人。

根据这个理论,我们会经常把自己的行为方式(实际自我)与希望的方式(理想自我)及应该的方式(应该的自我)做比较。毫不奇怪,我们在这种比较中往往不如人意。实际自我与理想自我不一致,会导致失望、灰心,有时还会悲伤。这是那些渴望荣誉但学习松懈、成绩低下的学生的反应。另一方面,实际自我与应该自我之间的不一致将导致紧张、焦虑和内疚感。当我们做事自私或占别人便宜时,自己又觉得这与应该的自我——即做个慷慨、善良的人——相矛盾,我们就会体验到这些情绪。像其他认知过程一样,这种比较也被认为是在自觉意识之外发生的。因而你可能会不明缘由地感到悲伤或内疚。

研究者发现,根据自我不一致理论做出的许多预测都得到了支持。尤其是知道实际自我与理想自我不一致的人往往感到悲伤,而实际自我和应该自我不一致的人会出现焦虑 (Cornette, Strauman, Abramson & Busch, 2008; Hardin & Lakin 2009; Petrocelli & Smith, 2005; Phillips & Silva, 2005; Renaud & McConnell, 2007)。研究者还发现,像其他人格变量一样,对成人的理想自我和应该自我的测量结果具有相当的跨时间一致性 (Strauman, 1996)。虽然对其他文化中的自我不一致如何影响情绪的研究还很少,但已有一项研究发现,日本大学生与加拿大学生相比,他们的实际自我和理想自我间的不一致更严重 (Heine & Lehman, 1999)。有趣的是,日本学生的这种较强的自我批判并没有使他们更抑郁。

四、应用:认知(行为)心理治疗

近年来,人格心理学家对认知结构的关注增多了,与其并行不悖的是,认知流派的心理治疗也越来越受欢迎。如第十三章所述,现在已有很多治疗师把认知取向的疗法和传统行为疗法结合起来。但是,无论他们称自己是认知治疗师还是认知—行为治疗师,他们都认为,不恰当的思维是情绪障碍和自暴自弃行为的原因。人之所以焦虑和抑郁,是因为他心中隐藏着引发焦虑的、抑郁的想法。因此,认知治疗的主要目的是帮助来访者认识到不恰当的思维方式,用正确的思维取而代之。认知治疗师的角色往往处于侵入式的弗洛伊德流派治疗师和罗杰斯流派依靠来访者取得进展的治疗师之间的某个位置。虽然来访者必须认识到他们的认知是怎样影响自己的情绪和行为的,但是治疗师在此过程中

最好的科学家应该像临床医生那样亲密地接近他的研究对象……最好的临床医生应该邀请他的来访者和他一道对生活进行一项可控的调查。

——乔治·凯利

仍然起着积极作用。

除了解决当前问题，认知人格心理学家经常教来访者怎样面对将来和重复出现的问题 (Meichenbaum & Defenbacher, 1988)。问题重复出现的一个原因是自暴自弃思维 (Meichenbaum & Cameron, 1983)。一个害羞的男人在参加聚会时可能对自己说这样的话："我不知道我为什么要去这个愚蠢的聚会。没有人愿意理我。就算他们和我谈话，我看上去也是那么尴尬愚笨。"这个人已经认为自己注定要失败。在第一次陷入尴尬的时候，他就断定事情像他预料的一样糟。他所担忧的所有紧张和难堪都会随之而来。

对这个人可以做些什么？认知治疗师会设法用更恰当的思维来取代这些自暴自弃的思维方式。这并不等于说，这个人应该不切实际地希望事事顺心。相反，他应该准备面对失望和失败，学会用恰当的方式进行解释。就像接种疫苗能预防疾病一样，认知治疗的目的就是要控制住导致过度心理痛苦的消极思维。

像任何流派的治疗法一样，认知心理疗法并不是对每个人都有效的，它可能局限于因不合理的、自暴自弃的思维方式而造成的心理问题。但是无论如何，采用这种方法的治疗师取得的成功是令人鼓舞的 (Butler, Chapman, Forman & Beck, 2006; Gaudiano, 2005)。研究发现，认知—行为疗法对治疗抑郁和焦虑等情绪障碍特别有效 (Hollon, Stewart & Strunk, 2006; Vittengl, Clark, Dunn & Jarrett, 2007)。这些治疗不仅可以减轻情绪障碍的症状，而且经过认知—行为治疗的人将来也较少有复发。也许这些人已经学会怎样鉴别不健康的思维，怎样用积极的思维代替它们。

理性情绪疗法

阿尔伯特·艾利斯 (Albert Ellis) 是认知治疗的早期倡导者之一，他创建了**理性情绪疗法**。和这种取向相一致，为了把认知疗法和行为疗法结合起来，艾利斯后来把他的疗法改称为理性情绪行为疗法 (rational emotive behavior therapy) (Ellis, 2003)。艾利斯认为，人之所以抑郁、焦虑或烦恼，是因为错误的推理，深信一些非理性的观念。艾利斯将此描述为一个 A—B—C 过程。举例来说，假设你的男友/女友今晚打来电话说要和你分手。这就是 A，艾利斯称它为诱发经验 (Activating experience)。然而，当来访者寻求心理治疗时，他们常常认为原因是 C，即情绪结果 (emotional Consequence)。在这种情况下，你可能会抑郁、内疚或愤怒。但是依照逻辑，你怎样从 A 推到 C 呢？为什么个人的挫折或损失会导致如此强烈的消极情绪呢？答案是，你在这一结果之前加入了一步，B——非理性观念 (irrational Belief)。你和伴侣分手并使你抑郁，你从这件事中得出的唯一逻辑结论是，你对自己说了类似于下面的话："我必须得到生活中的每个人的爱和赞赏。"或者"离开这个人，我可能永远都不快乐。"当然，孤立地看这些话，它们反映的观念显然是不合理的。但这些非理性观念就这样盘踞在我们的思维中，往往只有在专业人员的帮助下，我们才能认清自己思维的缺陷。

艾利斯认为，每个人都会秉持并依赖许多非理性观念。假设你没学好某一门重要的功课（A）。如果你持有如下的非理性观念——"我必须做好每件重要的、值得做的事情"（B），你就会得出结论——"这是一个灾难"，并因此陷入过度焦虑（C）。一位理性情绪治疗师会指出，失败是自然会发生的和令人遗憾的事情，而且是你不希望发生的，但它不是过度焦虑的理由。希望在任何时候把每件事都做得很好，只会导致失望和挫折。表 15.2 列出了一些常见的非理性观念。艾利斯 (Ellis, 1987) 指出，有些观念一眼就能看出是非理性的，在治疗过程中容易辨别和纠正。但有些观念比较微妙和棘手，改变起来阻力较大。

表 15.2　一些常见的非理性观念

明显的非理性观念

因为我强烈地希望彻底而成功地完成重要任务，因此在任何时候，我都绝对必须成功地完成任务。

因为我强烈希望受到我心目中的重要人物的赞赏，因此我绝对地总是需要受到他们的赞赏。

因为我强烈希望人们体谅、公平地对待我，他们在任何时候、任何情况下都绝对必须这样对待我。

因为我强烈希望过安全、舒适、满足的生活，因此在任何时候，我的生活条件都绝对必须是安适、方便和满足的。

微妙和棘手的非理性观念

因为我强烈地希望彻底而成功地完成重要任务，而且因为我只希望某些时候能成功地完成，因此我绝对必须完成好这些任务。

因为我强烈希望受到我心目中的重要人物的赞赏，而且我只想从他们那得到一点儿赞赏，所以我绝对必须得到赞赏。

因为我强烈希望人们体谅、公平地对待我，而且因为我几乎总是体谅、公平地对待别人，所以他们绝对必须这样对待我。

因为我强烈希望过安全、舒适、满意的生活，而且因为我是努力帮助别人过上这种生活的好人，因此我的生活绝对必须是轻松、方便和满足的。

来源："The impossibility of achieving consistently good mental health," by A. Ellis, *American Psychologist*, 1987, 42, 364-375. Reprinted by permission of the American Psychological Association.

理性情绪疗法的目标有两个：首先，来访者必须认识到，他们是怎样依赖非理性观念的，并找出他们推理中的错误；其次，治疗师与来访者一起用理性观念取代非理性观念。例如，在不要断定恋爱失败是抑郁原因的同时，你可以告诉自己，虽然你喜欢稳定的恋爱关系，并希望维持这种关系，但你知道，并不是所有的关系都会发展顺利。你也知道，这并不意味着，没有别人会爱你，或是你再也不可能与别人建立良好的关系了。因此，尽管 A 的内容仍然相同：我和我的伴侣分手了，但 B 的内容却不同。因为这种情况被看成是不愉快的，但不是灾难，没必要变得过分抑郁，即像原有的 C 那样。

下面的例子摘自艾利斯为一位年轻女士的治疗 (Ellis, 1971)，从中可以看出理性情绪疗法是怎样改变错误想法的。

来访者：好了，这就是长期困扰我的种种事情。我总是害怕做错事。

艾利斯：为什么？你害怕什么？

来访者：我不知道。

艾利斯：你刚才说，你是个泼妇，当你做错事时，你是个卑鄙的人。

来访者：但是我总是这个样子。每次做错事，我死一千遍都走不出来。

艾利斯：你责备自己。但是为什么？你害怕什么？那能使你下次变好些吗？它能使你少犯错误吗？

来访者：不会。

艾利斯：那你为什么责备自己呢？为什么你一做错事就是个卑鄙的人呢？有谁那样说过吗？

来访者：我想那是我的一种感觉。

艾利斯：是一种观念。这种观念是"我是个卑鄙的人！"，然后你就会有这样的感觉："哦，真糟糕！多么可耻呀！"这种感觉就会随着那种观念产生了。再进一步，你会说："我应该是不一样的，我不应该做错事！"你可以这样想："哦，看看，我做了一件错事。我不希望做错事。现在，我得想想怎样才能不做错。"

来访者：事情又回到了如你所说的对赞赏的需要上。如果我不做错事，人们就会尊重我。如果我一切都做得完美……

艾利斯：是的，问题就在这里。那是个错误观念：如果你从不做错事，每个人都会爱你，而且那是他们必须做的……但这是真的吗？设想一下，你从来没做过错事，人们都会爱你吗？他们有时也会恨你，难道不会吗？

理性情绪治疗师请来访者找出他们的非理性观念，认识到这些观念怎样导致了他们的错误结论。当然，这并不容易做到。我们多数人能够轻而易举地找出自己朋友的错误想法，但是当自己有情绪问题时，就是另一码事了。无论如何，理性情绪疗法在大量来访者身上取得了成功，对近些年来认知取向心理治疗的逐渐普及已经做出了贡献。

五、评价：轮流呈现网格法

个人建构是乔治·凯利人格理论的核心概念，也是其治疗方法的焦点。但是对这一点的强调也带来一个难题。尤其是怎样测量一个人的个人建构呢？当然，治疗师在治疗过程中，会得到有关来访者建构系统的一些信息。但是凯利及其同事需要一种更有效的查明建构系统的方法，以便更容易地和来访者沟通。凯利的答案是轮流呈现网格法 (Repertory Grid Technique)。凯利及其追随者创立了这一方法的几种变式 (Fransella, Bell & Bannister, 2003)，但是其基本方法包括两个步骤 (Bell, 1990)。第一步，受测者列出各个要素的单子。单子上的项目可以是这个人在生活中遇见的任何事，但是列出的大多是受测者认识的特殊的人。第二步，让受测者把单子上列出的各个要素进行比较和对照，引出受测者的个人建构。

这种网格法的最常用版本是角色建构轮流呈现测验 (Role Construct Repertory Test)，简称 Rep 测验。本书第十六章有对该测验简版的介绍。治疗师请来访者从自己认识的各种人中列出 24 个人，例如喜欢的老师、最感兴趣的人，等等。然后，治疗师向来访者呈现表中三个人的名字，问道："在哪个重要方面，其中两个人相似，而与第三个人不同？"来访者可能说，这两个人都是热情的人，第三个是冷漠的人。在凯利看来，这位来访者就是用热情—冷淡的建构对这三个人分类的。然后再用表中另外三个人的名字重复这一过程。这次，来访者也许使用了外向—害羞或慷慨—吝啬的建构。凯利认为，大约经过 20 次尝试或"排序"，就能为治疗师提供有关来访者基本建构的有效样本。

在角色建构轮流呈现测验的一个变式中，治疗师会从三个人名中拿走一个，再用一个新的人名取代它。这种方法适用于查明来访者在使用新建构来应对新情境上有何困难。为了查明自我概念，治疗师有时会呈现来访者的名字和单子上另外两个人的名字。同时问来访者，这三个人中的两个人与另一个人有何不同。一些治疗师会先从来访者最初的角色建构轮流呈现测验中得出一个建构的单子，再让来访者根据这些建构对名单上的每一个人做出评价。经过这一步骤就可得到像表15.3那样的网格，它使治疗师和来访者能从更丰富的信息中寻找到一些行为模式。

表15.3 样本网格

	母亲	父亲	姐妹	兄弟	上司	邻居	朋友	同事	
愉快	愉	不	不	不	不	不	愉	不	不愉快
可信	不	不	不	不	不	不	?	不	不可信
竞争	无	无	竞	竞	?	无	竞	竞	无竞争性
热心	热	冷	冷	冷	冷	冷	?	冷	冷漠
聪明	不	聪	聪	聪	聪	?	不	聪	不聪明
有趣	无	无	无	无	无	无	有	无	无趣

轮流呈现网格法已经被治疗师和心理学者广泛使用，以获得来访者和具有各种心理障碍者如何解释世界的形象地图 (Feixas, Harter& Bach 2008; Winter, 2003)。研究者还采用这种网格法研究其他各种课题，比如大型组织内的沟通 (Coopman, 1997)、教学效果 (Chitsabesan, Corbett, Walker, Spencer & Barton, 2006)、特殊犯罪类型的基本特点 (Horley, 1996) 以及职业咨询 (Savickas, 1997)。根据一项综述的统计，截至2000年，已有3000多项研究使用了不同版本的轮流呈现网格法 (Neimeyer, 2001)。

像其他评估方法一样，轮流呈现网格法也有其局限性。第一，轮流呈现网格法和其他人格测量法不同，它不能产生一个简单的测验分数 (Horley, 1996)。虽然这种方法可以创建各种数字系统，但它在很大程度上仍依赖于治疗师的解释。第二个局限来自这一方法所依据的很多假设。采用角色建构轮流呈现测验的一个假设是，来访者提供的建构不只局限于单子中所列的人物，也可以运用到新情境中的新人物上。另一个假设是，从测验引出的建构有某种程度的恒定性。也就是说，我们假设，来访者不是在测验中第一次使用这些建构，而且以后还会再用。相关的一个假设是，名单上列出的人物代表着来访者在日常生活中接触的人。而来访者只用于特殊人物的建构，对于理解来访者怎样与平时接触的多数人打交道作用不大。

但是，最难确定的假设是测验编制者根据凯利的理论做出的，这就是人们能够描述他们所用的建构。遗憾的是，这种网格法受到我们语言的固有限制。虽然来访者尽可能使用接近其本意的词汇，但是这些词语可能是不充分的。凯利没有假定，描述所有建构的词汇都必然存在。实际上，他说的是我们学会说话之前就已形成的"前言语"的建构。而且，就算来访者使用的是恰当的词汇，治疗师对那些词汇也会有不同的解释。例如，一个来访者对攻击性的定义就可能和治疗师的定义不一致。因此，治疗师对来访者怎样看世界仍会产生错误印象。

六、认知流派的优势与批评

（一）优势

人格认知流派的一个优势是，它的许多观点都是在实证研究结果中产生并得到发展的。用于解释个体差异的很多认知结构都来自大量严格控制的实验室实验。在许多情况下，认知人格心理学者从探索相似现象的社会心理学者或认知心理学者那里借鉴了一些观点和研究方法。此外，研究者不断进行新的研究，了解更多的认知结构与过程，使人格认知模型不断得到修正。

认知流派的另一优势是，它符合心理学的现代趋势或时代精神。在过去几十年里，考察认知概念的期刊文章和博士论文的数量急剧增多。在心理学其他领域，如发展心理学和社会心理学，人们都在致力于进行相关研究，这些研究补充并扩展了认知人格理论已知的研究结果。

与上面一点有关，认知取向的心理治疗近年来受到特别的欢迎。即使是认为自己属于其他人格流派的治疗师，也经常在其实践中加入认知疗法的成分。对最初由一些行为治疗师建立的团体"高级行为治疗协会"中的开业者的调查发现，67%的治疗师称，他们的治疗属于"认知行为"取向 (Elliott et al., 1996)。几乎一半的人称，他们有时对来访者使用理性情绪疗法。

（二）批评

对认知流派批评较多的是，从实证研究角度看，它的概念有时过于抽象。准确地说，"个人建构"或"可能的自我"指什么？我们怎么知道，一种图式是否正在被使用？图式有多少？图式之间有什么关系？更重要的，如果不能在清楚的操作定义上达成一致，怎么研究它们对行为的影响？一些答案可能等待进一步的研究，但是认知的属性也许使它比人格理论家运用的很多建构更模糊不清。

与此有关的一个问题是，我们是否需要用这些概念去解释个体行为差异。比如，严格的行为主义者辩称，他们可以用几种建构解释相同的现象。对理解人格来说，用人格图式或可能的自我是不必要的，甚至是一种障碍。按照简约律，认知理论家有责任说明，和其他不那么复杂的流派相比，认知流派怎样更好地对人格做出了解释。

对人格认知流派的另一个担忧是，没有一个统一的模型来组织和指导其理论和研究。一些基本问题，如各种认知结构之间有何相互关系，它们与其他信息加工过程（如记忆）有何关系，仍然不清楚。一个相关的问题涉及不同的理论家提出的各种认知结构之间的关系。个人建构与图式有区别吗？一个综合性的模型也许会帮助研究者准确地理解这些术语意味着什么，以及它们之间的关系如何。

七、小结

（1）人格的认知流派从人的信息加工角度看待人的稳定行为方式。提出个人建构理论的乔治·凯利是这个流派的早期开拓者。凯利认为，人具有理解周围世界的强烈动机。他把人比喻成科学家，总是力求准确预测在自己身上发生的事情。凯利把人在这一过程中使用的认知结构称为个人建构。他认为，心理问题源于焦虑，而焦虑是由人们不能对事件做出预测所致。

（2）心理学家描述了若干种认知结构，以帮助我们解释个体差异和个体内部过程。图式是帮助我们知觉、组织和储存信息的认知结构。

（3）人格心理学家认为，最重要的认知结构是人对自己的认知表征。这一领域的许多研究与自我图式有关。研究表明，人们对与自我图式有关的信息的知觉和回忆都更容易。研究还发现，有关未来自我的认知表征会指导人的行为，但是不同的自我概念之间的不一致会导致消极情绪。

（4）最近几十年，认知流派的心理治疗越来越受欢迎。这些治疗师关注改变来访者的思维方式。这种方法的早期倡导者阿尔伯特·艾利斯认为，当人们使用非理性观念时，就会出现情绪问题。理性情绪疗法可以帮助来访者认识到他们使用了这种思维并用合理的思维取而代之。

（5）凯利使用轮流呈现网格法来测量个人建构的个体差异。其中一例是让受测者列出生活中的人物，然后把这些人归于不同类型。这种方法可帮助治疗师了解来访者用以认识周围人的建构。凯利介绍了采用这一方法的几个假设，包括人们能够充分地说出他们使用的建构。

（6）认知流派的优势是其强大的实证背景。认知流派符合当前心理学用认知解释行为的趋势。对认知流派的批评指出，认知心理学者使用的很多概念过于抽象。另一些人质疑，是否有必要总是用认知去解释行为。认知流派还缺少一个统一的模型把该流派的所有研究组织起来。

关键术语

个人建构　personal constructs (p.404)
可能的自我　possible selves (p.413)
理性情绪疗法　rational emotive therapy (p.416)
图式　schema (p.408)
自我图式　self-schema (p.409)

第十六章

认知流派：
相关研究

- 一、认知与攻击
- 二、性别、记忆与自我解释
- 三、认知与抑郁
- 四、小结

回忆本书第一章，你会记起那个盲人摸象的故事。其寓意是，要全面理解人格，就要从几种不同视角来看待人格。虽然每一种观点都提供了有用的信息，但也仅仅提供了这一复杂问题的有局限的观点。这一道理在本章将再次加以说明。来自认知观点的每个研究项目，都在本书其他地方有所涉及。这并不是说，前面介绍的研究是错的，或需要更新。而是我们需要从不止一种观点的角度来考察一些重要问题，以便获得更完整的画面。我们将从攻击性说起，我们在精神分析和行为主义/社会学习流派部分对这一话题做过较深刻的考察。其次，我们再回到有关性别的话题。除了本书各部分曾经提及的很多性别差异之外，研究者发现，两性在回忆信息的方式上也存在差异。最后，我们来看对抑郁的认知解释，这是本书在多处提到的一个话题。研究者发现，我们加工信息的方式在这种心理障碍中起着重要作用。心理学家还考察了认知风格，来查明那些容易抑郁发作的人们。

一、认知与攻击

假设你正在一个公园里散步。两个十几岁的小青年走在你身后十来米处，突然快步向你靠近。你会做何反应？也许他们赶着到什么地方去；也许他们只是精力充沛，走得比你快；也许他们想赶上你，问问时间或问问路；他们也可能想伤害你。这种情境像我们遇到过的很多情境一样，有很大的模糊性，人们的反应也很不相同。

你对这种情境做何反应，取决于你对其做何解释。你将根据当时情况是威胁性的、骚扰的还是友好的，而决定是跑开、准备打架还是给人让路。这个例子说的是认知研究者在预测攻击行为时用到的一个重要概念。知道一个人具有高攻击性，看到了一个攻击榜样，或者曾经因为暴力行为受到奖励，这些都是不够的。虽然这些变量都起作用，但是要完整地理解攻击行为，还必须了解当人们遇到潜在的威胁或危险情境时，认知在其中所起的作用 (Anderson & Huesmann, 2003; Crick & Dodge, 1994; Fontaine Dodge, 2006; Wilkowski & Robinson, 2008)。

（一）一般攻击模型

遭遇一次潜在暴力冲突后是平安无事，还是导致攻击性，是由很多因素决定的。为了解释这一过程，一组心理学者根据几十年来的研究，提出了一个一般攻击模型 (General Aggression Model) (Anderson & Bushman, 2002a)。如图 16.1 所示，这一模型从具有潜在的引发攻击的社会接触开始。它包括侮辱、威胁、推撞等行为。我们如何对这种事情做出反应，首先取决于我们是哪一类人，以及我们所处情境的类型。由于特质、态度、过去经验、遗传素质等差异，一些人比另一些人更富于攻击性。此外，一些情境也比另一些情境更容易激起人们的攻击性。包含挑衅、挫折和暴力相关成分（如视觉线索、词汇、噪音）的情境更可能引发攻击。

但是，从认知角度考察这一过程，心理学者指出，个人与情境因素只有在一定程度上能联结或激发与攻击相关的思维与情绪时，才是重要的。一些人比另一些人更容易形成这种认知联结。对高攻击性的人来说，即使是轻微的侮辱也会引发敌意思维和愤怒。认知心理学者会说，这些人具有比较发达、容易引发的敌意认知网络。情境中把这个人与攻击相联系的方面会激发这些敌意认知。情境变量包括攻击线索，如武器、拳头和流血，还有声音、气味以及从认知角度把那个人与敌意思维相联系的场面。

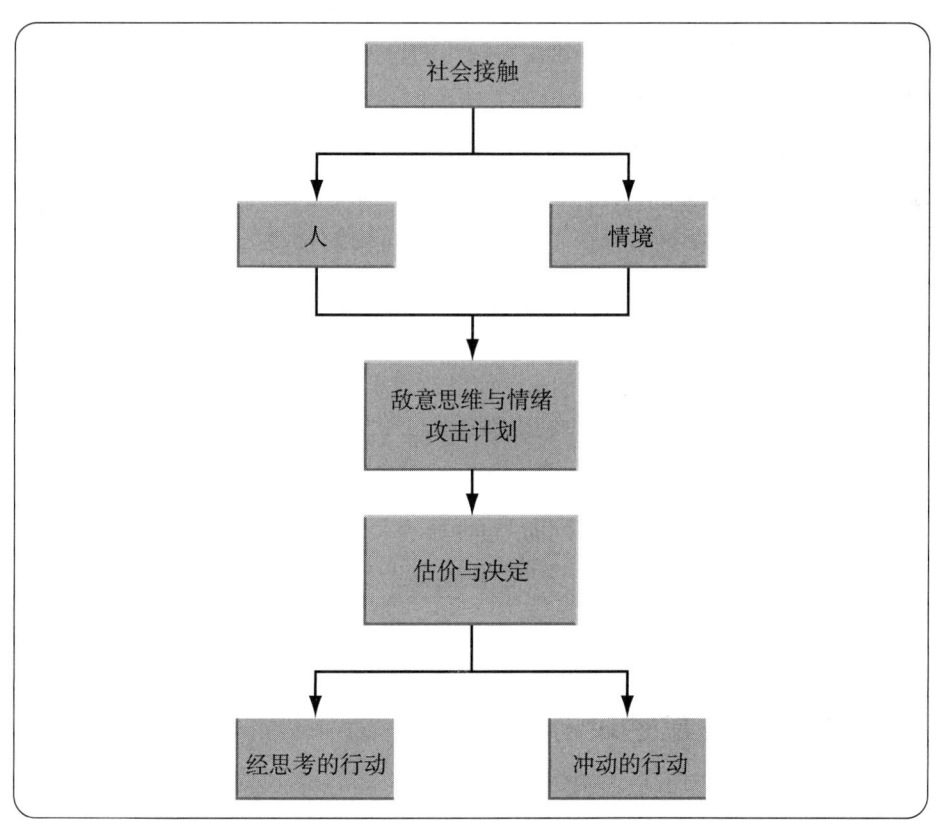

▶ 图 16.1　一般攻击模型

来源：Adapted from Anderson and Bushman (2002a).

刚接触过暴力图像的人，如看过暴力场面影片或玩过暴力视频游戏，也容易引发敌意认知。同样，受挫折的人也更可能出现敌意认知。经常接触暴力图像的人也容易出现敌意认知。这种人在某种意义上已经把他们的世界变成了用攻击眼光看待周围事物的地方。

在此过程中，被潜在激发的敌意认知是攻击行为的计划 (script)。它是已被学会并经过一些实践的潜在行为方式。很多时候，攻击计划是通过观看攻击模仿对象学到的。即便你从未动手打过人，你在生活中也会见过很多可模仿的此类行为，需要时你就会把这种计划付诸行动。经过练习的攻击计划则更可能被付诸行动。要使攻击计划得到演练，人们只需想象自己应怎样做出一个攻击举动，或在心里重现经历过或见过的暴力场面。当人们做亲身的行为演练（如练习空手道或打靶）时，也就是在做攻击计划的练习。人的行为计划越多，表现出攻击行为的可能性就越大。

这种认知分析可以帮助我们理解，暴力影片和电视节目为什么容易导致攻击行为。第十四章曾讲到，人们常会模仿攻击行为。但是研究者发现，被试的暴力行为往往不是从影片和电视节目中模仿来的。心理学者对此的解释是，这种效应是暴力影像引发的敌意思维和情绪的结果 (Anderson & Huesmann, 2003)。当暴力记忆和思维被引发并产生巨大影响时，观看者做出攻击行动的可能性就提高了。和这一分析相符，很多研究发现，接触暴力影片和视频游戏会使攻击思维增强 (Carlson, Marcus-Newhall & Miller, 1990; Todorov & Bargh, 2002)。即使接触带有暴力歌词的歌曲，也会增强暴力思维和情感 (Anderson, Carnagey & Eubanks, 2003; Fisher & Greitemeyer, 2006)。

攻击性认知不但会引发攻击行为计划，而且还会影响我们解释情境的方式。回到在公园遇到小青年的例子，如果敌意思维和情绪影响较大（也许你刚看完暴力影片），你就容易把它解释成威胁，甚至是一道要你随时做出攻击反应的指令。但是，心理学者会指出，很多攻击行为或多或少地是以自动或冲动的方式表现出来的 (Berkowitz, 2008; Fontaine & Dodge, 2006)。有时候，被人踩了脚或从身后被撞到时，我们会不加思考就做出反应。此时，影响强大的敌意认知可能尤其危险。

（二）男孩的反应性攻击

日常观察证实了研究者对青少年期和前青少年期攻击性的认识。男孩比女孩更可能表现出身体攻击行为 (Card, Stucky, Sawalani & Little, 2008)。无须讳言，这种攻击给攻击型男孩及其周围的人们带来了很多难题。研究者尤其感兴趣的是男孩表现出的*反应性攻击*，即挫折和挑衅引起的愤怒和敌意攻击。例如，男孩面对嘲笑会威胁说要痛扁取笑者一顿，因在走廊被人意外推撞而做出拳打脚踢的反应。

为了查明这些反应，一些心理学者考察了这些男孩解释潜在的引发攻击情境的方式。一组研究者向一些有反应性攻击历史的男孩呈现了一些假设情境 (Crick & Dodge, 1996)。比如，一个男孩不在房间时，另一个人把他的收音机弄坏了。在每个情境中，研究者都问男孩们另一个同学为什么那样做，他是不是故意的。如图 16.2 所示，具有反应性攻击历史的男孩们更可能把这些行为看作故意和敌意的，而非攻击型男孩则不这样。另一种解释是，攻击型男孩长期受敌意思维影响，使他们把无恶意行为解释为威胁行为。毫不奇怪，研究者发现，这种解释类型往往会导致攻击 (Dodge, 2006; Dodge et al., 2003)。

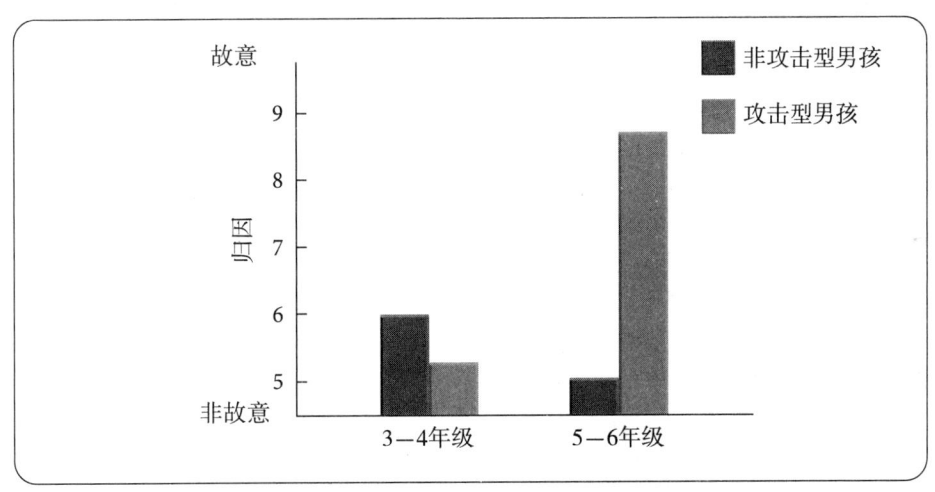

➤ 图 16.2 平均归因得分

来源：Adapted from Crick and Dodge (1996).

如果一些男孩对无意行为做出的归因导致了反应性攻击，那么旨在减少学校攻击行为的项目就能通过改变这种归因而获益。一组研究者采用了这种方法 (Metropolitan Area Child Study Research Group, 2007)。研究者先找出处于暴力行为危险中的儿童。这些儿童从二年级和三年级开始，在两年内参加了40 个小时的课程，除了学习其他知识之外，他们还要学习怎样有效地、非暴力地对冲突和威胁做出反应。另一些儿童被随机分配到控制组，不参加这些课程学习。在研究开始时和 2 年后研究结束时，向这些儿童呈现一些情境，问他们会怎样对这些情境做出反应。在来自中等收入家庭的儿童中，控制组儿童在2年后的攻击性增强了，但干预组儿童在同样的时间内的攻击倾向有所减弱。

二、性别、记忆与自我解释

如果你想在一个索然无味的社交聚会中哗众取宠，不妨提出一个问题：是男人的记忆力更好，还是女人的更好？我发现人们难免都会捍卫自己的性别。男人有时抱怨妻子到期忘付账单或给汽车加油；女人则埋怨丈夫记不住周年纪念日和她娘家人的名字。虽然这些说法反映的更多是性别偏见，但是却支持了心理学者对性别和记忆的观察。研究显示，男女两性在记忆和回忆信息的整体能力上没有什么差别。但研究者也发现，男女两性在记忆内容上有差异。

来看一项研究，要求男性和女性回忆各种类型的信息 (Seidlitz & Diener, 1998)。先给被试三分钟的时间，让他们从自己近三年的生活中尽可能多地回忆各种积极事件和消极事件，并把它们列出来。随后，再让被试回忆从过去一年和最近一周随机选出的一小时中除其他事情之外的情绪事件。另外，还让被试在限定时间内回忆美国历史事件。

谁回忆得更好呢？答案取决于让被试回忆的是哪类信息。女性回忆的私人事件明显比男性多。无论是消极事件还是积极事件都如此。男性在回忆有关美国历史等非个人信息上做得更好。简言之，女性能更好地记住和朋友在一起的快乐时光，以及令自己感到困窘的时候，男性则能更好地回忆他们在学校里学到和通过阅读学来的东西。

心理学者在解释记忆的这些差异时指出，人们加工与自己有关的信息的方式不同。特别要指出，研究者查明了男性和女性在对记忆内容的组织方式上的两点差异：第一，在自身相关信息与情绪二者之间的联系程度上存在性别差异；第二，在个人信息与自己的人际关系信息的联系程度上，两性存在差异。

（一）情绪性记忆

女性从小就学会了关注自己和别人的情绪。因此，女性比男性更容易从情绪角度对有关自己的信息进行编码 (Bloise & Johnson, 2007; Feldman Barrett, Lane, Sechrest & Schwartz, 2000; Kuebli, Butler, & Fivush, 1995)。如果女性是围绕情绪来组织记忆的，那她们能更好地回忆积极和消极的情绪体验就不足为怪了 (Fujita, Diener & Sandvik, 1991)。无论是关于愉快的还是悲伤体验的记忆，都应该对女性影响更大。此外，一种情绪记忆与另一种情绪记忆之间的认知联系，对女性来说，也比男性更强。因此，和男性相比，女性记起一件伤心事就容易触发另一件伤心事。

这种性别差异得到了一项研究的证实，该研究让成年男女回忆他们的儿时经历 (Davis, 1999)。用一些情绪词和短语对被试进行暗示，如"感到被拒绝"或"得到了你真正想要的东西"等。如图16.3所示，女性回忆的儿童期情绪记忆比男性多。而且，对所考察的每种情绪，不论是积极的还是消极的，都是如此。当研究者在三、五、八和十一年级的男女学生中对相似的回忆做比较时，她发现了相似的模式。也就是说，无论年龄大小，女性对情绪记忆的回忆总是比男性好。有趣的是，这位研究者发现，当让这些被试回忆非情绪记忆时，男女之间没有差别。

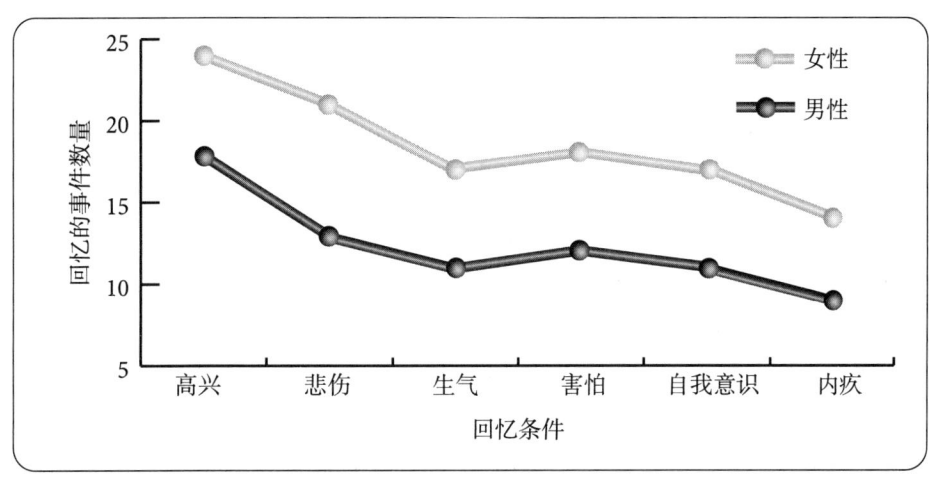

▶ 图 16.3 对儿童期情绪记忆的回忆

来源："Gender differences in autobiographical memory of childhood emotional experience," by P. J. Divis, *Journal of Personality and Social Psychology*, 1999, 76, 498–510. Copyright © 1999 by the American Psychological Association. Adapted with permission of the American Psychological Association.

女性更善于回忆情绪性记忆内容，这有助于解释为什么女性比男性更容易抑郁 (Nolen-Hoeksema, 1987)。女性不仅会比男性回忆起更多的悲伤经历，而且回忆起一件不愉快经历还可能触发对另一个悲伤事件的记忆。

（二）对人际关系的记忆

另一种研究思路关注两性在组织个人相关信息时对人际关系的考虑程度的差异。根据个体主义和集体主义文化的研究（见第一章），一些心理学者认为，在美国社会，男性和女性的受教育方式使他们形成了不同的自我认知表征 (Cross & Madson, 1997)。男性被认为形成了独立的自我解释 (independent self-construals)。就是说，相对来说，男性的自我概念与他们对别人的认知表征关系不大。相反，在美国社会中，女性倾向于形成一种依存性自我解释 (interdependent self-construals)。她们的自我概念与她们对别人的认知表征以及她们与那些人关系的认知表征密切相关，特别是对她们觉得关系亲密的那些人的及与其关系的认知表征 (Gabriel & Garnder, 1999)。

换句话说，与朋友和家人的关系是女性怎样看自己的一个重要部分。这不仅意味着她们比男性更享受她们的人际关系，而且女性更可能根据她与别人共享的关系来界定自己。回到对记忆的研究上，女性比男性更容易回忆起某些类型的经历，一个原因或许是，这些事件中有其他人参与。由于她们的依存性自我解释，包含人际关系的信息更容易触动女性，而胜过男性。

与这种分析一致，几项研究发现，女性比男性更可能根据她们的人际关系来界定自己 (Guimond, Chatard, Martinot, Crisp & Redersdorff, 2006)。一项研究请被试尽量多地写出"我是谁"的陈述 (Mackie, 1983)。和男性被试相比，女性的回答包含更多的自己作为母亲及家庭成员角色的内容。当让小学生和中学生"向我们谈谈你自己"时，也发现了类似情况 (McGuire & McGuire, 1982)。

另一项研究发现，在知觉和回忆自己生活中重要人物的信息时，也存在性别差异。在研究中，询问被试某些词语可否描述他们、他们最好的朋友、他们所属的一个群体，或美国总统 (Josephs, Markus & Tafarodi, 1992)。如前一章所述，研究者假设，用较强的图式进行信息加工，比用较弱的图式进行信息加工更容易。随后，让被试尽量多地回忆这些词，对于那些凭借好朋友和群体图式进行加工的词，女性比男性记忆得好。另一项研究请已婚夫妇谈谈他们的初次约会、两人最近共同度过的假期以及两人最近的一次争吵 (Ross & Holmberg, 1992)。结果，妻子讲述的经历比丈夫讲得更生动，包含更多细节。总之，来自各种来源的证据都充分证明，男女两性储存和回忆关于他们的人际关系和他们自己信息的方式存在差异。

三、认知与抑郁

只需片刻，想想你觉得有点抑郁的时光。你首先想到的一件事可能是：如果你感觉今天有些沮丧，这比较容易；但是要觉得今天过得很好，就比较难。抑郁者不仅容易记住悲伤体验，而且控制不住自己一个接一个的抑郁想法。悲伤的人容易回忆起他孤独和失去爱的时候。他们往往陷入问题中不能自拔，害怕每件事情都会被搞糟。他们回忆那些令人尴尬的场面、不想再提的往事和希望抹去的经历。即使好事降临，抑郁者也要找出一片阴云来掩盖这一线希望。刚被一所好学校录取？想到的全是压力和万一失败会发生什么。被邀请参加聚会？想到的是如果谁也不认识，在那里陷入尴尬怎么办。总之，当你抑郁的时候，你的心里将充斥着抑郁的思维。

这些观察表明，抑郁思维是与抑郁情感分不开的。这就是为什么心理学者逐渐诉诸认知来理解抑郁。虽然消极思维往往被看作抑郁的一个症状，但认知观点认为，这些思维也会导致人们抑郁 (Clark, Beck & Alford, 1999)。心理学家有时把抑郁者的思维说成是一个**抑郁认知三和弦** (Beck, 1972)。意思是说，抑郁者一般都有对自己的消极思维、对未来的悲观态度、以消极方式解释当前经历这三者的结合。

许多心理学者通过考察人们对令人苦恼的信息的知觉、组织和回忆方式，来寻找有关抑郁的原因和治疗的线索 (Rusting, 1998)。此外，这些心理学者还想知道，一些人是否由于信息加工方式而更容易抑郁。我们将介绍研究者在这一研究中使用的两个概念：抑郁图式和消极认知风格。

（一）抑郁图式

每天我们都会遇到一些好事，一点坏事，还有一些情绪意义模糊的偶发事件。今天你会去想哪些事情？忽略哪些事情？根据认知观点，最快乐的人总是去注意积极信息，忽视消极信息，尽可能把模糊信息看作积极信息。事实上，我们大多都有一种不现实的积极生活憧憬 (Taylor, 1989)。我们相信，自己所做的所有事情都比别人强；好事会降临在自己头上，不幸的事情只会发生在别人身上。由于多数人都戴着玫瑰色眼镜看生活，所以我们能够满足并保持心理健康 (Alloy & Abramson, 1988)。

遗憾的是，还有一些人是透过蓝色眼镜看生活的。持认知观点的心理学者认为，抑郁者使用一个活跃的抑郁图式进行信息加工 (Clark et al., 1999; Kuiper & Derry, 1981; Kuiper, MacDonald & Derry, 1983)。**抑郁图式**是含有对抑郁事件和思维的记忆与联结的认知结构。使用这种图式进行信息加工的人会注意消极信息，忽视积极信息，并用抑郁的方式解释模糊信息。他们容易回想起抑郁的记忆，常把当前的伤心体验和过去的事扯在一起。简而言之，抑郁者的信息加工是一种保留消极思维、排斥积极思维的方式。因此，这些人总是感到抑郁。

研究者设计出几种方法对抑郁图式进行研究。根据对抑郁者的思维和行为的临床观察，这些研究者提供了大量令人信服的证据，说明认知结构对抑郁的形成和保持所起的作用。抑郁图式的许多证据是采用上一章介绍过的自我图式研究方法获得的。研究者有时请抑郁者和非抑郁者回答有关一套词语的问题。在一项研究中，抑郁症患者对列出的形容词按"是"或"否"按钮，来表明这些词语是否可以描述自己 (Derry & Kuiper, 1981)。其中一半词与抑郁有关（例如，黯淡的、忧郁的、无助的），一半与抑郁无关。研究者很惊讶，只给了这些被试3分钟，他们就尽其所能地回忆起很多词语。

研究结果如图 16.4 所示。正如预测，抑郁症患者记住的与抑郁关联的词较多，而另外两组非抑郁被试回忆其他词更好。重复验证了这一发现的，还有对临床抑郁症患者 (Lim & Kim, 2005) 和轻度抑郁大学生的研究 (Moilanen, 1993)。抑郁者能更好地回忆"忧郁的"、"无助的"这样的词语，是因为他们使用抑郁图式加工这些词语。他们更多地注意到这些与抑郁有关的词语，把它们与自己相联系，以后也容易回忆起来。

如果抑郁者是使用抑郁图式来加工信息的，我们会预期，他们比不抑郁的人更容易回忆起悲伤的事情。如果我让你快速回想上中学时的事情，你很可能想起一段愉快的时光。例如，你在一次演出中明星似的表现，或与朋友们聚会时的乐趣。但是如果今天你心情有些抑郁，你就会想起一次考试失败或被朋友们拒绝的日子。这是因为，使用抑郁图式进行信息加工的人更容易接近不高兴的往事。当你抑郁的时候，不要许久就能回忆起那些伤心、孤独、尴尬的日子，因为使用抑郁图式使这些记忆触手可及。

对抑郁症患者进行的一项实验证实了这种容易接近悲伤记忆的情形 (Clark & Teasdale, 1982)。给患者呈现一系列词语（如火车、冰），让他们回忆每个词

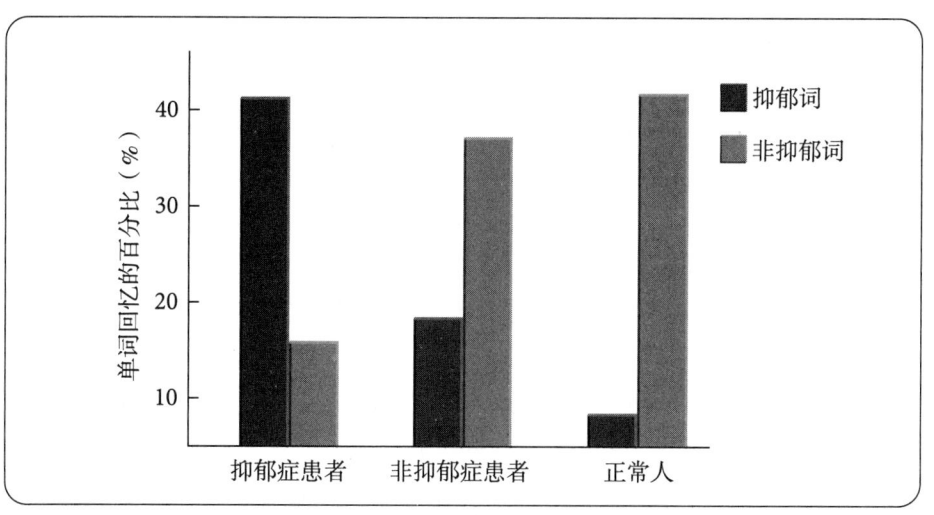

图 16.4 用自我参照加工回忆描述自我的词的比例

来源："Schematic processing and self-reference in clinical depression," by P. A. Derry and N. A. Kuiper, *Journal of Abnormal Psychology*, 1981, 90, 286-297.

语在心里引起的真实生活经历。例如，一位患者描述她乘火车去看她喜欢的姑姑，或者她有一次误了火车。对患者进行了两次测试，一次在他们感到特别抑郁的时候，一次在他们不抑郁的时候。如图 16.5 所示，在抑郁的时候回忆的大多是不愉快的事情。但是，在患者不抑郁的时候，他们能回忆起愉快的经历。大体上，患者的抑郁水平越高，抑郁图式就越容易被激活。在要求抑郁者思考未来时，也发现了类似的模式。一项研究发现，抑郁者比非抑郁者更容易想到某一天会遇到倒霉事的理由 (Vaughn & Weary, 2002)。

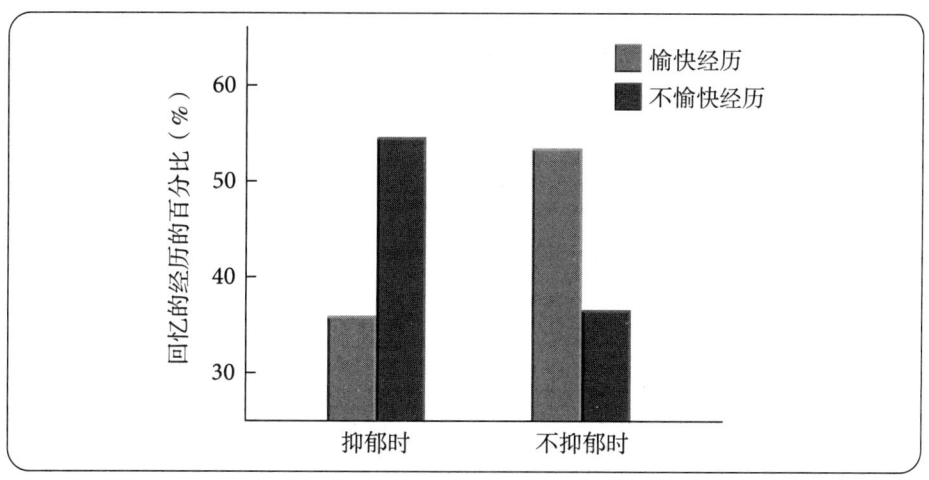

图 16.5 回忆的愉快经历和不愉快经历的百分比

来源："Diurnal variation in clinical depression and accessibility of memories of positive and negative experiences," by D. M. Clark and J. D. Teasdale, *Journal of Abnormal Psychology*, 1982, 91, 87-95. Reprinted by permission of the American Psychological Association.

因为抑郁者用抑郁图式对信息进行过滤，所以他们还喜欢以最坏的可能性来解释模糊信息。抑郁者在看待自己的表现时，往往会陷入自己的失误中不能自拔，无法因为自己做对的事情给自己足够的自信 (Crowson & Cromwell, 1995; Moretti et al., 1996)。一项研究让被试完成一套测验，然后让他们选择是查看得好分数的题还是得差分的题 (Giesler, Josephs & Swann, 1996)。82%的抑郁被试选择得差分的题，明显多于非抑郁被试。因此，如果一位老师告诉一名抑郁的学生，他的五道测验题都答得不错，只有一道题稍差，这个学生很可能把注意力集中在那道回答得稍差的问题上，并由此认为自己表现糟糕。

毫不足奇，抑郁思维总是与其他抑郁症状，如悲伤心境、积极性降低等共同出现。认知理论家认为，抑郁认知与其他症状之间有双向因果联系 (Clark et al., 1999)。就是说，抑郁思维可以导致抑郁，抑郁也可以导致抑郁思维增多。然而，几项研究显示，随着抑郁发作的康复，人的消极思维会减少，但基本认知网络仍然保持原样 (Dozois & Dobson, 2001; Hedlund & Rude, 1995; Ilardi & Craighead, 1999; Ingram & Ritter, 2000; Segal, Gemar & Williams, 1999)。如果稳固的抑郁图式仍然存在，以后还是容易抑郁发作 (Havermans, Nicolson & deVries, 2007; Lewinsohn, Joiner & Rohde, 2001)。事实上，有稳固抑郁图式的人们可能每天都面临着与抑郁的抗争。在一项研究中，曾经的抑郁症患者仅仅听了一段悲伤的音乐，消极思维就增多了 (Gemar, Segal, Sagrati & Kennedy, 2001)。

（二）消极认知风格

第十四章曾介绍对习得性无助的研究。心理学家先在狗身上发现了这种效应，狗在经历了无法回避的电击之后，就不再回避电击。这些狗在一种情境中学会了无助，又不恰当地把这种知觉泛化到新情境中。在动物身上得到证实之后不久，研究者就发现，人有时也会把无助感泛化到可控的情境中去。习得性无助的被试与抑郁症患者之间的相似性，使一些心理学者把习得性无助视为理解抑郁的一个模型。

然而，研究者进而发现，把用于解释动物行为的简单模型拿来理解人的习得性无助是不充分的。人类研究中的被试对某些不可控情境表现出无助，但对另一些情境却没有。无助感被泛化到了某些任务上，但不是每个任务上。人在面临无法回避的噪音时，有时会减弱动机，但偶尔也会动机增强 (Costllo, 1978; Depue & Monroe, 1978; Roth, 1980)。

最初模型的局限使一些研究者认识到，仅有消极生活体验不足以引发抑郁。怎么解释这些事件是关键 (Abramson, Seligman & Teasdale, 1978; Miller & Norman, 1979)。如果你把丢掉一份工作归因于缺乏技能和能力，并因此使你在别处也找不到好工作，你可能正在走向抑郁。但是，如果你代数课不及格，你把它归结为，这位挑剔的老师使用了一种奇怪的、不公平的评分方法，你就不太可能把无助感泛化到其他数学课或其他学科上。

心理学者后来发现了人们解释事件方式的个体差异。特别是，研究者发现了他们称为消极认知风格的东西。拥有**消极认知风格**的人倾向于把他们的问题归因为稳定的（持久的）、总体的（普遍的）原因。他们常常对结果做出最坏的预期，往往相信困难来自或反映了他们自己的缺点。研究者设计出测量人们对这种思维类型的依赖程度的方法 (Alloy et al., 2000; Beevers, Strong, Meyer, Pilkonis & Miller, 2007; Peterson et al., 1982; Peterson & Villanova, 1988)。如同其他人格变量一样，消极认知风格在时间上是相当稳定的 (Burns & Seligman, 1989; Hankin, 2008)。

毫不奇怪，研究者发现了消极认知风格与抑郁的联系 (Haeffel et al., 2003; Hankin, Fraley & Abela, 2005; Riso et al., 2003)。长期、广泛地把消极事件看作个人缺点的结果的人，只要有一件难以避免的不幸经历发生，就会陷入抑郁。两位研究者考察了遭受身体和情绪虐待对一组妇女的心理影响 (Palker-Corell & Marcur, 2004)。在这些妇女进入受虐妇女庇护所两周以后，两位研究者和她们进行了接触。他们发现，具有消极认知风格的妇女比不具备这种风格的妇女更多地出现抑郁和其他创伤症状。另一项研究考察了强烈地震之后的情绪反应 (Greening, Stoppelbein & Docter, 2002)。具有消极认知风格的人，比不具有这种认知风格的人，在地震后更可能发生抑郁。

研究者还发现，消极认知风格可以预测未来的抑郁发作 (Evans, Heron, Lewis, Araya & Wloke, 2005; Fresco, Alloy & Reilly-Harrington, 2006; Lewinsohn et al. 2001; Robinson & Alloy, 2003)。一组研究者对即将入学的大学新生的消极认知风格进行了测量 (Alloy, Abramson, Whitehouse, Hogan, Panzarella, & Rose, 2006)。他们把学生分为曾有过抑郁发作和没有过抑郁发作两组。在后来的两年半时间里，研究人员每隔 6 星期联系一次学生。如图 16.6 所示，在这两年半里，与其他学生相比，根据其消极认知风格被确定为高抑郁风险的学生至少有一次严重的抑郁发作。这种情况不仅发生在曾经有过抑郁发作的大学生身上，也发生在从未出现过抑郁的人身上。统计显示，高风险学生经历抑郁的可能性是低风险同学的 6 倍。

还需注意，认知风格与抑郁之间的联系可能受到文化的影响。前面几章曾讲到，集体主义文化中的人们往往强调他们在社会中的角色，而个体主义文化中的人们更看重个人抱负和成就。一组研究者发现，集体主义文化背景下的大学生具有一种比美国大学生更悲观的认知方式 (Lee & Seligman, 1997)。与美国人更强调个人相符，美国大学生更可能把成功归于自己的努力，而把失败归于他人或不利的境况。但是，另一项调查发现，在美国能够预测抑郁的解释类型，在倡导集体主义文化的国家也和抑郁相关 (Anderson, 1999)。如此看来，尽管两种文化中的人们解释事件的一般方式可能不同，但是引发抑郁的认知风格是相同的。

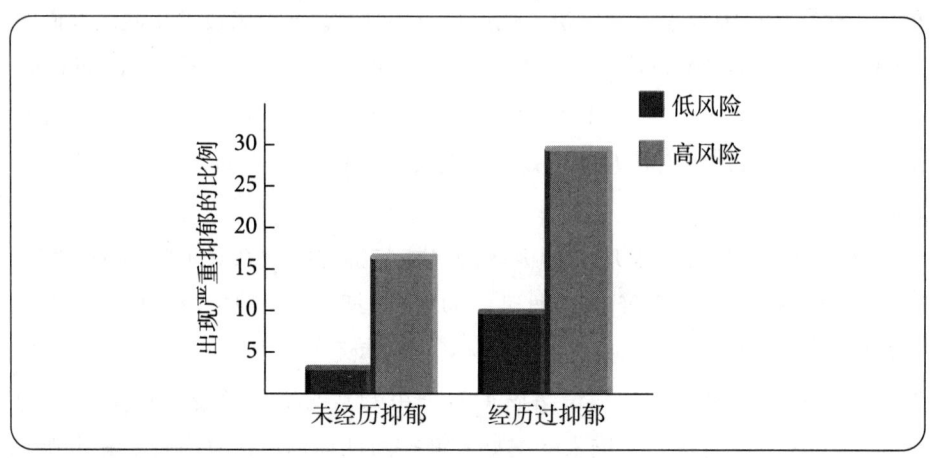

▶ 图 16.6 学生体验的抑郁

来源：Alloy et al.(2006).

四、小结

（1）心理学者考察了敌意认知对攻击行为的作用。他们发现，当情境引发敌意思维和情绪时，容易出现攻击反应。敌意认知包括攻击行为计划。当敌意认知极易产生时，表现出攻击行为的可能性就增加了。过去常对微小攻击事件做出反应的男孩倾向于把无意行动解释为故意的、敌意的行动。

（2）一些心理学者考察了对各种类型信息的回忆能力的性别差异。研究证明，女性比男性更多地围绕情绪对与自己有关的信息加以组织。同时发现，女性的自我心理表征和对亲密朋友、家人的心理表征之间有很强的认知联结。

（3）认知理论假设，抑郁思维是造成抑郁的重要原因。抑郁者使用抑郁图式来加工信息。抑郁者比非抑郁者更容易回忆起抑郁信息和记住抑郁事件。还有研究者考察了消极认知风格。与不具有这种认知风格的人相比，倾向于长期而普遍地使用消极原因解释消极事件的人更容易发生抑郁。

关键术语

抑郁认知三和弦　depressive cognitive triad (p.433)　　消极认知风格　negative cognitive style (p.437)
抑郁图式　depressive schema (p.434)

附　　录

人格测验

第五章

个人同一感

指导语：以下各题是否适合你？请在每题前面给自己打分：1=完全不适合我，2=偶尔适合或基本不适合我，3=比较适合我，4=非常适合我。

_____ 1. 我不知道自己是哪种类型的人。

_____ 2. 人们似乎会改变对我的看法。

_____ 3. 我知道在自己的生活中应该怎样做。

_____ 4. 我不能肯定某些事情从道德上讲是对还是错。

_____ 5. 在我是哪一类人这个问题上，多数人的看法一致。

_____ 6. 我觉得我的生活方式适合我。

_____ 7. 我的价值得到了别人的承认。

_____ 8. 当我离开非常了解我的人时，我感到能更自由地成为真实的自己。

_____ 9. 我感到自己生活中所做的事并不是真正有价值的。

_____ 10. 我感到我对自己生活的社会环境很适应。

_____ 11. 我对自己是这样的人感到骄傲。

_____ 12. 人们对我的看法与我对自己的看法差别很大。

_____ 13. 我感到被别人冷落。

_____ 14. 人们好像不喜欢我。

_____ 15. 我改变了自己想从生活中得到什么的想法。

_____ 16. 我不清楚别人怎么看我。
_____ 17. 我对自己的感觉改变了。
_____ 18. 我觉得自己爱装腔作势或为了给别人留下好印象而做些什么。
_____ 19. 我为自己是我生活的这个社会中的一分子而骄傲。

计分方法：先把1、2、4、8、9、12、13、14、15、16、17、18题的回答结果转换一下。即1=4；2=3；3=2；4=1。其他问题不变。然后把19个问题的得分相加。Ochse和Plug (Ochse, Plug, 1986) 发现，用这个量表对南非15—60岁的人进行测试，他们的平均分为57，标准差=7。这表明，多数人的得分在57±7的范围内。得分明显高于该分数范围，表明同一性发展良好；得分明显低于该分数范围，表明同一性还处在发展和形成阶段。

量表：同一性对同一性混乱量表 (Identity versus Identity Diffusion Scale)
来源：Ochse and Plug (1986).

第七章

尽责性

指导语：在每个项目前面的横线处填写1—9的数字：1=非常不符合自己，9=非常符合自己。

_____ 仔细　　　　　　　　_____ 疏忽大意 *
_____ 粗心 *　　　　　　　_____ 安排有序
_____ 尽责　　　　　　　　_____ 讲求实际
_____ 杂乱无章 *　　　　　_____ 守时
_____ 有效率　　　　　　　_____ 草率 *
_____ 无计划 *　　　　　　_____ 沉着稳定
_____ 前后不一致 *　　　　_____ 有系统性
_____ 效率低 *　　　　　　_____ 周密
_____ 不切实际 *　　　　　_____ 不可靠 *
_____ 整洁　　　　　　　　_____ 无系统性 *

计分方法：此量表由 Goldberg (1992) 编制，用于测量"大五"人格的尽责性维度。计分方法有多种，最简单的方法是 (Arthur & Graziano, 1996)：把带星号的10个项目反向计分（1=9，2=8，3=7，4=6，5=5，6=4，7=3，8=2，9=1）。然后把20个项目的答案相加。据Arthur和Graziano (1996) 报告，大学生样本的平均分为 123.11，标准差为 23.99。

量表名称："大五"人格因素尽责性指标 (Big Five Factor Markers for Conscientiousness)

来源：This material originally appeared in English as Goldberg, L. R. (1992). The development of markers for the Big-Five factor structure. *Psychological Assessment*, 4, 26–42. doi: 10.1037/1040-3590.4.1.26. Copyright © 1998 by the American Psychological Association. Translated and reproduced with permission. The American Psychological Association is not responsible for the accuracy of this translation. This translation cannot be reproduced further without prior written permission from the APA.

反应倾向

指导语：指出你在多大程度上赞成下面这些陈述。用七点量表做出回答：1=不正确，7=非常正确。

_____ 1. 在不得已的情况下我会说谎。*

_____ 2. 我从不掩饰我的错误。

_____ 3. 有时候我会利用别人。*

_____ 4. 我从不发誓。

_____ 5. 我有时候会报复别人而不是宽恕或者忘记。*

_____ 6. 即使不会被抓到，我也总是遵纪守法。

_____ 7. 我曾经背着朋友说他／她的坏话。*

_____ 8. 当我听到别人在谈论私事时，我不会去偷听。

_____ 9. 售货员曾经多找给我零钱，但是我没还给他／她。*

_____ 10. 过海关时我总是把每件东西都申报。

_____ 11. 我小时候偷过东西。*

_____ 12. 我从不在街上乱扔垃圾。

_____ 13. 我有时候开车会超速。*

_____ 14. 我从不阅读色情书籍或杂志。

_____ 15. 我做过一些没向别人说过的事情。*

_____ 16. 我从不拿不属于我的东西。

_____ 17. 我曾经身体没病而请病假不去上班或上学。*

_____ 18. 我从没有损坏过图书馆的书或商店的商品却不报告。

_____ 19. 我有一些相当糟糕的习惯。*

_____ 20. 我不爱说别人的闲话。

计分方法：本量表用来检测社会赞许性的反应倾向。奇数题目（带星号）

如回答1或2记1分，偶数题目回答6或7记1分。测验编制者发现，大学女生的平均分为4.9，标准差为3.2；男生的平均数为4.3，标准差为3.1。在这一测验上得分高的人倾向于展现自己受称赞的一面。

量表名称：赞许反应平衡调查表·印象管理分量表 (The Impression Management Scale from the Balanced Inventory of Desirable Responding)

来源：Lockard, J. S. and Paulhus D. L.(Ed.). *Self-Deception: An Adaptive Mechanism.* Prentice-Hall, 1988.

第八章

成就目标

指导语：根据你最近选的一门课的情况，用数字1—7标明下列叙述与你的符合程度。回答7代表这一陈述非常符合你的情况，1代表完全不符合你的情况。

_____ 1. 对我来说，比别的同学做得更好，这很重要。

_____ 2. 我担心自己没有掌握我在这门课中能学到的全部内容。

_____ 3. 我希望在这门课中尽可能多地学到东西。

_____ 4. 我只是不想这门课学得差劲。

_____ 5. 对我来说重要的是，与选这门课的其他人相比，我学得更好。

_____ 6. 有时候，我担心自己不能像自己喜欢的那样充分理解这门课的内容。

_____ 7. 重要的是，我要尽量充分理解这门课的内容。

_____ 8. 我的目标是在这门课上不要表现得太差。

_____ 9. 我的目标是在这门课上取得比大多数同学都好的成绩。

_____ 10. 我担心没有学到在这门课中应该学到的全部内容。

_____ 11. 我希望完全掌握这门课的全部材料。

_____ 12. 害怕在这门课中表现差劲，这一点常常激励着我。

计分方法：这一量表可以得到四种成就目标分数。按照下面的方法将分数相加可以计算你的得分：掌握—趋近目标（3、7、11题）、掌握—回避目标（2、6、10题）、成绩—趋近目标（1、5、9题）、成绩—回避目标（4、8、12题）。可以参照下列从大学本科生群体中获得的平均数和标准差 (Elliot & McGregor, 2001) 来解释你自己的分数。

	平均数	标准差
掌握—趋近	5.52	1.18
掌握—回避	3.89	1.53
成绩—趋近	4.82	1.68
成绩—回避	4.49	1.67

量表：成就目标问卷 (The Achievement Goal Questionnaire)
来源：Elliot and McGregor (2001).

情绪表达性

指导语：下面这些描述符合你的程度如何，可以用六点量表测量：1＝从不，6＝总是。

_____ 1. 我认为自己是一个爱表达情绪的人。
_____ 2. 人们认为我不是一个情绪化的人。*
_____ 3. 我能控制自己的感情。*
_____ 4. 别人一般认为我是个冷漠的人。*
_____ 5. 人们可以看出我的情绪如何。
_____ 6. 我会在别人面前表现情绪。
_____ 7. 我不喜欢让别人知道我的情绪。*
_____ 8. 我会当着别人的面哭。
_____ 9. 即使我的情绪非常激动，也不让别人看出我的情绪。*
_____ 10. 别人不容易看出我的情绪如何。*
_____ 11. 我不是一个爱表达情绪的人。*
_____ 12. 即使我体验着强烈的情绪，也不会表现出来。*
_____ 13. 我不能隐藏自己的情绪。
_____ 14. 别人认为我是一个很情绪化的人。
_____ 15. 我不对别人表达自己的情绪。*
_____ 16. 我的感受与别人认为的不同。
_____ 17. 我控制自己的情绪。*

计分方法：先把带*的条目反向计分。即，6=1，5＝2，4＝3，3＝4，2＝5，1=6。然后把17道题的得分相加。得分越高，表示你越乐于表达情绪。量表编制者曾对一组大学生进行过测试，得出如下常模：

	平均分	标准差
女性	66.60	2.71
男性	61.15	12.69
总体	64.67	12.97

量表：情绪表达性量表（The Emotional Expressivity Scale）

来源：This material originally appeared in English as Kring, A. M., Smith, D. A., & Neale, J. M. (1994). Individual differences in dispositional expressiveness: Development and validation of the Emotional Expressivity Scale. *Journal of Personality and Social Psychology*, 66, 934–949. Copyright © 1998 by the American Psychological Association. Translated and reproduced with permission. The American Psychological Association is not responsible for the accuracy of this translation. This translation cannot be reproduced further without prior written permission from the APA.

第十一章

自我实现

指导语：对下面的陈述，按以下标准选择与你最符合的分数：1=不同意，2=比较不同意，3=比较同意，4=同意。

_____ 1. 我不为自己的任何情绪感到惭愧。

_____ 2. 我觉得我必须做别人期望我做的事情。

_____ 3. 我相信人从本质上是善良、可信的。

_____ 4. 我会随意地对我爱的人发脾气。

_____ 5. 我总是需要别人赞赏我做的事情。

_____ 6. 我不能接受自己的弱点。

_____ 7. 我能够喜欢别人，即使我不一定赞成他们。

_____ 8. 我害怕失败。

_____ 9. 我不去尝试分析并简化那些复杂的领域。

_____ 10. 做好你自己比受别人欢迎更好。

_____ 11. 在生活中，我没有特别要为之献身的使命。

_____ 12. 我能表达我的情感，即使会带来不受欢迎的后果。

_____ 13. 我感觉我没有帮助别人的责任。

_____ 14. 我总是害怕自己做得不够好。

_____ 15. 我被爱是因为我付出了爱。

计分方法：对以下各题反向计分：2、5、6、8、9、11、13、14（1=4，2=3，3=2，4=1）。然后把15道题的得分相加。分数越高，说明你在生活中的这一时间点上的自我实现程度越高。可以把你的得分和测验编制者报告的大学生常模进行比较：

	平均分	标准差
男生	45.02	4.95
女生	46.07	4.79

量表：自我实现指数 (Index of Self-Actualization)

来源：*Personality & Social Psychology Bulletin* by A. Jones and R. Crandall. Copyright © 1986 by SAGE Publications Inc. Journals. Translated and reproduced with permission of SAGE Publications Inc. Journals in the format Textbook via Copyright Clearance Center.

第十二章

表露与隐藏

指导语：用五点法来表示你对下面每句话的同意程度，1=非常不同意，5=非常同意。

_____ 1. 烦恼的时候，我通常向朋友吐露。

_____ 2. 我不愿谈论自己的困难。

_____ 3. 当我遇到不愉快事情的时候，我经常找人谈论这些事情。

_____ 4. 我一般不和人讨论那些困扰我的事情。

_____ 5. 当我感到抑郁或伤心的时候，我会把这些感受深藏于心。

_____ 6. 我会找人谈论自己遇到的难题。

_____ 7. 当我心情不好的时候，我会找朋友谈话。

_____ 8. 如果我有一天过得很糟糕，那我临睡前想做的最后一件事就是把事情说出来。

_____ 9. 当我遇到困难的时候，很少找人谈。

_____ 10. 当我痛苦的时候，我不告诉任何人。

_____ 11 当我心情不好的时候，我一般找人谈一谈。

_____ 12. 我愿意把我痛苦的想法告诉别人。

计分方法： 先将逆向题（2、4、5、8、9、10）反向计分（1=5, 2=4, 3=3, 4=2, 5=1），然后把 12 道题的分数相加。高分表示向别人表露痛苦经历的倾向，低分表示倾向于隐藏痛苦经历。你可以把自己的得分与大学生常模进行比较（Kahn & Hessling, 2001）：男生平均分为 36.33，标准差为 8.98；女生平均分为 42.21，标准差为 9.16。

量表： 痛苦表露指数 (The Distress Disclosure Index)

来源： "Measuring the tendency to conceal versus disclose psychological distress," by J. H. Kahn and R.M. Hessling, *Journal of Social and Clinical Psychology*, 2001, 20, 41-65. Copyright © 2001 Guilford Publications, Inc. Translated and reprinted by permission.

第十三章

果断性

指导语： 看看下面的陈述是否和你相符合：+3 表示非常符合；+2 表示比较符合；+1 表示有点符合；–1 表示有点不符合；–2 表示不太符合；–3 表示非常不符合。

_____ 1. 大多数人比我更具进攻性，更果断。*

_____ 2. 因为"害羞"，我会对请人约会或接受约会迟疑不决。*

_____ 3. 当餐馆的菜做得令我不满意时，我会向服务员提意见。

_____ 4. 即使感觉自己受了伤害，我也会小心地不去伤害别人的感情。*

_____ 5. 如果推销员三番五次地向我推销不太适合我的商品，我也很难开口说"不"。*

_____ 6. 当别人让我做某件事情时，我一定要弄清楚为什么。

_____ 7. 有时候我会寻找一个妥善而有力的论据。

_____ 8. 我努力争取走在与我地位相同的多数人的前列。

_____ 9. 说老实话，人们常常会利用我。*

_____ 10. 我喜欢与新认识的人和陌生人主动交谈。

_____ 11. 我往往不知道该说些什么来吸引异性。*

_____ 12. 给企业和机构打电话前，我会迟疑不决。*

_____ 13. 我喜欢用写信的方式找工作或申请学校，不喜欢去单独面谈。*

_____ 14. 我觉得退货是一件尴尬的事情。*

_____ 15. 如果一位亲密而令人尊敬的亲戚惹恼了我，我会平复情绪而不会表达我的不满。*

_____ 16. 我不喜欢提问题，害怕听起来很愚蠢。*

_____ 17. 在辩论中，我有时害怕自己因浑身发抖而烦恼。*

_____ 18. 如果一位有名而可敬的演讲者说出一个我认为不正确的观点，我会向听众说出我的观点。

_____ 19. 我不和售货员或推销员讨价还价。*

_____ 20. 当我做了一些重要的或有价值的事情时，我会想方设法让别人知道。

_____ 21. 我能公开、坦率地表达我的情感。

_____ 22. 如果有人散布关于我的谣言，我会尽快找到他/她"理论理论"。

_____ 23. 我一般很难说"不"。*

_____ 24. 我常常克制我的情绪，不爱公开吵闹。*

_____ 25. 我会抱怨餐馆等地方的服务差。

_____ 26. 当我受到称赞时，我有时一下子不知道说什么好。*

_____ 27. 在剧院或演讲厅，如有坐在我旁边的一对夫妻大声说话，我会请他们安静一点或到别处去说。

_____ 28. 任何人在排队时想往前推我，我都不会忍气吞声。

_____ 29. 我会很快地表达自己的意见。

_____ 30. 有时我什么话都说不出来。*

计分方法：许多人在维护自己的权利时感到困难。用行为主义的话说，这些人需要增加他们在适当情境中做出果断行为的次数。一种被称为"果断性训练"的行为矫正方法让参与者观察一个表现出恰当果断行为的榜样，然后自己做果断性角色扮演，对他们恰当的果断行为给予即时强化。计分方法是，先把带星号的题目反向计分（把分数前的正号变成负号，负号变成正号即可），然后把30道题的得分相加。正分表示果断性高，负分表示果断性低。大学女生的平均分在8分左右，男生的平均分在10分左右 (Nevid & Spencer, 1978)。2/3 的大学女生得分在31到–17之间。2/3 的大学男生得分在33到–11之间。

量表：拉瑟斯果断性问卷 (Rathus Assertiveness Inventory)

来源：Behavior Therapy by Rathus, S. A. Copyright © 1973 by *Elsevier Science & Technology Journals*. Translated and reproduced with permission of Elsevier Science & Technology Journals in the format Textbook via Copyright Clearance Center.

第十四章

过度共享

指导语：用数字1—5表明你对下列各题的同意或不同意的程度：1=完全不同意，2=比较不同意，3=两可，4=比较同意，5=完全同意。

_____ 1. 我总是把别人的需要置于我的需要之上。
_____ 2. 我从不过度介入别人的问题。
_____ 3. 必须让别人快乐，我才快乐。
_____ 4. 我担心我不在的时候，别人怎么生活。
_____ 5. 别人烦恼的时候，我很难安心入睡。
_____ 6. 如果我自己的需要妨碍了别人的需要，我不会先满足自己的需要。
_____ 7. 当别人请求我帮助的时候，我不会说"不"。
_____ 8. 即使自己筋疲力尽，我也要帮助别人。
_____ 9. 我常常担心别人有什么困难。

计分方法：先把第2题反向记分（1=5, 2=4, 3=3, 4=2, 5=1），然后把9道题的分数相加。测验编制者发现，女大学生的平均分为29.97，标准差为6.14；男大学生的平均分为28.55，标准差为5.53。分数越高，说明你越会让自己的需要服从于别人的需要。

量表：过度共享量表 (Unmitigated Communion Scale)
来源：This material originally appeared in English as Fritz, H. L., & Helgeson, V. S. (1998). Distinctions of unmitigated communion from communion: Self-neglect and overinvolvement with others. *Journal of Personality and Social Psychology*, 75, 121-140. Copyright © 1998 by the American Psychological Association. Translated and reproduced with permission. The American Psychological Association is not responsible for the accuracy of this translation. This translation cannot be reproduced further without prior written permission from the APA.

控制点

指导语：在下列各题前面的横线上用数字1—7表明它在多大程度上符合你的情况：1=非常不赞成，2=不赞成，3=有点不赞成，4=两可，5=有点赞成，6=赞成，7=非常赞成。

_____ 1. 我能得到我想要的东西，通常是因为我为此付出了努力。
_____ 2. 制订计划的时候，我确定自己肯定能把计划付诸实施。
_____ 3. 我喜欢玩带有一些运气的游戏，胜过纯粹需要技能的游戏。
_____ 4. 只要我下定决心，就能学会几乎任何东西。

_____ 5. 我获得的专业成绩完全是因为我努力学习和我的能力。

_____ 6. 我通常不设定目标，因为我很难实现那些目标。

_____ 7. 竞争不能使人变得优秀。

_____ 8. 人们常常靠运气获得成功。

_____ 9. 在任何类型的考试或竞争中，我都想知道和比别人比起来，我做得有多好。

_____ 10. 坚持做一些对我来说太难的事情，这没有意义。

计分方法：先把第 3、6、7、8、10 题反向计分（1=7，2=6，3=5，4=4，5=3，6=2，7=1）。然后把 10 道题的分数相加。一个大学生样本的平均分是男生 51.8，女生 52.2，标准差均为 6。得分越高，表明你越相信自己应该对个人成就情境中发生的事情负责。

量表：个人效能感量表 (Personal Efficacy Scale)

来源：This material originally appeared in English as Paulhus, Delroy (1983). Sphere-specific measures of perceived control. *Journal of Personality and Social Psychology*, 44, 1253-1265. Copyright © 1998 by the American Psychological Association. Translated and reproduced with permission. The American Psychological Association is not responsible for the accuracy of this translation. This translation cannot be reproduced further without prior written permission from the APA.

第十五章

个人建构

指导语：现在，请先写出符合下面要求的 12 个人的名字。有的名字可能适合填到好几个分类中，但你必须列出 12 个不同的人。如果没有符合某一类的人，就填上与该类描述较相似的人。例如，如果你没有兄弟，可以选一个像你兄弟的人。

_____ 1. 你喜欢的一位老师

_____ 2. 你不喜欢的一位老师

_____ 3. 你的妻子（丈夫）或男朋友（女朋友）

_____ 4. 你认为很难与之相处的一位老板、主管或官员

_____ 5. 你喜欢的一位老板、主管或官员

_____ 6. 你的母亲

_____ 7. 你的父亲

_____ 8. 与你年龄最接近的哥哥弟弟（或是像哥哥弟弟那样的人）

_____ 9. 与你年龄最接近的姐姐妹妹（或是像姐姐妹妹那样的人）

_____ 10. 一个与你一起工作并且容易相处的人

_____ 11. 一个与你一起工作但你很难了解的人

_____ 12. 一个与之相处得很好的邻居

现在，请按下面的人名号码，对每组三个人加以比较，描述一下在哪个方面其中的两个人相似而与第三个人不同。把对两个相似的人的描述写在"建构"一栏，把对第三个人的描述写在"对比"一栏。

名字	建构	对比
3，6，7	_____	_____
1，4，10	_____	_____
4，7，8	_____	_____
1，6，9	_____	_____
4，5，8	_____	_____
2，11，12	_____	_____
8，9，10	_____	_____
2，3，5	_____	_____
5，7，11	_____	_____
1，10，12	_____	_____

说明： 上面呈现的只是凯利的角色建构轮流呈现测验的一个简版（内容最少的格式）。它可以快速揭示你是怎样组织对于所认识或所遇到的人的信息的。你可能想把自己的回答与其他受测者相比较。毫无疑问，你们有一些重叠的建构，但是也有许多是你没有想到的。当然，人格建构方面的这些差异反映了人格的不同，以及相应的行为差异。

量表： 角色建构轮流呈现测验 (The Role Construct Repertory Test)

来源： The Role Construct Repertory (REP) Test from *A Theory of Personality: The Psychology of Personal Constructs* by George A. Kelly Copyright © 1955, 1963 by George A. Kelly, renewed 1983, 1991 by Gladys Kelly. Translated and reproduced by permission of W. W. Norton & Company, Inc.

第十六章

自我解释

指导语：根据你对下列各题的同意程度，在每题前面的横线上用1—7的数字做出回答：1=非常不同意，7=非常同意。

_____ 1. 我的亲密人际关系是"我是谁"的重要反映。

_____ 2. 当我感到与某人非常亲密时，常常觉得这个人是"我是谁"的重要部分。

_____ 3. 当一个与我关系亲密的人取得重要成就时，我会强烈地为之骄傲。

_____ 4. 我认为，"我是谁"的最重要部分是了解我的亲密朋友并了解"他们是什么人"。

_____ 5. 当我想到自己时，会同时想到我的亲密朋友或家人。

_____ 6. 如果有人伤害了与我关系亲密的人，我感到自己也受了伤害。

_____ 7. 一般来说，我的亲密关系是我自我形象的重要成分。

_____ 8. 总的来说，我的亲密关系与我的自我感觉关系不大。

_____ 9. 我的亲密关系对我感觉自己是一个什么样的人并不重要。

_____ 10. 我的自豪感来自我的好朋友。

_____ 11. 我与某人建立亲密友谊之后，会对这个人形成强烈的认同感。

计分方法：先把第8题和第9题反向计分（1=7，2=6，3=5，4=4，5=3，6=2，7=1），然后把11道题的得分相加。高分表示你倾向于根据你与亲密他人的关系来看待自己。就是说，在此量表得高分的人，其自我概念跟他对感情亲密者的认知表征有密切联系 (Cross, Morris & Gore, 2002)。你可以把自己的得分与取自美国大学生的样本分数做比较 (Cross, Bacon & Morris, 2000)：

	男	女	合计
平均数	52.89	55.11	54.10
标准差	8.07	10.03	9.29

量表：人际依存性自我解释量表 (The Relational-Interdependent Self-Construal Scale)

来源：This material originally appeared in English as Cross, S. E., Bacon, P. L., & Morris, M. L.(2000). The relational-interdependent self-construal and relationships. *Journal of Personality and Social Psychology*, 78, 791-808. Copyright © 1998 by the American Psychological Association. Translated and reproduced with permission. The American Psychological Association is not responsible for the accuracy of this translation. This translation cannot be reproduced further without prior written permission from the APA.

(版)

术 语 表

（按中文汉语拼音顺序排序）

本我 (id) 弗洛伊德的结构模型中，与立即满足需要有关的那部分人格。

表面效度 (face validity) 确定一项测验的效度的方法，根据是测验的各项目是否能够测量设计该测验时想要测量的东西。

操纵的自变量 (manipulated independent variable) 把被试随机分配到不同处理组以此加以控制的自变量。

操作性条件反射 (operant conditioning) 个体行为带来的不同结果对行为出现的频率产生影响的学习方式。

超我 (superego) 弗洛伊德的结构模型中代表社会价值观的人格部分。

成就目标 (achievement goals) 在成就情境中人希望达到的目标。

成就需要 (need for Achievement) 表现出创业型成就行为并取得成功的动机。

成长需要 (growth need) 一种导致个人成长并且当得到需要的东西之后仍然保持的需要。

充分发挥功能的人 (fully functioning person) 心理健康、能尽量完全彻底地享受生活的人。

大脑不对称性 (cerebral asymmetry) 一侧大脑半球的活动水平高于另一侧的特性。

大五 (Big Five) 在许多因素分析研究中发现的五个基本人格维度。

反向作用 (reaction formation) 一种防御机制，人按照其无意识欲望的相反方式行动。

泛化 (generalization) 对与初始条件反射中使用的刺激相似的刺激做出反应的倾向。

防御机制 (defense mechanism) 自我把有威胁的内容排除出意识之外以减少或避免焦虑的方法。

防御性悲观主义 (defensive pessimism) 对即将来临的任务加以关注和担忧失败并通过策略性努力激励自己做得更好的倾向。

非操纵的自变量 (nonmanipulated independent variable) 根据被试的本来特点对其加以分组的自变量。

分化 (discrimination) 只对可导致强化的刺激做出反应并对相似但无奖励的刺激不做出反应的一种习得的倾向。

否认 (denial) 人拒绝承认事实存在的一种防御机制。

弗洛伊德式口误 (Freudian slip) 可揭示无意识联想的、看起来天真的口误。

肛门期 (anal stage) 心理性欲发展的一个阶段，以肛门为主要性感带。

个案研究法 (case study method) 对一个人或一个群体进行深层考察的方法。

个人—情境法 (person-by-situation approach) 把行为看作个人与情境的函数的考察行为的方法。

个人建构 (personal constructs) 凯利的术语，人用来加工信息的两极性认知结构。

个人叙事 (personal narratives) 请人对其生活中重要事件做传记性描述的评价方法。

个体主义文化 (individualistic culture) 强调个人需要和个人成就的文化。

固着 (fixation) 在某个心理性欲阶段心理能量的聚集，导致成人行为中留有该阶段的特征。

观察学习 (observational learning) 通过观看或听说人的可模仿行为进行的学习。

核心特质 (central traits) 能最好地描述一个人的人格的5~10个特质。

画人测验 (Human Figure Drawing test) 要求受测者画出一个人的投射测验。

回避策略 (avoidant strategies) 帮助人从焦虑思维中摆脱出来的应对策略。

集体无意识 (collective unconscious) 同一文化中所有成员的无意识心理中包含的共同的思想、意象和精神特征。

集体主义文化 (collectivist culture) 强调个人归属于较大群体（如家庭、宗族、国家）的文化。

假设 (hypothesis) 在逻辑上来自理论的、对两个或多个变量之间关系的预测。

建构效度 (construct validity) 一项测验能够对原来假设的建构加以测量的程度。

交互决定论 (reciprocal determinism) 行为的外因、内因和行为三者相互影响的理论。

结构模型 (structural model) 弗洛伊德的人格模型，把人格划分为本我、自我和超我。

解剖模型 (topographic model) 弗洛伊德最初的人格结构模型，在其中，人格被划分为三种意识水平。

经典条件反射 (classical conditioning) 把条件刺激与一个新的无条件刺激配对呈现而产生的学习。

精神分析 (psychoanalysis) 弗洛伊德开创的心理治疗体系，致力于查明导致病人心理障碍的无意识内容。

可能的自我 (possible selves) 人认为自己将来会变成什么样的认知表征。

控制点 (locus of control) 一种人格特质，根据人认为发生在自己和别人身上的事情是否可控的程度，在一个连续体上对人进行划分。

口唇期 (oral stage) 弗洛伊德术语，心理性欲发展的一个阶段，以口、唇、舌为主要性感带。

匮乏动机 (deficiency motive) 在得到想要的东西后就会减弱的一种需要。

理论 (theory) 关于各种建构或各种事件之间关系的一般陈述。

理性情绪疗法 (rational emotive therapy) 艾利斯倡导的一种心理治疗方法，用以查明由非理性推理引起的情绪问题。

理智化 (intellectualization) 一种防御机制，有威胁材料的情绪内容在进入意识前已被移除。

力比多 (libido) 支配心理活动的有限的心理能量。

良好匹配模型 (goodness of fit model) 认为当环境要求与儿童气质相匹配时，儿童就会有最好表现的一种模型。

罗夏墨迹测验 (Rorschach inkblot test) 一种投射测验，让受试者描述他们在各种墨迹中看到的东西。

男性化—女性化 (masculinity–femininity) 表明个体具有性别类型特征程度的人格特质，男性特征和女性特征分别处于该特质连续体的两端。

内部一致性 (internal consistency) 测验各项

目之间的相关程度和能够测量相同建构的程度。

女性原始意象/男性原始意象 (anima/animus) 女性原始意象指男性的女性一面的原始意象,男性原始意象指女性的男性一面的原始意象。

判别效度 (discriminant validity) 用一项测验分数与另一项理论上无关的测量分数不存在相关来判断该测验效度的方法。

评价恐惧 (evaluation apprehension) 对受到别人的消极评价的强烈忧虑。

气质 (temperaments) 在婴儿期就显示出来、被认为来自遗传的一般行为倾向。

前意识 (preconscious) 弗洛伊德的解剖模型中,容易进入意识的想法所构成的那部分人格。

潜知觉 (subception) 在意识水平之下对信息的知觉。

情感强度 (affect intensity) 人体验自己情绪的强度或程度。

情绪表达 (emotional expressiveness) 人公开表达自己情绪的程度。

情绪敏感性 (emotional affectivity) 人体验到积极和消极情绪的敏感度。

情绪中心策略 (emotion-focused strategies) 以减轻痛苦情绪为目的的应对策略。

人格 (personality) 源于个体的稳定行为方式和内部过程。

社会赞许性 (social desirability) 接受测验者在对题目做出回答时呈现自己积极一面的程度。

社交焦虑 (social anxiety) 表明人们在社交活动中或想到社交活动时体验到的焦虑程度的特质维度。

升华 (sublimation) 一种防御机制,有威胁的无意识冲动被转化为社会接受的行为。

双生子研究法 (twin-study method) 把同卵双生子和异卵双生子进行比较来检验人格中遗传所起作用的方法。

双性化 (androgyny) 同时具有男性特征和女性特征的人格特质。

死的本能 (Thanatos) 自我毁灭(死)的本能,通常以攻击的形式转向外部。

素质性乐观主义 (dispositional optimism) 人以乐观或悲观方式应对生活中挑战的程度。

特殊规律研究法 (idiographic approach) 通过深度分析某人及其人格维度而研究人格的方法。

特质 (trait) 根据人们在某种特征上的表现程度对其进行分类的人格维度。

替代 (displacement) 一种防御机制,反应指向一个无威胁的目标,而不是无意识偏好的目标。

统计显著性 (statistical significance) 研究结果代表的是真实的实验效应而不是测量的随机波动的可能性。

投射 (projection) 一种防御机制,人把自己的无意识想法和冲动归于其他人。

投射测验 (projective test) 请受试者对模糊刺激做出回答,以探查无意识的测验。

图式 (schema) 用于信息加工的假设的认知结构。

问题中心策略 (problem-focused strategies) 直接关注引起焦虑的问题的应对策略。

无意识 (unconscious) 弗洛伊德的解剖模型中,不易进入意识的内容所包含的人格部分。

习得性无助 (learned helplessness) 在知觉到自己无力控制某些重要的令人厌恶事件后所产生的认知、动机和情绪缺陷。

相关系数 (correlation coefficient) 表示两个变量之间关系的强弱和方向的统计量。

相容效度 (congruent validity)　用一项测验分数与另一项具有相同建构的测验分数的相关来判断该测验效度的方法。

消极认知风格 (negative cognitive style)　一种加工信息的风格，把问题归因于稳定的、整体的原因，预期坏结果，认为问题是个人缺点的反映。

效度 (validity)　一项测验测量到的东西与设计测验时想要测量的东西的符合程度。

心理性欲发展阶段 (psychosexual stages of development)　根据主要性感带和性欲为特征的阶段而确定的与生俱来的发展顺序。

心因性需要 (psychogenic need)　默里的术语，指向某种行为类型的相对稳定的素质。

新分裂论 (neodissociation theory)　希尔加德的术语，认为在催眠中人的意识分为被觉知和不被觉知的两部分。

信度 (reliability)　一项测验在测量上的一致性程度。

行为矫正 (behavior modification)　基于操作性条件反射和经典条件反射原理而创建的心理治疗方法。

行为接近系统 (behavioral approach system)　为寻找并接近快乐目标的假设的生物系统。

行为确认 (behavioral validation)　用测验分数能否预测行为来判断测验效度的方法。

行为抑制系统 (behavioral inhibition system)　为回避危险和不愉快体验的假设生物系统。

性器期 (phallic stage)　弗洛伊德的术语，心理性欲发展中以生殖器为主要性感带的阶段，在此阶段形成俄狄浦斯情结。

需要层次 (hierarchy of needs)　在马斯洛的理论中，人的需求被要求满足的次序。

宣泄 (catharsis)　紧张或焦虑的释放。

寻求优越 (striving for superiority)　阿德勒的术语，指人为克服自卑感而付出努力的基本动力。

压抑 (repression)　一种防御机制，自我把有威胁的内容从意识中驱赶到无意识中。

一般规律研究法 (nomothetic approach)　在相同人格维度上对许多人进行比较的研究人格的方法。

抑郁认知三和弦 (depressive cognitive triad)　描述抑郁者认知的三种元素：对自我的消极看法、悲观主义、以消极方式解释事件。

抑郁图式 (depressive schema)　一种使人轻易做出消极联想的认知结构。

抑制/非抑制儿童 (inhibited/uninhibited children)　抑制型儿童对陌生人与情境表现出强烈焦虑；非抑制型儿童很少表现这种焦虑。

意识 (conscious)　在弗洛伊德的解剖模型中，人能够觉知到的想法。

因变量 (dependent variable)　由实验者测得并用于比较不同组的实验变量。

因素分析 (factor analysis)　用于确定一套数据中主要因素数目的统计方法。

阴影 (shadow)　反映人性恶的一面的原始意象。

应对策略 (coping strategies)　面临知觉到的危险时，用以减轻焦虑的意识努力。

有条件/无条件积极关注 (conditional/unconditional positive regard)　人的行为只有在符合别人的期望（有条件）时，才被接受和尊重，是有条件的积极关注；人无论做什么（无条件）都被接受和尊重，是无条件积极关注。

原始意象 (primordial images)　构成集体无意识的意象。

原型 (archetypes)　人头脑中生而有之的以特定方式理解世界的最初表象。

主题统觉测验 (Thematic Apperception Test, TAT)　让受试者根据一些意义模糊的图片编故事的投射测验。

专注 (absorption)　一种高度参与到感觉和想象体验中的能力。

自变量 (independent variable)　用于把被试分到不同处理组的实验变量。

自我 (ego)　在弗洛伊德的结构模型中，考虑到外部现实并对本我和超我进行调和的人格部分。

自我表露 (self-disclosure)　一个人向另一个人吐露私密信息的行为。

自我价值组合 (contingencies of self-worth)　人用来评估其自我的若干个自我概念领域的组合。

自我实现 (self-actualization)　人完全发挥其真实潜能的个人成长状态。

自我调节 (self-regulation)　形成行为的内部标准并用来奖励和惩罚自己行为的能力。

自我图式 (self-schema)　由一个人生活中的最重要方面组成的图式。

自我效能感 (self-efficacy)　一个人对自己能够成功地表现某一行为的期望。

自由联想 (free association)　精神分析使用的一种方法，让病人说出进入其内心的任何东西。

自尊 (self-esteem)　对自我概念的评价，通常让人对其自我感觉做出相对稳定、全面的评价而测得。

最佳体验 (optimal experience)　全神贯注地投入挑战性和自我奖赏的任务时特有的快乐与满足状态。

Q 分类 (Q-Sort)　由受测者自己确定自己在连续体上的位置来进行的评价方法。

参考文献*

Abramson, L. Y., Seligman, M. E. P., & Teasdale, J. D. (1978). Learned helplessness in humans: Critique and reformulation. *Journal of Abnormal Psychology, 87*, 49–74.

Accortt, E. E., & Allen, J. J. B. (2006). Frontal EEG asymmetry and premenstrual dysphoric symptomatology. *Journal of Abnormal Psychology, 115*, 179–184.

Ainsworth, M. D. S. (1989). Attachments beyond infancy. *American Psychologist, 44*, 709–716.

Ainsworth, M. D. S., Blehar, M. C., Waters, E., & Wall, S. (1978). *Patterns of attachment*. Hillsdale, NJ: Erlbaum.

Aldwin, C. M., & Revenson, T. A. (1987). Does coping help? A reexamination of the relation between coping and mental health. *Journal of Personality and Social Psychology, 53*, 337–348.

Alloy, L. B., & Abramson, L. Y. (1988). Depressive realism: Four theoretical perspectives. In L. B. Alloy (Ed.), *Cognitive processes in depression* (pp. 223–265). New York: Guilford.

Alloy, L. B., Abramson, L. Y., Hogan, M. E., Whitehouse, W. G., Rose, D. T., Robinson, M. S., et al. (2000). The Temple-Wisconsin cognitive vulnerability to depression project: Lifetime history of Axis I psychopathology in individuals at high and low cognitive risk for depression. *Journal of Abnormal Psychology, 109*, 403–418.

Alloy, L. B., Abramson, L. Y., Whitehouse, W. G., Hogan, M. E., Panzarella, C., & Rose, D. T. (2006). Prospective incidence of first onsets and recurrences of depression in individuals at high and low cognitive risk for depression. *Journal of Abnormal Psychology, 115*, 145–156.

Allport, G. W. (1961). *Pattern and growth in personality*. New York: Holt, Rinehart & Winston.

Allport, G. W. (1965). *Letters from Jenny*. New York: Harcourt, Brace & World.

Allport, G. W. (1967). Gordon W. Allport. In E. G. Boring & G. Lindzey (Eds.), *A history of psychology in autobiography* (Vol. 5, pp. 3–25). New York: Appleton-Century-Crofts.

Allport, G. W. (1968). *The person in psychology: Selected essays*. Boston: Beacon.

Almagor, M., Tellegen, A., & Waller, N. G. (1995). The Big Seven model: A cross-cultural replication and further exploration of the basic dimensions of natural language trait descriptors. *Journal of Personality and Social Psychology, 69*, 300–307.

Altman, I. (1975). *The environment and social behavior*. Monterey, CA: Brooks/Cole.

Altman, I., & Taylor, D. A. (1973). *Social penetration: The development of interpersonal relationships*. New York: Holt, Rinehart & Winston.

Amir, N., Beard, C., & Bower, E. (2005). Interpretation bias and social anxiety. *Cognitive Therapy and Research, 29*, 433–443.

Amirkhan, J. H., Risinger, R. T., & Swickert, R. J. (1995). Extraversion: A "hidden" personality factor in coping? *Journal of Personality, 63*, 189–212.

Andersen, B. L., Cyranowski, J. M., & Espindle, D. (1999). Men's sexual self-schema. *Journal of Personality and Social Psychology, 76*, 645–661.

Anderson, C. A. (1999). Attributional style, depression, and loneliness: A cross-cultural comparison of American and Chinese students. *Personality and Social Psychology Bulletin, 15*, 482–499.

Anderson, C. A. (2004). An update on the effects of playing violent video games. *Journal of Adolescence, 27*, 113–122.

Anderson, C. A., & Anderson, K. B. (1998). Temperature and aggression: Paradox, controversy, and a (fairly) clear picture. In R. Geen &

---

* 为了环保，也为了节省您的购书开支，本书参考文献不在此一一列出。如果您需要完整的参考文献，请通过电子邮箱1012305542@qq.com 联系下载，或者登录www.wqedu.com 下载。您在下载中遇到问题，可拨打010-65181109 咨询。

E. Donnerstein (Eds.), *Human aggression: Theories, research, and implications for public policy* (pp. 247–298). New York: Academic Press.

Anderson, C. A., & Bushman, B. J. (2001). Effects of violent video games on aggressive behavior, aggressive cognition, aggressive affect, physiological arousal, and prosocial behavior: A meta-analytic review of the scientific literature. *Psychological Science, 12*, 353–359.

Anderson, C. A., & Bushman, B. J. (2002a). Human aggression. *Annual Review of Psychology, 53*, 27–51.

Anderson, C. A., & Bushman, B. J. (2002b). The effects of media violence on society. *Science, 295*, 2377–2378.

Anderson, C. A., Carnagey, N. L., & Eubanks, J. (2003). Exposure to violent media: The effects of songs with violent lyrics on aggressive thoughts and feelings. *Journal of Personality and Social Psychology, 84*, 960–971.

Anderson, C. A., Carnagey, N. L., Flanagan, M., Benjamin, A. J., Eubanks, J., & Valentine, J. C. (2004). Violent video games: Specific effects of violent content on aggressive thoughts and behavior. *Advances in Experimental Social Psychology, 36*, 199–249.

Anderson, C. A., & Dill, K. E. (2000). Video games and aggressive thoughts, feelings, and behavior in the laboratory and in life. *Journal of Personality and Social Psychology, 78*, 772–790.

Anderson, C. A., & Harvey, R. J. (1988). Discriminating between problems in living: An examination of measures of depression, loneliness, shyness, and social anxiety. *Journal of Social and Clinical Psychology, 6*, 482–491.

Anderson, C. A., & Huesmann, L. R. (2003). Human aggression: A social-cognitive view. In M. A. Hogg & J. Cooper (Eds.), *Handbook of social psychology* (pp. 296–323). London: Sage.

Ansbacher, H. L., & Ansbacher, R. R. (Eds.). (1956). *The individual psychology of Alfred Adler*. New York: Basic Books.

Antill, J. K. (1983). Sex role complementarity versus similarity in married couples. *Journal of Personality and Social Psychology, 45*, 145–155.

Antonen, M. (1993, June 25). Sparky thrives on high anxiety. *USA Today*, p. 3C.

Archer, J. (1996). Sex differences in social behavior: Are the social role and evolutionary explanations compatible? *American Psychologist, 51*, 909–917.

Archibald, F. S., Bartholomew, K., & Marx, R. (1995). Loneliness in early adolescence: A test of the cognitive discrepancy model of loneliness. *Personality and Social Psychology Bulletin, 21*, 296–301.

Arkin, A. M., Antrobus, J. S., & Ellman, S. J. (1978). *The mind in sleep: Psychology and psychophysiology*. Hillsdale, NJ: Erlbaum.

Aron, A., Aron, E. N., & Allen, J. (1998). Motivations for unreciprocated love. *Personality and Social Psychology Bulletin, 24*, 787–796.

Arthur, W., & Graziano, W. G. (1996). The five-factor model, conscientiousness, and driving accident involvement. *Journal of Personality, 64*, 593–618.

Asendorpf, J. B., & Wilpers, S. (1998). Personality effects on social relationships. *Journal of Personality and Social Psychology, 74*, 1531–1544.

Aserinsky, E., & Kleitman, N. (1953). Regularly occurring periods of eye motility and concomitant phenomena during sleep. *Science, 118*, 273–274.

Ashton, M. C., & Lee, K. (2007). Empirical, theoretical, and practical advantages of the HEXACO model of personality structure. *Personality and Social Psychology Review, 11*, 150–166.

Ashton, M. C., Lee, K., Goldberg, L. R., & de Vries, R. E. (2009). Higher order factors of personality: Do they exist? *Personality and Social Psychology Review, 13*, 79–91.

Aspinwall, L. G., & Brunhart, S. M. (1996). Distinguishing optimism from denial: Optimistic beliefs predict attention to health threats. *Personality and Social Psychology Bulletin, 22*, 993–1003.

Aspinwall, L. G., & Taylor, S. E. (1992). Modeling cognitive adaptation: A longitudinal investigation of the impact of individual differences and coping on college adjustment and performance. *Journal of Personality and Social Psychology, 63*, 989–1003.

Aube, J. (2008). Balancing concern for other with concern for self: Links between unmitigated communion, communion, and psychological well-being. *Journal of Personality, 76*, 101–133.

Aube, J., Norcliffe, H., Craig, J., & Koestner, R. (1995). Gender characteristics and adjustment-related outcomes: Questioning the masculinity model. *Personality and Social Psychology Bulletin, 21*, 284–295.

Austenfeld, J. L., & Stanton, A. L. (2004). Coping through emotional approach: A new look at emotion, coping, and health-related outcomes. *Journal of Personality, 72*, 1335–1363.

Bagby, R. M., Rogers, R., Nicholson, R. A., Buis, T., Seeman, M. V., & Rector, N. A. (1997). Effectiveness of the MMPI-2 validity indicators in the detection of defensive responding in clinical and nonclinical samples. *Psychological Assessment, 9*, 406–413.

Baker, E. L., & Nash, M. R. (2008). Psychoanalytic approaches to clinical hypnosis. In M. R. Nash & A. J. Barnier (Eds.), *The Oxford handbook of hypnosis: Theory, research and practice* (pp. 439–456). New York: Oxford University Press.

Baker, L. A., & Daniels, D. (1990). Nonshared environmental influences and personality differences in adult twins. *Journal of Personality and Social Psychology, 58*, 103–110.

Baker, S. R. (2007). Dispositional optimism and health status, symptoms and behaviours: Assessing idiothetic relationships using a prospective daily diary approach. *Psychology and Health, 22*, 431–455.

Baldwin, M. W., & Main, K. J. (2001). Social anxiety and the cued activation of relational knowledge. *Personality and Social Psychology Bulletin, 27*, 1637–1647.

Bandura, A. (1965). Influences of models' reinforcement contingencies on the acquisition of imitative responses. *Journal of Personality and Social Psychology, 1*, 589–595.

Bandura, A. (1973). *Aggression: A social learning analysis*. Englewood Cliffs, NJ: Prentice-Hall.

致教师的一封信

尊敬的老师：

您好！

感谢您选择"万千心理"的教材！

为了支持您的教学工作，我们将特别为您提供以下周到贴心的服务：

1. **免费样书**：如果您选用了"万千心理"的教材进行授课，我们将免费提供教师样书；

2. **免费教辅**：丰富的教学辅助资料，包括教师用书、教学演示PPT及习题库等；

3. **好书推荐**：我们将定期以电子邮件和宣传手册的形式为您推荐优秀教材、教辅，以及您感兴趣领域的最新书目和"万千心理"畅销书单；

4. **会员折扣**：您可享受全年最优购书折扣以及不定期的会员特惠活动；

5. **出版机会**：您将有可能成为我们优先选择的签约作者或译者。

北京万千新文化传媒有限公司（简称"万千公司"）隶属中国轻工业出版社。"万千心理"是万千公司推出的心理学类图书品牌。二十多年来，万千公司与美国心理学会（APA）、美国咨询协会（ACA）等心理机构进行了多项卓有成效的合作，并与世界排名前十位的出版集团，如培生教育有限公司（Pearson Education）、圣智学习出版集团（Cengage Learning）、麦格劳希尔公司（McGraw Hill）、约翰威利父子有限公司（John Wiley & Sons Inc.）等著名出版机构建立了良好的版权贸易与合作关系。时至今日，万千公司成功地策划并引进了数百种心理类图书，包括"心理学专业教材与教辅系列""心理学公共课教材系列""跨专业心理学教材系列""心理咨询与治疗系列"以及"心理自助系列"等心理学读物，共20余个系列、800余种图书。"万千心理"得到了心理学科领域专业人士的一致认同，受到了广大读者的喜爱。

"万千心理教学支持计划"，真诚期待您的加入！

此致

敬礼！

"万千心理"敬上

万千心理 欢迎任课教师加入教学支持计划！

咨询电话：010-65181109

读者信箱：1012305542@qq.com